REDIAN YU DUICE

2005—2006NIANDU
CAIZHENG
YANJIU BAOGAO

U0920640

热点与对策：

2005—2006年度财政研究报告

下　册

财政部财政科学研究所　编

中国财政经济出版社

国有资产管理研究

构建全新的行政事业性国有资产管理体制

内容提要

行政事业性国有资产管理体制的建立与完善，不仅关系到行政性事业性国有资产资产管理水平的提高，而且关系到社会公共产品（服务）提供的效率。本研究报告从行政事业性国有资产管理体制改革着眼，提出构建不同政府级次的行政事业性国有资产管理体制的设想，主张由不同机构履行行政性国有资产管理与事业性国有资产管理的具体职能，在财政部门设立专门从事行政事业性国有资产管理的行政机构（如行政事业性资产管理局或管理处），同时或随后在财政部门以外组建两个负责行政事业性国有资产管理的专业管理部门，分别行使行政性资产、事业性资产的具体管理职能，从而实现行政事业性国有资产的管理职能、监督职能、审计职能的分离，奠定权力相互制衡的体制基础。除此以外，研究报告还阐明了按政务支持类、社会公益类、自主经营类进行事业单位分类改革的主张和逐步把行政事业性国有资本预算纳入政府预算体系中的主张。

行政事业性国有资产是国家机器正常运转、政府向社会公众提供各种公共产品（服务）的重要物质基础之一。随着积累尤其是改革开放以来社会经济发展所要求的政府职能转变，行政事业性资产规模越来越大。可以预计，在今后 5—8 年国有企业全面改革及经济结构调整完全到位以后，行政事业性国有资产数额会超过经营性国有资产的数额；与此相适应，行政事业性国有资产也会比经营性国有资产发挥更大的作用。但是长期以来，各级政府在国有资产管理方面的定位往往是重视与强化经营性国有资产管理，行政事业性国有资产管理没有提高到其应该有的程度与水平。在目前行政事业性国有资产管理滞后与管理不到位问题日益突出的背景下，应该把行政事业性国有资产管理摆到与经营性国有资产同等重要的位置，加快政策的制定及出台，构建全新的行政事业性国有资产管理体制。

一、行政事业性国有资产的特点

从行政事业性国有资产的构成、规模、形成来源看，行政事业性国有资产具有与其他类国有资产完全不同的特点。分析与把握行政事业性国有资产的特点，不仅有利于比较准确地诊断行政事业性国有资产管理存在的问题，而且有利于比较科学地设计行政事业性国有资产的管理架构及体制。与其他类国有资产相比，行政事业性国有资产的行政色彩更浓、行政导向性更强，其特点往往与政府职能转变滞后、事业单位改革停滞不前相关联。具体而言，行政事业性国有资产表现为三个方面的特点。

（一）高度分散而且单位平均占用数额较小

全国近 4.2 万亿元的行政事业性国有资产，被约 145 万个政府部门、社会机构、事业单位所占用，单位平均占用资产额约为 0.029 亿元。当然，这不排除少数机构或单位占用了数额高达几亿、十几亿元的资产。单位平均占用数额很小，是行政事业性国有资产的一个显著的特点。从调查的情况来看，一些社团法人、事业单位，几乎没有占有资产，仅靠其每年的拨款、自主创收、募捐甚至负债维持运转。除此之外，一些占用国有资产数额较大的事业类单位，如高校、医院、广电等，持续过度负债，极易导致资不抵债或财务风险。从 2005 年对 50 所大学的抽样调查看，各大学在 2001 年后都逐年加大了贷款数额，财务风险凸现，其中已经有 12 所大学无法正常付息，7 所大学出现了平均超过 8000 万元的逾期贷款。过度负债的大学等事业单位，虽然资产数额大，但在产生财务危机时，也可能会出现国有资产为负值的结果。整体而言，行政事业性国有资产不仅单位平均占用数额小，而且一些单位的资产还存在风险。

（二）流动性差而且不同机构或单位之间人均占用额的差别较大

行政事业性国有资产大多数为房屋设施设备类的固定资产，决定了其流动性较差。除此以外，受条块分割的影响，不同的占用行政事业性国有资产的机构或单位之间，无法进行资产的划转。当然，一些有闲置资产或占用资产过多的机构或单位，会把部分资产用做市场化的经营，经营收入为本机构或本单位的成员发放奖金、福利等。由于长期以来，许多单位或机构的财政拨款都是通过主管部门来分配，没有建立与实施行政事业性财政拨款的预算绩效评价制度，从而导致了不同机构或单位之间资产的人均占用额存在很大差别。这种差别往往与机构或单位之间的职能没有联系，甚至行使相同职能的两个机构或单位之间，人均办公用房面积、人均财政拨款可相差 5 倍甚至 10 倍以上。整体而言，机构或单位之间资产人均占用额的差别，与所属政府级次、所属行政部门、所属经济区域存在联系，隶属中央级次、有更大审批权行政权、经济发达地区的机构或单位，资产人均占用额相对大一些。

（三）占用随意而且缺乏基本效用评价标准

行政事业性国有资产总额逐年增加，是一个基本事实与导向。但是并不意味着行政事业性国有资产使用、处置等的管理水平提高了。行政事业性国有资产增加，有两个主要原因，其一是随着财政收入的增加，而用于行政事业性开支的拨款逐年增加，其二是一些掌握权力的机构或单位直接占用国有企业资产或国家资源。绝大多数机构或单位，都存在尽最大努力占用或占有更多资产的心理或行为，而且，事实上往往是占有资产越多的机构或单位，工作人员个人收入及福利越好，机构或单位之间相互攀比、仿效，进一步促使每一个机构或单位想法设法占用更多资产。各机构或单位千方百计占用更多资产的现象，是因为缺乏行政事业性资产基本效用评价标准，人均占有资产数额多的机构或单位，并一定更好地履行职能或向社会提供了更多更好的公共产品（服务）。只要不进行占用资产基本效用评价，就无法改变行政事业性资产占用的随意性。

二、行政事业性国有资产管理存在的问题

行政事业性国有资产管理存在一些老问题，但是，大多数问题是新问题而且是随着政府职能及事业单位运营模式转变而产生的。一方面，按照“小政府大社会”的思路而推行的政府机构改革，政府的某些职能甚至人员被转移到事业单位，事业单位数量及规模逐渐扩大；另一方面，事业单位自主权扩大及事业单位支出增长所驱动的经营行为，产生了许多事业法人单位从事企业法人式的市场化经营。但是，与政府机构职能、与事业单位运营模式转变相适应的行政事业性国有资产管理体制改革没有同步推进，导致了行政事业性国有资产管理滞后与管理不到位，从而诱发了行政事业性国有资产管理的一系列问题。

（一）级差地租导致行政事业性资产对资源配置效率的影响越来越大

行政事业性资产主要是由财政拨款、由行政事业单位占用的资产。这部分资产主要表现为占用的国有划拨土地以及为行政事业机构正常运行而兴建的服务设施。除此以外，还表现为由行政事业单位下属机构（公司）依附行政权力而形成的专营权，如新闻、广播、文化、体育、教育、人才管理等行业的经营服务及行业准入，这些专营权，不仅表现为行业禁入的垄断经营权，而且表现为依附某一行政部

门而无偿或低价使用的行政事业性资产。随着计划经济向市场经济的转轨，城市与乡村、大城市与小城市、东部地区与西部地区的级差地租越来越大，级差地租导致了行政事业性资产的急剧升值，在东部某些城市，行政事业性国有资产总值已经远远超过经营性国有资产总值。但是，行政事业性国有资产管理并没有随着其增值而逐渐强化与规范。

目前看来，行政事业资产的使用带有很大的随意性。占用行政事业资产过大的机构或单位，往往把部分行政事业性资产以过低的价格转变为市场化经营，通过低价使用行政事业性资产从事市场化经营及服务，不仅破坏了正常的市场竞争秩序，而且流失了相当一部分税收。行政事业性资产如果不是公开的按市场定价转变为经营性资产，那么，会降低全社会资源配置效率。强化行政事业性资产管理，首先应该从行政事业性资产转变为经营性资产登记入手，并且完全按照市场价格收取资产占用费，资产占用费应该列入统一的预算外管理。

（二）权力寻租正在从经营性资产领域向行政事业性资产领域转移

改革开放以来，在国有企业及经营性国有资产领域，权力寻租行为从来没有停止过。为了扼制与惩罚这种权利寻租行为，从中央政府到地方政府不断加大对国有企业的监督审计。在某种意义上可以说，目前经营性国有资产管理的最大问题，是国有资产的收益不足以支付国有资产的监督审计成本。深化国有资产管理体制改革，首先应该解决经营性国有资产监督审计成本过高的问题。随着经济结构调整和国有资产管理体制改革，在经营性国有资产中的权利寻租行为，不仅越来越难，而且风险越来越高。但是，由于行政事业性资产管理滞后，政策及法律不健全，权力寻租正在向这一领域转移。

行政事业性资产的权力寻租主要表现为两个途径。其一，低价使用行政事业性资产参与市场竞争。到目前为止，行政事业性资产不仅

“单位所有”，而且没有完整的产权登记及评估定价，甚至部分行政事业性资产长期体外循环；尤其是行政事业单位与其他产权主体共同投资建设形成的资产没有严格的产权界定，长期被无偿使用。但是，在这些行政事业性资产低价或无偿使用背后，往往掩盖的是一种权力寻租行为。其二，依附行政力量而形成的专营权。新闻、广播、文化、体育、教育、人才管理等若干行业，是行业禁入，没有公平竞争。但是隶属该行政部门的下属单位，既可以以事业法人的形式，也可以以企业法人的形式，从事盈利性的经营。这种带有垄断性的经营收益，应全部上缴财政。但是，通常情况下，往往变成了由上级行政部门与经营单位的共同支配。由于其经营行为及收益没有公开监督与严格审计，不仅专营权可以寻租，而且经营收益也可以寻租。而对于依附行政权力而形成的专营权的权力寻租行为，仅仅通过行政事业性资产管理强化还不够，而且应该通过专门立法来监督。

（三）机构改革导致行政事业性资产的闲置与浪费日渐加大

长期以来的机构臃肿而庞大，导致了为行政事业单位运营而不断增加财政拨款。一段时间内，为维系庞大的行政事业单位的正常运营而投资形成了数量巨大的行政事业性资产。随着政府机构改革、人员精简，行政机构人均占有的资产量相应加大；今后要大力推进的事业单位改革，会使机构与人员有更大力度的精简。单纯从数量上计算，即使今后 5 年内不再以财政投入形成新的行政事业性资产，行政事业单位人均占有的资产量也会大大提高。由于缺乏与机构改革配套的资产处置实施细则，政府机构改革以后，已撤并机构先前占用的资产，不仅没有及时出售转为经营性资产用来弥补财政支出缺口，而且每年财政仍要支付这部分资产的维护费用，导致了行政性资产的闲置与浪费。

政府机构改革以后，原先一部分职能部门转变为行业协会；事业单位改革以后，由事业法人转为企业法人。但是，对于行业协会及由事业单位转型的企业法人，是否有权力继续无偿或低价占用由财政拨款而形成的行政事业性资产，需要从政策上明确并加以立法。从与国际惯例接轨的目标以及市场化进程的结果看，行业协会及由事业单位转型的企业法人，不应该继续占用行政事业性资产。当然，现在的行业协会及由事业单位转型的企业法人承载着“养人”的功能，过去的官员及事业编制人员还没有市场化与社会化。从机构及事业单位改革的发展趋势看，可以考虑借鉴国有企业分流员工支付“经济补偿金”的办法（参见财政部2002年313号文与国经贸等八部委2002年859号文），也可以尝试对机构改革与事业单位转型而分流的人员支付“经济补偿金”，经济补偿金来源为机构及事业单位原先占用资产的变现收益。这部分行政事业性资产出售变现后，一部分用来支付人员分流的“经济补偿金”，一部分用来弥补财政支出缺口。

三、建立与完善行政事业性国有资产的管理架构及体制

与经营性国有资产集中性较强的特点相比较，行政事业性国有资产高度分散。国有企业从20世纪80年代中期的65万余家，到20世纪90年代中期的30余家，再到90年代末期的17万余家；经过2003年开始的国有企业3—5年全面改制后，预计到2008年占用国有资产的国有集团公司及国有控股公司不会超过6000家。但是，就行政事业性国有资产分布看，从5级政府级次的数以万计的政府部门，到以社团法人形式存在的几万家社团机构，再到以事业法人形式设立的百万余家事业单位。行政事业性国有资产分布在众多机构或单位中，仅全国事业单位就高达130万余家，决定了行政事业性国有资产管理体制不可能照搬经营性国有资产的模式。因此，行政事业性国有资产管

理架构及体制，应跳出经营性国有资产管理的思维及模式，进行全面探索与创新。

（一）构建不同政府级次的行政事业性国有资产管理体制

占用或使用行政事业性国有资产的机构或单位主要是各级政府机关、事业单位等，与此相适应，各级党政机关、事业单位等的日常运营费用，也主要是各级财政负责拨款。这决定了行政事业性国有资产管理，不可能全国统一。从目前行政事业性国有资产的现状及政府机构改革深化、事业单位改革全面推进的趋势看，也没有办法建立全国统一的行政事业性国有资产管理体制，应该按照已有的政府级次划分，构建不同政府级次的行政事业性国有资产管理体制。具体来说，就是在中央政府、省（直辖市）级政府、地（市）级政府、县（区）级政府分别建立与完善行政事业性国有资产管理体制。需要强调指出的是，在现有的多级次政府体制中，乡（镇）也是一级政府级次，但是，在这一级政府级次，不应该再设立行政事业性国有资产管理机构。因为随着农业税的全面取消及政府级次改革试点的推开，乡（镇）一级的财政大多数都直接或间接纳入到县（区）级财政管控中。因此，行政事业性国有资产管理机构的最低级次是到县（区）级。

建立与完善中央政府、省（直辖市）级政府、地（市）级政府、县（区）级政府的4级次行政事业性国有资产管理体制，可以保证财权与事权、公共管理职能的统一。在市场经济条件下，社会与公众对政府的职能提高及公共产品（服务）供给的要求越来越高，行政事业性国有资产效率低甚至流失现象所掩盖的是普通老百姓对政府职能不满意的实质。行政事业性国有资产管理体制的建立与完善，不仅仅是着眼于存量资产的管理，而且还要进行增量投入（拨付）的改革，行政事业性国有资产管理应围绕着政府职能转变及政府向社会公众提供更多更好的公共产品（服务）这一核心而展开。可以说，行政事业性国有资产管理的重点是“摸清存量并盘活用好存量”，难点是“增量预算并实施绩效评价”。行政事业性国有资产管理水平的提高，在于能否适时的引入并实施对行政机关、事业单位财政拨款的预算绩效评价。因此，构建4级次的行政事业性国有资产管理体制，是各级政府及财政实施预算绩效评价的内在要求。

（二）行政性与事业性国有资产管理职能的分离

在行政事业性国有资产中，事业单位占用或使用的资产比重较大，行政机关占用或使用的资产比重较小。从今后的发展趋势来看，行政事业性资产规模的增长，主要是事业单位占用或使用更多资产而导致的。可以把行政事业性国有资产划分为两类：行政事业性资产Ⅰ（简称行政性资产），行政事业性资产Ⅱ（简称事业性资产）。行政事业性资产Ⅰ和行政事业性资产Ⅱ，无论是在规模及分布上，还是在功能上，都存在很大差别，应该实行分别管理。尤其是事业性资产，按照市场经济发展要求，不是简单地减少或增加，应该通过事业单位改革的深化，调整事业性资产的结构。如果把事业单位划分为政务支持类、社会公益类、自主经营类的三大类，那么，事业单位的改革应该是减少及缩小政务支持类事业单位，增加及扩大社会公益类事业的单位，把自主经营类事业单位实行完全市场化而转变为自负盈亏的企业法人。与此相适应，对于事业性资产，要逐年增加提高社会公益类资产的比重，既盘活存量，又要加大增量。主张对行政性资产、事业性资产分别管理为了便于实行专业管理，吸收专业管理人才与专业管理干部来从事这项工作，从而真正提高行政事业性国有资产的管理水平。

行政性与事业性国有资产管理职能的分离，在具体机构设置中，可考虑同一政府级次中国有资产管理的行政机构与管理部门的分离，在财政部门设立专门从事行政事业性国有资产管理的行政机构如行政事业性资产管理局或管理处，财政部门以外组建两个负责行政事业性国有资产管理的专业管理部门，分别行使行政性资产、事业性资产的具体管理职能。以中央政府级次为例，行政事业性国有资产管理机构设置见图1。

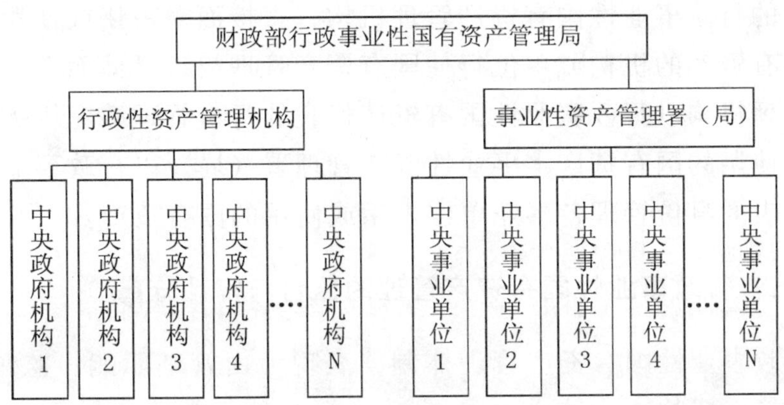

图1 中央政府级次的行政事业性国有资产管理机构图

之所以在行政机构以外组建两个专业的分别从事行政性资产、事业性资产的管理部门，是考虑占用或使用行政事业性资产的机构、单位太多太分散，如果这些机构、单位都直接对财政部门的行政事业性国有资产管理局或处，那么，一个几十人的行政职能局或处没有精力实现行政事业性国有资产的专业化管理，只能忙于审批。

把行政性与事业性国有资产管理职能的分离，主要是在专业化管理层面分离，在行政权力层面仍然是统一的。具体而言，就是各级财政部门仍然行使行政事业性国有资产管理的统一行政权力。处于专业化管理层面的两个管理部门，没有必要列入政府行政序列，可以是非行政性的机构，由财政部门授权依法（条例）分别履行行政性资产、事业性资产的管理职能。考虑到行政事业性国有资产管理的连续性，可以仍然由各级政府的机关事务管理局（中央政府层面是国务院机关事务管理局）作为行政性资产管理机构行使对政府机构所占用国有资产的管理权。对于事业单位所占用国有资产的管理，可以组建事业性资产管理署（局）。事业性资产管理署（局）应该定位于非行政机构，淡化其行政性，强化其专业性；该署（局）管理人员应采用市场化招聘，注重管理人员的专业素质，尽量选择同时兼具事业单位专业知识、财务管理背景或资产管理背景的复合型人才。两个处于专业化管理层面的行政事业性国有资产管理机构，直接面对占用或使用行政事业性国有资产的机构或单位行使国有资产管理权；具体而言，行政性资产管理机构以行政事业性国有资产代表的身份管理政府机关各部门占用或使用的国有资产，事业性资产管理署（局）以行政事业性国有资产代表的身份管理各事业单位占用或使用的国有资产。

（三）行政事业性国有资产管理的监督与审计分离

行政事业性国有资产管理体制，表现为由管理职能、监督职能、审计职能组成的一个体系（见图 2）。两个处于专业化层面的行政事业性国有资产管理机构行使管理职能，财政部门的行政事业性国有资产管理局或处行使监督职能，独立的审计部门行使审计职能。财政部门制定出台关于行政事业性国有资产管理的政策，并监督两个专业化的行政事业性国有资产管理机构执行政策；同时，为了实现对行政性国有资产管理监督权的制衡，应由财政部门以外的行政机构行使审计权，这种审计既包括对两个专业化行政事业性国有资产管理机构的审计，也包括对占用或使用国有资产的机构、单位的审计。在全新的行政事业性国有资产管理体制中，监督职能与审计职能是相对分离的，分别由两个政府的行政部门相对独立的行政权力。只有监督与审计的分离，才能保证行政事业性国有资产管理机构实行专业化管理。

之所以强调行政事业性国有资产管理的监督与审计分离，是为了真正实现行政事业性国有资产管理的专业化与公开化，尤其是事业性国有资产管理水平的提高，不仅要着眼于事业单位提供公共产品（服务）的效率，而且要着眼于事业单位提供公共产品（服务）过程的透明。当前，普通民众对教育、医疗部门的怒气与指责，除教育、医疗高收费原因外，还在于教育、医疗行业不透明，如果行政事业性国有资产管理机构不摆脱行政性就无法实现管理的专业化与公开化。但是，行政性资产、事业性资产国家统一所有，又要求各级政府代表国家行使权力，但是其权力主要表现为监督权、审计权及委托权等。从经营性国有资产管理体制、资源体制性国有资产管理的教训看，仍然是“政资不分、政管不分”影响着其管理水平的提高。行政事业性国有资产管理新体制，必须进行“政资分离、政管分离”的改革，实现监督行政化与管理专业化的有机结合。

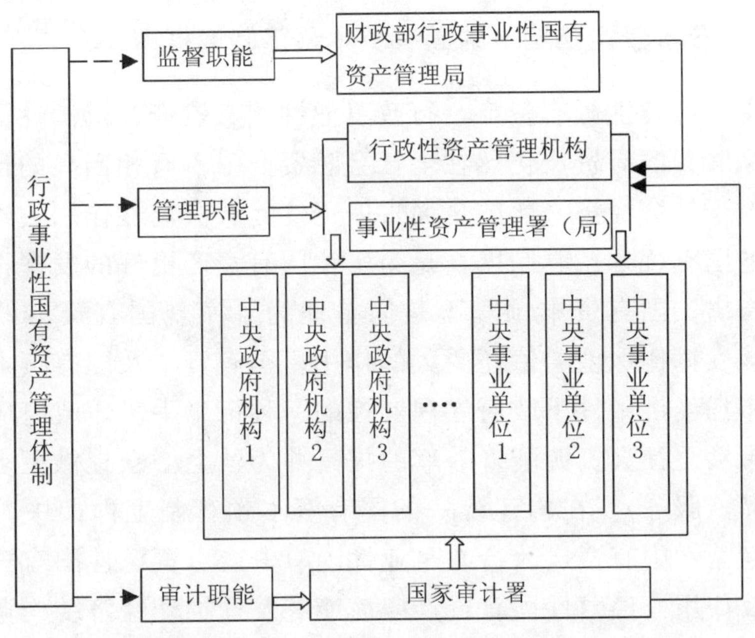

图2　中央政府级次的行政事业性国有资产管理体制

四、逐步把行政事业性国有资本预算纳入政府预算体系中

国有资产包括经营性国有资产、行政事业性国有资产、资源性国

有资产三大类，虽然各类国有资产管理隶属不同的部门，但是从国有资本预算的目标定位及要求看，应该建立与完善行政事业性国有资产、经营性国有资产、资源性国有资产统一的国有资本预算制度。包括行政事业性国有资本预算在内的国有资本预算，不仅要纳入政府预算体系中，而且还要尽快实施事业性国有资产占用或使用的绩效评价。

（一）分阶段构建统一的国有资本预算制度框架

如果从经营性国有资产、行政事业性国有资产、资源性国有资产的总额来看，国有资产仍然在全社会总资产中占有相当高的比重，国有资产对于社会经济文化的全面发展仍然起着决定性作用。建立与实施统一的国有资本预算制度，是为了让国有资产更好的发挥作用。必须强调指出，国有资本预算不是简单地为了实现国有资本的保值增值，应该发挥比保值增值还要大的作用，国有资本及国有资本预算应该成为市场经济条件下政府宏观调控的一种衍生手段，政府应通过国有资本带动全社会资源配置效率的提高并为社会公众提供更多更好的公共产品（服务）。在构建统一的国有资本预算制度框架中，应关注并重视经营性国有资产、行政事业性国有资产、资源性国有资产不同的功能及作用：经营性国有资产应该能够发挥推动经济结构调整、产业结构升级的作用，坚持“政府不与民争利”的原则，实现经营性国有资产从充分竞争领域退出，退出并变现的国有资产应首先用来弥补公共财政预算的缺口、社保基金预算的缺口；行政事业性国有资产尤其是事业性国有资产要着眼于为社会公众提供更多更好的公共产品（服务），社会公众有权参与公共产品（服务）效率评价，也有权了解提供公众产品（服务）过程中的相关信息，行政事业性国有资产尤其是事业性国有资产不是以保值增值作为绩效评价标准，而是以提供公共产品（服务）的效率作为绩效评价标准；资源性国有资产是直接参与公司运营的要素，但是资源的稀缺性及对生态环境较大影响作用，决定了资源性国有资产不可能以价值最大化为目标，要用国家安全、环境保护、经济可持续增长等的综合指标来评价资源性国有资产的价值及效率。

实行并把行政事业性国有资产的预算纳入统一国有资本预算制度框架中，可先从事业性国有资产预算着手。事业性国有资产预算包括存量预算与增量预算两部分，要通过预算及预算执行来评估评价事业性国有资产提供公共产品（服务）的效率。定期的效率评估、绩效评价，是增加或减少事业单位财政拨款的依据，也是对事业单位负责人奖惩的依据。

（二）国有资本预算应该与政府预算的其他预算相统一与平衡

政府预算应包括公共财政预算、社保基金预算、国有资本预算等。国有资本预算应该由国有资产管理部门来实施，同时也必须要与公共财政预算、社保基金预算相互协调，不能脱离公共财政预算平衡、社保基金预算平衡而进行，应该把国有资本预算、公共财政预算、社保基金预算的统一与平衡作为政府预算的基本要求。国有资本预算、公共财政预算、社保基金预算分别隶属国资、财政、社保部门，各种预算应先在本部门分别编制。但是国有资本预算、公共财政预算、社保基金预算在本部门完成前，应该是信息共享，有可以及时传递与交流的信息通道，尤其是让财政、社保部门及时了解与掌握国有资本的年度经营状况，对于实现公共财政预算平衡与社保基金预算平衡至关重要。预算批复前和批复过程中，调整经营性国有资产的年度国有资本预算用于弥补公共财政与社保基金支出缺口的额度，要反复讨论与测算。

在以国有资本预算调整而实现公共财政预算平衡、社保基金预算平衡中，主要是以经营性国有资产的收益及变现来弥补缺口。行政事业性国有资产尤其是事业性国有资产的预算也需调整，但是这种调整更多的是增量结构性调整，根据社会经济发展变化，调整不同领域的公共产品（服务）数量。

（三）事业性国有资本预算应成为政府宏观调控的衍生手段之一

在市场经济条件下，国有资本应更多地履行公共职能，尤其是事业性国有资产，应主要定位于提供更多更好的公共产品（服务）。未来 5—10 年国有资产的结构变化快，事业性国有资产要有比较大的增长，各级政府每年对于提供公共产品（服务）的事业单位财政拨款也会不断增加。但是，在没有事业性国有资本预算的条件下，过多过快的增加财政拨款，可能会导致更多的浪费与腐败。实行事业性国有资本预算，首先要关注的就是资产如何使用以及使用的效率，政府要运用国有资本预算来对公共产品（服务）供给进行调控。作为政府宏观调控的衍生手段之一，事业性国有资本预算要着眼于推动事业单位改革的全面推进。在政务支持类、社会公益类、自主经营类的三大类事业单位中，政务支持类的财政拨款要逐年减少，自主经营类的补贴拨款要停止，但是，社会公益类的财政拨款要大幅度增加。事业性国有资本预算必须与财政拨款预算相统一，而且中央一级政府的财政部门，应联合其他部委制定社会公益类事业单位改革与增量投入的中长期规划，以中长期规划来指导公益类事业单位财政拨款的年度预算。

需要强调指出的是，在全新的行政事业性国有资产管理体制构建中，应抓住行政事业性国有资本预算及绩效评价这个重点。从维护社会稳定，构建和谐社会的目标要求看，行政事业性国有资本预算及绩效评价应先从医疗、教育类事业单位着手，要先试点，后推广，一方面要解决这几类公共产品（服务）提供中存在的问题，另一方面要加大这几类公共产品（服务）提供的数量。对这几类公共产品（服务）要尽快建立绩效评价指标、评价方法，并给社会公众全面的知情权。

文宗瑜

行政事业性国有资产管理及改革研究

内容提要

行政事业性国有资产是国家机器正常运转、政府向社会公众提供各种公共产品（服务）的主要物质基础之一。随着积累尤其是呼应改革开放以来社会经济发展所要求的政府职能转变，行政事业性国有资产规模越来越大。无论是从解决行政事业性国有资产许多问题的要求看，还是从行政事业性国有资产规模的高速增长看，都亟需把行政事业性国有资产管理及改革提到议事日程，并应该跳出经营性国有资产管理思维和模式的范围，进行全面探索和创新。本报告重点是探讨如何构建新的行政事业性国有资产管理体制，并以此为指导，对行政性、事业性国有资产管理及改革、非经营性国有资产转经营性国有资产管理，以及行政事业性国有资产清产核资和产权登记等具体问题，进行了分析研究。

行政事业性国有资产是国家机器正常运转、政府向社会公众提供各种公共产品（服务）的重要物质基础之一。在经营性国有资产、资源性国有资产体系中，虽然目前行政事业性国有资产规模最小，但是从过去10年以年均17%的增长速度看，行政事业性资产规模会很快超过经营性资产规模。如果考虑财政转型及政府对公共产品（服务）需求增长满足的社会经济目标，预计到2010年全国行政事业性国有资产会达到10.2万亿。无论是从解决行政事业性国有资产许多问题的要求看，还是从行政事业性国有资产规模的高速增长看，都应该把行政事业性国有资产管理及改革提到议事日程。

行政事业性国有资产和经营性国有资产相比，不仅高度分散、单位平均占用数额小，而且功能定位存在很大差异。行政事业性国有资产管理不是为了保值增值，而是为了提高效率，尤其是事业性国有资产管理应主要着眼于事业单位提供公共产品（服务）效率及过程的透明。在行政事业性国有资产管理体制改革中，不仅要对行政事业性国有资产实行专业化管理，解决“政资不分、政管不分”的深层次问题，而且要实施事业性国有资本预算及绩效评价，推动预算增量改革。因此，行政事业性国有资产管理及改革，应跳出经营性国有资产管理的思维和模式，进行全面探索和创新。

一、行政事业性国有资产的构成及现状

中国有庞大而众多的党政机构、事业单位、社团法人单位等，截止到2005年12月，各级政府机构行政单位约25.02万（以各级财政拨款户头统计）、社团法人1.1万户、事业单位等129.08万户（含自收自支的事业单位）。全国政府机构、社团、事业单位的工作人员约

4236.9万，其中全国公务员636.9万，事业单位人员2900万，机关事业单位工勤人员700万。除此之外，全国3.7万个乡镇还有近370万临时工性质的人员（按每个乡镇平均100人估算）。相应地，行政事业性资产规模庞大，资产主体构成也较为复杂。此外，行政性资产和事业性资产在中央和地方之间的分布很不均衡，行政事业性资产的来源也多种多样。

（一）行政事业性国有资产的构成

根据占有和使用资产单位的不同，行政事业性国有资产可以分为以下几类：

（1）党政机关占用和使用的国有资产。

（2）事业单位占用和使用的国有资产。

（3）军队占用和使用的国有资产。

（4）政府驻外机构占用和使用的国有资产。

（5）社团及非政府组织占用和使用的国有资产。

（二）行政事业性国有资产的规模

中国行政事业性国有资产规模比国有企业经营性资产规模小，但其绝对数量仍相当可观。到2005年底，行政事业性国有资产预计达到4.2万亿。此外，行政事业性国有资产增长幅度也比较快，近十年以年均17%的速度增长。

1.行政性国有资产（不含军队国有资产）的规模

中央行政性资产包括全国人大、中直机关、国务院、全国政协、最高人民法院、最高人民检察院机关和各民主党派、全国工商联以及有关社会团体占用的资产。到2004年底，全国行政性国有资产是9600亿元。

2.事业性国有资产的规模

事业性国有资产在行政事业性国有资产中占据主导地位。2003

年，全国事业性资产为 2.5 万亿元，占行政事业性单位资产总量的 73.5%。2004 年，这一比重上升为 76%。

3. 其他行政事业性单位国有资产的规模

其他行政事业性单位包括驻外机构、中国人民解放军、总后勤部、武装警察部队以及经国家批准的特定事业单位，这些行政事业性单位的国有资产规模也并不小。

（三）行政事业性国有资产的形成来源

行政事业性单位国有资产来源多种多样，有通过国家权力机关无偿征用或划拨形成的国有资产，有通过财政预算拨款形成的国有资产，有依托行政力量并提供社会服务而形成的国有资产，还有通过市场化积累而形成的国有资产。总体说来，行政事业性单位国有资产以财政预算拨款为主。

（1）征用及无偿划拨。

（2）财政预算拨款。

（3）各种捐献与捐助。

（4）行政性收费建设与积累。

（5）依托行政力量经营而积累。

（6）市场化经营而积累。

二、构建全新的行政事业性国有资产管理体制

行政事业性国有资产是国家机器正常运转、政府向社会公众提供各种公共产品（服务）的重要物质基础之一。随着积累尤其是改革开放以来社会经济发展所要求的政府职能转变，行政事业性资产规模越来越大。可以预计，在今后 5—8 年国有企业全面改革及经济结构调

整完全到位以后，行政事业性国有资产数额会超过经营性国有资产的数额；与此相适应，行政事业性国有资产也会比经营性国有资产发挥更大的作用。但是长期以来，各级政府在国有资产管理方面的定位往往是重视与强化经营性国有资产管理，行政事业性国有资产管理没有提高到其应该有的程度与水平。在目前行政事业性国有资产管理滞后与管理不到位问题日益突出的背景下，应该把行政事业性国有资产管理摆到与经营性国有资产同等重要的位置，加快政策的制定及出台，构建全新的行政事业性国有资产管理体制。

（一）行政事业性国有资产的特点

从行政事业性国有资产的构成、规模、形成来源看，行政事业性国有资产具有与其他类国有资产完全不同的特点。分析与把握行政事业性国有资产的特点，不仅有利于比较准确地诊断行政事业性国有资产管理存在的问题，而且有利于比较科学地设计行政事业性国有资产的管理架构及体制。与其他类国有资产相比，行政事业性国有资产的行政色彩更浓、行政导向性更强，其特点往往与政府职能转变滞后、事业单位改革停滞不前相关联。具体而言，行政事业性国有资产表现为三个方面的特点。

1. 高度分散而且单位平均占用数额较小

全国近 4.2 万亿的行政事业性国有资产，被约 145 万个政府部门、社会机构、事业单位所占用，单位平均占用资产额约为 0.029 万元。当然，这不排除少数机构或单位占用了数额高达几亿、十几亿的资产。单位平均占用数额很小，是行政事业性国有资产的一个显著的特点。

2. 流动性差而且不同机构或单位之间人均占用额的差别较大

行政事业性国有资产大多数为房屋设施设备类的固定资产，决定了其流动性较差。除此以外，受条块分割的影响，不同的占用行政事业性国有资产的机构或单位之间，无法进行资产的划转。当然，一些有闲置资产或占用资产过多的机构或单位，会把部分资产用做市场化的经营，经营收入为本机构或本单位的成员发放奖金、福利等。

3. 占用随意而且缺乏基本效用评价标准

行政事业性国有资产总额逐年增加，是一个基本事实与导向。各机构或单位千方百计占用更多资产的现象，是因为缺乏行政事业性资产基本效用评价标准，人均占有资产数额多的机构或单位，并不一定更好地履行职能或向社会提供了更多更好的公共产品（服务）。

（二）建立与完善行政事业性国有资产的管理架构及体制

与经营性国有资产集中性较强的特点相比较，行政事业性国有资产高度分散。国有企业从20世纪80年代中期的65万余家，到20世纪90年代中期的30余家，再到90年代末期的17万余家；经过2003年开始的国有企业3—5年全面改制后，预计到2008年占用国有资产的国有集团公司及国有控股公司不会超过6000家。但是，就行政事业性国有资产分布看，从5级政府级次的数以万计的政府部门，到以社团法人形式存在的几万家社团机构，再到以事业法人形式设立的百万余家事业单位。行政事业性国有资产分布在众多机构或单位中，仅全国事业单位就高达130万余家，决定了行政事业性国有资产管理体制不可能照搬经营性国有资产的模式。因此，行政事业性国有资产管理架构及体制，应跳出经营性国有资产管理的思维及模式，进行全面探索与创新。

1. 构建不同政府级次的行政事业性国有资产管理体制

建立与完善中央政府、省（直辖市）级政府、地（市）级政府、县（区）级政府的4级次行政事业性国有资产管理体制，可以保证财权与事权、公共管理职能的统一。行政事业性国有资产管理水平的提高，在于能否适时的引入并实施对行政机关、事业单位财政拨款的预算绩效评价。因此，构建4级次的行政事业性国有资产管理体制，是各级政府及财政实施预算绩效评价的内在要求。

2. 行政性与事业性国有资产管理职能的分离

可以把行政事业性国有资产划分为两类：行政事业性资产Ⅰ（简称行政性资产），行政事业性资产Ⅱ（简称事业性资产）。行政事业性资产Ⅰ和行政事业性资产Ⅱ，无论是在规模及分布上，还是在功能上，都存在很大差别，应该实行分别管理。在具体机构设置中，可考虑同一政府级次中国有资产管理的行政机构与管理部门的分离，在财政部门设立专门从事行政事业性国有资产管理的行政机构如行政事业性资产管理局或管理处，财政部门以外组建两个负责行政事业性国有资产管理的专业管理部门，分别行使行政性资产、事业性资产的具体管理职能。以中央政府级次为例，行政事业性国有资产管理机构设置见图1。

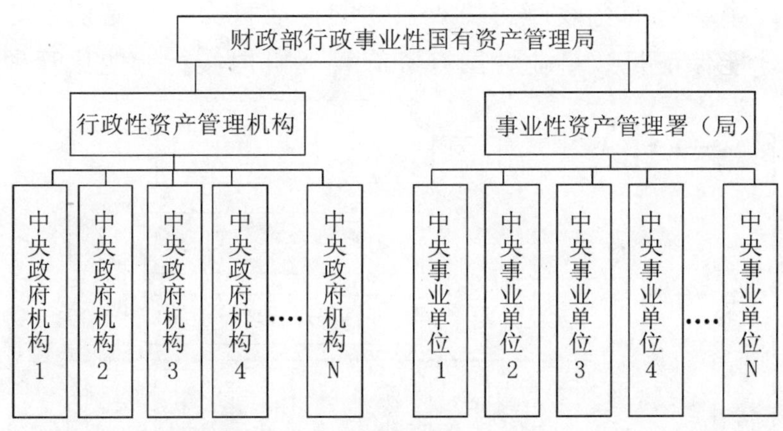

图1　中央政府级次的行政事业性国有资产管理机构图

把行政性与事业性国有资产管理职能的分离，主要是在专业化管理层面分离，在行政权力层面仍然是统一的。具体而言，就是各级财政部门仍然行使行政事业性国有资产管理的统一行政权力。处于专业化管理层面的两个管理部门，没有必要列入政府行政序列，可以是非行政性的机构，由财政部门授权依法（条例）分别履行行政性资产、事业性资产的管理职能。

3. 行政事业性国有资产管理的监督与审计分离

行政事业性国有资产管理体制，表现为由管理职能、监督职能、审计职能组成的一个体系（见图 2)。两个处于专业化层面的行政事业性国有资产管理机构行使管理职能，财政部门的行政事业性国有资产管理局或处行使监督职能，独立的审计部门行使审计职能。财政部门制定出台关于行政事业性国有资产管理的政策，并监督两个专业化的行政事业性国有资产管理机构执行政策；同时，为了实现对行政性国有资产管理监督权的制衡，应由财政部门以外的行政机构行使审计权，这种审计既包括对两个专业化行政事业性国有资产管理机构的审计，也包括对占用或使用国有资产的机构、单位的审计。在全新的行政事业性国有资产管理体制中，监督职能与审计职能是相对分离的，分别由两个政府的行政部门相对独立的行政权力。只有监督与审计的分离，才能保证行政事业性国有资产管理机构实行专业化管理。

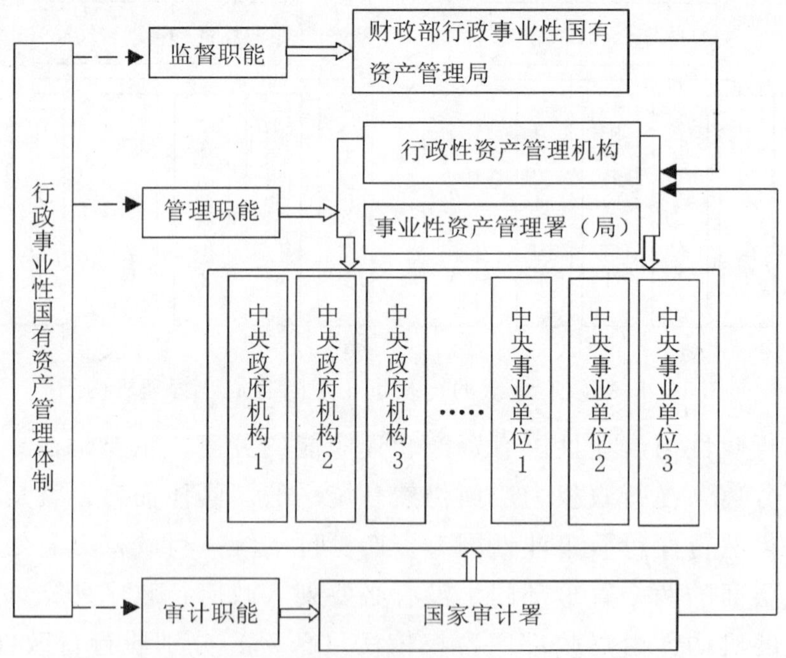

图 2　中央政府级次的行政事业性国有资产管理体制

（三）逐步把行政事业性国有资本预算纳入政府预算体系中

国有资产包括经营性国有资产、行政事业性国有资产、资源性国有资产三大类，虽然各类国有资产管理隶属不同的部门，但是从国有资本预算的目标定位及要求看，应该建立与完善行政事业性国有资产、经营性国有资产、资源性国有资产统一的国有资本预算制度。包括行政事业性国有资本预算在内的国有资本预算，不仅要纳入政府预算体系中，而且还要尽快实施事业性国有资产占用或使用的绩效评价。

1. 分阶段构建统一的国有资本预算制度框架

如果从经营性国有资产、行政事业性国有资产、资源性国有资产的总额来看，国有资产仍然在全社会总资产中占有相当高的比重，国有资产对于社会经济文化的全面发展仍然起着决定性作用。建立与实施统一的国有资本预算制度，是为了让国有资产更好的发挥作用。必须强调指出，国有资本预算不是简单地为了实现国有资本的保值增值，应该发挥比保值增值还要大的作用，国有资本及国有资本预算应该成为市场经济条件下政府宏观调控的一种衍生手段，政府应通过国有资本带动全社会资源配置效率的提高并为社会公众提供更多更好的公共产品（服务）。

2. 国有资本预算应该与政府预算的其他预算相统一与平衡

政府预算应包括公共财政预算、社保基金预算、国有资本预算等。国有资本预算应该由国有资产管理部门来实施，同时也必须要与公共财政预算、社保基金预算相互协调，不能脱离公共财政预算平衡、社保基金预算平衡而进行，应该把国有资本预算、公共财政预算、社保基金预算的统一与平衡作为政府预算的基本要求。

3. 事业性国有资本预算应成为政府宏观调控的衍生手段之一

在市场经济条件下，国有资本应更多地履行公共职能，尤其是事业性国有资产，应主要定位于提供更多更好的公共产品（服务）。未来 5—10 年国有资产的结构变化快，事业性国有资产要有比较大的增长，各级政府每年对于提供公共产品（服务）的事业单位财政拨款也会不断增加。但是，在没有事业性国有资本预算的条件下，过多过快的增加财政拨款，可能会导致更多的浪费与腐败。实行事业性国有资本预算，首先要关注的就是资产如何使用以及使用的效率，政府要运用国有资本预算来对公共产品（服务）供给进行调控。作为政府宏观调控的衍生手段之一，事业性国有资本预算要着眼于推动事业单位改革的全面推进。在政务支持类、社会公益类、自主经营类的三大类事业单位中，政务支持类的财政拨款要逐年减少，自主经营类的补贴拨款要停止，但是，社会公益类的财政拨款要大幅度增加。

需要强调指出的是，在全新的行政事业性国有资产管理体制构建中，应抓住行政事业性国有资本预算及绩效评价这个重点。行政事业性国有资本预算及绩效评价应先从医疗、教育类事业单位着手，要先试点，后推广，要尽快建立绩效评价指标、评价方法，并给社会公众全面的知情权。

三、行政性国有资产管理及改革

行政机关占用的国有资产，是行政事业性国有资产的一部分。随着政府机构改革的推进及政府职能的转变，行政性国有资产管理提到了议事日程。针对行政性资产产权不清晰、占用不公平、资产使用效率低下等问题，应实行行政性国有资产存量与增量的同步改革，分离行政机关经营性资产，盘活行政机关闲置资产，推动行政性国有资产管理的统一。明确财政部门作为行政性国有资产监管的行政机构，并组建行政性国有资产的专业管理部门，负责行政性国有资产的日常管理。

（一）行政性国有资产管理改革的目标定位

行政性国有资产管理应该着眼于普遍存在的问题，确立行政性国资占用的公平与效率提高的目标。

1. 实现行政性国有资产占用的公平

研究确定与行政机关所承担职责相匹配的三项定额标准，即实物资产定额、标准费用定额、财政预算定额。

2. 提高行政性国有资产使用的效率

从行政性国有资产管理问题上看，行政机关提高国有资产使用的效率应有以下两目标：即行政性国有资产形成数量上的最优目标、行政性国有资产使用上的效率目标、行政性国有资产处置上的效率目标。

3. 减轻各级财政负担

在实现行政性国有资产占用的公平、提高国有资产使用效率的基础上，加强各级政府的财政预算，努力减少各级政府的财政负担。

（二）行政性国有资产监管的统一

现行的行政性国有资产管理已不能适应社会主义市场经济的总体要求。因此，应统一对行政性国有资产进行监督管理，明确行政性国有资产管理的行政机构及管理部门。

1. 明确行政性国有资产管理的行政机构

按照“国家统一所有、政府分级监管、单位占有使用”的原则，建立全国统一的行政性国有资产管理体制，财政部门应作为行政性国有资产的唯一行政机构。

2. 明确行政性国有资产的管理部门

可以采取“统一政策，专业管理”的体制，即在统一的政策下，由专业化的行政性国有资产管理局（处）负责日常管理。

3. 明确行政性国有资产管理的审计部门

审计部门可由全国人大下设审计部门，亦可由国家审计署承担独立于监管部门之外的审计工作。

（三）行政性国有资产存量和增量的管理

在行政性国有资产管理和改革的进程中，财政部的行政性国有资产管理部门，应加强对行政性国有资产存量和增量的管理，调整行政性的资产结构，建立存量资产的调剂制度，对行政性国有资产存量进行再分配。并且对行政机关现存的少量经营性资产进行分离。优化行政性国有资产增量管理、存量调整和资产配置管理，回收和盘活行政机关闲置的资产，提高行政性国有资产的整体运营质量。实现行政性国有资产占用的公平性。

1. 行政性国有资产存量的再分配

必须对行政性国有资产存量进行再分配，以达到资产的公平、合理配置，提高行政性国有资产的使用效率。

2. 行政性国有资产增量的管理

应结合预算改革，建立资产预算与财政预算相联系的制度，合理配置行政机关的非经营性国有资产。

3. 行政机关经营性资产的分离

要规范行政性国有资产的管理，坚决分离这部分——在行政性国有资产内已形成的经营性资产。要严格规范行政机关非经营性资产转经营性的作法，建立健全资产处置的审批制度。

4. 行政机关闲置资产的回收和盘活

对于行政机关购置不用或超过编制定额的固定资产，行政性国有资产管理部门应本着物尽其用的原则进行处置和调剂，回收这些行政机关闲置的资产，鼓励各行政机关闲置资产拿出来进行交易，通过所有权变更或使用权转让等方式，将行政机关闲置资产转化为有效资源，以实现行政性国有资产占用的公平。

四、事业性国有资产的管理及改革

事业性国有资产管理是行政事业性国有资产管理中的难点和重点。事业性国有资产面临着盘活存量和配置增量的双重任务，管理的最终目标是要提高资产的运营效率和保证公共产品（服务）供给的质量，实现资源配置的最优化。改革的基本思路是要分别确定管理行政机构和专业化管理部门，由各级财政部门统一行使事业性国有资产所有者代表权力，设立非行政性的专业化管理部门负责事业性国有资产的具体管理职能；管理的重点是提高资产运营效率，挖掘资产优化整合、激活效率的巨大潜力，同时要实行预算绩效评价，使资产增量与绩效评价水平挂钩，推动预算增量改革。

（一）事业单位国有资产管理与业务指导的分离

事业性资产管理要坚持国资管理和业务指导分离的原则，行业主管或上级行政部门适合从事专门的业务指导和监督，而事业性资产管理则应当由独立的国资管理体系和机构负责，坚持“政资分离、政管分离”是对事业性国有资产管理的基本要求。在资产的所有权和性质界定上，事业性国有资产具有高度的同质性，即产权归国家所有、资产主要来源是公共财政拨款形成、资产以提供公共产品（服务）为职能，因此在行政权力行使中应当统一明确各级财政部门为行政机构；同时，为了突出事业性国有资产的自身特点，要由专业化的管理部门负责资产的具体管理。

1. 明确事业性国有资产管理的行政机构

为了保证“政资分离、政管分离”以及事业性国有资产的专业化管理，必须设立专业化的事业性国有资产管理机构，并由财政部门授权依法（条例）履行事业性国有资产的管理职能。专业化管理机构的设立，可以有效避免行政机构直接介入资产管理工作而引发的行政越位、资产管理不到位的现象。该机构应当定位于非行政机构，采取市场化管理方式，吸收一批专业的精通资产管理、财务管理的人才，主要围绕盘活事业性国有资产存量、合理预算资产增量来开展工作，其工作既要接受财政部门的监督指导，同时还要接受审计部门的审计。

2. 事业单位非经营性国有资产和经营性国有资产的划分

事业性国有资产管理体制运行的基础是必须先进行资产的分类整合，最重要的就是非经营性资产和经营性资产的划分。事业单位的基本定位是属于政府公共服务的范畴，主要是要满足提供公共产品（服务）的需求。

3. 具备条件的事业单位可通过弱化行政依附性而公开透明

行政依附特征是我国事业单位存在的一个重要特点，这种行政依附性以及随之而来的寻租利益既不利于形成公平公正的市场机制，也影响到相应单位国有资产的优化组合和科学配置。应当在财政部门的指导和监督下，由专业化的资产管理机构行使国有资产管理和处置权。特别是在增量配置中，必须依靠预算绩效评价制度来由专业化管理机构和财政部门共同负责。

（二）事业性国有资产管理与预算拨款的统一

事业性国有资产的主要形成来源是财政拨款。因此，事业单位管理和财政预算拨款之间存在着必然的联系，必须确立以资产使用效率高低、预算绩效评价优劣为依据的财政拨款原则，或者说增量的配置必须以存量的使用绩效为原则。

1. 事业性国有资产管理应承担效率提高和绩效评价责任

事业性国有资产管理的首要职责是提高资产使用效率。衡量资产效率的标准是是否满足了人们对公共产品（服务）的需要，是否在既定资产数量下使所提供的公共产品（服务）质量达到了最优。通过建立预算绩效评价体系和确定相关指标，并根据评价结果确定相应的增量配置，切实把好增量关，在源头上处理好资产形成和配置。

2. 事业性国有资产管理中的中长期财政拨款预算

事业性国有资产中长期财政拨款预算的审批部门主要是专业化管理机构和财政部门，其依据重点是资产使用（运营）效率及绩效评价情况。必须有完善的绩效评价制度为参照，评估事业单位是否在资产占有使用（运营）中达到了预期的绩效标准。

（三）事业单位分类及运营体制改革

事业性国有资产改革不仅是一个国有资产管理问题，同时也是事业单位改革的重要组成部分。事业单位管理体制、运行机制等综合改革的方向、进程、绩效都将影响到事业性国有资产改革路径的判断和选择。特别是事业单位分类改革、运营体制改革是事业性国有资产管理体制建构、资产性质确认、资产结构调整等改革工作进行的重要基础和参照。

1. 事业单位分类及事业单位结构性调整

可以考虑把现有的事业单位分为三大类：一类为政务支持类，另一类为社会公益类，再一类为自主经营类。事业单位无论是全面改革，还是分类改革，不是简单减少和压缩事业单位规模和编制，而是先进行结构性调整，再分别推动各类内部管理及运营体制改革。事业单位结构性调整的基本原则，是减少或压缩政务支持类事业单位的规模，增加或扩大社会公益类事业单位的规模，推进和抓好自主经营类事业单位事业法人转变为企业法人的工作。在进行结构性调整的基础上，政务支持类事业单位再进行人事制度与管理制度改革，社会公益类事业单位则强化公众监督与运营公开的改革。

2. 围绕效率与透明深化事业单位运营体制改革

围绕效率与透明深化事业单位运营体制改革对事业性国有资产管理改革有着重要的基础性作用。事业单位运营机制改革的目标是要围绕效率和透明来健全完善一个公平高效的公共服务体系，难点在于实现的路径选择。

3. 事业单位运营体制改革的配套条件

行政事业性国有资产同样是市场经济条件下政府宏观调控的衍生手段之一，实现行政事业性国有资本预算关注资产使用及其效率，能够进一步强化事业性国有资产管理，并和事业单位整体改革形成良性互动。

课题组负责人：文宗瑜

课题组成员：罗建钢　陈少强　董敬怡　刘徽

事业单位资产管理改革研究

内容提要

事业单位资产的作用和管理制度在不断变化，现在需要一个新制度。事业单位资产具有两面性：它既被用来为公共利益服务，又是事业单位内部人员的利益所在。事业单位资产数量大，管理混乱；谁占有多谁收益就大，没有明确的所有权和调拨使用制度。

应当建立国家所有、分级管理、单位使用、收益上缴可以调拨、影子预算分配的管理制度。如果是行政单位和全额事业单位，其资产可以实行集中管理、平衡调拨、影子预算分配的管理制度。如果是独立法人事业单位，其资产有法人独立性，资产管理部门应当有一种制度，加强对其变动、使用和收益的监管。资产管理部门应设在财政部门内部，这样对某个单位的预算拨款、资产存量、增量、收益等管理可以在财政内部协调起来。事业单位的资产要依据事业单位本身公共程度的不同，进行“分类并分别处置”。

一、事业单位资产的概念

(一) 事业单位的国有资产与其他国有资产的区别与联系

事业单位的国有资产，是指国家以各种形式投资及其收益再投资形成的、以拨款形式形成的、接受馈赠形成的、凭借国家权力取得的、借贷形成的或者以依据法律认可的任何形式取得或形成的各种类型财产或财产权利。事业单位国有资产是国有资产的一部分。

国有资产有广义与狭义之分。广义的国有资产指国家所有的全部资产，包括经营性资产、非经营性资产和资源性资产；狭义的国有资产仅指经营性国有资产，是国家作为出资者在国有企业和事业单位依法拥有的资本及其权益。

国有资产按部门可分为三类：国有企业的国有资产、国有事业单位的国有资产、行政单位的国有资产。三类资产的部门属性不同，用途不同，管理上就有差别。

企业的国有资产是以盈利为目的，使用它是为了增值。行政单位的国有资产以行政服务为目的，使用它有利于各行政部门完成工作任务。事业单位的国有资产是以公共利益服务为目的，使用它是为了提供有效的公共服务。

(二) 事业单位的国有资产具有三个“两面性”

第一个两面性表现为：资产本身有盈利能力，而在实际上也被用于盈利目的，而单位是非盈利的。另一个两面性表现为：资产本身被用来为公共利益服务，而同时它有可能被用来为单位自身利益服务。

第三个两面性是：资产是国家的，但是单位是独立法人，国家不能随便调拨。

这三个两面性由以下几个特征支持：第一，事业单位是非盈利的，但是这个单位却有经营权，就是说它可以通过提供服务收费，可以凭借资产取得收益。国家承认事业单位有一定的自主经营权，特别是差额预算或完全自收自支型事业单位，靠经营获得一部分运营经费；即使是全额预算事业单位，也可以凭借资产取得收益。第二，事业单位是为公共利益服务的，但是有自身的单位或部门利益；拥有一定的资产是为大众提供服务的条件，但是拥有资产的多少与单位利益以及单位员工个人利益之间事实上存在着联系。事业单位有不断扩充自己的服务和权限、不断增加自身占有资产、不断追求自身利益最大化的内在冲动。第三，事业单位是独立法人，有与其他单位发生经济联系、签定契约、承担风险的权利，资产可能被抵押。第四，事业单位有融资权，可以通过收费等经营活动为投资还款，形成新资产，但这些资产的权利归属是模糊的，似乎既可以是国家的，也可以看作是单位的。

从事业单位的三个“两面性”及其“四个特征”可以看出，对事业单位要有特别的管理手段。

（三）资产占用数量大，目前还没有有效的管理手段

现有事业单位占有大量的国家投资形成的固定资产，数量不清；没有做折旧处理甚至没有折旧的概念；土地资产没有真正地评估，大量的土地增值被单位占用；利用资产获得经营收入的处置问题没有一套完整的管理办法。中国现有经济资源中很大部分被事业单位占用，其中包括 60%受过高等教育的专业人才、大量的国有土地、1/3 左右的非经营性资产以及 1/3 的部门预算支出。见表 1。

表 1　　事业单位的资产状况　　单位：亿元

年　份	2000	2001	2002
全国事业单位资产合计	17718.6	21199.8	26701.4
全国事业单位流动资产	3032.1	5841.4	7747.2
固定资产原值	10166.7	12426.1	15159.2
固定资产净值	9973.3	12213.9	14862.6
负债	4779.1	5679.1	7728.1
净资产	12915.3	15502.5	18940.6

注：此表依据内部有关资料制作。

二、资产管理体制不断变迁，新体制目前尚未健全

（一）建国初期，确立了国家所有、分级管理的体制

第一，国家所有。1949 年 10 月，中央人民政府委员会第一次会议宣布：凡属国有的资源、企业和行政事业单位的财产均为全体人民的公共财产。

第二，分级管理。1949 年政务院作出规定：国家所有的行政事业单位实行三级管理，即中央各部直接管理、暂由地方政府代管或划归地方政府管理。

第三，计划调拨。采取的主要措施有：①国有固定资产投资计划实行统一领导、统一管理。这个时期国家所有恢复与建设投资都由国家计划部门集中管理、统一安排。②对主要生产资料实行计划调拨、统一分配。③中央政府不断增加直接管理的国有企业。④在此期间(1951 年)，经中共中央批准，国家对国营企业进行了第一次清产核资工作，对固定资产、流动资产及土地等进行估价，为建立经济核算

制、促进企业计划管理打下基础。

第四，建立“条块结合”的管理体制，实行以“条条”管理为主的国有资产体制时期。

随后，国有资产管理体制经历了行政体制内的放权和集权的变革，即中央“条条”管理还是地方“块块”管理的变动（1978 年经济改革以后，才有对事业单位的放权）。

（二）改革开放之前，在中央与地方之间多次“下放”与“上收”

1. 第一次“下放”行政事业单位国有资产管理权限

1957 年，国务院规定，把中央直接管理的一部分企业和事业单位下放给省、市以及各工业主管部门，除了一些主要的、特殊的以及试验田性质的企业外，其余的企业原则上一律下放给地方管理。1958 年 6 月，中共中央为了实现党的八大二次会议提出的“大跃进”目标，加快我国社会主义建设的速度，作出了《关于企业、事业单位和技术力量下放的决定》，大幅度下放中央部属企业、事业单位和相应的国有资产计划管理权力给地方，这是对当时行政事业单位国有资产管理体制的一次大调整。调整的主要内容有：①轻工业部门所属各事业单位全部下放。②重工业部门所属事业单位大部分下放。③铁道部属工程局、管理局，实行中央和地方双重领导。④下放事业单位的干部完全划归地方管理。⑤下放计划管理权限，实行“以地方综合平衡为基础的、专业部门和地区相结合的计划管理制度”。到 1958 年，中央各部属企业事业单位由 1957 年的 9300 多个减少到 1200 多个，下放了 88%。

2. 第一次“上收”行政事业单位国有资产管理权限。

1961 年，针对当时国民经济困难及管理体制松弛问题，中共中央于 1961 年 1 月 20 日发出《关于调整管理体制的若干暂行规定》，决定把经济管理的大权集中到中央、中央局和各省（自治区、直辖市）三级。在企业方面采取的主要措施有：①对国有资产实施集中统一的计划管理：地区计划以大区为单位，中央统一安排。②上收国有资产投资管理权限。③上收一批国有企业管理权限：1958 年以来中央各部下放企业的人权、财权和工商权力，下放不适当的一律收回。④上收物资管理权：凡需在全国范围内组织平衡的重要物资，均由中央统一管理，统配物资和部管物资由中央主管各部归口安排。在这一阶段，对有关物资和资金的管理也相应作出以下调整：实行统一计划下的以地区管理为主的物资调拨体制。⑤加强国有资产收益的集中管理。

其中对行政事业单位国有资产管理规定：①各项事业工作都必须执行全国一盘棋的方针，不能层层加码，都必须集中力量完成或超额完成国家计划。②上收行政事业单位国有资产投资管理权。在基建资金来源上，取消了过去由地方财政包干，改由中央财政专项拨款。③上收物资管理权。将原来设在国家经委内的物资管理总局，改为国家物资管理部，对地方物资管理系统实行垂直领导，并收回一部分物资管理权，实行集中统一管理。

3. 第二次“下放”行政事业单位国有资产管理权限

在企业方面，1970 年国务院发出通知决定第二次下放国有资产管理权限：①国务院各部在 1970 年把直属企业事业单位绝大部分下放给地方管理。②少数由中央和地方双重领导的企业事业单位，以地方为主。③极少数的大型或骨干企业事业单位，由中央部委和地方双重领导，以中央部委为主，正在施工的各直属基本建设项目也按上述精神分别下放地方管理。④将企业上缴财政的折旧基金全部下放给地方，用于技术改造和综合利用。1977 年，国家又规定，除县办企业以外，所有国营企业提取的基本折旧基金，50%留给企业，用于固定资产更新和改造；50%上交国库，用于重点企业更新改造及地方掌握。

在事业方面，第一，大面积下放事业单位。1970 年 3 月，根据《第四个五年计划纲要（草案）》的精神，国务院要求各部的绝大多数直属事业单位下放给地方管理，少数由中央部委和地方双重领导，以中央部委为主。下放给各省、自治区、直辖市管理的事业单位，有的又层层下放到专区、市、县管理。第二，财政收支大包干。国务院决定对各省、自治区、直辖市试行定收定支，收支包干，保证上缴（或差额补贴），结余留用或者全额分成、收入留成的办法。国家财政收支除中央部委直接管理的企事业收入和海关关税收归中央外，其余全部划归地方；中央财政支出除中央部门直接管理的基本建设、国防战备、对外援助、国家物资储备等支出归中央外，其余也全部归地方，由地方统筹安排。第三，物资分配大包干。随着中央企事业单位下放，物资分配实行大包干的体制，即在国家统一计划下，实行地区平衡、差额调拨、品种调剂、保证上缴的办法。此外，将下放企事业单位的物资分配和供应工作移交地方管理。

（三）改革开放以来，实行真正的“下放”，单位利益形成。

1. 行政事业单位试行“预算包干”

为提高行政事业单位资金使用效益，1979 年财政部发出《关于文教科学卫生事业单位、行政机关“预算包干”试行办法》，该试行办法规定：①凡是在预算管理上实行全额管理的单位，由国家核定预算，年终结余收回的办法，改为“预算包干，结余留用”的办法。②在预算上实行差额管理的单位，可实行“定收入、定支出、定补助、结余留用”的办法。③各部门、各单位的预算由各级财政和上级主管部门予以核定。

2. 资产收益作为预算外收入处理的阶段

正如前面所介绍的，各个事业单位形成了事实上的对国有资产占有使用与收益权。占有多就受益多。国家在此期间出台了一系列的政策、规范设置收入，如专户存储、收支两条线等。

（四）建立国有资产专门管理机构，两类资产分开管理

1. 建立国资局

1988 年初，七届全国人大一次会议作出了“要抓紧建立国有资

产的管理体制”的决定，同年 9 月，国务院正式组建国家国有资产管理局，归口到财政部，其中内设行政事业资源司专门机构，统一归口行使行政事业单位国有资产所有权管理职能。国家国有资产管理局建立后，省、直辖市、自治区、计划单列市分别逐步建立了副厅级、副局级的国有资产管理机构；其余地区在财政厅（局）内设立相应的国有资产管理处或筹备组。国家国有资产管理局作为行政事业单位国有资产的代表者，行使国家赋予的国有资产所有者的代表权、国有资产监督管理权、国家投资的收益权以及资产处置权。

2. 行政事业单位国有资产与企业资产分开管理

1991 年 2 月，国家国有资产管理局发出《关于委托国务院机关事务管理局管理中央国家机关国有资产的通知》，正式将中央国家机关国有资产全权委托国务院机关事务管理局管理。该《通知》规定，国务院机关事务管理局受国家国有资产管理局委托，对中央国家机关的国有资产行使资产所有者代表的以下四项主要管理职能：①拟定中央国家机关国有资产管理办法和实施细则。②制定中央国家机关非经营性国有资产的使用定额和使用、调配制度。③依据国家国有资产管理局制定的法规、政策，推动中央国家机关经营性国有资产的优化配置，合理流动，负责行使中央国家机关国有资产监督管理权、资产处置权。④定期按国家国有资产管理局的要求，分别报送非经营性和经营性两类国有资产报表并报告工作。

1998 年中央政府机构改革后，国家国有资产管理局并入财政部，由财政部承担了经营性国有资产管理职能，而将中央国家机关国有资产划归国务院机关事务管理局负责，资源性国有资产划归国土资源管理。各省、自治区、直辖市、计划单列市随后也纷纷开展机构改革，地方行政事业单位国有资产管理体制发生了极大的改变。

（五）行政事业单位国有资产管理处正式设立

2002 年，国务院机构改革方案议定，设立国有资产监督管理委员会，负责国有企业的国有资产管理工作。但是，行政事业单位国有资产管理不在其中。2004 年，根据国务院的指示，财政部成立了行政事业单位资产管理专门机构：在行政政法司下设了行政资产管理处，在科教文司下设了事业资产管理处。

三、资产产权、制度和管理模式的问题

（一）目前没有一个规范的行政体制模式

首先，事业单位的产权没有在中央与地方之间界定清楚。第一，由于经过多次“下放”和“上收”，中央与地方的产权界限模糊了。如一些大学，经过国家几次下放与上收之后，它们似乎既是中央条条上的单位，也是地方块块的单位。第二，由于中央和地方财政共同拨款投资，其间的资产不能区分中央与地方的产权归属。比如一些培训中心，中央、省、市都有投资，当地政府出地皮，而产权实际上归这个培训中心所有。因此，这个培训中心的国有资产应由哪一级政府来管并不明确。

其次，国有非经营性资产管理体制没有形成。谁是国家非经营性国有资产的代表，如何行使资产管理权限的问题一直没有解决，似乎仍然处于计划经济体制下“条条”与“块块”之争之中。我们在经营性国有资产管理方面存在这样的问题：管理权由多级和多个政府职能部门来行使，政府的社会经济管理与国有资产管理的目标、职能交织在一起。事业单位非经营性资产的情况也一样。不论是中央还是地方，各个行政部门管理自己的事业单位，也管事业单位的资产。因此，各个单位的资产差异一直存在。例如，有的事业单位有大量的土地、办公楼等资产，但政府不能从资产所有者的角度加以调拨利用，

而同时其他事业单位又重新申请经费要买地和建设楼房。

（二）没有一个规范的与所有权有关的制度模式

事业单位有着与企业相同的问题：企业中有政企不分、利税不分、社会经济管理职能与国有资产所有者职能不分、资产由部门和地方分割管理等问题；而事业单位也有政事不分、收费与预算拨款不分、为社会公共服务与单位及个人利益不分，国家资产与“单位资产”不分等一系列问题。

首先，资产的所有权与经营权不明晰。在经营性资产方面，将生产经营权基本下放给企业的同时，政府管理资本经营方式一直在探讨之中，投资主体不明确，企业根本无法按照市场规则正常运行。在事业单位资产方面，似乎没有国家所有的概念，各个单位既是所有者，也是经营者，谁占的多谁受益就多。

其次，使用资产的责任与权利不对称。在经营性国有资产方面，正在创建一套管理办法，使企业经营者对自己所使用资产增值负责，干好的得到奖励，干不好的受到惩罚。在非盈利资产方面，不要求单位对国有资产的保值和增值负责，因此单位的领导及职工为实现个人利益最大化，尽量利用这些资产为自己谋取利益。出租甚至出让国有资产的事例普遍存在，但是这种做法没有得到有效管理，甚至还得到鼓励，因为事业单位创收目前被普遍认为是一种合理的行为。

（三）没有一个规范的运营管理模式

事业单位资产不能简单比照企业用利润指标来管理，也不能简单地说它无收益，从而放弃管理。

长期以来，我国一直把经营性国有资产作为国有资产管理工作的重点，并提出了国有资产要“保值增值”的目标。在国有事业单位的资产改革探索中，确实提出以“保值增值”为管理目标，要求事业单位转型。到目前为止，绝大部分可以转型的已经转型，但是还有一部分处于可转与不可转之间，比如一些医院、疗养院等。

另外一些是部分地转为经营性的企业。比如，北京市市政管理委员会下属的事业单位，改制后现属国资和并由国资委直接管理，要求废水排放、污水处理、道路清扫企业实行资产保值增值，但在实践中遇到了很多问题。由于市政府购买服务价格过低，企业之间又不能竞争，不仅不能保值增值，还带来了这些单位不动产固定资产投资的不足，企业大型设备没有计提折旧等后果，最后还要政府再投资。

对于大部分服务性事业单位来说，不能以保值增值的管理目标来要求它们。因为这些国有资产都是为国民经济和社会发展服务的，有的是为提供公共物品和准公共物品而形成的国有资产，它们所产生的效益很难以利润的形态反映出来，在会计账面上可能只是单纯消耗资产而没有产生收益。但是，除社会效益以外，这些资产实际产生的经济效益是不容忽视的，有的甚至远远高出其外在的价值。再如土地等环境和资源类国有资产，在全额拨款事业单位内，资产收益也是存在的。

四、事业单位国有资产管理的具体问题

（一）基本背景发生了变化

其一，总量增加。随着我国经济体制改革的深入，公共部门，特别是政府部门所掌握的财富比以前有了很大程度的提高，这也使政府加大对公共工程项目的投资成为可能。地方性国有资产项目逐渐增多，如隧道、大桥、公路等，这就改变了以往国有资产格局中，工程项目国有资产比重偏低的局面，但国有资产的管理工作并未相应做出调整。其二，长期疏于管理。尤其是对于一些不体现政

府职能、能够与财政经常性支出脱钩的事业单位，往往是从预算管理体制上界定其与政府的关系，并未真正站在资产管理和产权关系的角度审视其资产性质，明晰其管理体制，这样不但造成了事业单位之间预算管理体制差别较大，而且还出现了国有资产被大量瓜分和蚕食的现象。

（二）管理机制缺乏全局性和连续性

改革开放以来，国有资产管理的概念从提出到付诸实践，始终处于调整和完善之中，理论界对此也一直处于争论之中。国有资产管理局1995年成立，1999年撤销，其基本职能实际上只是资产会计职能及部分产权监管职能，并非责权统一的真正意义的所有权行使机构。在这一阶段，所有权职能分别由财政部门和行业主管部门掌握，即便后来撤销了一般竞争性行业的主管部门，但仍未改变“诸侯割据”的局面，因而造成管理方式不一而足且变更频繁，致使国有资产管理效益低下。一方面，经营性国有资产分布结构失衡，整体运营质量不高，而且不良资产和资金挂账较多。另一方面，非经营性资产存在不少问题，尤其是行政事业性资产家底不清、产权混乱、账实不符现象严重，账外资产以及非经营性转经营性资产的数量较大，而且缺乏统一、规范的报损、报废、调拨、转让等资产处置管理制度。产权过度分散、管理机制软化，导致部门、单位想方设法多向财政要资金，多向政府申请划拨土地，多占用一些国有资产，不仅造成了国有资产的流失、闲置和浪费，还削弱了财政的调控能力，加剧了苦乐不均的现象。

（三）很难有准确的资产统计

现在各地的行政事业单位资产没有一个统一的统计口径。有些单位实际上只有实物账，甚至没有空物账，更谈不上按市场价评估的资产账。家底不清是一个普遍存在的问题。

（四）账外资产比较多

党政机关及事业单位的账外固定资产很多。其中包括房屋建筑物等专用设备，交通运输工具等一般设备。这些账外资产，暴露了党政机关和事业单位资产管理混乱，容易产生资产流失和产权归属不清问题。有的单位接收馈赠资产多，由于管理滞后，形成大量的账外资产。

（五）资产盘亏严重

实地调查发现，一些单位账实不符的重要原因是账务管理和实物管理脱节，财务和总务部门资产管理衔接不好，单位实物管理部门已经把资产处置了，财务部门仍挂着账。比如有些车辆，后勤部门已办理了报废手续，但财政部门仍挂着账，撑账面。

还有的党政机关资产管理制度是空白。单位资产丢失、损失无制度约束，至今无人承担经济责任，这是国有资产流失的一个重要原因。

（六）占有等于所有，擅自处置国有资产

由于没有一个部门代表国家行使所有权和处置权，所以单位占有就等于所有，一些单位将大量公房出租，一些单位申请建房。单位占有的多收益就大，占有以后形成既得利益。单位占有土地等未办理资产评估和资产转让审批手续就出让，处理收入成为单位小金库收入。

（七）大量房屋因产权不清，难以入账

有些独立购买的办公楼，因办理产权手续费用高，至今尚未办理产权证，导致擅自用国有资产担保，出借国有资产。有些事业单位因企业无力偿还贷款而承担连带经济责任，用国有土地抵押等。

（八）国有资产收益不入账，形成资金体外循环

有些单位对下属部门上缴的很大数量的管理费，不纳入机关的账务管理，并且分给单位职工买住宅；或者将办公楼出租，收入不入账，形成“小金库”。

上述问题的存在原因是多方面的，主要是党政机关领导对资产管理缺乏重视，在管理上重钱轻物，造成资产管理基础工作不健全，没有责任制；少数领导的国有资产法规政策观念比较淡薄，随意转让国有资产。计划经济政企不分的管理模式，也使有的党政机关背上了债务包袱。

五、事业单位资产管理改革中各地的一般做法

（一）单独设立管理机构

目前，在财政部门已经设立了行政事业单位国有资产管理机构，与国资委分工，专门管理行政事业单位的国有资产，这是一个进步。财政部事业单位资产管理处正在拟订有关条例。但是，由于事业单位资产性质的复杂性以及数量巨大，如何管理这些资产及其收益，如何处理其中政府间的关系，财政投资资产以及自有资金形成资产的关系，以及解决经营性事业单位是否以增值保值作为考核目标等问题，还有待研究。

（二）各地先后进行了清产核资、查清家底的工作

很多地方都在进行着最基础的工作，对资产既点数量，又查明资产的使用情况、完好程度、存在的问题等。通过资产清查，将一些长

期没有入账的资产重新登记入账，以防止国有资产流失。特别是近几年，撤并单位较多，资产工作复杂。很多地方政府要求各转撤并单位的法人代表、财务、资产管理人员积极认识真做好国有资产的清理移交工作，在各项资产未移交前不得调离。转撤并单位的移交小组，要认真组织好本单位的资产清查、核销、划转等项工作。各级国有资产管理部门和财政部门要做好转撤并单位资产、财务等的划转、移交工作。

（三）一些地方政府采取了力度较大的改革措施

主要有南宁市的集中经营性资产的措施，乌鲁木齐市将行政事业单位国有资产的产权收归一个部门管理的措施，以及广东省南海进行国有用房内部分配制度改革等。下面具体介绍一下事业单位资产管理改革的几种模式。

1.“授权管理经营，市场化运作”的南宁模式

2004年4月，广西南宁市政府和国资委批准成立了资产经营有限公司，首先对南宁市属行政事业性国有资产中用于经营的部分进行管理，并对各单位物业占有不均进行了调整，主要是弥补少数单位不足。从当年12月起，经南宁市国资委授权，公司分期对行政事业性单位占有的其余资产也进行了接管和市场化运营，各单位按照占有的多少交纳费用；所有的行政事业性单位的经费统一由财政局发放，从而既实现了“配置公平”，也杜绝了小金库的存在。具体做法有以下几点：

（1）由一家公司管理所有资产。由市政府组建一家国有独资企业即威宁公司，经市国有资产管理委员会授权，威宁公司分期分批统一接收、管理、运营市本级党政机关、人民团体、事业单位占有、使用的国有房屋、土地和经营的铺面、宾馆、招待所、培训中心、印刷厂、经营网点、内部商店等各种经济实体。

（2）行政用资产的货币化分配。威宁公司按市场经济规律，对各

行政事业单位需要的办公场所实行商品化、市场化供应和货币化结算制度，各单位要向威宁公司支付租金，再辅之以逐步规范统一各单位人均办公面积，逐步收回超出标准面积部分的办公场所，重新调剂分配。集约化管理既摸清了全市行政事业性国有资产的家底，又实现了资产的有效利用。

(3) 公开竞价使用和交易资产。改革前，一些行政事业单位对其名下的资产或者不申报、不登记，进行暗中招租；或者与承租人约定以“挂靠”形式进行合作经营，让承租人在租金、用水、用电等方面得到优惠和照顾。通过公开挂牌竞价、租赁行政事业性可经营性国有资产等方式，威宁公司开办了全国首家可经营性国有资产租赁业务公开竞价交易大厅，并开发了首个公开租赁竞价的互联网交易系统。

(4) 通过市场运作，将非经营资产转为经营资产。把非经营性国有资产通过法定程序和国资委授权转变为经营性国有资产，达到国有资产保值增值的目的。作为具有法人地位的国有独资企业，威宁公司依法对管理的国有资产进行市场化运营，如转让、租赁、拍卖、兼并、开发等。通过集约经营和房产置换、另择地段建造行政办公中心等手段，实行办公用房统一建设、租赁、使用的机制，腾出原来各单位占有、使用的位于黄金地段的房地产进行商业综合开发，最大限度地使用国有资源。通过利用国有资产进行抵押担保，威宁公司将构筑起一个更大的新型投融资操作平台，探索融资新模式。威宁公司还把眼光投向了公司上市运作，期望在不久的将来，通过资本市场，寻求更大的发展空间。

(5) 收入统一用于公务员津贴。威宁公司把盘活国有资产的收益上缴市财政，为统一发放公务员岗位津贴提供了重要的补充资金来源。配合威宁的改革，南宁市出台了岗位津贴新办法，分 8 个级别统一发放全市公务员的岗位津贴，并严格规定党政机关不得再从事或参与任何形式的经营活动，不得巧立名目乱发、滥发其他各种津贴、补贴、实物，有效解决了全市公务员福利待遇苦乐不均的问题，调动了公务员的积极性，使单位领导解除了“创收”的沉重压力，把精力完全集中到本职工作，重塑了政府机关的形象。

2.“政府委托授权管理”的上海模式

上海从1997年开始探索对国有行政事业性资产的管理问题。目前，主要是推行“国有资产委托监管制度”。由国资委和有关主管部门签定委托管理书，委托主管部门对下属各单位资产进行管理，国资委主要从保证国有资产增值保值的角度出发对重大事项进行监督，主管部门主要负责各具体单位日常事务管理及人事安排，是一种“总体授权模式”。到2000年，已基本构建了新型的地方行政事业性国有资产委托授权管理体制。该模式有如下特点：

(1) 公开经营性与非经营性资产。行政事业单位非经营性国有资产管理体系是自上而下建立的，上面是市国有资产管理部门，下面是市级行政事业单位主管部门和市级机关国有资产管理部门、以及市级各行政事业单位。行政事业单位经营性国有资产管理体系也如此，上面是国有资产管理部门，下面是有关市级行政事业主管部门和部分通过改革社会事业体制、实行产业化发展后成立的市级社会事业产业集团，以及市级主管部门及其有关事业单位所管、所办企业和社会事业产业集团所属并出资设立的全资、控股、参股企业组成。

(2) 国资委委托各部门管理。该体制的管理形式采取由市国有资产管理部门委托市级行政事业主管部门，对其所属非经营性国有资产进行监督管理；由市国有资产管理部门委托市级机关国有资产管理部门对市级机关非经营性国有资产进行监督管理；由市国有资产管理部门委托有关市级行政事业主管部门和社会事业产业集团对本部门、本系统经营性国有资产进行监督管理。

该体制的各机构职能分工为：市国有资产管理部门拥有对委托监管的行政事业性国有资产最终所有者的代表权、投资的收益和资产处置权。

被委托授权的行政事业单位非经营性国有资产管理机构的主要职

能包括：第一，制定所监督管理的行政事业单位非经营性国有资产管理的规章制度和实施细则。第二，负责行使行政事业单位非经营性国有资产的监督管理权、资产处置权等。被委托授权的行政事业单位经营性国有资产管理机构的主要职能包括：制定所监督管理的行政事业单位经营性国有资产管理的规章制度和实施细则；负责行使行政事业单位经营性国有资产的监督管理权、投资决策权、资产收益权、人事任免权等。

3．“财政集中管理，单位授权使用”的南海模式

2002 年 6 月 6 日，南海市政府出台《南海市行政事业资产和公建物业管理办法》（试行）。按照“政府统一管理产权，单位使用资产”的原则，把过去各单位分散管理行政事业资产的惯例，改为政府委托财政部门统一管理、统一调配、统一运筹。具体做法如下：

（1）建立“业主”统一集中管理资产的制度。南海市人民政府明确指定南海市财政局是负责管理该市行政事业资产和公建物业的行政主管部门，并成立了南海市公建物业管理有限公司（以下简称公建公司）。公建公司的主要职责是：制定行政事业资产和公建物业管理制度，组织开展对行政事业资产和公建物业的清查，集中管理行政事业资产和公建物业的产权。逐渐过渡到以后所有公建物业只有一个业主，即南海市人民政府或其指定的代表单位，由其对该市行政事业单位所有的土地证、房产证进行集中统一管理，对现有的公建物业进行登记造册。

（2）日常管理规范化。公建公司在对行政事业资产和公建物业进行登记造册的基础上，对公有物业的增减变动建立严格的管理制度。

第一，产权管理。行政事业单位已持有的产权证，统一移交公建公司。行政事业单位正在使用但没有相关产权的物业，要如实上报，并将相关资料一并移交公建公司。市政府对行政事业单位新的土地划拨不再以使用单位冠名，统一以公建公司为使用权所有者。在有财政拨款投入的工程竣工时，由市财政局会同公建公司办理产权证；房地

产发展商在办理规划报建时，由市规划建设局核定其公建物业方案。房地产发展商在办理商品房预售许可证时，要将市规划建设局的公建物业方案作附件报市国土资源局；市规划建设局在核定的公建房产后，会同公建公司办理有关协议。房地产项目完工时，发展商要配合公建公司办理有关的房产手续。

第二，使用登记。市属行政事业单位的办公地点由市政府安排，公建公司负责办理具体的授权手续。使用登记包括新增使用登记、变更使用登记。新设立的行政事业单位，在办公场所确定后的十五天内，到公建公司办理使用登记手续；行政事业单位分立、合并、撤销以及单位名称、地址发生变化，要在主管部门或审批机关批准后十五日内，到公建公司办理变更使用登记。市机构编制委员会办公室要将行政事业单位分立、合并、撤销以及单位名称、编制变动的相关文件抄送市财政局。

第三，出租与借用的权限归“业主”。行政事业资产和公建物业的出租或借用统一由公建公司负责，使用单位不能擅自出租或出借给其他单位或个人。使用行政事业资产和公建物业原有未到期的出租合约，要移交公建公司。使用单位要配合公建公司做好有关接管工作；使用行政事业资产和公建物业的单位要将资产和物业外借的情况如实向公建公司反映，由公建公司请示市政府后再重新进行调配。

第四，资产调剂和处置。公建公司通过对各单位的公有物业使用效率进行合理评价，可以在使用单位之间内部调剂资产。对于空置的物业，则采取市场化手段，实行阳光化管理，通过拍卖、委托、租赁等多种形式实现资产的流动，盘活闲置资产甚至开展资本运营，为城市建设提供资金融通渠道。

4. 乌鲁木齐模式

其基本做法与南宁模式大致相同。第一步先将所有行政经营性和非经营性资产收归一个部门管理，然后再进行其他如非经营性资产分配和经营性资产的管理改革。

第一，产权关系彻底变动。行政事业单位所有财产都划归“行政事业资产管理办公室”所有，各单位只有依合同使用的权力。改变了过去产权模糊、收益权属模糊的问题。

第二，所有财产都包括在内，如办公用房、经营用房以及闲置的职工住宅等。下一步还将包括车辆等动产。

第三，按照实际情况处置各类资产。一是对闲置公务用房，将统筹调配给无房单位使用。二是对出租等经营性房产，交由社会中介机构进行现值和收益评估后，委托专门经营机构实行统一管理，公开竞租，市场化经营。三是各单位现有闲置性职工住宅，由领导小组办公室统一收回，委托中介机构评估，提出合理价格，报领导小组审定后，面向市级行政事业单位无房职工低价出售或按市场价公开出售。

六、各个模式的比较及有争议的问题

（一）处理事业单位资产的办法不同

“南宁模式”的重点在于收回经营性资产。南宁市将行政事业单位经营性资产收回到一个公司，成为一个新的国有企业。收回的主要是招待所、宾馆等，下一步还将收回多余的办公用房，但并没有涉及到多余的职工宿舍等。办公用房也没有与有关部门签协议。

乌市模式特殊，完全变更登记，由一个部门“所有”。这样做难度大，阻力大，原来单位的经营积极性下降。中介机构如何介入经营这些分散的资产还有待进一步探索。

“南海模式”，重点在行政资产管理，事业单位资产也没有真正管起来。

目前大部分地方实行的是“收支两条线模式”。就是将资产放到各行政事业单位名下，不收回产权和经营权，仅仅将所有经营收入用收支两条线的方式管理起来，其实就是上海模式，资产使用与管理是一体的。

(二) 要不要有一个独立的“国有事业单位资产代表的单位”

上海模式采取较为简单的办法，国资委是国有资产的代表，主管单位和基层单位是委托执行单位，但是一些资产管理的必要功能没能体现出来。

南宁是独立设置，但是仅仅用“威宁公司”管理经营性资产。

乌鲁木齐市单独设立，它的权限很大，如何行使权利，职责有哪些还需进一步探讨。

(三) 事业单位作为法人单位，其资产是否有法定独立性

如果是法人单位，资产具有法定独立性，政府就不应当把所有资产收归到一个单独部门；如果不具有法人财产的独立性，事业单位的独立法人登记如何理解，部门间合理分配使用的权限如何取得。

(四) 有大量经营性行为“事业单位”如何处理

即使是乌鲁木齐，资产归由统一部门管理，但这只是改革了行政部门和部分执法性事业单位资产管理，没有涉及到学校、医院这些掌握着大量国有资产的部门。其中有些事业单位处于边缘地带，既提供公共产品又有提供私人产品，主要靠经营取得收入，并且靠银行贷款投资、靠经营还款，这样的部门资产如何管理，仍然要研究。

七、事业单位改革的总体设想

（一）产权问题——国家所有、分级管理、单位使用

1. 搁置权属争议，承认现实

资产管理改革中首先遇到的是资产权限问题。目前，这 4 万亿资产属中央还是属地方，事业单位资产有没有必要划分中央和地方所有权，这是我们首先要解决的问题。

绝大部分行政事业单位在地方，其中的国有资产似乎应当属于地方各级政府。但是，这些资产的形成与中央改革开放以前全民所有、计划调拨是紧密相联的。中央几下几上收放权限之后，资产在各地分配并不均匀，部分资产属全民，应当是中央管理。

但是在财政承包后，特别是在 1994 年划分中央税与地方税以后，地方政府自行投资部分资产的所有权应当归地方政府。

看来，由于历史的原因，产权界定很难讨论清楚。我们应当搁置权属争议，承认事业单位资产中央、地方、单位之间现有的利益格局。

但是，确实存在着历史纠葛和地方之间利益不平均的问题。这里设想以下几种方式，用以缓和这个矛盾。第一种方式是：地方事业单位收入计入地方总财力，国家在转移支付时，将地方总财力作为一个考虑因素，总财力多则转移出来的就要多一些，反之要转移进去多一些，这样可以平衡原来地区间“投入差异”。第二种方式是：对事业单位的资产收入征收“中央费”，用来平衡地区间原来国家投入事业单位资产及其收益的不平等。第三种方式是：未来的财产税（物业税）由中央与地方共享，因为过去中央对地方的医院、学校等投入，

使当地的公共服务水平提高了，也使得地方私人房产升值了。

2. 国家所有，分级管理

所有权应当是国家的。但是除其中部分由中央政府直接管理外，大部分应当委托地方政府管理。中央委托地方政府管理的，地方政府就有委托管理权。

3. 单位占用的资产所有权仍属国家，但使用权在单位。资产的使用收益应按相应政策或办法进行有序分配

使用权和收益权目前属于各具体单位，但是要分不同性质的单位来处理。如果是行政单位，使用权属该单位，收益权却要归政府；如果是学校，使用权和收益权都要归学校，但是要在部门预算和收支两条线控制之下；如果是一个可以企业化的事业单位，资产使用权归企业，收益权归国家。

4. 国家财政投资、贷款投资、捐赠投资等应当有所区别

这些年来，大部分收费单位都有投资，部分是利用国家信用贷款投资、部分是外部捐赠投资。这些投资形成的资产以及相关的收益如何处置，也是要讨论的问题。如果原来的单位是国有单位，贷款甚至赠款形成的资产的所有权应当属国家；如果是新成立的非盈利组织，所有权属应在委托单位。

（二）所有权具体化——成立行政事业资产局

名称可以设定为“行政事业单位国有资产管理局”，属于国家国有资产权限的代表机构。专门负责这部分资产界定、保全、部分资产可能产生的收益的分配和管理等工作。

在制度制订和资产保全方面：在行政部门和全额预算事业单位中，要统一用影子价格和影子预算来计量和分配这些资产的使用；在有收益的事业单位，要登记资产、分配和管理其中的收益等；对于要转变为盈利性企业的事业单位，要作好剥离和移交工作；对国家投资与团体、私人捐赠形成的混合资产，要有权属界定。

在日常工作中，涉及到产权变更，变动使用目的，升值以及收益分配等管理工作也要负责。

（三）统管存量、增量和收益——行政事业资产局应设在财政部门之内

1. 长期盈利性的资产已经剥离，管理的是非盈利或者偶尔有收益的资产

如南宁和乌鲁木齐的模式一样，国有行政事业单位的长期盈利性资产要剥离，成立专门经营性的单位来管理。剩余的是非盈利的或者偶尔有租赁等经营行为的资产，这些资产应当另设专门机构来管理。这个机构应当设在财政部门。

2. 财政通过收支两条线、国库集中管理，控制非盈利部分的偶尔收益

财政部门内设这个机构，有利于按照财政制度和纪律控制单位的收益。通过收支两条线和国库集中支付制度，将所有该收的资产收益收上来，将该支出的部分通过国库支付的渠道支付下去。

3. 通过部门预算，财政知道某单位是否需要预算拨款

财政部门管理资产，可以知道单位资产的家底，从而决定是否再给这个部门拨款搞基本建设，防止有些机构一方面不断地申请资金建房，另一方面却出租公房。

4. 财政可以将资产数量、拨款与否、收益管理、资产使用管理统一起来

财政管理资产，不仅可以掌握各部门是否需要新投资，还可以将旧资产调剂使用，将某些多余的资产，调剂到某些不足的单位。这样，财政可以从全局的角度将资产的存量、增量、收益管理起来，把预算、收益管理、使用管理统一起来。见图1。

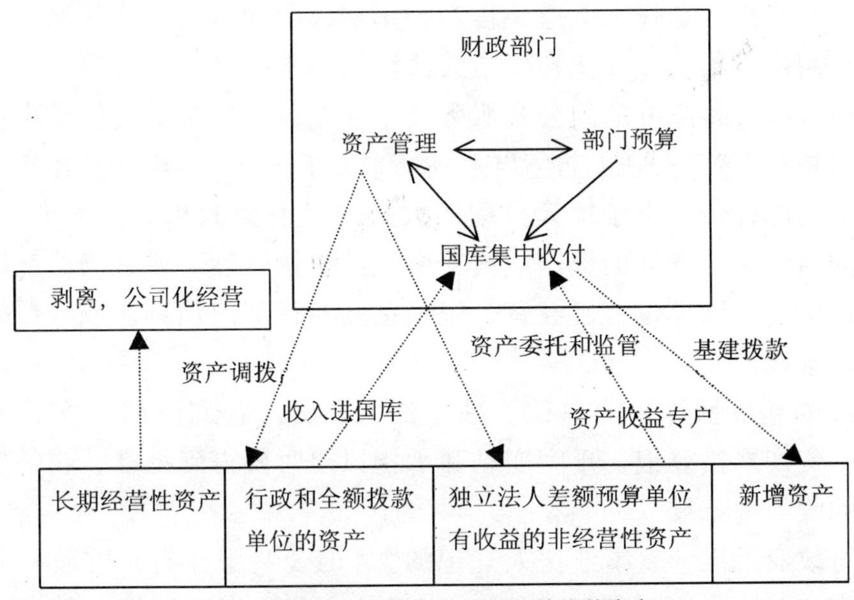

图 1

（四）管理方法——事业单位分类改革，资产分类管理

1. 对行政和全额预算事业单位，资产管理部门应实行直接管理模式：管理部门有资产处置权，资产内部计价，影子预算分配

原来行政执法类的事业单位，单位本身要收归政府系列，其资产应当比照一般行政单位资产管理办法进行。与其他行政部门一样，将资产纳入一个统一管理体系，由财政下设的独立部门管理；资产实行内部价格，各个部门使用资产以价格结算。比如一个工作人员有5000元的公务用房权限，他可以一个人占用一个一般房间（内部租用价5000元），也可以与其他人合用一个高级房间（内部租用价10000元），本单位超过影子预算的多余房产应服从政府统一调拨，分配给有影子预算的单位。这就是说，在行政单位预算中，将用房权化为预算金额，公务员用预算金额租用公房，公房归资产局下的一个

部门统一管理。这样，既避免占用公用房面积和价值悬殊状况，又遏制办公用房奢华化，并扭转供应无法满足需求的现状。

由政府直接举办的纯公共服务类事业单位，改革后仍然是事业单位，但是其资产管理也应当与上述行政部门一样，实行政府统一管理。其内部计价、影子预算分配的方式与其前面的相同，不再重复。它们的少量有经营性的资产应当交由专门机构管理，或者仍然被国有资产机构委托该单位自己经营，但是仍然实行部门预算，或者严格的收支两条线。

2. 对差额预算事业单位、独立法人，资产管理部门应实行监管模式：资产严格登记，重大变动和承担风险时要得到批准，收益实行严格的收支两条线

对政府批准的、事业法人登记的、（准公共服务类）财政部分拨款的事业单位（比如高等学校），应承认它的法人独立性，其资产不能被资产管理部门随意调拨，但是要严格监管。

可以考虑委托管理、财政监督的办法。委托事业单位上级主管部门管理其国有资产，财政部门的事业资产局监督它的运行。被委托主管部门登记它们的实物、价值、收益，报财政资产管理部门；事业资产管理局负责监督和批准它的变动、使用和收益等。事业单位的资产存量、投资、收益等要与财政部门对它的部门预算结合起来。其资产收益与其他收费等收入一起，实行收支两条线。

3. 社会办事业单位资产要严格审计，保全原有国有资产

对政府批准的、社会举办的（社会非营利）财政只有专项补贴的事业单位，政府资产管理体制改革将不涉及它们的资产。但是这些单位大多有一些原来形成的国有资产，如果能够买断转到这些非营利组织内，出售收入交回国家也不失为一种处理办法。如果没有买断，这些资产仍然留在这些单位以提供公共服务，行政事业资产局就要监督管理这部分资产。对这些单位，国家要加强审计监督。

4. 转为竞争性企业，资产归国资委管理

对转为社会举办的（竞争性类）事业单位，财政不再管理其资产。但是，如何剥离现有国有资产部分，转而实行股份经营等，仍然要研究和总结经验。

本文参考文献：

1. 财政部国库司：《财政国库管理制度改革》，中国财政经济出版社 2004 年版。

2. 财政部会计司：《美国政府及非营利组织会计讲座》，中国财政经济出版社 2003 年版。

3. 刘佐：《中国税制概览》，经济科学出版社 2005 年版。

4. 及聚声：《行政事业单位国有资产管理模式》，经济管理出版社 2004 年版。

5. 贾康、苏明：《部门预算问题研究》，经济科学出版社 2005 年版。

6.《中国财政年鉴》（2003—2005 年），中国财政杂志社。

课题组顾问：王朝才

组　　长：吕旺实（执笔）　邵源

成　　员：王桂娟　牟岩　李欣　韩玲慧

路径选择：国资委定位问题探析

内容提要

国有资产监督管理委员会的成立，冲破了原有体制障碍，解除了多年以来形成的“多头管理而最终无人负责”的困扰，初步实现了政企和政资分开，是我国国有资产管理体制的重大创新。但国资委成立两年来，无论从法律还是经济层面上看，都缺乏一个准确的定位。本文认为，从我国现实的政治经济基础考察，国资委的定位存在三种路径选择：一是行政性定位，即依附于现有行政体系，沿袭体制惯性，将国资委塑造成类似于政府监管机构的行政性的国有资产专司机构；二是市场化定位，国资委彻底脱离政府约束，作为独立的市场主体，以经济法人身份行使所有权，履行出资人职责；三是行政与市场双重职能定位，即国资委既负有部分行政性职能，又履行市场化的出资人职责，即行政与市场双重职能分工明确、相互配合，逐步由行政性职能为主转向市场性职能为主的定位过程。从我国经济转型和经济结构的特征考虑，选择第三条路径具有历史和现实的必然性。

在我国经济体制改革的进程中，国有资产管理体制的改革始终是重中之重。而在体制中居于主导地位的监管主体几经改革和变迁，从分行业部门监管到成立国资局再到国资委，适配于市场经济体制建立的过程。但监管主体的定位问题，自国资委成立以来，一直存在“婆婆”与“老板”之争，实践中的探索和理论设计的差距，使国资委如履薄冰。监管不到位，恐怕国有资产“流失”和“坐失”，监管过了头，难免要背上“婆婆”的恶名。定位不明，既是国资委也是学界的一大困惑，甚至于影响到《国有资产法》迟迟不能出台。因此，国资委的定位具有迫切性。本文认为，国资委定位存在以下三种路径选择。

一、路径一：从行政架构出发确立国资委的地位

任何一项制度安排都无法脱离现实的政治经济基础，国有资产管理体制的变革也必然要顺应我国处于转轨中的行政架构的特点。从我国政府行政体系的特点来看，我国是一个中央集权体制的国家，全国人大作为国家最高权力机关，是全国人民意志的代表者，也是国有资

产产权的现实主体。既然全民产权不可能将国有资产细分给每个个人，也不可能通过“全民公决”方式行使国有产权的所有权。因此，从现有政体出发，由全国人大及其常设机构行使国有资产所有权也就顺理成章。但在现有政权体系中，人大是一个立法和监督机构，并不从事具体的经济管理工作，也无管理产权工作的经验，同时，国有资产监管与立法机构的性质也存在冲突，因此，宪法规定委托国务院代行国有资产所有权。国务院成立特设机构—国资委，通过行政性授权，将国有资产的出资人权利授予国资委行使，由此而建立的国务院与国资委的关系为行政性委托代理关系。由此而构成的代理链条为：全体人民—全国人大—国务院—国资委。

在行政性委托代理关系下，国资委定位于行政机构或准行政机构，是一个管理出资人的机构，其职能定位于，依托于国家行政权力履行国有资产的监督和管理职能。这种定位模式下，国资委不是独立的经济主体，而是政府专司国有资产的机构，并被赋予强大的行政性权力。从委托者角度看，将国资委视同其他行政机构一样，具有行政级别，享受公务员待遇，干部通过组织程序任免等等，国资委没有自己的独立利益。在这种定位模式下，政府具有强大的控制能力和行政干预能力，政府的社会经济政策能得到及时而彻底的贯彻。在必要的情况下，可以随时通过行政程序罢免国资委官员或改组国资委。国资委作为政府机构，将依附于行政权力，主要是对政府官员负责，产权责任被淡化。国资委对所监管企业也很可能沿袭行政管理方式，以行政权力为主约束企业。

国资委的行政性定位，很大程度延续了计划经济时期主管部门管理国有企业的模式，难免造成政企不分和政资不分。单纯的行政性委托代理关系，无法理顺产权关系，也无法明确国有产权内部的责任。因为这种委托代理方式无法实现制度安排的“硬约束”。委托人与代理人在行政上的上下级关系，双方无法在平等地位的基础上公允地签订国有资本运营合约。委托人控制了代理人的选择任免权，作为行政上的下属代理人完不成任务时，委托人也有重大责任。合约软约束和责任模糊是行政性委托代理制度的必然结果。与此同时，在无产权约束的情况下，国有资产产权边界模糊，国家仍然要负无限责任。作为国资委本身，由于产权责任淡化，仅凭“政治觉悟”和“良心”进行监管，隐藏着巨大的道德风险。因此，学界对国资委的“婆婆”角色总是贬多褒少。

二、路径二：从市场化角度看国资委的定位

市场经济从某种角度说也是一种产权经济，产权清晰是市场交易的基础。私有产权一般都有明确的主体，而国有产权却天然存在模糊性，因其无法指向某一个具体的经济主体。产权理论认为，公有产权的制度安排如要具有效率性，必须要做到产权主体明确、产权边界清晰，也就是必须有明确的人或机构负责行使产权。因而从市场经济的一般要求来看，国有产权也必须有一个经济主体，行使所有者权能。因此国资委的产生具有历史的必然性。

国资委若从市场化角度看，应定位于独立的经济主体。因为他既是国有资产的产权主体，也行使出资人职能，就必然存在产权责任和利益。由此与国务院建立的委托代理关系就应该是市场性的。市场性委托代理关系包含着下列几层涵义：一是国务院对国资委的授权将不再是行政性授权，而是一种国有资产的所有权，即出资人权利；二是国务院与国资委不再是一种行政附属关系，而应体现为一种经济关系，是在市场经济中的两个平等的经济主体关系，也是一种产权委托代理关系，国务院不再通过行政任命等权利控制国资委，而是通过经济契约的方式约束；三是国资委将获得完全的出资人权利，即公司制企业中的股东代表大会的权利，拥有国有资产的占有、使用、收益和

处置的权利；四是国资委作为独立经济主体，应具有相适应的法律地位，应在工商管理部门注册登记，成为法人实体，国资委及下辖国有投资企业组成一个超大型的树型结构的企业集团。

市场性委托代理关系是围绕着产权而建立的，国有资产经营中的深层矛盾正是国有资产的无偿取得与所有权代理之间的矛盾所致。政企不分、责任不明、效益低下等症结的存在也正是源于国有资产代理权的无偿性。因此，构建政府与国资委的市场性委托代理关系必须从产权的有偿代理切入。即国资委从政府购买“代理权”，政府从委托者角度将国有资产的代理权以合理的“市场价格”出让给国资委，国资委作为市场交易的一方，取得代理权后，专门从事国有资产的营运。这是一种完全化的市场运作方式。

从市场性定位看，国有产权已偏向于私有产权式的管理，较为彻底地实现了政企分开和政资分开，国资委摒弃了“婆婆”之嫌，而成为了真正的“老板”，对推动国有产权改革和现代企业制度的建设都具有积极意义。但是，纯粹的“老板”角色很可能强化国资委追逐资产利益的最大化，而淡化国有资产的社会责任，这似乎与国有资产形成的初衷相悖。政府利用国有资产调控经济和实现某些社会目标的能力也会大大弱化。

三、路径三：行政与市场相融合的定位

国有资产的特性表明，它的存在本身就是行政决策的结果。国家投资国有企业是从增进全社会成员的福利出发，为了稳定社会，增加就业，调控经济等等，主要追逐社会性目标。它是政府调控经济的重要手段，国有资产与政府的这种密不可分的关系决定了，很难完全实现政企分开和政资分开，除非国家出让或放弃国有产权，那样，国有

制又会名存实亡，否则行政干预就不可避免。同时，从国有资产的固有特性看，它也不可能像私有产权那样，完全脱离行政性控制。因此，国有资产的行政性具有逻辑上的必然性。而从市场经济层面上看，国有资产如同私有产权一样，有它逐利的一面，它也要依照市场经济法则运转，保值增值甚至追求经济效益最大化。要达到这个目的，就需要建立一种行之有效的国有资产营运的市场机制，否则无法在市场中与其他经济主体竞争。所以，国有资产在市场经济环境中也必然具有市场性特征。

作为国有产权的代理者，国资委的定位如同国有产权一样，应该是既具有行政性又具有市场性。行政性职能主要表现在：一是服从于国家经济宏观调控政策，如组织和参与国民经济结构调整等；二是弥补市场缺陷，促进国民经济稳定持续增长；三是促进社会资源的合理配置，保障国家经济安全，促进社会稳定；四是扩大就业渠道，实现劳动力充分就业；五是制订法律法规，规范国有资产投资、营运、转让、处置等行为，指导地方国有资产管理工作。行政性定位赋予了国资委部分行政性职能，实际上是在国有资产框架内代行了部分国家管理职能。从行政性方面看，国务院与国资委的关系应定位于行政性委托代理关系，这种代理将更有效率。在经济利益弱化的情况下，行政权力约束控制力更强。

在市场性方面，国资委定位于国有资产出资人，即受国务院委托，代表国家履行所有者职能，对所委托管理的国有资本拥有占有、使用、处分、收益的权利。具体的职能主要是四个方面：一是对所投入企业的国有资本享有资产收益权，其表现形式为资产收益（利润）或亏损，要通过建立国有资本预算实现收益权，而当企业破产清算时，出资人只以投入企业的资本额为限承担有限责任；二是对国有独资及控股企业的重大决策权，企业发生重大投资、重组、并购等事项必须征得国资委同意或审批方可实施；三是选择经营者的权利，国资委通过在企业家市场公开竞选经营者以保障出资人权利的落实；四是出资人监督权，通过成立内部监事会、外聘董事、外部监事会及经济责任审计、经营绩效评价等方式对所投资企业实施监督。

国务院对国资委的出资人授权可为行政性也可为市场性，即可实施行政权力约束也可以经济约束甚至两者并重。经济约束可采取保值增值合约及其他经济契约形式，但需建立国资委自身的激励约束机制，即国资委本身要有利益实现机制。国资委在“政治责任感”和“经济责任感”双重压力下可能更具有活力。

四、转型期的路径选择：渐进性市场化

我国的经济转型是一个渐进性的过程。在这个过程中，计划经济体制逐步转化为社会主义市场经济体制，资源配置方式也要从计划转向市场。经济转型牵涉到社会的各个方面，包括：经济发展模式和增长方式、政府职能的转换、经济结构的调整，甚至于人们的思想观念等等。我国的基本经济制度和结构决定了，国有经济结构的调整将会是一个较长的时期。因而，国资委的定位将会具有阶段性的特点，并且只能依附于转型经济的大背景逐步走向市场化定位。

从上述三种路径的分析来看，行政性定位顺应了体制惯性及传统思维模式，将会走入国有资产管理体制的老路，较易实施，但与市场经济格格不入而不可取。市场性定位能够较好地解决国有产权的代理问题，提高国有资本营运效率，但因其弱化了国有资产的社会性目标，大逆转一则难度巨大，二则很可能引发社会震动。这种定位的条件目前仍不具备，只能作为未来可追求的模式而存在。行政与市场相融合的模式是目前国资委定位的首选，这也符合国有资产的双重性特点。

用经济发展的眼光看，国资委的定位应顺应经济发展的要求适时

调整其职能范围。在目前国有经济仍占主导地位的经济结构中，国资委的主导作用及社会性影响都非常大，甚至牵一发而动全身。如资本市场中股权分置问题的解决就引起了社会震荡。实践中，国资委实际上履行的是两方面的职能，一是社会经济管理职能，如主导国有经济结构的调整，规范产权交易市场，制定国有资产管理的法律法规，运用国有资本平抑市场物价，实施国家能源政策及参与国际市场竞争等等，这种职能因转型期的需要而得以强化；二是国有资产的出资人职能即管资产、管人、管事。国资委应严格按照《公司法》等相关法律法规履行出资人职责。出资人职能因产权的纽带关系而较容易到位。

国资委的双重职能应随着经济发展的不同阶段而有所改变，其行政性职能伴随市场化进程的加快应逐步弱化，而出资人职能则应是不断强化之势。这两种职能有其相悖之处，如出资人职责要求国资委将国有企业做大做强，实现国有资产效益最大化，而国家宏观经济政策要求调整经济结构，反对垄断，国有资本从某些领域逐步退出。国资委处于一种“两难”的境地之中，社会性目标和经济性目标相冲突时，政府往往会要求放弃经济目标而实现其社会性目标，这与国有资本的社会性是相一致的，而对经济损失却没有补偿机制。因此，需在两种目标之间建立一个平衡机制。

五、结论及建议

国资委成立两年多来，仍缺乏一个准确的定位，因而招来不少微词。本文认为，国资委的定位就应该根据我国现实的经济模式，按照国有资产二重性的特点，赋予国资委双重职能，严格限定其行政性职能范围，强化其出资人职责，以巩固国有资产管理体制改革的成果，将国有资产管理工作推向一个新的阶段。为此，建议：

（1）明确国资委的行政性职能为：①推动国有经济的结构和布局的战略性调整，对国有企业进行改组，建立现代企业制度；②协助建立国有资产管理的法律体系；③制定国有资产监督管理的政策和制度规范；④监督和指导地方国有资产监管和营运。这类职能事关全局，是国家管理职能的一部分，因此具有行政性。

（2）国资委的出资人职能“管资产、管人、管事”要按市场原则及有关法律要求细化并到位。一是管资产，明确国资委拥有国有资产的控制权、收益权、处置权及监督权；二是管人，关键是要建立符合社会主义市场经济体制和现代企业制度要求的选人、用人机制，尽量避免用行政程序任免国有企业高管人员；三是管事，对于国有独资企业的重大事项具有决策权，如资产重组、股份制改造、股权转让、兼并破产、收入分配、发行公司债券等等。对于国有控股和参股公司，通过所派出的股权代表行使表决权，体现出资人意志。

（3）积极推进以《国有资产法》为母法的国有资产法律体系建设，明确国资委的法律地位，将国有资产管理体制改革引向深入。

罗建钢

上缴红利：国有资产收益权问题探讨

内容提要

国有资产收益上缴问题，在我国经济发展的不同时期曾经进行过多种形式的探索，建立过多种与当时经济体制相应的管理制度，但都与社会主义市场经济体制的要求不相适应。在理论上，收益权属于产权主体的基本权利，国有资产的收益权由于其产权主体事实上被虚置而变得复杂化。处于社会主义市场经济体系中的国有资产，其产权收益无论从市场经济的一般规则，还是从国有经济战略性调整的需要及抑制国有企业盲目扩张来看，都具有收缴的必要性。从我国国有资产收益情况的分析中可以看出，部分国有企业上缴利润的时机已基本成熟。国有资产收益权的实现既要保障产权所有者利益，也要考虑国有企业的改革改制及长远发展。国有资本预算作为联结产权所有者与出资人利益的纽带，既是各方面利益平衡的重要手段，也是实现国有资产收益上缴法治化的重要方式。目前，收缴国有资产收益采取分类确定、分部实施的工作程序，比较积极稳妥和有效。

一、国有资产收益问题的历史沿革

我国国有资产收益权的实现问题是伴随着国有企业的改革与发展而逐步浮出水面的。从其历史渊源上看，经历了三个不同的历史时期。

（一）计划经济时期实行统收统支

从建国初期到1978年为追逐前苏联模式的计划经济时期。在计划经济体制下，社会经济活动被置于集中统一的行政管理之下，突出的特点是，国家统一制定计划，财政统一收支，物价统一规定，产品统一分配。国有企业运行中的各种生产要素也由国家统一分配。整个国家就是一个庞大的工厂，企业只是政府的附庸，是一个个非经济主体的生产车间，企业生产什么，实现多少产值和利润都由国家计划安排。财务管理上，国家对国营企业实行统收统支，企业利润和折旧基金全部上缴财政，企业进行固定资产更新和技术改造所需要的技术措施费，由国家财政拨款解决，生产所需流动资产由财政部门按定额拨给。

那个时期的国有企业没有产权和市场的概念，国有企业既不是独立的经济主体，也就没有自己独立的经济利益。企业盈亏都由财政兜底。国有企业更多地具有一种社会使命感，社会职能被放大，经济职能被弱化。

（二）有计划商品经济时期放权让利

从 1978 年至 1992 年一般被称为有计划商品经济时期。这一时期的主要目标是要逐步建立起计划与市场相结合，以计划调节为主，充分重视市场作用的经济体制。对国有企业的改革着重于以下几个方面：

一是扩大企业经营自主权。其主要内容包括：企业在保证完成国家下达的各项经济计划的前提下实行企业利润留成制度；逐步提高固定资产折旧率；实行固定资产有偿占用制度；实行流动资金全额信贷制度等等。后又进一步扩大了企业生产经营计划权、产品销售自主权、产品定价权、物资采购权、奖金使用权、资产处置权、机构设置权、人事劳动权、工资奖金使用权、联合经营权等 10 方面的自主权。

二是推行经济责任制。即对国有企业实行国家所有，部门、企业或个人承包或租赁经营。主要目的是按照所有权与经营权适当分离原则，调整国家与企业的关系，将企业的经济利益同经营成果挂起钩来。

三是实行“利改税”，改革国有资产收益分配制度。“利改税”是从企业利润留成制度发展而来，它是指将国有企业上缴利润改为按照国家规定的税种和税率缴纳税款，税后利润全归企业支配，逐步把国家和国有企业的分配关系通过税收固定下来。第二步“利改税”时实行完全以税代利，即将工商企业上缴国家财政的利润改按 11 个税种向国家缴税，把国家与企业的分配关系完全用税法的形式固定下来。实践中，由于各个企业在资金占用、技术装备、市场条件及盈利能力和纳税能力等方面千差万别，期望用统一的税收标准来划清国家与企业间的利益界限，很难做到，尤其对企业在征收55%的所得税后的利润分配，只能依据不同情况分别按照如调节税、递增包干上交、固定比例上交等方式个别确定，其利润上交比例事实上无法固定。同时，由于将利润和税收混为一谈，既存在理论上的障碍，也在实践中难以取得预期的效果。“利改税”最终走向了“税利分流”。

四是对国有资产投资实行“拨改贷”。即将国家基本建设投资由财政拨款改为银行贷款，改资金的无偿使用为有偿使用。规定凡是实行独立核算，有还款能力的工业、交通运输、农垦、畜牧、水产、商业和旅游等各类企业都可以贷款，贷款单位必须在规定的期限内还本付息。

这一时期，对国有资本收益的管理主要是通过实行企业利润留成后直接上缴和企业所得税形式上缴国库。

（三）社会主义市场经济时期利润分配

1992年，中共十四大明确提出了我国经济体制改革的目标是建立社会主义市场经济体制。对国有企业实行“产权清晰，权责明确，政企分开，管理科学”的现代企业制度。国有企业改革从放权让利进入到以产权制度创新为特点的新阶段。

在利润分配上，开始从国有资产产权角度区分税收和利润这两个不同性质的范畴。认为税收是国家利用其公共权力强制征收的国民收入，而利润则是国家作为国有资产所有者应享有的资产权益。贾康将“税利分流，资产分红”的基本要点概括为：“企业作为一般经济实体，依法向政府纳税，并接受国家产业政策、技术政策、收入分配政策的指导与其他经济杠杆的调节如财务通则、会计准则的约束，作为国有资产的直接经营者，则必需按照统一的产权规范上交国有资产带来的税后利润即资产收益。”“税利分流”正是基于产权角度对国有企业分配制度的改革，同时，将国家作为公共权力中心的公共职责与国有资产所有者职能区分开。

1994年，财政部和原国家国有资产管理局共同制定了《国有资产收益收缴管理办法》，在此办法中，将国有资产收益归纳为9个方面，即：国有企业应上缴国家的利润；股份有限公司中国家股应分得的股利；有限责任公司中国家作为出资者按照出资比例应分取的红利；各级政府授权的投资部门或机构以国有资产投资形成的收益应上缴国家的部分；国有企业产权转让收入；股份有限公司国家股股权转让（包括配股权转让）收入，有限责任公司国家出资转让的收入；其他非国有企业占用国有资产应上缴的收益。以上已涵盖了所有由国有资产所形成收益。收益收缴管理由财政部门会同国有资产管理部门负责，收益按产权关系和财政体制分别列入同级政府国有资产经营预算，并通过财政国库收缴结算。国有资产收益的使用方向为：国有资产再投资，调整产业结构，增加国有企业资本金，增购有关股份公司的股权及购买配股等。该办法于1995年1月1日起试行。上述办法出台后，国有企业改革正处于深化阶段，国家先后推行了国有资产授权经营、国有企业股份制改革、建立现代企业制度、国有大中型企业3年“脱困”等重大改革措施，改革成本除各级财政负担部分外，大部分都靠国有企业自行消化。即使是收缴的部分收益也主要用于国有资产的资本性支出。因此，这个办法的实施由于基础条件等因素的制约而收效甚微。

二、国有资产收益权的理论阐释

（一）从产权理论看收益权的权能

关于产权含义，费希尔在其《经济学的基本原理》中认为：“产权是享有财富的收益并且承担与这一收益相关的成本的自由或者所获得的许可……产权不是有形的东西或事项，而是抽象的社会关系，产权不是物品。”德姆塞茨在其《关于产权的理论》中指出：“产权包括一个人或其他人受益或受损的权利……产权是界定如何受益或如何受损，因而谁必需向谁提供补偿以使他修正人们所采取的行动”。由此可见，产权的本质不是指人与物的关系，而是指人与人之间由于稀缺物品的存在而引起的与其使用相关的关系。它是人们围绕或通过财产而形成的经济权力关系。因此，产权理论认为，市场交换的实质不是物品或服务项目而是交换各方的权力，形式上看是物品或服务的交换，实质是一组权力的交易。

产权的内容包括权能和利益两个部分。权能是指产权主体对财产的权力和职能，是带有产权主体意志的行为。产权利益则是指产权对产权主体的效用或带来的好处，具体表现为实物的或货币收入的享有或劳务的直接享用或其他方面的满足。由此可见，收益权在任何一项产权中都是其主要内容之一。私有产权由于其主体明确，其产权中的使用权、收入的独享权和转让权都有具体的指向。而作为公共产权性质的国有产权由于具有不可分性，从而导致没有明确的个人产权主体，相应的产权权能和利益无明确主体来承担和享受。

国有资产的产权主体理论上是全国人民，但是又无法将所有国有资产细分到每一个人，由每一个人来具体行使产权，享受产权利益。人人所有而事实上又人人都不所有，产权主体实质上是被虚化了。在产权主体被虚置的状况下，只有代理人国务院来行使产权主体职能了。自然，产权收益也就归属于国务院，并由其组成部门财政部和特设机构国资委具体行使国有资产收益权。

（二）从企业理论看收益权的实现

现代企业理论认为，企业是一个契约组织，是实物资本和人力资本的一种合约，是不同生产要素所有者尤其是人力资本所有者和实物资本所有者进行生产要素所有权交换的场所。在这个要素交易市场中，理想的状态是每个生产要素所有者之间都能获得充分的等价交换，从而获得充分的收益。但是，由于信息不对称和契约不完备而难以达到理想状况。信息不对称是指契约一方持有与交易行为相关的信息而另一方不知道，而且不知情的一方对他方的信息由于验证成本高昂而在经济交易中不现实。合约不完备一方面是由于有限理性，是指人对外在环境的不确定性是无法完全预期的，不可能把所有可能发生的未来事件都写入合约条款中，更不可能制定好处理未来一切事件的所有具体条款。另一方面是由于交易成本的存在。交易成本主要包括履约的法定费用及合约期间不确定因素的处理费用。交易成本同样无法完全预期。由于在作为契约组织的企业中契约的不完备性而产生了契约之外的剩余权力和剩余利益，从而引出了企业剩余控制权和剩余索取权问题。

现代企业理论所谓的剩余索取权，就是指对企业收入在扣除所有固定的合约支付之后的余额分配权。一般应在实物资本和人力资本所有者之间进行合理分配，并应与剩余控制权作对应安排。

国有企业与私有企业比较契约不完全的问题更显突出。由于国有资产缺乏人格化的产权主体，企业经营者既是自身人力资本的所有者，又是实物资本所有者代表，实质上拥有企业的剩余控制权和剩余索取权。企业经营者往往利用自身的信息优势与出资人代表讨价还价，以期实现自身价值的最大化。尽管国资委与企业签订了有关保值增值的合约，但这种合约可能更有利于企业一方，因为企业为信息优势者并掌握着实际控制权，国资委要验证信息和强化监督的成本却很高昂。在合约不完备情况下，企业经营者在利益分配中就可能获得超越自身人力资本的价值，侵占或掠夺实物资本所有者（国家）利益。与此同时，企业经营者还实质上拥有该企业的剩余控制权和剩余索取权。实践中，国有资产收益在实物资本层面上只是一种象征性的分配，并未将利润上缴国家，而是留在企业运作，对于剩余收入的分配更是无人过问了。

三、国有资产收益权实现的必要性与可能性

处于社会主义市场经济中的国有资产，其产权收益无论从市场经济的一般规则，还是从国有经济战略调整的需要及抑制国有企业盲目扩张等来看，都具有收缴的必要性。

（一）市场经济的一般规则

市场经济中存在两个资源配置主体。一个是市场，起基础性作用；一个是政府，主要在市场失灵的领域活动。政府的责任除了稳定社会、促进经济发展，更重要的是为市场经济营造公平竞争的环境，让各市场经济主体在一个公开、公平、公正的环境中展开竞争。国有企业作为我国市场经济主体中的主要部分，尤其是大量处于竞争领域的国有企业也应同其他经济主体一样，按照市场经济的一般规则运行。不能成为一个独立的特权阶层，无视所有者权利。

在利润分配上，一般经济主体都会按市场经济规则进行利润分配，以实现股东的收益权。但在一定的时期为了凝聚竞争力或更长远目标也可能将利润留存企业暂不分配，但往往是短时期的，否则股东们就会对自己投资的目地产生质疑。国有企业也许可以找出很多理由抵制上缴利润，但他们没有理由无视股东的基本权益，无视市场经济的一般规律。国有企业长期不上缴利润，既与市场经济的一般规律相悖，也对同处于市场体系中的其他经济主体带来不公平，政府还会背上偏袒国有企业的嫌疑。因此，国有企业按照市场经济一般规则上缴利润是天经地义的事情。

（二）国有经济战略调整的需要

我国国有经济战略调整正在向纵深发展，国务院国资委确立的近期目标是推进国有资本向四大领域集中，包括：关系国家安全和国民经济命脉的重要行业和关键领域，主要是市场失灵领域和基础性产业；具有竞争优势的行业和未来可能形成主导产业的领域，主要是指支柱产业和高新技术产业；具有较强国际竞争力的大公司大企业集团；国有资本向国有企业主业集中，重点是培育和发展30至50家具有自主知识产权和知名品牌，具有国际竞争力的大公司大企业集团。

国有经济布局和结构的战略调整，其主要目的就是顺应市场经济和国家发展战略的基本要求，强化国有经济在政府与市场分工中的功能作用。国有经济既要在市场失灵领域充分发挥其稳定经济发展的基础性作用，同时要带领和引导其他经济主体积极参与国际竞争。在战略调整的过程中，通过改革改组、并购重组和主辅分离等方式，一方面将资本聚集到相关产业和领域，一方面解除国有企业多年来形成的社会包袱，还企业以本来面目。这一过程需要大量的资金支撑，除国家财政解决一部分外，通过国有企业上缴收润筹措改革成本也是应取之道。

（三）国有企业改革成果的必然归宿

建国以来，国有企业的改革一直没有停止过，但真正深入到产权层面的改革始于1992年。近20多年来的改革，国家无论在政策上还是资金上都作了大量的投入，也取得了较丰硕的成果。截止2004年底，全国非金融类国有企业资产总额达22.31万亿元，负债总额12.97万亿元，净资产9.33万亿元，其中所有者权益7.85万亿元，国有资本及权益7.61万亿元。国有企业改革的主要成果可归纳为：一是国有企业总户数持续大幅缩减。通过国有企业改制改组、主辅分离、兼并破产及产业结构调整工作的不断推进，企业总户数已从上世纪 90 年代 30 余万户降至 2004 年的 13.8 万户，其中 1999 年至 2004 年国有企业总户数净减少 7.9 万户。说明大量的国有企业尤其是地方所属部分都陆续退出了竞争性领域；二是国有企业的制度形态发生了转变，国有独资企业比重逐步下降，而股份制企业比重不断上升；三是资产规模持续扩张，2004 年比 2003 年增长了 13.2%。户均资产规模为 1.6 亿元，增速为 23.1%，国有资本聚集度有了显著提高；四是国有资本的营运效率有了较大提高。2004 年全部国有企业实现销售收入 12.3 亿元，增幅为 14.8%，实现利润 7525.4 亿元，增幅达 52%。其中国有大型企业的盈利面达 85.5%，中型企业为 68.7%，小型企业仍为 48.3%。突出显现了大型企业的竞争优势；五是国有大企业集团的盈利水平不断提高。2004 年资产超过 100 亿元的 315 家大企业集团的净资产收益率为 6.7%，比全部国有企业平均净资产报酬率（4.9%）高出 1.8 个百分点。总资产报酬率为 5.8%，高于全国国有企业平均总资产报酬率（4.7%）1.1 个百分点；主营业务利润率为 19.3%，高于全国国有企业主营业务利润率（16.8%）2.5 个百分点；六是全国国有企业职工人数呈逐年递减态势。1999—2004 年，全国国有企业年末职工人数由 7805 万人减少至 4008 万人，累计减少 3797 万人，减幅达 48.6%，年均递减 12.5%，其中地方国有企业职工人数累计减少 3199 万人，减幅为 56%，年均递减 15.2%。

从以上数据可以看出，近些年来，尤其是国务院国资委成立以来，国有企业改革的成果是较为显著的。在资产收益节节攀升的情况下，改革的成果究竟应该归宿到哪里？通过国有资本预算收缴部分利润纳入公共财政体系，用于改善公众福利、举办公益事业或者弥补养老保险缺口应是较优的选择。

（四）抑制国有企业盲目扩张的必要手段

国有企业经营者无偿占有和控制国有资产、风险和收益不对等以及委托代理链条过长等因素的存在，更因为追求自身利益的最大化，拉长委托代理链条淡化责任和衰减监督效力等，加之宏观政策上鼓励其做大做强，国有企业经营者从内在逻辑上存在着扩张冲动。这种扩张冲动是企业发展的原动力，但如缺乏科学和相应的制约机制，就可能走向其反面，变成盲目扩张和乱投资。

企业扩张主要是资本性扩张，扩张的源泉是维持再生产后的剩余资本或借贷资本。国有企业留存利润如不上缴，往往会用于再投资。2004 年来，根据决算统计，中央企业对外投资原值达 6695 亿元，比上年增长 886 亿元，增长 15.2%，如减去计提的减值准备 355 亿元，对外投资净值为 3640 亿元，比上年增长 12%。从投资结构看，短期投资占 28.7%，主要投资于股票、债券、基金、委托理财、外汇、期货等，中央企业 2004 年在这些高风险投资品中的平均减值率达 2.9%；长期投资占到 71.3%，主要是长期股权及债权性投资，这部分投资的收益略有增长。但总体上看，对外投资的整体收益仍是下降的。其主要原因，一是对高风险投资决策和监管不规范；二是部分企业缺乏必要的投资管理内控制度；三是部分企业投资核算不规范，提供的投资和收益信息不准确。

国有企业利润在没有上缴机制约束下，按目前政策规定是转化为国有资本，再由资本转化为投资。个体企业的投资往往不会去考虑全局性利益和长远利益，而可能更多地着重于小集团或者个人利益的最大化。只有将其中应上缴国家的部分通过国资委和财政部集中再用于战略调整、改革改制等，其资金效用才会发挥得更好，也可在一定程度上遏制国有企业盲目扩张和乱投资问题。

国有企业多年来未上缴利润，是因为政府考虑到企业改革改制及解除沉重的社会负担需要支付巨额成本，有相当一部分是需要在企业内部消化的。同时为了夯实市场竞争中的微观基础，培育国有企业的核心竞争力尤其是国际竞争力，采取了“放水养鱼”的办法。随着改革的深化，国有企业尤其是垄断性企业竞争力已得到较大提升，资产质量和创利能力呈现较为强劲的趋势。部分国有企业上缴利润的时机已基本成熟，具体体现在：

一是资产质量和运营效率提高，销售收入保持快速增长，实现利润大幅度增加。2005年度中央企业实现销售收入67312.9亿元，同比增长19.8%；实现利润6276.5亿元，同比增长27.9%。

二是主辅分离改制和分离办社会职能顺利展开。已有71家中央企业主辅分离的总体方案得到批复，共涉及改制单位3820户，分流安置职工60万人。第二批74家中央企业分离办社会职能工作全面启动，将有1600多个办社会机构和近14万职工从企业中分离移交地方政府管理。同时已有96家中央企业明确了主营业务。

三是股份制改革取得积极进展，公司治理结构趋于完善。已有部分中央企业控股的上市公司平稳完成或启动了股权分置改革程序，中央企业控股的上市公司整体质量都有较大幅度的提高。国有独资公司建立和完善董事会试点取得积极进展，已有6家央企建立和完善了董事会，9家企业正在积极推行试点工作。旨在完善国有企业制度形态的董事会建设，将对国有企业建立相互制衡的公司治理结构起到积极作用。

四是绝大部分盈利企业为垄断性企业，上缴利润并不会影响到企业运营。这些企业控制了国家的部分重要资源，长期享受政府为之倾斜的优惠政策。资本聚集度较高，已具有较扎实的基础，目前其他经济主体尚不具备与之竞争的实力。将它们因资源垄断而获取的超额利润收缴是完全可能的。与此同时，随着国有企业市场化改革的深化，国有企业的内控制度包括财务资金管理、战略规划管理以及风险监控与防范等逐步健全，都为上缴利润创造了条件。而从地方国企改革的实践来看，目前大部分地区都实行了利润上缴制度。因此，对央企实施利润上缴制度的时机已基本成熟。

四、国有资产收益情况分析

根据2004年度的决算资料，我们可以对国有资产收益情况进行一些必要的分析。

2004年度，全国13.8万户国有企业实现利润7525.4亿元，比上年增长52%（其中：净利润3604.2亿元，比上年增长65.2%），国有企业经济效益创造了历史新高。从盈利状况看，2004年全部国有企业中，盈利企业7万户，盈利面51%，盈利额为9550.9亿元，比上年增长45%，亏损企业6.8万户，亏损额2025.5亿元，比上年增长23.7%。从总体上，效益增长呈现以下几个特点：

一是中央企业是主要利润创造者。央企具有得天独厚的优势，资本聚集度高，垄断性强。2004年度央企共实现利润4879.7亿元，占全部实现利润的64.8%，同比增长61.9%，盈利面为67.7%。其中垄断性行业6190户（三级以上子企业）企业实现利润4196.8亿元，占全部实现利润的55.8%。2005年度央企实现利润6276.5亿元，比上一年度增长了27.9%。其中石油石化实现利润占总数的63.6%；其次是通讯业，实现利润占总数的19.6%；再次为电力行业，实现利润占总数的11%。这三个行业实现利润占利润总额的比重达到94.2%。由此可以看出，垄断性行业仍然是中央企业主要的利润增长点。

二是股份制企业盈利状况好于其他类型的国有企业。2004年84437户国有独资企业实现利润1846.2亿元，占总额的24.5%，同比增长112.3%。而41403户国有控股企业实现利润5617.8亿元，占总数的74.7%，同比增长45.9%。说明企业制度形态和公司治理结构与效益存在高度的相关性。

三是东部沿海地区国有企业效益优于中、西部地区。2004年

71399户东部沿海地区国有企业实现利润5173.2亿元，占总额的68.7%，同比增长61%，盈利面为56.5%；34981户中部内陆地区国有企业实现利润1105.2亿元，占总额的14.7%，同比增长55.3%，盈利面为43%；30551户西部边远地区国有企业实现利润436.5亿元，占总额的5.8%，同比增长134.3%，盈利面为46.5%；862户境外国有企业实现利润810.5亿元，占总额的10.8%，同比增长18.8%，盈利面为71.6%。

四是国有企业经济效益更多地集中在基础性行业。2004年39984户基础性行业的国有企业实现利润5361.4亿元，占利润总数的71.2%，同比增长64.5%；33536户一般生产加工行业的国有企业实现利润889.1亿元，占利润总数的11.8%，同比增长15.6%；64233户商贸及其他行业的国有企业实现利润1274.9亿元，占利润总数的6.9%，同比增长66.7%。基础性行业主要是自然垄断行业，控制了大量的社会资源，并且具有一定的定价权，往往能获取超额利润。一般生产加工及商贸企业绝大多数处于竞争性领域，价格是由市场自发形成的，利润率一般都在社会平均水平徘徊。

国有企业效益连续大幅度增长，既是多年来国有资产管理体制及国有企业改革成果的凸现，也得益于政策和制度环境的改善及市场诸多因素的综合作用。由此也验证了国有企业改革路径选择的正确性。

五、国有资产收益权实现的途径

国有资产收益权的实现，既要保障产权所有者获得收益的权利，也要体现作为产权所有者代表出资人的收益权，同时要考虑到国有企业的改革改制和长远发展。三者的利益通过国有资本预算联结来共同实现，并逐步纳入法治化轨道。

（一）产权所有者收益权保障

国有资产的产权主体为全体人民，因而其产权收益应归属于全体人民，但我们不可能将其收益细分到每一个人，只能由国家和人民意志的代表者国务院代理行使收益权。在国务院组成部门中，既负有社会公共管理职能又能够管理国有资产收益的只有财政部。财政部历来就是国有企业的重要管理部门，又肩负着满足社会公共需要的使命。在建立国有资产出资人制度的新一轮改革中，财政部仍然要负责筹措国企改革成本，如企业改革改制、主辅分离以及兼并破产的财政性补贴等等。而将国企收益转化为公共支出以“满足社会共同需要”，让国有资产产权所有者普遍享受到收益权所带来的效用，也就非财政部管理莫属了。

从公共财政的角度来看，一切政府性收支都应纳入财政收支范围。国有资产收益从本质上说也是一种政府性收入，因为国家投资举办企业列入了政府性支出，而取得的收益就应列入政府性收入才符合逻辑。否则，无法取得收支平衡。

（二）出资人收益权的实现

收益权是出资人的一项主要权利。国务院赋予国资委是“管人、管事、管资产”的权力。管资产就意味着既要管资产的占有、使用、转让，更要监管资产的收益。

国务院国资委定位于特设机构，区别于一般的政府公共管理部门，专职监督管理国有资产，是国有资产的人格化代表，代表全体人民具体行使出资人职能。它与财政部一样，也是国务院的组成部分。由于其本身并不具有利益主体资格，没有自己的独立利益，在这一点上与其他公共部门并无二致。因此，在国有资产收益权方面，从根本上看，国资委与财政部具有目标上的一致性。既然目标一致，产权所有者与出资人收益权就是等同的，收益权实现的途径也就并无区别。

财政部是站在社会经济管理角度行使国有资产收益权，而国资委则以具体出资人身份行使收益权。两者的区别在于职能和分工的不同，财政部通过国有资本预算进行国有资产收益的宏观管理，国资委则负责国有资本预算的具体编制工作及收益收缴和运用。因此，出资人收益权的实现与所有者权益的保障是一致的，是同一个问题在两个不同职能部门中的体现。

（三）国有企业收益权的实现

国有企业是国有产权的最终载体，是国有资产所有权与经营权分离的平台，也是国有资产收益的创造者。国有企业及其经营者在国有资产收益权的分配上同样不能被忽视。

我国的国有企业由于历史原因存在先天性不足：一是部分企业资本金不足，长期依靠借贷高负债运行；二是部分企业由于决策及风险控制机制不健全，投资亏损或潜亏数额巨大；三是社会包袱沉重，企业办社会的直接后果是机构庞大、人员臃肿，严重制约了企业发展；四是企业改革改制成本高昂，相当大一部分需要企业自行消化。部分国有企业的困难既有客观因素的影响，也有主观方面的原因，而要解决这些问题，最直接的方式就是将部分国有资产收益留存给企业，让其逐步消化历史遗留问题或负担部分改革改制成本。

国有企业的经营者既是经营权的控制者，也是自身人力资本的拥有者。从委托代理理论来看，有赖于建立一个激励约束机制，促使经营者与所有者目标一致。因此，将国有企业的部分剩余索取权让经营者分享，将极大地激发他们的工作热情，从而为企业赢得更多的收益。

国有企业及其经营者收益权的实现，也是国有资产收益分配的重要方面，应统筹安排，合理确定相应的比例。

（四）以国有资本预算固化收益上缴渠道

国有资本预算也叫国有资产经营预算，在预算法中已被明确规定，它是政府预算的组成部分。在设想中的政府预算体系中，包括了政府公共预算、国有资本预算、社会保障预算和其他预算。而在国有资本总预算中，应包括三个子预算：一是由国务院国资委监管的非金融类国有资本预算；二是金融类国有资本预算；三是仍由部门监管企业的国有资本预算。对国有企业的经营预算则由这三个子预算系统各自延伸。

国有资本收益不只是上缴利润，它包括所有由国有资本所产生的收益。过去这些收益大都留在企业，现在建立国有资本预算制度，标志着收益上缴已逐步进入法治化轨道。通过现有的国库结算系统将国有资本收益收缴，并由国库集中支付系统将各项支出安排到各类子预算，应是简便而可行的制度性安排。同时，也要将国有资本预算置于法律的监督之下，每年的预决算都要报人民代表大会审议批准，预算执行要接受人大常委会和政府审计部门的监督。

（五）分类确定、分部实施

国有资产收益在企业之间的分布极不均衡。各类企业由于禀赋的不同、所处行业及掌握的资源也不一样，客观上的差异导致其收益水平参差不齐。因此，在收益收缴上应根据各类企业的不同情况分类确定，分部实施。

分类确定是指按照企业的资源条件、制度形态、所处行业及创利能力等因素进行分类，并分别确定其上缴利润的合理比例。如对垄断性企业获取的超额利润应确定较高的上缴比例，而处于一般性竞争领域的企业相对确定较低的上缴比例；对于股份制企业应严格按照《公司法》有关规定实施分红，因为一般的股份制公司都集中了较优良的资产，创利能力相对较高。而对于正在改革改制、历史包袱较重的企业应让其有一个逐步消化过程，不宜确定太高的上缴比例。也可以根据企业在运行中的各项经济指标进行综合分析后来具体确定其利润上缴比例。

分部实施是指根据企业的分类情况确定上缴利润的时间顺序。可以设置若干约束条件，对于已满足约束条件要求的企业先行实施利润上缴，暂时尚不具备条件的企业缓缴。按不同类型企业实施分部约束，可以增强国有企业的责任心和紧迫感。分部实施还可以为较为困难的企业设置一个过渡期，促使其加快完成制度实施前的准备工作，为全面稳步推进利润上缴制度创造基础条件。

罗建钢

公务车改革的探索

——对大庆车改的调查研究及相关考察与认识

内容提要

我国现行机关、单位公务用车制度基本上是计划经济时代遗留的管理框架，而实际的管理严密程度又早已大大降低，其低效与浪费很久以来一直遭人们诟病，与当前节约型财政、建设节约型社会的时代要求相对比，更显得极不相符。但是公车改革的难度极大，是公共部门改革中一块难啃的硬骨头。1998年9月，国家体改委曾试定《中央党政机关公务用车制度改革方案》，然而其后未能在中央层级取得实际进展。近些年来，地方上却已有一些自发进行的公务用车的改革尝试。鉴于这一改革的难度，地方局部改革中的经验、得失，都值得重视和借鉴。本文在对大庆市公务车改革进行调研的基础上，结合其他地方的情况和国际的经验，对我国公务用车改革试提出一些初步认识。

一、现行公务车制度存在的问题

（一）公私难分，运行成本高，效率低，产生巨额财政负担

在现行的公务用车制度下，普遍存在公车私用问题，容易发生竞相购车、相互攀比，购超标车，每年形成数额巨大的人头费、燃油费、养路费、维修费等支出费用。省市县主要领导基本一人一车，使用率只是市场运营车辆的十分之一；有专家测算，社会轿车每万公里运输成本为8215.4元，而党政机关等单位则高达数万元。每辆出租车的工作效率为公车的5倍，可运输成本仅为公车的13.5%。2003年中国社会调查事务所对北京、上海、青岛、郑州、武汉、重庆、广州7城市普通居民的电话调查显示，95%以上的公众赞成进行公务用车改革。七成的公众认为公车私用现象严重；六成左右的公众认为公车养护和驾驶员的费用惊人，开支巨大。

现行公车制度产生了巨额财政负担。据2003年3月全国政协委员提交的一份提案中的调查数据显示，“八五”期间，全国公车耗资720亿元，年递增27%，大大超过了GDP的增长速度。到了90年代后期，我国约有350万辆公车，据估计包括司勤人员在内年耗用约3000亿元人民币，已经成为财政的大包袱。另据了解，2004

年，我国政府采购规模达2200亿元，其中汽车采购额就高达500亿元。大庆市车改前统计，1997年底，财政负担的车辆达1350辆，车与司机的费用合计每年达近5000万元，加上年购新车费用和大修费用，年度公车费用支出高达8500万元以上，要占财政经常性支出的近20%。

（二）公车不公，损害党政干部形象，滋生腐败

公车不“公”日益严重，“公车公用占1/3，领导私用占1/3，司机私用占1/3”，即公务用车大约仅三分之一用于真的公务。有的领导干部上班时间由司机驾车，下班后和节假日自己开车，甚至有一部分干脆全由自己驾车，让在编司机“休息”。公车不公成为难以遏制的“顽症”，公车维修中也有深不见底的“黑洞”，加之超标配车，都在一定程度上助长不正之风的愈演愈烈。“屁股底下一座楼”是人们对官员公车的讽喻。

（三）不利于城市交通与民族汽车产业的发展

公车的过高比重是造成城市交通拥堵的一个重要原因。在北京市行驶的车辆中，除出租车外，公车与私车的比例为4:1，也就是说，公车动态占有的道路资源是私车的4倍。而一些地方政府以各种借口限制小排量汽车，显然没有道理：现时中国的公务车购买目标主要是大众、通用等跨国汽车厂商生产的讲“气派”的汽车，车均占有道路资源高，而本土民族品牌的小排量家庭型汽车如奇瑞、吉利等车均占有道路资源少，却受到了排挤。试想，如果借着车改的东风能够增加私家小排量汽车的购置量和保有率，不仅有助于推动环保，而且民族汽车工业也将大大受益。

二、大庆车改：措施、成效及问题

大庆是我国著名的石油城市，在全国国内生产总值超百亿元的城市评比中，排名第 10；人均国内生产总值名列全国第一。在这样一个富裕并且拥有优良传统的城市里，领导层下决心率先推行的车改有一些先天的优势，于 1998 年 2 月 16 日启动。大庆车改的范围和对象是市直机关（含有机关职能的事业单位）的处级以下（含处级）领导干部和一般干部（53 个单位中首批参改单位为 32 个，公、检、法和农口等一些单位未列入车改范围）。

（一）公务车改革的措施

大庆车改以公务用车的市场化、社会化和货币化为方向，逐步建立起机关后勤保障工作新体系和新机制。改革的具体措施和要点包括：

1.“老人”老办法，新人新办法

原处级以下领导干部的公务用车仍执行原制定的经费包干办法，但 1998 年 1 月 1 日以后提拔的处级副处级领导干部不再配备工作用车，改发交通费。同时提倡和鼓励“老人”交车、买车、改领交通费。

2. 测算确定交通费发放标准

标准定低了，影响工作，大家不认可，改革无法启动。标准定高了，会有人认为乘改革之机搞福利，引起不满。大庆在处级领导干部、各部门办公室主任和车队队长等各种类型的调查座谈会基础上，分析机关车辆单车费用水平、市直机关车辆行驶的耗油水平和行程公里数、财政 1996 年、1997 年包干水平、大庆地区出租车价格和年工作日状况等以后，综合测算确立了一套标准，在 2002 年又经过一些调整，具体见表 1。

表 1　　单位：元/月

职务等级	费用标准（调整前）	费用标准（调整后）
正处级	1500	1500
副处级	1200	1200
科级	120	240
副科级	120	180
一般干部	100	100

3. 司机的安置

车改直接触动的是汽车使用者（乘车人和司机）的利益，对司机的安置是车改能否顺利进行的又一关键。大庆为司机安置提供了7个渠道：①干部身份的可以进入干部岗位；②本部门有工勤岗的可以辞退原合同工、临时工，司机转上工勤岗；③本部门有基层企事业单位的可以分流安置；④司机可以停薪留职，留职期间工龄连续计算，有关福利待遇不变；⑤司机可以提前退休，待遇比照干部政策兑现，年龄可以放宽到48周岁；⑥司机可以买断工龄，年度工龄补偿金可按三个月的基本工资总额计算；⑦市直机关成立小型出租汽车公司，可安置部分司机。同时，还出台了其他一些优惠政策，如：购车优先下岗司机；凡下岗自谋生计的司机购车价格优惠20%，同时还减免有关税费2年等等。这样车改中涉及的司机都得到了妥善安置。

4. 对非车改单位公务用车严格定编

在一部分单位进行车改的同时，对非车改单位的公务用车重新核编，根据各单位编制职数、职能，结合上级主管部门的文件要求，本着既保证正常工作需要，又能节约财力的原则，完成了对13个非车改单位的公车定编，定编车辆237台。对定编内车辆和个人自有车辆发放了准用证。同时，对定编外的车辆一律上交国资局。

5. 车辆资产评估

车改除保留必要的公务用车外，将其余的车辆进行评估作价后，按公开、公正、公平的原则，先内部后社会的办法拍卖给个人。为防止国有资产流失，制定了《买断车辆评估办法》和《买断车辆评估实施细则》，规定了不交叉售车购车，不竞价买车等主要原则，由国资局牵头负责，采取三人评估、二人确认、五人联名签字的评估办法，完成对每台车的评估工作，既保证了车改的顺利进行，又让买车者承担得了，让社会和买车者表示认同。

6. 加大检查和查处力度

对公车私用、借车等问题进行专项检查，对少数处级干部领取了交通费，却将租车、打车的费用在单位财务报销或将用于个人车辆上的养路费、修车费、油料费用公款报销等违纪行为严厉查处。

7. 加强领导，树立典型

做好思想发动工作，掌握配套政策，动态完善车改方案。

（二）车改的成效

1. 车改节约了财力

自1998年车改到目前，参加车改的已有59个部门。涉及车辆402台，其中留用106台，上交70台，买断226台。涉及司机216人，其中留用113人，分流安置37人，提前退休49人，停薪留职16人，买断工龄1人。实行车改人员1522人，其中处级246人，科级661人，一般干部615人。经大庆市财政部门测算，改前402辆车全年费用为1627万元（含216名司机人头费）。改后全部费用为887万元，直接节支740万元；上交70台车辆和买断226台车辆变现收益为1142万元。当年不再购置新车可节约3300万元和财政不再安排大修费200万元，四笔可共节约5382万多元。59个单位车改后留下的106台车，由于加强管理，按同比口径计算，每年在维修、油料共计节约资金210万元，平均每台公务用车节约1.8万元。

2. 促进人们转变思想观念，遏制了不正之风车改使人们思想观念发生很大变化，大多数领导干部和职工以及全社会，对市直机关的车改认识提高，要车改的单位越来越多。同时，也在很大程度上克服了以车谋私的一些问题，加强了机关干部的廉政建设。一些群众意见较大的不正之风得到了有效遏制。

（三）大庆车改存在的问题

大庆的车改可说是全国第一家，虽有比较成功的方面，但也存在一些明显的问题。

（1）双轨制。从环境看，大庆市改，省级和周边地市未改。从全市看，市直机关进行了车改，县区未车改；从市直机关看，一部分机关部门进行了车改，还有公安局、检察院、法院、安全局、司法局、水利局等 12 个部门未车改；从车改的部门看，大部分人员进行了车改，仍有少数领导同志未车改；干部虽然进行了车改，但各单位还不等地保留了公务用车。双轨制的广泛存在，不利于新机制的稳定形成，也容易产生新的不正之风，使监督部门防不胜防，查不胜查。例如，市直机关进行了车改而县区未车改，那么，市直机关的人去县区，县区就会派车来接，这样市直机关就把成本转嫁给了县区。而像档案局这样的“清水衙门”，在需要公务车时却难以得到经费支持。再如，如果上级领导来视察工作，兄弟城市来人参观访问，接待用车怎么解决？这些都需要探索可行的配套措施。调查中一些当地干部反映，普遍双轨制给人的感觉是“车改无尽头”，煮成夹生饭。

（2）有些领导干部存在既拿钱又坐车的问题。目前大部分领导干部，按照市里的要求，上缴了 50% 的交通费，但同时可以享用本部门保留的公务用车，特别是一些单位的公车几乎又成了主要领导的专车。

（3）交通补贴额度的确定仍存在敏感问题。处级干部的交通补贴达到 1500 元/月，比许多群众的工资还要高。这不免让人会认为交通补贴有变相福利之嫌疑。但是，交通补贴低了确实又难以使改革顺利进行。在补贴由以前的“暗补”转为货币化的“明补”过程中，补贴额的确定不好把握，易造成心态的不平衡。另外，同一标准下不同岗位的人员“有肥有瘦”，有的不够用，有的“干留”。

(4) 无自筹资金能力的单位，保有车辆又确实要更新时，资金无法解决。

(5) 调研员、助理调研员交通费需要确定。

据介绍，黑龙江省的哈尔滨市也已启动了公车改革，模式与大庆相仿，但力度更大，除公检法外全部取消公车。

三、我国其他一些地方的公车改革及国外经验

(一) 国内其他一些地方的车改简况

自1998年以来，上海、广东、江苏、湖北、江西、黑龙江、辽宁等14个省（区、市）以及审计署、国家宗教局等4个中央国家机关先后进行了公车改革试点。科技部、人事部、劳动和社会保障部、中国人民银行、新闻出版总署等15个中央和国家机关实施了班车改革。

各地车改的基本模式都是取消公车，但具体措施各有不同。主要有：①公车福利货币化，公务员领取交通补贴，但补贴的标准各地不一。大庆的标准是正处级每人每月1500元，副处1200元，正科级240元，副科级180元，一般干部100元；山东威海在市级机关实行公务用车货币化改革，担任正处级领导职务的每人每月2400元，科员、办事员及工勤人员200元；四川绵阳高新区采取的是正处级1200元，副处1000元，科级（含副科级）700元，一般干部400元；北京市房山区琉璃河镇2004年10月起实行公车改革以来，分6个档次对

干部进行车补，包括实职副处级干部每人每月1800元，非实职处级干部每人每月1300元，科长每人每月500元，科员、办事员每人每月200元等。②向社会公开拍卖公车：2005年4月，上海市将有关部门的33辆车改试点车辆，面向全社会公开拍卖。2004年10月，四川省成都市武侯区除保留少量公务用车外，把现有公车估价处理给个人，并适当补贴公务交通费。③以公车组建出租车队进行市场化运营。2004年，湖南省资兴市将195台公务车移交该市直属机关公务用车出租车队管理。书记市长专车起步价7元，市区内每公里1.8元，市区外2.3元。公务员和老百姓一样，办事要用车，得按规定付费租车。④取消专车，实行集中统一管理。2005年7月，甘肃省纪委办公厅做出明文规定：严禁领导干部私开公车；对所有车辆统一集中管理，非工作时间车辆一律停入车库或在指定地点存放。⑤给公车贴上标识。2005年7月20日，宁夏回族自治区开始对全区7000余辆党政机关公车粘贴“公务车”标识，此举有利于对公务员用车加强监督。2005年6月，成都市将1.5万辆公务车全部贴上统一的“太阳鸟”标识，希望通过此举监督制约公车旅游、公车接送子女等现象。

（二）国外的经验

1. 法国

严格预算管理与交通补贴并举。1991年10月，法国颁布新的有关公务用车的政府令，对公务用车购置及其更换都实行预算管理。购车预算由政府各部委和国有企事业单位在制定各自的年度预算时提出，由“国有汽车购置委员会”预审，并由代表国家的“国家购置集团联合会”统一从市场上购买，然后转卖给使用单位。各单位从市场上包车，必须得到预算主管部门的批准。

在公务用车的配置和使用上，法国制定了严格的规则，公私分开。政府只给部长、部长级代表和国务秘书配置固定的专车和固定的专职司机。司、局长以上高级公务员配置专用公务用车，但不配置固定的专职司机，由用车人在执行公务时自己驾驶。普通公务员不配置专用公务用车，但可以凭出差证明使用公务用车。公务结束后，公务员开公车返回办公地点，再开私车回家。

法国公车标准还有严格的管理措施：政府规定个人使用的公务用车发动机排量不得超过 1.4 升。一切超标要求都需向政府总理提出。并设立车辆使用记录册，对公务用车使用特殊车牌照，来限制公车私用。

同时，政府规定，国家机关公务员和国有企事业单位职工享受交通补贴。乘坐公交车辆（地铁和公共汽车）上下班的公务员和职工，从住地到工作地的交通费由单位和个人各自负担一半。开私家车上下班的公务员和职工，按每月 22 个工作日、每日在住地和工作地之间往返一次的公里数计算报销汽油费并发给一定数额的车辆保养费。

2. 新加坡

严格实行“公车公用”的制度。对于一定级别以上的公务员给予一次性购车补贴和发放汽车消费补贴，对于普通公务员只给予交通补贴，一并计入工资。但对国家、政府领导人和部长等高级官员仍配备专用公车。只给总统、总理和资政三人配备专车和司机，供他们上下班及公私出行使用；其他高级官员包括副总理、部长上下班和处理家庭私事均用私车，外出参加公务活动才乘坐政府配备的专车，由政府雇用的司机接送。国家用于接待高级代表团的礼宾车队也采用临时租用办法。

3. 比利时

发放优惠补贴鼓励私车公用。比利时的公务用车分两种情况：一种是大臣级别以上的官员配有专车和专职司机。其他公务人员在执行公务时都使用私车，并根据规定享受相应补贴，各级别的公务人员享受的补贴待遇不同。

4. 日本

实行严格的公务车使用制度，各部门内部用车主要分为两类，一类是领导专用车，另一类是公用车。严格限制专用车数量，如总务省2000多名工作人员，拥有52辆公务车，其中24辆是领导专车，另外28辆是公用车。在日本，包车和租车占公务用车较大的比例。政府机构也不开班车接送工作人员上下班，鼓励职工乘坐公共交通工具，并给予一定的交通补贴。

5. 瑞典

为遏制公车私用，运用电脑技术手段。几年前瑞典财政部请来电子电脑专家，设计了一套由电脑控制的“公务汽车监控系统”，即在每辆公车上安装了带双按钮的计程器和代码发射器，一个按钮上刻着“公务”，另一个按钮上刻着“私车”。任何人用车时，必须先按下两个按钮中的一个，车才能起动。按钮按下后，代码器就将该车的特定代码发往监控卫星，卫星再把代码及汽车所在的方位转向中央监控台。如果中央监控人员发现按下“公务”按钮的汽车驶向别墅区、钓鱼区、百货区、菜市区或娱乐场所时，便用无线电话询问开车者“为何用公车办私事?”，如此一来，私用公车者便无机可乘。每隔一段时间，监控人员就会将收到的资料进行核实，据此对开车者收费或罚款。这一奇招有效地遏制住了公车私用现象。

6. 德国

公车使用靠租赁。德国联邦政府只为联邦级的领导人和各部部长、国务秘书配备公务用专车。司局长级的官员只保证公务用车，不配备专车。德国防部和各州主管部门为节省开支，都尽量减少公车数量，公车中还有相当数量是租赁来的，连接待来访外国元首用的车有时也是临时从汽车公司租赁来的。

7. 芬兰

严格限制公务车使用人。在芬兰，政府（总统除外）中只有总理、外交部长、内务部长、国防部长四人享受配备固定车辆和固定驾驶员的待遇；而在赫尔辛基市政府，只有市长一人享受这一待遇。

8. 南非

向公车使用人收取部分购车费。自 1994 年废除种族隔离制度后，交通部牵头重新修订颁布了政府官员配车规定：国家公务员可根据自己的级别和工作需要，申请配备不同档次的轿车。但是享受政府配车官员，不论什么级别，在购车时需支付 1/3 左右的购车费。

9. 博茨瓦纳

公务车“特别待遇”。在博茨瓦纳繁忙的公路上，民用车挂的是白底或黄底黑字车牌，而公务车则挂红底白字车牌。每逢星期六、星期日，公路上只有民用车行驶，见不到公车行驶，因为博政府严格实行只准在工作时间因公务需要才能使用公车的规定。另外，政府所设的公车加油站，加的汽油也与众不同，呈粉红色。一到星期六、日，这种加油站都休息，不给公车加油。为此，在博茨瓦纳，也有人把公车叫作廉政车。

四、关于我国公车改革的若干认识

(1) 公车改革在我国虽然难度很大，但从中长期来看，势在必行。可以逐步扩大试点，鼓励各地推进车改。从已有的各地车改试点来看，虽然存在着不同的问题，但总体来说取得了一些初步成效。财政资金得到了不同程度的节约，不正之风也有所遏制。并且从目前的制约条件来看，中央级和大都市车改的难度最大，进一步推行的试点应以中小城市为侧重。

(2) 各地情况不同，车改要注意因地制宜。现阶段的已有经验还远不足以形成相对一律的方案设计，仍需各地在试验中摸索。由于城市大小不同，经济富裕程度不同，地方习惯、传统不同等等，各地办法不必整齐划一。不同部门需要不同对待：对于工作性质特殊和出车任务繁重的部门，如公、检、法、农口等部门，近期主要应采取严格定编、加强管理的对策。对于一般部门则可以积极试行货币化补贴的政策。

(3) 可以借鉴西方国家经验，多个政策同时并用，特别应注意利用先进信息技术手段的经验，对公务车加强监督。

(4) 对公务员交通补贴的具体数额确定，应努力采取民主、客观的办法。

(5) 注意领导带头，做好配套工作。车改最大的阻力往往来自单位的领导和司机，对车改后领导工作用车的考虑、对司机的分流安置等后续和配套工作，都要在改革中进一步探索。

(6) 从相当长的一段时间看，公车改革较浓厚的“双轨制”色彩将不可避免，对由此而产生的矛盾需要特别注意加以缓解。渐进改革中，双轨制问题的大体解决（任何国家都不可能彻底实行单轨制，但“专车”轨可缩减至很小比重)，是与我国的行政与政治体制配套改革分不开的。

贾　康　阎　坤　鄢晓发

把产权交易市场打造为非上市公司股权交易的平台

内容提要

如何实现大量非上市公司的股权交易或者说如何为非上市公司股权交易打造一个平台，已经成为提高全社会资源配置效率与推动国家技术创新的内在规律要求。本文从构建多层次中国资本市场体系的方法入手，明确提出：证券市场是上市公司股权交易的平台，产权交易市场是非上市公司股权交易的平台，两个平台相辅相成，互为基础与支持。中国产权交易市场应该深化改革并加快创新，尝试两高企业股份转让，实施有条件的非公开发行，设立国有法人股交易专场，进行经营者员工持股的竞价交易，从而推动非上市公司股权的交易。

中国产权交易市场是中国资本市场的一个必不可少的组成部分，

是多层次资本市场的基础层次，对于提高全社会资源配置效率与推动国家技术创新，中国产权交易市场发挥着与中国证券市场同等重要的作用，甚至在一段时间内要发挥更大的作用。股权分置改革拉开了中国证券市场国际化进程的序幕，但是，证券市场的这一国际化进程是以产权交易市场的发展为基础、为支撑。从其他国家的经验和中国的实践看，中国产权交易市场不是某些人所担心的影响和拖累中国证券市场，而是支持与支撑中国证券市场发展及国际化的基础。在多层次的资本市场体系中，证券市场是上市公司股权交易的平台，产权交易市场是非上市公司股权交易的平台，两个平台相辅相成，共同推动中国资本市场的发展。

“由地方产权交易市场、区域性产权交易共同市场、全国性产权交易市场三个层次支撑”的中国产权交易市场，不再为“名分”所困扰，修改以后的《公司法》和《证券法》、《国家中长期科学和技术发展规划纲要（2006—2020年）》及科技部《关于加快发展技术市场的意见》等法规文件，从不同角度确定了以产权交易市场推动非上市公司股权交易的发展目标。中国产权交易市场应该抓住机遇，深化改革并加快创新，进行非上市公司股权交易的试点，为中国数量惊人的中小型股份制公司提供一个特定的产权交易平台，为“科技与资本相结合”的创业风险投资打造一个有序的资本退出平台，为“资本选择企业家”的资产重组或重整支撑一个竞争的兼并收购平台，推动中国多层次资本市场的建设与完善。

一、尝试两高企业股份转让，促进创业风险投资的良性循环

通过科技进步与自主创新使中国到2020年转变为创新型国家，

已成为国家战略并全面实施《国家中长期科学和技术发展规划纲要（2006—2020年）》。在推进创新型国家战略过程中，最重要的是要把企业当做技术创新的主体，积极营造激励企业自主创新的环境。从市场经济发达国家的经验尤其是美国二十世纪八十、九十年代的做法看，多层次资本市场为企业技术创新提供了强有力的外部支撑，从而推动资本与技术的结合。目前中国资本市场已经取得较大的发展，但是，基本上仍是一个以深沪证券交易所为主导的单层次资本市场。深沪证券交易所及深圳创业板市场，在一段时间内难以为高新技术开发区内的高新技术企业（简称“两高”企业）及其他处于起步阶段的技术创新公司提供足够的资本支持。依托产权交易市场，为两高企业及其他技术创新公司打造一个融资及股权交易平台，可以促进中国资本市场的多层次发育，改善企业自主创新的外部环境。证券市场是产权市场化交易的最高形态，但是，两高企业及其他处于起步阶段的技术创新公司的绝大多数都无法到证券市场挂牌交易。因此，作为资本市场的一个组成部分或一个层次的产权交易市场，可以首先成为两高企业股权交易的载体。

可以说，目前全国100多家产权交易所（中心）基本上是地方性的或区域性的，不同产权交易所（中心）管理水平及硬件设施的差异性较大。为了防止各家产权交易所（中心）一哄而上，应选择并支持5—8家产权交易所（中心）率先进行两高企业股权交易的试点。在产权交易中心进行两高企业股权交易试点的布局上，既要从两高企业比较集中的东部、华南、华北地区选择产权交易所（中心），也要从两高企业相对较少的中部、西部地区选择产权交易所（中心）。只有合理布局，才能使两高企业的股权流通试点取得成就。

两高企业在产权交易中心进行股权交易，可以进一步拓宽创业风险投资退出的渠道，吸引与吸纳更多的社会闲散资本从事创业风险投资。但是，从两高企业的内在发展要求及产权交易市场自身的发展规律看，从事两高企业股权交易的产权交易所（中心）还要支持一些具备条件的两高企业进行融资。因此，产权交易所（中心）要分两步拓展其自身功能，第一步是进行两高企业股权交易，经过 2—3 年的试点，通过改革创新，再走第二步；第二步是允许并支持两高企业通过产权交易中心这一平台进行股权融资。为了防止与证券市场功能相冲突，产权交易所（中心）可以采取有条件的股份非公开发行模式。

二、实施有条件的股份非公开发行，支持资本向中西部地区流动

非上市公司实行股份非公开发行，是指在产权交易所（中心）挂牌交易的企业（公司）向特定对象发行股份，发行对象以货币资金按约定的价格增量入股，成为非上市公司的股东。有条件的股份非公开发行，主要是从两个方面进行限制：一是发行对象的数量，要限制在 5 名或 10 名以内，二是发行的股份 2 年或更长的时间内限制其交易，限制期满，可在产权交易所（中心）流通。非上市公司股份非公开发行要依托产权交易所（中心）来完成，在某种意义上，产权交易所（中心）要成为非上市公司股份非公开发行的载体。产权交易所（中心）为保证股份非公开发行的顺利完成，必须要对在其名下挂牌交易的企业（公司）进行价值评价并向发行对象推荐。可以说，能否为在其名下挂牌交易的企业（公司）完成非公开发行，是产权交易所（中心）实力、信誉的体现。当然，在今后 3—5 年能够实施“有条件的股份非公开发行”的产权交易所（中心）是少量。从政策导向看，应该支持两类产权交易所（中心）开展“有条件的股份非公开发行”业务。

第一类为从事两高企业挂牌交易的产权交易所（中心）。可以说，这一类产权交易所（中心）开展“有条件的股份非公开发行”业务，

能够比较好的吸引创业风险投资。从其所选择的特定发行对象看，应以国际风险投资基金为主。如果能够取得经验并创造声誉，这类产权交易所（中心）将成为国际风险投资基金在中国选择技术创新企业的一个平台。

第二类为中西部地区从事非上市股权交易的产权交易所（中心）。可以说，在目前证券交易所对推动中西部经济发展作用极其有限条件下，应该让产权交易所（中心）发挥更大的作用。中西部地区从事非上市股权交易的产权交易所（中心），如果可以优先开展“有条件的股份非公开发行”业务，可以实现资本向中西部地区的更大流动。在某种意义上，任何一个从事“有条件的股份非公开发行业务”的中西部产权交易所（中心），都可以在当地集聚一个数额巨大的“资金（资本）漩涡”。

三、设立国有法人股交易专场，加大某些产业国有资本退出的力度

在国有企业全面改制政策的全面推进中，一些中小型企业实现了国有资本的绝大部分或全部退出。但是，国有大中型企业国有资本退出的力度很小。国有大中型企业家数与国有中小型企业家数相比，数量小得多，而资产总额大得多。因此，深化国有企业产权制度改革的关键是国有大中型企业改制重组。中央国务院一再要求并出台相关政策推进国有大中型企业的改制重组。从国有大中型企业改制重组的形式看，大都选择非国有资本增量入股、国有资产转国有资本、保持国有股本绝对控股的模式。可以说，一部分国有大中型企业实行了改制重组，但是没有从根本上实现经济结构调整与国有企业布局调整。为了让产权交易市场在推进经济结构调整与国有企业布局调整中发挥更

大作用，一些具备条件的产权交易所（中心）应主动积极进行国有法人股交易专场的系统建设。国有法人股交易专场，采取场外交易自动报价系统的形式，限制个人投资者介入，设定最小交易单位如500万股。国有法人股交易专场在运做中应注意几个问题。

关于交易商资格的认定。中介机构如证券公司、信托投资公司和其他法人类投资机构可以直接进入国有法人股交易专场，但是，国有企业不得直接进入国有法人股的交易市场。

关于国有法人股进入交易市场的审定。除了政府依法要求国有股必须绝对控股的某些行业龙头企业外，已经完成股份制改革的国有企业都可以把国有法人股在交易专场挂牌。在每家公司国有法人股转让的比例上，可进行分类：一类是涉及国民经济支柱产业、基础产业的公司，另一类是国民经济的非支柱产业、非基础产业的公司。

关于国有法人股交易价格的形成。国有法人股的报价可由国资部门确认指导价，各个交易商可在指导价的基础上，上下波动，最终的成交价是通过竞价而形成的，如果受让方在充分竞价以后，以低于指导价的价格受让国有股，不能以此确认是国有资产流失。

关于大宗国有法人股交易数量的“阀值”设定。国有法人股交易专场要设立最小交易单位和交易阀值制度，同时实行优惠佣金制度。国有法人股交易商最小买卖单位应该与自动报价系统设的一次性买卖最小交易单位一致，在买卖数量上，如果超过一定阀值如2000万，可以降低其交易费。

四、进行经营者员工持股的竞价交易，推动非上市公司之间的并购

从2003年到2005年底已经完成或接近完成改制的9.2万家中小

型国有企业，绝大多数都已经实行了经营者与员工持股。除此之外，到目前为止，有 45 万余家非国有企业也实行了经理人与员工持股。经营者员工持股可以实现企业发展中的有效激励，促进企业的快速发展，但是，在企业发展到一定规模后，也容易形成企业经营管理的“天花板效应”。为了提高全社会资源配置效率，实现“资本选择企业家”的接力赛，必须为经营者员工持股找到一个股权交易场所。依托产权交易市场；进行经营者员工持股的股权交易，可以有效推动非上市公司之间的兼并收购。

各地产权交易所（中心）从事经营者员工持股的交易，应该先从服务与规范着手。作为服务，就是通过代理式的委托，为经营者员工持股公司提供免费的股权日常管理辅助与支持工作；作为规范，就是主动上门对经营者员工持股公司进行财务报表编制、董事会和股东大会召开、信息公开披露等方面的指导与辅导。服务与规范是产权交易所（中心）取得非上市公司信任的重要步骤，也是产权交易所（中心）争夺客户、提高自身竞争力的重要手段。

经营者员工持股在产权交易所（中心）进行股权交易，可以分两类挂牌。一类是经营者持股与员工持股的同步挂牌，这类股权交易可以采取完全竞价的模式；另一类是员工持股单独挂牌竞价交易而经营者持股实行协议转让的模式。无论采取哪一类挂牌模式，产权交易所（中心）都应做好信息的公开和及时披露工作。只要公司在产权交易所（中心）挂牌，就必须严格按规定披露公司的全部财务状况和关联交易情况，尤其是经营者持股采取协议转让，更要提前并准确披露相关信息。

文宗瑜

部分国有资产划转全国社保基金问题研究

内容提要

我国经济社会转轨中，社会保障体系改革紧迫、艰难而至关重要。作为国家战略储备资金和基本养老保险补充的全国社保基金，遭遇资金瓶颈，突破瓶颈的现实选择就是划转部分国有资产充实全国社保基金，以保障其功能和作用的发挥。这既具有重大的现实意义，又具有必要性和可能性。国外已有60多个国家建立了公共养老储备基金，其组织形式及筹资方式值得我们借鉴。在我国，可供划转的项目包括：国有资产产权、国有资产处置收入、国有资产收益、资源性国有资产权益收入及其他政府非税收入。在划转中，涉及的主要利益主体是全国社保基金理事会、国资委和财政部，他们从不同的角度提出了各自不同的看法而相互博弈。本课题认为，

> 构建和谐社会对国有经济和社保基金提出了更高的要求，应从战略高度确立社保基金的筹资方式，在条件成熟时，积极稳妥地适时实施划转。在制度安排上，应当尽快建立国有资本预算制度，以弥补社保基金缺口。

一、中国经济社会转轨中部分国有资产划转社保基金的现实意义、必要性与可能性

转轨中的我国经济社会面临着诸多错综复杂的矛盾，计划经济体制下多年积累的深层次问题需要通过新体制下的制度安排来解决，否则体制转轨就将十分艰难。在社会保障制度建设进程中，由于国有企业中“老人”和“中人”缺乏社会保障积累，要在新体制中解决“老有所养”，突出的问题表现在资金的筹措上。几十年积累下来的资金缺口期望通过目前并不宽裕的财政和社会负担沉重的企业来弥补，似乎变得遥遥无期和难以如愿。因此，党的十一届三中全会提出“采取多种方式包括依法划转部分国有资产充实社会保障基金”，通过划转部分国有资产充实全国社保基金既是一种现实的选择，同时也具有必要性和可能性。

（一）促进社会稳定和公平的重要措施

我国地域辽阔，人口众多，由于地区间、城乡间的资源禀赋及发展能力的差异，我国区域间、城乡间包括居民之间的贫富差距日

益突出并呈扩大趋势，由此造成了社会保障的水平也参差不齐。通过现有国有资产充实全国社保基金，用于未来支付高峰期调剂区域间、城乡间及居民间的社会保障资金需求，有利于促进社会稳定和公平。

（二）突破社保资金瓶颈，维持社会保障体系正常运转

我国在20世纪80年代中期将社会统筹与个人账户相结合的部分积累模式确定为我国养老保险制度的基本模式。但实际运行中“空账”现象十分普遍，“统账结合”的基金缺口越来越大，据测算，未来25年中国社会统筹基金总缺口将达到1.8万亿元。而作为储备和调剂资金的全国社保基金总量目前也只有1800多亿元。据全国社保基金理事会的描述，总体规模需达到2万亿元，最低也要在2010年达到1万亿元，才有可能发挥基金的功能和作用。在人口老龄化高峰日益迫近，财政也无力大规模扩充全国社会保障基金的状况下，现实的选择只能依靠存量的国有资产了。通过划拨部分国有资产，迅速扩大全国社会保障基金规模，提升其储备和调剂功能，以保障整个社会保障体系的运转。

（三）实现社会保障职能，发挥其在转轨经济中的重要作用

社会保障在经济中具有社会稳定器、减震器、调节器，激励、推动社会发展和经济补偿的功能。建立社会保障基金是国家实现社会保障政策和实行国民收入分配和再分配的物质条件，也是国家调节个人收入分配的一种经济手段。与此同时，在一定时期内，国家通过多种渠道筹集的社会保障基金的收入，减去社会保障制度的各项支出后，尚有部分资金节余，而这些结余资金可以形成宏观意义上的储蓄用于社会投资。而全国社保基金本身的储备性质是完全内生的，其储备功能的实现与发挥，又可进一步促进经济的发展。

（四）运用部分国有资产解决社会保障制度的转轨成本

我国社会保障制度从现收现付制向部分基金制的转轨，其核心问题是转轨成本，即需要在一定时期内偿还旧体系的债务。“老人”的养老金和“中人”在转轨前的积累需要从其他的来源融资。因而，我国养老模式的转轨，将导致隐性债务不断显性为转轨成本。转轨成本数额巨大，单独依靠财政弥补基金缺口几乎不可能。而这些转轨成本是国有企业在旧体制中的欠账转化而形成的，因此，从国有资产中划转一部分充实全国社保基金，也是完全必要的。

部分国有资产划转全国社保基金是否存在可能性，理论上的回答是肯定的。

一是两者都是公共财产的表现形式，也是公共财政框架下公共支出中的两个重要的方面，具有同源性。两者在表现形式上的互换并不存在大的理论障碍，因而无偿划转也必然是可行的。

二是从我国国有资产的总量上看也存在可能性。据统计，截至2004年底，我国国有资产总量已达22万亿元，其中国有净资产达到7.8万亿元。中央企业国有资产总量为9.1万亿元，净资产为3.1万亿元。如果按照国有权益性资本的10%划转到全国社保基金则可达7800亿元。从中央企业来看，划转10%的权益性资产给全国社保基金，总额可达3100亿元，可大大扩张基金规模。但在操作层面上仍有许多问题值得深入研究。

三是从我国社会主义市场经济体制建立的进程看，国有经济的战略调整步伐将加快。竞争性领域的国有企业将逐步退出，通过企业组织形态的改革实现产权主体多元化，进而建立现代企业制度。在国有企业有序退出的进程中，全国社保基金作为产权主体的跟进似乎有点不合逻辑，但它仍然可以在处于公共领域或垄断性企业中持有股权或产权，并逐步扩大其份额，这也是一种可能的选择。

二、国外养老储备基金的组织形式及筹资方式

为了应对老龄化高峰期可能带来的养老金支付危机，已有60多个国家建立了公共养老储备基金，其中公共养老金积累较充裕的国家，如加拿大，日本，瑞典等国家，从养老金缴费中划出一定比例，建立了半积累制的公共养老金储备；公共养老金结余较少或已经入不敷出的国家，如新西兰，爱尔兰，法国，挪威，荷兰，西班牙等国相继成立国家储备基金。就其性质而言，这些国家的储备基金与我国的全国社保基金非常相近，现择其主要国家归纳如下：

（一）法国国家储备基金

法国的养老储备基金是依照1999年的法国社会保障筹资法设立的，主要目的是为了解决未来人口老龄化趋势所带来的基本养老金的不足。其基本框架包括：

1. 设立养老储备基金的目标

储备基金是一个缓冲器，用于减弱经济周期的不规则性对财政平衡的影响。通过积累现收现付养老金制度下的集中储备，使得在较长时期内养老金缴费率的变化相对平稳，通过储备的积累增加受益，以弥补现收现付制度下所缴养老金的不足。

2. 养老储备基金的规模

至2002年12月31日法国储备基金的规模为160亿欧元。按照政府计划，到2020年，储备基金必须积累到250亿欧元。规定在2020年以前不得动用该基金的任何资产。2020年至2040年，将储备基金逐渐改为基本养老计划的一部分，以弥补那时基本养老保险的收支缺口，2040年以后，养老储备基金不复存在。

3. 筹资方式

法国储备基金的筹资方式主要是三个方面：一是各种非公有养老基金的盈余，约占30%左右，二是资本利得税的一部分，约占30%左右；三是国有资产的私有化收入，包括出售国有股份的收入，移动通讯许可证销售收入等等，约占40%左右。

4. 组织形式及投资政策

法国养老储备基金将具体行政事务管理的工作委托给储蓄与保险基金会，另外建立起了一个监督委员会和一个理事会。养老储备基金的所有资产均采取委托投资的办法，在进行资产配置后选择外部管理人（资产管理机构）进行管理，一般投资在债券和股票方面。

（二）挪威国民保险基金和石油储备基金

挪威于1966年成立国民保险基金，其目的是通过逐步建立金融储备，用于应付日后的社会保险支出。资金来源于1966—1979年间每年的财政盈余，1979年以后由于财政不再盈余，只靠投资收益缓慢增长，目前规模为200亿美元，无法实现补充社会保障支出的目的，因此倾向于把该基金与社会保障使命脱钩，仅仅作为一种不限定特定用途的财政储备资金。

挪威是一个石油资源国，其石油收入约占GDP的16%左右，但未来其收入会逐年减少，到2050年将下降到2%。为了解决石油收入逐渐减少及提供社会保障支出的工具，挪威根据1990年通过的石油基金法案，建立了一个“石油基金”，旨在将调节石油收入和社会保障两个因素结合起来互补。

1. 石油储备基金的管理架构

在挪威的石油储备基金的管理架构中，主要是两个层次：第一层次是国家设立的专门的法定管理机构，即挪威财政部，负责制定投资政策，确定可投资的资产类别，制定投资收益评估标准，对代理机构，投资管理人和托管人的活动进行监管；向国会，监管部门和社会报告基金管理运作情况。第二层次是负责具体的投资运作，一般是管理机构选定的代理机构（挪威中央银行）负责向管理机构提出决策参考建议，执行管理机构的决策，负责具体运作及其行政事务，报告投资政策的执行情况等。

2. 筹资方式

挪威石油储备基金主要有三个资金来源：一是国家财政直接拨入；二是石油公司交纳的税费；三是国家石油公司投资股份的红利。此外有些年份政府会出售一部分持有的石油公司的股份，其获得的收入全部转入石油基金。

3. 投资管理

挪威中央银行成立了专门的石油基金投资管理部，下设股票、固定收益、投资支出等部门。财政部规定，要求基金实现在可接受的风险水平下，最大化基金资产的长期国际购买力，而短期内的净值波动处于相对次要的地位。在具体操作上，规定固定收入工具应占总资产的50%—70%，股票工具30%—50%。

（三）新西兰养老储备基金

新西兰养老储备基金的管理决策和投资运作都赋予法定管理机构，即新西兰养老金监管人。这个机构是一个政府实体，内设董事会，对基金管理和投资运作负责，养老金监管人具体执行董事会的指令。董事会拥有管理、监督、指导监管人业务所必须的一切权利。

（四）爱尔兰国家养老储备基金

爱尔兰于2001年建立了国家养老储备基金，目前规模约80亿欧元。这一基金在模式上是按私营职业养老基金来组织安排的，投资策略的目标是要保证长期最佳回报，因而其80%投资于证券，20%投资于债券，显见其投资策略也是按商业化原则设定的。

（五）我国的全国社保基金及比较

我国的全国社保基金成立于 2000 年，目前资产总规模已达 1800 多亿元。其主要筹资渠道是财政拨款、国有股减持、彩票收入和投资营运获利。在管理上采取理事会负责制。与国外同类型基金比较，有下列几方面值得我们借鉴：

1. 颁布专门法律法规

对国家储备基金的性质、筹资方式、用途、投资策略和政策进行规范。如挪威的《石油基金法》，爱尔兰的《国民储备基金法》及新西兰的《养老基金法案》等等。我国也应通过专门立法，给全国社保基金以准确定位。

2. 筹资方式稳定

一般都明确了在未来一段时间内的资金来源，如规定每年从财政预算中按 GDP 或财政收入的一定比例拨款，或采取公共资源收费，国有资产处置及分红等多种形式筹集资金。我国全国社保基金缺乏稳定的资金来源是迫切需要解决的问题。

3. 设置封闭期

在封闭期内限制支出，以利于储备基金的发展壮大。新西兰的封闭期为 40 年，爱尔兰为 55 年，法国为 20 年。我国目前没有这方面的规定，因而缺乏准确的发展目标。

4. 实行市场化营运

国外储备基金一般都明确了储备基金收益最大化的投资目标，成立相对独立的专门机构负责投资运作，引入谨慎人规则，放宽或取消投资限制，赋予管理机构灵活的投资决策权，以适应投资品种的增加和市场的不断发展。我国在初创阶段对投资限制较严是可行的，当基金能稳健运行条件成熟时，也可以考虑放宽限制，以期尽快扩大基金规模。

三、可供选择的划转项目及比例分析

(一) 国有资产产权

国有资产产权是指国有控股、参股公司的国有股权以及未进行公司制改造的国有独资企业及独资公司的国有财产权利。据统计，2004年末全国13.8万户国有企业资产负债总表中反映的所有者权益为78540亿元，其中中央企业为31480亿元。这是能够用于划拨的国有净资产的底数。如果按照总数的10%划拨给全国社保基金，就全国而言，可划拨7854亿元，其中：中央企业可划拨3148亿元。如能成功划转，将可迅速将全国社保基金扩充至1万亿或最低（只划转中央企业）至5000亿元，大大缓解其资金压力。

在国有资产总量中，最具操作性的还是股票上市公司的国有股权，主要包括三个方面：

1.“股权分置”解决后的上市公司国有股权

我国境内上市公司目前约有1400家，其中含有国有股的上市公司1050家，国有股3552亿股。按照平均“10送3”的股权分置方案测算，股权分置改革后，国有股将减至3214亿股，按10%的比例划转，全国社保基金将持有321亿股。若按股权分置改革后股市均价3.28元/股计算，通过国内A股可补充全国社保基金1166亿元。目前境内上市公司的国有股比重约为50%，股权分置和国有股划转完成后，原国有股东持股比例将降至38%，仍可保持相对控股地位。

2. 境外上市公司国有股权

2001年6月12日，国务院颁布了《减持国有股筹集社会保障资金管理暂行办法》，2002 年 6 月 23 日，国务院决定，除企业海外发行上市外，对国内上市公司停止执行减持办法。及后，全国社保基金理事会要求将在境外发行上市公司中 10% 的国有股权变现收入上缴全国社保基金改为由全国社保基金“转持”股份，相机抉择变现，获得国务院批准。目前，这项制度仍在执行之中，也是全国社保基金的收入来源之一。

据全国社保基金理事会测算，对 H 股公司和红筹股公司按 10% 划转国有股权，股票市值分别为 1330 亿元和 1110 亿元。原国有股东持股比例将由目前的 70% 降至 63%，不影响国有经济控股地位。

3. 股票增发及首次发行上市公司国有股权

已上市股份有限公司凡含有国有股权的在其增发时，可按国有股权比例将其增发应由国有股东享有部分的 10% 划转给全国社保基金理事会持有。对于首次发行上市的股份有限公司，其国有股权也可按 10% 的比例向全国社保基金划转。

（二）国有资产处置收入

主要是指国有企业在改制、改造、兼并破产等过程中对国有资产处置所取得的收入。这部分收入数量较少，十分分散。但也是国有资产变现收入的重要组成部分。

（三）国有资产收益

国有资产收益是指经营性国有资产在一定时期内（通常为 1 年）运营所产生的价值增量，是企业经营、使用国有资产所取得的净利润。

据 2004 年度的统计，全国 13.8 万户国有企业总计实现利润为 7525.4 亿元，净利润为 3604.2 亿元。其中中央企业效益情况好于地方，15612 户中央企业（三级以上子企业）实现利润4879.7亿元

(为总数的 64.8%)，净利润为 2514.9 亿元。国有资产收益显现良好的发展态势，这将为社保基金的总量扩展提供财力基础。

(四) 资源性国有资产权益收入

资源性资产是我国国有资产的重要组成部分，其所产生的收入也应归全民所有。以国有资源性资产的权益性收入充实全国社保基金，既存在理论上的必要性，又具有现实上的可行性。

1. 土地批租收入

我国现行的土地批租制度是从香港引进来的，就是政府将土地按一定的期限（一般住宅用地为 70 年，经营性用地 50 年）批租给私人，再由私人开发、投资、转手交易。这一制度的优点是政府通过批租土地可以获取收入，同时又可以利用市场机制配置土地资源。土地资源是全国人民的共同财产，其使用权的出让收入也应属于全民所有。据有关部门估算，2004 年我国国有土地出让金达 7000 亿元，从其总收入中确定一定比例划转充实全国社保基金也是理所当然。

2. 探矿及采矿权收入

我国颁布的《中华人民共和国矿产资源法》第三条规定“矿产资源属于国家所有，由国务院行使对矿产资源的所有权。地表或者地下的矿产资源的国家所有权，不因其所依附的土地的所有权或者使用权的不同而改变”。另外又规定，国家实行探矿权、采矿权有偿取得的制度。开采矿产资源，必须按照国家有关规定缴纳资源税和资源补偿费。目前，国家正着手进行改革，即将无偿和有偿取得的“双轨制”统一改为有偿取得，调整过低的税费标准，建立矿业权交易市场等等。在改革中，将其部分收入划入全国社保基金，正是较为合适的时机。

3. 特许权收入

它是指个人或集团凭借政府赋予的特权在特定领域内销售商品或

提供服务而取得的收入（贾康2004）。特许权既是国家重要的无形资产，也是一项行政资源，国家理应参与其收入分配。特许权收入包括：中央银行的铸币税收入（货币发行收入）、证券、信托和保险的特许权收入、发行有价证券和邮票的特许收入、中央电视台全国电视播放特许收入、使用国家无线电频道资源的特许收入、电信号码资源占用特许收入；特殊证照牌号拍卖收入；外汇经营权特许收入；使用国家空中资源（航空或其他飞行）的特许收入；经营盐业和免税商品等特许权收入；以及行政收费中的各种许可证收费收入等。我国特许权主要授予给了具有垄断性质的国有企业，其收入往往与企业的经营交织在一起。这部分收入也是国家重要的资源性收入，应如同其他资源性收入一样，纳入财政管理，也可用于充实全国社保基金。

（五）其他政府非税收入

包括各种政府性基金（资金、附加）、工商司法等行政事业性收费、各种规费、排污费及罚款、罚没收入等等。这些项目的收入有些是国家行政权力的运用所带来，有些是为了矫正负外部效应而取得的，往往具有成本补偿性，在特定的用途之外仍可能存在一些结余，也可用于充实全国社保基金。

四、国有资产划转中的相关利益主体分析

将部分国有资产划转至全国社会保障基金，是对现有利益格局的重大调整，虽然资产的属性并未发生改变，但相关利益主体之间因资产的管理权属变化而必然引致相互博弈。

（一）全国社保基金理事会

全国社保基金理事会在国有资产划转问题上的基本认识包括以下几个方面：

一是在划转范围上尽可能大。经营性资产的划转只是其中比较主要的一部分，划转的范围还应包括国有资源性资产和其他资产，只有更广泛地寻求扩大基金的来源，才有可能将基金规模放大到发挥作用的程度。

二是在划转比例上，对经营性国有资产提出划转10%的股权，对其他形式的资产或收入未提出具体的比例。10%的划转比例并无充足的依据，也许是一种权宜之计的提法。对其他收入来源并未提出划转比例，对于形成现金形态的资产当然是划转比例越高越好。

三是资产划转的级次，目前只涉及到中央一级。在分级出资人制度下，地方经营性资产属于地方政府所有，划转的难度会非常大。即使能够将地方的国有资产划入，全国社保基金也无能力管理。因此，只能考虑从中央企业所占有的国有资产中划转。

四是划转的后续管理。尽管全国社保基金理事会成立了股权管理部，但也只能对划入资产进行宏观层面的管理。他们主张具体的产权管理仍由国资委承担，他们只是关注资产的收益，不参与企业的具体经营和运作。

五是资产划转后，对可能引致的风险处理问题，全国社保基金准备并不充分。按照《公司法》的有关规定，股东只以投入资本为限承担责任。但国有企业不同于一般的公司制企业，承载的历史遗留问题太多，改革改制的成本非常高，一旦发生亏损或资不抵债时，是由财政兜底和支付巨额的改革成本。而全国社保基金并无这方面的支付渠道和资金来源，这也是需要深入研究的问题。

（二）国资委

国资委认为：筹集全国社保基金既要积极，又要稳妥。目前不宜启动划转国有股充实全国社保基金，主要存在几方面的担心：

一是担心再出现"二龙治水"的局面。按照市场经济的一般规律，作为出资人，参与资产经营是天经地义的事情。二元出资人的出现有可能增加企业经营和监管的难度及成本。

二是担心划转对证券市场的影响。如果统一按目前上市公司国有股的10%划转给全国社保基金，初步计算境内A股市场划转给社保基金的国有股为350亿股，该部分股权尽管可以设立锁定期，可以规定每年可流通的比例，但由于该股份变现的可能性要比控股股东所持股份变现的可能性大得多，且数量十分庞大，将不可避免地对证券市场长期预期造成打击。

三是担心划转对股权分置改革的影响。目前，股权分置改革已进入关键时期，部分企业改革十分困难甚至无法进行，如有的国有股股东持股比例很低；有的国有股股东所持股份是现金高价收购的；有的国有股股东自身的历史包袱和职工安置任务很重；还有的国有股股东本身即为多元化投资主体等等，在股权分置改革未完成的情况下划转既难以实施又必然会影响改革进程。

四是担心划转对国有股股东的影响。国有股股东在上市时，均将优质资产注入了上市公司，本身基本上是辅业资产、非经营性资产及不良资产，且历史包袱很重，其自身发展、深化改革及职工稳定基本上都要依靠上市公司分红收入。如果划转部分股权，将直接影响其经营发展及深化改革，甚至会影响其内部职工稳定。

五是担心对地方利益的影响。地方普遍面临较大的社保支出压力，有的地方国有股股东亏损严重，职工心态不稳。在此情况下，划转地方国有股给全国社保基金，尽管可规定返还部分现金（如20%）给地方政府，但仍难消除来自地方政府和地方国有股股东的阻力。

六是担心在中央企业实施划转会带来操作上的难度。中央企业绝大部分是国有独资形态，也没有设立董事会，资产质量参差不齐，部分企业虽然资产数量不少，但若要改革改制，支付改革成本后所有者权益所剩无几甚至出现负数。因此，对于资产质量较好的企业划转后能给社保基金带来实际的利益，而对于资产质量较差的企业其潜在的风险显而易见，因此资产的划转最好是在中央企业改制完成后进行较为现实。

（三）财政部

财政部认为：

1. 划转部分国有股充实社保基金具有紧迫性和可行性。按照现有的中央财政预算拨款、彩票公益金和境外国有股减持收入三个渠道，社保基金每年能够增长的规模只有200亿—300亿元。因此，划转成为一种必然选择；随着上市公司股权分置改革的全面完成，国有股变现将更为便捷和频繁，如不及早明确政策，社保基金将失去最重要的资金来源；2001年尝试的减持国有股存在较大的市场阻力，与直接减持上市公司国有股相比，当前情况下划转社保基金是较为可行的选择。

2. 国有股划转对证券市场和国有企业的影响。国有股划转不会对证券市场形成冲击。对划转的股份设立3年禁售期，并规定每年可出售的股份不超过划转股份的10%，市场对大规模变现划转股份的担忧将大大减轻；国有股划转也不会对股权分置改革产生不利影响，不论是否完成股权分置改革，所有上市公司均按国有股的10%划转，因而，国有股划转与股权分置改革没有必然联系；从长远看，国有股划转有利于国有企业改革。社保基金的发展壮大和社会保障体系的进一步完善，将为国有企业的改革和发展创造良好的外部环境。

3. 划转的基本思路：一是已上市公司不论境内还是境外上市，均将国有股的10%划转给全国社保基金；二是对划转的股份设立3

年禁售期，以后每年可出售的股份不超过划转股份的10%；划转前归属地方管理的国有股，社保基金按划转股份的20%，以现金方式分五年返还给地方政府，专项用于地方社会保障支出。

五、政 策 建 议

（一）构建和谐社会对国有经济和社保基金提出了更高的要求

建设社会主义和谐社会，要求必须牢固树立和全面落实以人为本、全面协调可持续的科学发展观，同时妥善处理好各方面的利益关系，兼顾区域、城乡以及不同行业、不同群体的利益。加快建设与经济发展水平相适应的社会保障体系。

国有经济在我国的主体地位和主导作用无可替代，它既创造了大部分的国内生产总值，是国家财政的重要源泉，也承载了大量人员就业，肩负着重要的社会责任，是我国社会主义和谐社会建设的重要方面。通过制度安排解决好国有企业中“老人”和“中人”的养老问题，既是和谐社会建设中，坚持以人为本的科学发展观的具体体现，也是在社会再分配中维护社会公平和稳定的重要手段。

和谐社会的建设，也要求逐步完善社会养老保险体系。国有企业中的中老年职工是一个庞大的社会群体，经济转型直接触动了他们的切身利益，社保体制的转型使他们既不能按老体制惯性运转下去，又不能像年轻人一样完全在新体制下运行。因此，国家必须在新体制中对他们进行补偿。在基本养老保险基金严重“空账”运行的情况下，适时建立补充储备型的全国社会保障基金，正是为了应对高峰支付期可能出现的危机。和谐社会建设要求全国社会保障基金必须具备相适应的资金规模，才能在维护社会稳定和公平，协调处理好有关利益群体关系中发挥应有的作用。

（二）从战略高度确立社保基金的筹资方式

全国社保基金成立5年来，一直倍受关注。如按全国社保基金测算，5年后最低要达到1万亿元的规模，理想状态是2万亿元，则现有筹资渠道无法满足其需求。划转部分国有资产充实全国社保基金虽已成为党和国家的重大决策，但在操作层面仍存在一些障碍，因而迟迟不能付诸实施。本课题认为，应顺应和谐社会建设的要求及我国转型经济的客观实际，从战略高度确定全国社会保障基金的筹资方式，主要包括以下几个方面：

1. 通过法律程序建立全国社保基金筹资的长效机制

从全国社保基金成立以来的筹资方式看，具有不稳定性。由于缺乏法定的资金供给渠道，全国社保基金自身的造血能力也非常有限，因而资金需求与供给的矛盾非常突出。通过制定《社会保障法》明确全国社保基金的资金供给渠道非常必要，也是我国经济体制改革得以顺利进行和社会长治久安的重要保障。

2. 将全国社保基金筹资与公共财政改革相结合

一是在中央财政预算支出中应增列“全国社保基金”项目，并相应确定一个预算基数，形成全国社保基金的一个稳定来源；二是我国非税收入数额庞大，目前只有彩票发行公益金每年有数十亿元补充到全国社保基金。其他一些大项的收入，如国有土地有偿使用收入、探矿采矿权收入、特许权收入等等都属于国有资源性收入，也应按照一定的比例充实到全国社保基金。

3. 将全国社保基金筹资与国有资产管理体制改革相结合

一是在国有经济结构调整中，应优先考虑国有企业职工的社会保障问题，也应着重考虑全国社保基金的筹资；二是在企业股份制改造和重组过程中，将部分股份由全国社保基金持有，有利于改善国有企业的股权结构，强化公司治理，但操作层面上的弊端也显而易见，有可能产生股东之间因利益目标不一致的突出矛盾。建立国资委、社保基金及企业之间相互协调的机制很有必要；三是国资委作为国有资产的出资人代表，虽说并不负有社会经济管理职能，但仍是国有企业改革成本的主要筹措者，全国社保基金应纳入国有企业改革总成本中予以考虑，由国资委在存量资产中解决一部分筹资。

4. 将全国社保基金与整个社会保障体系完善一并考虑

我国社会保障体系发展的目标模式，是要建立一个以部分积累制为筹资模式，以“社会统筹与个人账户相结合”为基础的高度社会化、统分结合的、多层次的现代社会保障制度。这种保障制度将达到两个目标：一是实现代际之间的分配，即将后代人的收入用于满足当代人的需要，这是现收现付制所导致的转移支付；二是在现在和将来之间分配，即将现在的部分收入积累起来以满足个人在将来的需求，这是由基金积累制保证的。我国社会保障体系的主体是法定基本社会保障，而法定基本社会保障在资金性质上又可分为经常性社会保障基金与中央战略储备基金。因此，中央战略储备基金是法定基本社会保障密不可分的组成部分。在我国社会保障制度改革和完善的过程中，应将全国社会保障基金纳入整个社会保障制度框架，将基金的筹资、运营和使用等法治化，以保障体系运行的相对均衡与可持续性。

（三）合理确定国有资产的划转项目和比例

1. 股权分置改革完成后，已上市公司的国有股权及国家拥有股份的公司首次发行及增发股票时，可由全国社会保障基金转持 10%

目前，股权分置改革已经启动，股权分置改革完成后，这部分全流通的国有股可按 10%划转给全国社会保障基金持有，据测算，总市值可达 3606 亿元（其中 A 股 1166 亿元，H 股 1330 亿元，红筹股 1110 亿元）。对于国家拥有股份的股份有限公司向公共投资者首次发行和增发股票时，也应按国有股票的数量划转 10%由全国社会保障基金持有。

2. 选择适当时机将部分经营性国有资产划转10%给全国社会保障基金持有

在考虑划转问题时，一是地方经营性国有资产如要划转，可能存在中央和地方利益上的冲突，同时资产质量较差、股权过于分散、运营和管理风险较大，可暂不划转；二是中央国有企业中，有部分涉及国家安全和国家必须垄断的企业也不宜划转。如军工产业、制币业、特殊药品行业等等。其余的中央企业国有资产可在条件具备的情况下（如完成改革改制，协调好与现行法律、法规的矛盾，解决好全国社保基金行权障碍及风险等）划转10%的比例由全国社会保障基金持有。

3. 资源性国有资产收入划转20%充实全国社会保障基金

资源性国有资产收入主要包括：国有土地有偿使用收入、特许权收入（如专卖专营收入）、铸币税收、国有矿藏的探矿采矿权收入等，这些项目的收入权是分别按照有关法律规定由有关部门行使的，全国社会保障基金不宜也无力介入，因此只能按照其收入的一定比例进行划转。

（四）尽快建立国有资本预算制度，弥补社保基金缺口

到目前为止，国有资产的经营性收支项目仍然混迹于财政一般性收支预算中，并未单独列为预算，混淆了财政一般性收支和国有资产收支的界限。国资委成立以后，一直致力于并已着手建立国有资本预算制度。

在国有资本预算中，可以采取两种方式充实全国社会保障基金。一是直接划转部分国有股权作为优先股由全国社会保障基金持有，可以固定分红率的形式参与收益分红，这样既避免了直接参与经营的风险，又能取得稳定而可靠的收益；二是将部分国有资产收益通过国有资本预算支出划拨给全国社保基金。

课 题 指 导：贾　康、孟建民、郭建新、谢　军
课题组组长：罗建钢（本报告执笔）
课题组成员：陶瑞芝、陈永宏、侯孝国、季晓刚

其他理论、政策、管理、改革研究

关于房地产业和土地出让方式改革的几点认识

内容提要

本文认为，在房地产业发展中，需要政府对带有准公共品性质的领域，更多地发挥政策调节作用，划清“可为与不可为”的边界。政府保证“居者有其屋”首先应定位在提供“廉租房”。要使市场价格机制较正常地发挥调节房价的配置作用，就要在土地的初始出让环节，让市场机制的“价格发现功能”充分发挥作用。

一、划清“可为与不可为”的界限

中国正处于经济、社会的转轨时代，市场化、工业化、城镇化的大潮势不可当，在很长的一个历史阶段上，房地产业将是拉动中国经济增长的龙头产业之一。我们可以看看发达国家的经验，比如美国，它经济起飞之中的支柱产业，曾是建筑业、钢铁业、汽车业。房地产业和建筑业作为经济增长的支柱，对于美国确立头号强国的地位，所起到的历史作用有目共睹。中国现在经济起飞的态势，应该说是很明显的；中国现在要走的新型工业化道路中，也少不了要形成一些支柱产业。我作为一个研究者的判断是，市场化导向下的工业化、城镇化、信息化，这几个大的历史潮流合在一起，中国的发展少不了房地产业的支撑，所以说，房地产业至少是我国应摆在前面的几个主要的支柱产业之一，而且会表现出某种龙头作用，拉动各个方面的增长，并要跟各个方面的增长配合。

从政策角度考虑这个问题，首先要看清大形势和大框架。房地产业的发展中，最基础的调节机制还是市场机制，这已是说了很长时间的问题，原则上不会有太多争议。具体怎么掌握？房地产从一般情况看，应该是竞争性的产业，应该由市场机制调节，但它确实牵涉到一些市场不能解决的准公共产品供给的问题，这就需要政府对房地产业中带有准公共品性质的领域，更多地发挥政策调节的作用。这个问题上的政策理性，至少应体现在两个层面：在一般性的、竞争性的、不需特殊政策倾斜的市场领域，按照一般政策引导就行；但是在准公共产品性质的领域，就应该附加特殊的政策引导和政府干预。另外，在房地产业的运行上面，政府有必要抑制过度的短期炒作。最近被称为“房地产新政”的措施，包括税收措施，我理解，其主要目的就是要抑制短期的炒作。

总的看，政策要想更好、更合理地发挥作用，需要划清“可为与不可为”的边界，不要以为政府可以包揽房地产业发展的诸多细节问题，政府不可能按照自己的意愿简单地进行操作，比如房价就是如此。

二、政府保证“居者有其屋”首先应定位在提供“廉租房”

我认为，在房地产的产品供给方面，至少要先分成两端：一是低端，一是高端，其间还可划出一个中端。低端包括廉租房和所谓经济适用住房，普通商品住宅可称“中端”，高档公寓、别墅之类则是高端。

最低端的应是“廉租房”（现在往往被人忽略掉了）。我们过去一直说，政府要使低收入阶层都有住房，这个原则没有问题，低收入阶层也能“居者有其屋”，在整个社会看，具有准公共产品的性质，即这种不动产的存在，具有正的“外溢性”，有利于社会总体的安定与和谐。但实际生活中，对最低收入阶层，政府只能通过廉租房来解决“居者有其屋”的问题，这是和市场经济的发展、和政策理性相连接的。不论是从国际经验来看，还是中国国情的制约条件来看，在市场经济发展过程中，需要享受最低社会保障的阶层能拿到有产权的住房，是不可想象的，无论这个房子便宜到什么程度，都不可能。

所以把政府托底认定在对最低收入阶层也要提供有产权的“经济适用住房”，这种观念实际是一种误区。对低收入群体，要使“居者有其屋”，只能放在“廉租房”定位上。即使在这个层面上，政府的管理成本也是不低的。政府必须相对合理地提供廉租房用地，控制标准与成本，还要介入一系列环节，从建房规划到选择建筑商，房屋设计及其后的工程监理、验收、分配，以及甄别入住者。并且当一些低收入者脱贫脱困后，还应当要求、引导其搬出，以便让更需“雪中送炭”的人入住。管理成本很高，但从整个社会的协调稳定来看，我国政府和财政现阶段必须花费这个成本，大兴廉租房，让更多低收入者有房可住，但绝非拿到个人产权房。当然，这还必然联系到多方面的改革事项，涉及户籍管理制度的渐进改革、社会保障制度的逐步健全、“流动人口”管理制度的改进、土地开发利用规划和配套水平的提高，等等。

三、经济适用住房的现实扭曲值得重视

再往上就是“经济适用住房”。我认为，我国现实生活中，经济适用住房的概念过去太模糊，管理弹性过大。《中国新闻周刊》里面有图片：天通苑经济适用房还有屋顶花园——很难想像这是经济适用房。规定买房时要求有单位盖章的个人收入证明，但这极易弄虚作假。又规定凭教师证就可以买到经济适用房，但是很多教师如今已是“中产阶级”以上的收入水平了。当然也有一批真正收入较低的教师买不到房。本来是解决低端住房问题的，但有许多高收入者却住进去，或买下来用于出租、炒卖，这已屡屡遭人诟病。户型过大，买后空置率高，等等，都是已有“经济适用住房”表现出的问题。

据反映，长安街上的通惠家园开发建设按经济适用住房定的位，但有很多外国人住在那里，还设有咖啡厅，很多外国人买那里的房是为了投资。

经济适用房在定位上本来想延续廉租房的逻辑，扩大到更高层面。但它实际的弹性和扩大边界，使政府在管理上“管不胜管”（即邓小平同志语“管不了，管不好”），负作用非常大，结果在很大程度

上把政府用来雪中送炭的钱变成了锦上添花，尽管动机是好的，但是发生了严重的扭曲。什么人进“经济适用住房”、什么人进“普通商品住房”，这么细的划分，很难全靠政策调控做出来。

四、中端高端应主要交给市场

说到中端，政府要费很大的精力进行区分，而且付出了高成本又未必能分清楚“普通商品住宅”和“经济适用房”，可否让市场机制来发挥效用？政府只在大方向上适当地引导。

最后一个就是高端。现在最典型的就是别墅，高端在形态上很好认定，调节问题相对清晰。而且以后在其他的配套措施跟上以后，比如征收不动产税扩及对非经营性不动产征税时，可以首先从这些房子上打主意，因为它的自然形态好认定，特别是独立别墅，从税收调节再分配、抑制收入与财产的过大差距的角度看，也应当如此。

有些高端房子的房价应该特别高，比如杭州西湖边上就那么些有限的地皮，那里的高档房价格长期看不可能有下降的趋势，短期下降的话，正好是有高端需求的人接盘的机会——那里的房子，政府一般没有理由去限制它的价格，但现阶段应规范地对其交易征税，以后还可能对其保有也征税。

五、土地出让制度的实质性改革是前提和关键

但要使市场价格机制较正常地发挥调节房价的配置作用，离不开一个重要前提，就是在土地的初始出让环节，就必须让市场机制的

“价格发现功能”充分发挥作用。其具体形式，应采取商品房屋建设用地的“有序拍卖”制度。至少一要使拍卖信息充分披露足够长的时间，二要使各地政府辖区一个年度内拟拍卖的所有地块一道披露信息，三要使拍卖真正公平透明，价高者得。这就紧密联系于用地管理制度的改革了。应当说，我国这方面的改革已严重滞后。据统计，在土地出让环节，近年仅有不到5%的比例是采取拍卖方式，其他都是“协议出让”（70%以上）和“调拨”（20%以上）。大量土地出让时价格发现机制缺位或严重不足，留下巨大“暴利空间”给开发商和相关者，同时又造成失地农民补偿不足，待他们生活、生产无着落时，矛盾充分暴露，却把负担和压力给予政府和给予全社会公众，影响和威胁社会安定和谐。坚持有序地规范地拍卖土地，才能发挥市场的价格发现功能，提高透明度，进而才可以在较真实地反映土地价格的出让收入中，较充分地提取基金来构建对失地农民的充分补偿机制，压缩开发商和相关者的暴利空间，以防止政府和公众背上“冤大头”式的包袱，并保护弱势群体，增进社会和谐。

贾　康

中央财政作为最后责任人为义务教育经费保障托底

——《义务教育法》修订讨论及面对"十一五"规划的建议

内容提要

面对义务教育经费投入不足问题。中央政府除督促地方政府增加支出之外，还用专项拨款的形式来支持地方教育。目前已经采取的政策措施有：2003 年开始的中小学危房改造工程，中央财政累计投入 60 亿的财政预算和 20 亿的国债资金，并拨出教育救灾专项资金 1.5 亿元，免费教科书专项资金 4 亿元，以及普及九年义务教育支出、困难学生补助等。但是义务教育投入不足的总体形势尚没有根本的变化。目前，《义务教育法》修订草案已经在拟订，增加义务教育经费投入、甚至主张中央包起来的呼声也已经出现。但是，笔者认为，中央财政加大对义务教育经费的投入不仅仅是一个增加投入的问题，还涉及到是否对现有财政体制、转移支付制度以及财政资金使用和管理方法进行大调整等一系列问题。本文通过对我国义务教育经费投入现状和存在问题的分析，试图找出中央财政在义务教育经费保障方面的一般规律和制约因素，为《义务教育法》的修订提出可供选择的政策建议。最基本的观点是：中央政府要提出“保障义务教育基本或最低教学条件”的概念，要有保障“基本或最低预算”的管理措施。

一、义务教育经费投入不足，尤其是中西部地区义务教育经费投入不足，农民教育负担重是一个老问题、大问题

（一）中西部地区农民子女义务教育经费不足是个老问题

15 年以前很多学者就呼吁解决农村义务教育经费不足的问题，在后来的国家发展规划和每年的政府工作报告中也提出要解决这个问题。但到目前为止，这个问题仍然没有解决。2003 年国务院《关于

进一步加强农村义务教育工作的决定》中再一次强调了要对农村义务教育加强投入，从一个侧面说明这个问题仍在解决之中。实际调查的结果和部分志愿支教人员撰写的报告也从另一个侧面反映了我国中西部地区，尤其是偏远地区的教育经费严重不足，义务教育堪忧的现状。例如有不少地方的学校教室仍是土窑洞，桌子仍是土台子。更为严重的是，很多地方由于教师工资低并且得不到保障，教师流失严重，留下代课的是初中毕业生。

（二）中西部地区义务教育经费不足的问题越来越严重

改革开放以来，农村义务教育实行“三级办学，两级管理”的体制，乡镇政府和农民承担了农村义务教育的主要责任。但是，从20世纪90年代开始，随着“分税制”和农村税费改革的推行，这种体制重心偏下引发的问题日益突出，集中表现在中西部地区乡镇财力有限，难以支持义务教育的维持与发展。2001年5月29日，国务院在《关于基础教育改革与发展的决定》中提出，农村义务教育管理体制，实行在国务院领导下，由地方政府负责、分级管理、以县为主的体制，简称“以县为主”的管理体制。虽然有一些积极作用，但由于中国的基层财政，尤其是西北地区或农业地区的县财政，基本上仍然维持在“吃饭财政”的局面，难以支撑其所负担的义务教育投入的义务。所以还得依靠老办法，诉求于乡镇，将乡镇教育费附加，经过县财政周转再下发到乡镇，为教师发工资。还有些地方，在税费改革中，随着教育费附加和各种集资被取消，农村义务教育经费大幅度减少，使得中西部地区原本就很艰难的农村义务教育投入雪上加霜。正式的统计资料也表明，西部义务教育经费不足的情况已非常严重。例如2000年贵州农村小学人均经费324元，如果按照22个学生一个教师的标准计算，这22人得到的全部经费（6908元）还不足以支付一个教师的工资，更不要说公用经费和房屋修缮费用。

（三）中西部农民收入低，但是义务教育的负担比重却很高

就全国而言，农民人均纯收入从 1990 年的 686.3 元增加到 2003 年的 2622 元，但是城镇居民的却从 1510.2 元 增加到 8472 元，1990 年的城乡居民收入比是 2.20，2003 年是 3.3（见表 1）。由于中国存在着城乡二元经济结构，在教育上表现为城镇的义务教育经费是由财政负担，而农村的义务教育经费却由农民自己承担大部分，这种不公平的教育投入机制使得农村的义务教育更加困难。令人担忧的是，中西部农民收入更低，与东部地区收入的差距在拉大。2003 年上海农村居民人均纯收入为 6653．92 元，是贵州省的 4．3 倍（见表 2）。

表 1　　我国城乡居民人均收入及其比值

年　份	城镇居民人均可支配收入（元/人）	农村居民人均纯收入（元/人）	城乡居民收入比（以农村居民为 1）
1990	1510.2	686.3	2.20
1991	1700.6	708.6	2.40
1992	2026.6	784	2.58
1993	2577.4	921.6	2.80
1994	3496.2	1221	2.86
1995	4283	1577.7	2.71
1996	4838.9	1926.1	2.51
1997	5160	2090.1	2.47
1998	5425.1	2162	2.51
1999	5854	2210	2.65
2000	6280	2253.4	2.79
2001	6859.6	2366.4	2.90
2002	7702.8	2475.6	3.11
2003	8472	2622	3.23

资料来源：《中国经济年鉴》（2004）。

表 2　　我国各地区农村居民村收入情况表

地　区	1990	1995	2000	2002	2003
上　海	1907.32	4245.61	5596.38	6223.55	6653.92
浙　江	1099.04	2699.16	4253.67	4940.36	5389.04
广　东	1043.03	2699.24	3654.48	3911.90	4054.58
河　南	526.95	1231.97	1985.82	2215.74	2235.68
湖　北	670.80	1511.22	2268.59	2444.06	2566.76
陕　西	530.80	962.89	1443.86	1596.25	1675.06
贵　州	435.14	1086.62	1374.16	1489.91	1564.66
甘　肃	430.98	880.34	1428.67	1590.30	1673.05

资料来源：《中国农村统计年鉴》(2004)。

由于西部财政能力差，这些低收入的农民负担其子女的义务教育费用的相对比例却很高。据统计，在中西部地区，农民负担的教育费用相当于总费用的 47%，在农民人均收入只有 2000 元的地区，培养一个小学生农民负担的费用要达到 600 元，培养一个中学生要负担 1200 元（见张玉林《分级办学制度下教育资源分配与城乡差距》）。

（四）东西部义务教育经费差距在扩大

下面是 2000 年东西部几个省份的比较，上海人均 GDP（30805 元）、人均财力（2918 元）、小学生人均经费（2575 元），而贵州的人均 GDP（2475 元）、人均财力（207 元）、小学生人均经费（325 元），前者三项分别是后者的 12.5、14.1、8.0 倍。到 2004 年，上海人均 GDP（42768 元）是贵州的（4078 元）的 10.5 倍，上海人均财政收入（6350 元）是贵州的（382 元）16.6 倍，财力差距大幅度地增加了。教育经费的差距统计数据缺失，但是差距肯定是增加的。因为西部地方政府原来通过农村提留和农业税筹集义务教育经费渠道被取消了，这个扩大是必然的。

（五）义务教育投入不足的问题要得到切实的重视

从立法的角度看，财政要保障教育经费支出；从和谐社会建设来看，财政要保障农村义务教育经费；从可持续发展的角度看，教育要加大资金投入。温家宝总理在去年人大报告中提出将财政收入中用于教育、卫生等新增资金向农村倾斜的政策思想，就是这种重视的体现。

二、包括中央在内的各级财政面临的批评

（一）教育经费总投入不足，教育经费应当占财政支出的比重没有达到法定要求

1993 年国务院《中国教育改革和发展纲要》内提出，到 2000 年，国家财政教育性财政支出占 GDP 的比例要达到 4%。但是到 2001 年时，只达到 2.4%，到 2003 时才达到 3.28。

（二）中央财政收入占的比重大，但是在教育支出中占的比重小

批评者说：据统计，县级财政负担教育经费的 87%，省负担 11%，中央负担 2%，这种负担结构与中央政府财政收入占财政全国总收入的 57.22%，省级截留的财力不断增加不相适应；县级财政在上级政府分享个人所得税、取消农业税后，财政收入下降的状况与增加教育经费的要求不相适应。

（三）各级财政之间的责任不清

不算乡镇，四级政府都对教育负责，但是都不负责；虽然说县级

为主，但是如何为主没有界定清楚，是以管理为主还是以资金为主？由于责任不清，造成了都负责，又都不负责的局面。

（四）各地方财力差距加大，中央和省没有适当调控

发达地区可以建设高标准的楼房、中央空调、多媒体教室等，落后地区却没有一个遮风挡雨的房子，中央政府调节地区收入和支出差距的能力有欠缺。即使在省一级，县之间的差距也很大，也有一个调控的问题。

（五）中西部取消统筹和提留、减免农业税、实行一费制而减少的经费，应由中央财政补足

这些年来，西部地区地方财政自筹义务教育经费的来源在减少。取消“三提五统”、减少和免除农业税后，对东部影响不是太大，因为他们本来就已经取消了。但是对中西部地区而言，由于其农业经济所占的比重大，取消的部分正是这一地区县级财政的主要财源之一，因而财政收入减收明显。湖南省常德市教育局编制的统计资料显示，农村税费改革后，该市每年教育经费将减少3亿元，2002年，该市农村中小学公用经费缺口在2.3亿元以上，中小学危房改造资金缺口达1.5亿元。更重要的是，中央和省级财政对减收的部分补偿不足。2002年，常德市增加的教育财政拨款仅有5000万元。

（六）大量地列举一些事实，批评财政

教师工资是“老皇历”工资，有些地方两次提工资都没有能提上；是“裸体”工资，即只有基本工资；由于财政投入不足，教师流失严重，公用经费几乎没有，房屋修缮更是纸上谈兵等。

三、社会各界对教育部门也提出了很多批评

（一）教育部门资金使用的原则思想有错误

国家提供教育是保大多数人的基本教育条件，还是保部分人的优越的教育条件？很多地方热衷于建立若干城镇示范学校、重点学校、高标准“普九”达标校，而大量的偏远地区的学校的校舍却得不到修缮，没有办公经费等。

（二）教育部公共教育管理的主旨有错误

“普九”没有错，但是“达标”验收就出现了问题。因为教育部有了“普九”达标、示范校达标、重点校达标等教育标准，地方因此认为甚至借口说：先将有限的财力用于建立城镇高标准的学校是上级要求的、也是合理的。至于农村，由此也有了借口：因为财力不足，以后随着财力增加会逐渐地使这些学校将达到这个标准。这样，人为地造成先城镇后乡村的次序安排。因为示范校、重点校、高标准“普九”达标校要建立语音室、微机室等已经将很大一部分资金吃掉了，偏远地区的农村学校就连建立教室、桌子和椅子的钱都没有了。这种分配教育资源的主旨和制度安排根本上就是错误的。

（三）教育管理有问题

在诸多教育管理的问题中，反映最强烈的是“两多和两少”：一方面偏远地区的中小学教师在流失，变得越来越少；另一方面，城镇的中小学老师越来越多，甚至人浮于事。在中小学教师的组成上，一线教师的比重在减少，行政和管理教师的比重在增多。

（四）教育经费问题

教育经费被挪用的现象屡禁不止。

（五）人事、行政管理方面有很多腐败现象

为了政绩，搞形象工程，向教师摊派；有些地方教育主管部门的领导为了敛财，不断地调整各学校校长和学校的任课老师等。

四、修改“义务教育法”——社会各界提出了各种修改义务教育法的要求和设想

(1) 要求财政教育投入要达到一个限定的标准。比如有人提出财政对义务教育的投入应占 GDP 的 4%，将小学、中学和其他支出各占多少再进一步细化等。

(2) 明确各级政府的财政支出的责任。第一种建议是将所有的支出责任和相应的收入权限收归中央，中央委托教育部负责管理。第二种建议是将教师工资的权责收归中央、公用经费归省市、房屋修缮归地方（中央补助）。第三种建议是财政关系不变，中央核定各地区基本教育支出，补足基本教育支出欠缺的部分。

(3) 实行普惠制和义务教育免费。让所有适龄儿童都能免费上学，其中包括在城镇的农民工子女。

(4) 改“县级提供资金为主”为“县级管理为主”。

(5) 制订义务教育质量标准。

(6) 实行拨款制度改革。将预算与学生人数结合起来，将学生预算权限与教师和其他预算数量挂钩。要进行绩效考核等。

五、财政面临的挑战和应有的态度

（一）财政面临着调整其财力、财政管理体制、预算制度以及绩效考核制度等挑战

主要包括：

第一，义务教育免费的提法能不能确立，对财力的要求和财政支出结构调整影响有多大。

第二，共同负责，以县为主的原则如果修改，是调整整个财政体制还是调整财力分配结构。

第三，修改以后财政的责任该如何落实。给多少钱，有没有限度。各级政府中谁该给线，谁管理，谁用钱。有没有一个独立的中间管理层。

第四，给了钱以后效果如何，谁考核，考核的标准以及有关预算如何改。

（二）面对目前的各种改革提议，财政应有的态度

第一，充分认识到义务教育在国家战略、政治稳定、经济发展中的意义。将这个改革与贯彻“三个代表”的重要思想、构建和谐社会、促进均衡发展的方针和新增财力支出向农民倾斜的政策安排结合起来。认真反思过去财政支出安排中不足的地方，努力增加教育投入力度，优化教育支出结构。当前要着力解决将有限的资金用于城镇高标准的学校，而农村最基本教育服务却得不到保障等突出问题。

第二，将解决义务教育中的问题作为自己义不容辞的责任。充分认识公共部门在为社会提供教育服务方面的主导作用，是建立我国公

共财政制度的本质要求。积极与教育部门和“人大”配合，听取有关建议，参与改革。特别是就教育部门重视高标准学校、将有限资源不公平分配的问题提出意见。要求他们制订基本教学条件标准，并且将验收评比等工作重点放到“保基本教学条件”上来。

第三，提出与经济发展阶段相适应的，符合政治规律、教育规律、财政规律的政策建议。财政要主动，不然的话，相关部门从自己的角度提出的建议，将会使财政面临被肢解的危险。

六、目前要求财政对教育投入改革各种建议的利弊分析

（一）经费完全由中央包起来可以解决经费问题，但是不符合政治学和财政学规律

将财政收入和分配体制作个大调整，教育经费由中央包起来，这对保障教育经费有好处，但是也有不利的方面：第一，不符合我国政治制度安排下所要求的分级财政的规律。财政管理制度与政治制度关联，分级财政与中央领导下的地方分级管理的国家治理制度有关。而分级政治治理与地方相对自治和民主制度设计有关。宪法规定，各级政府应有自己的财权和事权，其中包括自己的财政，以及财政支持的各项社会经济事务，义务教育不能仅仅由中央政府一家负责，抹杀各级政府的积极性。第二，不符合分级财政与财政学中的地方分权效益的原则。单一制中央政府统一管理下的地方分权财政制度不仅有积极性，而且有能把有限资金用于必要的地方的优势。中央政府不可能比地方政府更知道钱如何花。第三，不符合一部分地区先富起来，得到较其他地方相对高的公共服务的发展原则。第四，中央一家与 30 个

省市、333 个地区、2862 个县、7.9 万个中学和 39.4 万个小学校打交道，在这场博弈中中央政府的胜算有多大，值得怀疑。

（二）提供全国统一的完全均等化义务教育服务有利于公平，但是不符合政治学规律

中央或者由教育部领导各地方实施统一均等化义务教育服务有利于公平，也能保障，但是也有难度。因为这个政策的结果将在大幅度地提高中西部义务教育支出的同时，大幅度降低东部义务教育的支出水平。这在政治上是不可能的，因为这将意味着大幅度降低东部地区教师现有的较高的工资水平等。

（三）中小学教育全部免费的提法不全面

免费当然好，但是，义务教育现在有重点校、师范校、高标准的“普九”校、一般“普九”校等正式的或非正式的标准，按照哪个标准免费不清楚。另外，免费到什么程度，比如是否包括免费吃住等具体问题也有待确定。我国东西部地区收入差距很大，统一、全面免费后，地方财政的承受能力与免费程度之间的矛盾该如何解决，没有答案。

七、县级政府负责管理、保障基本教学（或最低）条件、各级政府有数量化支出责任、中央是最后责任人的均等化和普惠的义务教育制度安排

（一）新修订的《义务教育法》应当把“基本或最低教学条件”作为专门条款写入法律

义务教育基本（或最低）教学条件就是能够实施教学的最低的、

可靠的物质和服务条件。它是比目前的示范、重点或高标准达标都低的、但是却能最低限度保障教学的标准。它可以细化为生均多少教师、教室、公用经费等等，比如每个小学生 0.05 个教师（2004 年每个小学老师有 20 学生，初等中学 18.8 个学生）、5 平方米的教室和其他活动室、10 元的公用经费、书本费等。这些基本或最低服务和物质标准可以换算为生均基本预算标准。生均基本预算与学生总人数的乘积将是“义务教育基本预算”最低控制数。

（二）新修订的《义务教育法》应当规定：政府有法律责任保障为义务教育提供“基本教学条件”，财政应当提供“义务教育基本预算”

“义务教育基本预算”也应当作为一个专用名词在新法中出现。根据最低或基本教学条件制订的“义务教育基本预算”是“法定预算”，政府对此具有法律责任，必须保障这个“义务教育基本预算”总预算数的实现。新法甚至应当明确地指出，那种将有限资金用于少数示范、重点学校，而导致大部分学校没有基本教学条件的预算安排是违法的行为。

由此，政府特别是教育部门要彻底改变观念，把保障基本教学条件作为自己工作的重点。不论是教师委派、预算安排还是达标考核，都要把“保低、保底、保基本”作为法律责任。将有限的资源用于填平目前部分学校不足达到“基本教学条件”的坑中去，而不是再向已经高于这个“基本教学条件”的山上堆。

（三）新修订的《义务教育法》应当规定：全社会和各级财政对义务教育都有支出的责任，中央财政是资金保障的最后责任人

为解决各级政府责任不清甚至推诿的问题，新法应当明确规定：中央政府是保障义务教育基本预算的最后责任人。应当设计一种制度或者数量化的财务安排，能够让各级政府都负有数量化的责任。如果地方政府没有能力保障这个“基本预算”，由中央政府给予最后调剂和保障。为了更好地将数量化的财务安排用法律形式固定下来，笔者将这种财务安排的计算方法和操作过程表述如下：

第一步，依据新修订的《义务教育法》，确定某县“生均基本教育预算”，比如小学义务教育阶段学生均750元（教师工资0.05×12×1200元+房屋修缮10+公用经费10+书本杂费10）。

第二步，计算该县“义务教育基本预算”，用生均基本预算乘以人数，比如10000人（假设数）共需要7500万元（10000×750元）。

第三步，根据立法划定一个县财力的一定百分数为法定教育支出，比如45%。如果该县有1亿的财政收入，4500万应当用于教育，其可称之为“本级政府可用于义务教育的财力”。这个财力与“义务教育基本预算”之间没有差距，或者超过，上级政府没有责任。如果有差距，上级政府有责任。假定目前的差距有3000万，这个差距应当由省和中央财政负责提供，称之为“上级政府依法必须保障的转移支付资金”。

第四步，如果省财政有能力补足则好，如果不能则由中央财政负责任。中央与省之间也是按照生均最低经费计算该省“义务教育基本预算”的。在按照省财政收入的一定比例计算省内“本级政府可用于义务教育的财力”之后，如果这个财力与“义务教育基本预算”之间没有差距，或者超过，中央财政没有责任，如果有差距，中央财政有责任全部补足。

（四）新修订的《义务教育法》应当规定：承认地区财力和义务教育服务的差别，但是仍然要实现义务教育均等化服务

一方面是在全国保障基本教学条件，对有财力差距的县补足到一个统一的均等化水平；另一方面在各个有财力差别的县内保障本县服务的均等化，即使富裕的县内，也要取消重点、示范等等级差别，实现均等化。这样就形成了全国内有基本保障的、地区间有差别的、县内均等化服务的义务教育制度安排。大致如图1所示。

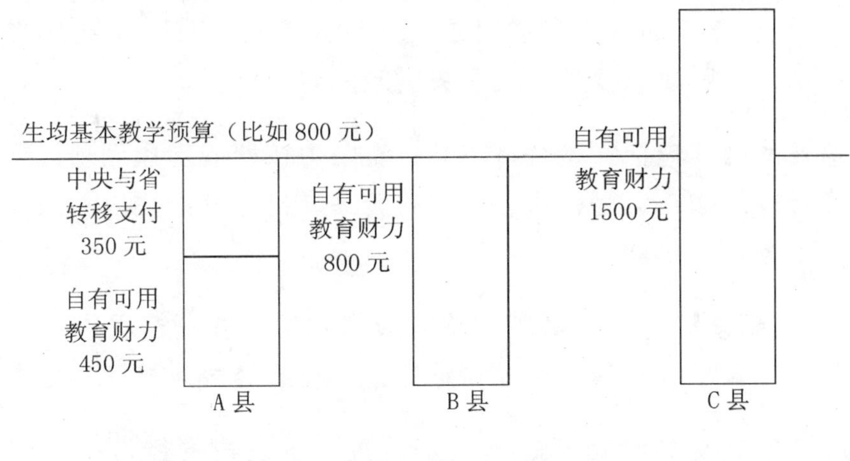

图 1

在 A 县内，由于自有财力达不到“生均基本教学预算”（800 元），中央和省有责任补足到 800 元；在 B 县，自身财力能够达到这个水平，上级不补助；在 C 县，自己的财力超过这个财力，超过的部分也不被别人拿去，但是在县内要实行均等化服务。

八、中央财政是义务教育资金的监管人和教育支出改革的推动者

（一）新修订的《义务教育法》应当规定：以县级政府为主筹措资金和实施管理，省和中央政府弥补基本预算不足并实施监督

以县为主的制度的内涵要充实，资金的“为主”首先要看县内按规定提取的资金是否能够保证“基本预算”，如果有缺口，则省和中央财政补足。管理上也是以县为主，由省和中央进行监督。

（二）新修订的《义务教育法》应当规定：一旦一个县接受省和中央补助，其财政就要受省或中央财政的专门监督

监督的内容包括：是否将本县自有财力按照规定比例划拨到义务教育经费专门账户、是否执行专门的转移支付计算办法以及预算的制订和实施等。

（三）新修订的《义务教育法》应当规定：在一个县内，经费均等拨付，没有学校和学生可以特殊化，所有的经费应当随学生走

在县一级义务教育不应当有示范校、重点校（经过一个过渡以后），要逐渐达到按照学生数量拨经费，教师的工资和公用经费等随学生走。这样做就会调动教师下乡的积极性，同时有利于在县一级实现义务教育均等化。

九、“十一五”内中央、省和市政府能够承担起保障基本教育条件预算的责任

（一）中央、省和市政府应当承担这个责任

如果保障的是“最低教学条件”，就是举债也要承担这个责任。因为是最低的基本教学条件，是义务教育法所要求的，因此一定要保障。这就要求在国务院领导下，财政与教育部门配合，制订一个客观的、实事求是的标准。这也要求教育部门放弃其他的高标准达标活动，将工作中心和重心都放到保障最低或者基本教学条件标准的制订、检查、和监督工作上来，他们应当与财政部门交涉中提出这样的

口号和目标："保证每个学生得到基本教学条件"。按照基本教学条件制订的预算，是财政必保的预算。财政部门在与教育部门交涉和实事求是地制订基本教学条件的服务和物质标准后，应当提出"保义务教育基本预算"口号，作为目标来安排预算和监督预算。

（二）保基本教学条件而新增的财政支出是可以计算出来的，并且中央、省和市财政可以承受

根据我们的调查，基本教学条件主要是教室、教师和公用经费。教室如果实事求是地看，并不一定非要"旧三室和新三室"。音、体、美、实验、语音、微机等活动室是可以适当合并的。如果每班的学生少，可以有复式班。在国家连续地拨付危房改造专项资金以后，西部大多数教室的条件已经得到改善。以后也可以用专项资金继续解决。

教师按照20个（中学18，小学22）学生一个老师的比例配置，现有教师工资从800元提高到1200元，每个学生年应当有的教师费用应当是720元（1200×12/20），如果加上50元平均的公用费用和30元的其他费用等，总共是800元。根据我们在山西一个中等收入县的调查，该县生均教师和公用经费的状况如表3所示。

表3　山西某县中小学生生均教师和公用经费状况　　单位：元

	2000	2001	2002	2003
预算内	426.96	585.58	618.20	626.85
加预算外收入	748.91	894.77	946.8	918.28

从上面的表中可以看出，如果学校不收费，经费缺1/4左右，大约200元。西部部分省的部分县的缺口可能会大一些，但也有部分县会小一些。大致可以平均按照200元计算。

2004年全国小学生11246万人，普通初中学生8695万人，共计19941万人，就算一半的学生出自中西部贫困县或者低收入的县，有

1 亿学生所在的县需要补助，按照生均补助 200 元的标准，共计 200 亿元。这个数中央、省和市财政应当负担得起。

（三）操作的关键是均等化，经费随学生走。如果能做到这一点，提高效率的管理目标就能够实现

如果能客观真实地制定出保障基本教学条件的经费标准，教育部门就能实事求是地考核所有的学校是否达标；财政就能一心一意地、刻不容缓地为保障这个基本预算而努力；均等化的口号和目标就能够落实；专项资金管理的制度就能实现；经费随学生走、教师到乡下去等改革措施就能落实。

吕旺实

股权分置改革后中国证券市场国际化的目标定位

内容提要

任何一个经济繁荣国家，尤其是一个以自主创新与技术进步为主导的经济繁荣国家，都有一个或几个高度具有活力的证券市场作为支撑或支持。中国证券市场交易的长期低迷，影响了中国证券市场国际化的进程，拖累了中国经济的发展。股权分置改革是定位于推动中国证券市场国际化，振兴与激活中国证券市场。但是过分强调上市公司国有股保值增值，甚至把“国有股及国资保值增值政治化”，极有可能让股权分置改革偏离既定目标。国有资产管理部门不可通过行政意志去影响上市公司国有法人股对价送股的决策，更不可能片面强调与追求股权分置改革后国有股及国资的保值增值。在股权分置改革过程中及改革后，国有股应承担并履行繁荣中国证券市场的职责。政府及各级主管部门应当达成这样的共识：国有股及国资保值增值与繁荣中国证券同等重要，国有股及国资管理要着眼全局，要把振兴与繁荣中国证券市场放在非常重要的位置。

中国证券市场是在一种特定的政治经济社会背景下，为支持国有企业融资而设计并建立的。“流通的社会公众股”与“非流通的国有法人股”的股权分置，是中国证券市场最大的中国特色。随着全球经济一体化进程的加快，尤其是中国企业全球化程度的提高，迫切要求中国证券市场尽快与国际惯例接轨并对外开放。中国证券市场的长期封闭低迷及日渐严重的边缘化，不仅拖累了中国经济的发展，而且阻滞了中国企业的全程化进程。可以说，股权分置改革就是为了启动中国证券市场国际化的闸门。因此，应该跳出国有资本保值增值及国有股收益最大化的思维定势，去理解并把握股权分置改革的正确方向，防止股权分置改革偏离目标。可以说，在股权分置改革过程中及改革后，国有股应承担并履行繁荣中国证券市场的职责。国有股的管理及上市公司的运营，应该能够支持并推动中国证券市场国际化进程的加快。与此相适应，上市公司董事会及经营班子应时时关注本公司股价及市值，执行董事及经营班子成员的薪酬也应与公司股价及市值挂钩。

一、中国证券市场国际化进程滞后及被边缘化的风险

从市场经济发达国家的经验及发展中国家的教训看，一个国家或地区经济国际化、企业全球化的程度，主要不是表现在本国或本地区的企业完成了多少宗跨国并购，而是表现在本国或本地区资本市场的开放程度。具体来看，就是作为资本市场核心的证券市场是不是已经成为一个国际化的证券市场？如果以中国证券市场的现状及态势，作为评价标杠，那么，可以说中国经济国际化、企业全球化的程度仍然很低。证券市场不仅仅是国家经济景气变化的晴雨表，而且还是国家经济国际化、企业全球化程度的风向标。

之所以认为中国证券市场不是国际化的证券市场，是因为：第一，中国证券市场的上市公司仍局限于中国内地的公司。一个国际化的证券市场对全世界所有企业都是开放的，上市对象没有国界、没有洲界。例如，美国纽约证券交易所、美国 NASDAQ、香港联合证券交易所等就是符合公认标准的国际化证券市场。第二，中国证券市场的投资者仍基本上是中国内地的资本（资金）所有者。一个国际化的证券市场，应该允许并吸引世界各地的投资者来买卖股票。例如，美国 NASDAQ 就是不限制投资者国籍的国际化证券市场，世界上 78 个国家和地区的投资者可以通过 38 万个交易终端及 10 余家双向联网的证券交易所不出国门而买卖美国 NASDAQ 的股票。当然，目前中国证券市场非国际化仍主要在于其自身的“中国特色”，具体表现为其先天而生的“股权分置”。

中国证券市场的“中国特色”支持了中国国有企业的发展，尤其是为 1400 余家国有企业及其母公司提供了低成本的资金。也恰恰是

这样一种支持，延迟了中国证券市场国际化的进程。在中国经济国际化、企业全球化内在规律作用下，中国证券市场国际化进程滞后带来的是中国证券市场被边缘化的危险。中国证券市场的边缘化表现在两个方面。

其一，是国内优质企业纷纷选择国际证券市场上市。证券市场的国际化带来的是证券市场之间更加激励的竞争，各个证券市场都力图吸引全世界最好或者最有增长潜力的公司（企业）前来上市，而中国证券市场与一些国际化证券市场相比，对国内优质企业缺乏吸引力。据某中介机构对国内500家拟上市企业的问卷调查看，82%的企业首选国际证券市场上市，有47%企业表示，如果国际证券市场上市不成，可退选国内证券市场上市。可以说，国内优质企业选择国际证券市场上市的意愿越强而且上市的越多，中国证券市场被边缘化的程度越高。

其二，是国内投资者选择其他证券市场投资而导致资本溢出。证券市场包括国际证券市场阶段性低迷是正常的，有涨有跌或者“牛市”“熊市”交替是证券市场自身的内在规律。但是，中国证券市场连续4年多的长期低迷，意味着外在力量或外在环境作用而导致证券市场内在规律的调节作用丧失。由此导致的是投资者选择其他证券市场投资。在目前中国外汇管制的条件下，投资者往往是通过移民或地下钱庄运做资金而转投其他国家或地区的证券市场。

中国证券市场被边缘化，导致了中国证券市场集中或集聚资本功能的弱化，影响了中国经济的发展与增长。必须清醒意识到，任何一个经济繁荣国家尤其是一个以自主创新与技术进步为主导的经济繁荣国家，都有一个或几个高度具有活力的证券市场作支撑或支持。中国证券市场的持续低迷，会严重拖累中国企业的自主创新与技术进步。

二、股权分置改革为中国证券市场国际化创造了条件

中国证券市场国有法人股与社会公众股的股权分置，阻碍了中国证券市场的国际化进程，制约了中国证券市场内在规律调节作用的发挥。而股权分置改革，拉开了中国证券市场国际化的序幕，为中国证券市场国际化创造了条件。但是，这不意味着股权分置改革可以自动推进中国证券市场的国际化进程。如果政府主管部门及相关强势利益集团不转变国有股权及国资管理的思维，并采取积极的措施，股权分置改革仍然无法阻止中国证券市场被边缘化的程度。因此，股权分置改革对中国证券市场国际化的推动作用，必须建立在两个最基本政策理念与国资管理理念的基础上。

（一）国有股及国资管理应承担并履行繁荣中国证券市场的职责

中国证券市场设立之初，是担心公有制基础受到动摇及支持国有企业发展的理念而设计出了“中国特色”的股权分置架构。当党的决议明确了“股份制是公有制经济的主要实现形式”后，股权分置改革不再存在“政治疑惑”。但是，目前被强化的国有股及国资必须保值增值的理念，极易导致股权分置改革偏离目标。可以说，国有股及国资保值增值与繁荣中国证券市场相比较，应该把振兴与激活中国证券市场放在头等重要的位置，国有股及国资管理应承担并履行繁荣中国证券市场的职责。要坚决反对把“国有股及国资保值增值政治化”的想法与做法，国有股应该与流通股一样，共同承担中国证券市场长期低迷而导致的资产（财产）损失。除此以外，国资管理部门不可通过行政意志去影响各上市公司国有法人股对价送股的决策，应尊重市场

公平规则，尊重中小投资者的意志。可以说，坚持公平并允许“国有股与流通股共同承担中国证券市场长期低迷而产生的资产（财产）损失”，就能够实现振兴与激活中国证券市场的目标。

（二）国资即国有股应在股权分置改革后公平增值

在股权分置的条件下，中国证券市场的持续低迷带来的是这样一种财富效应：国有股保值增值而社会公众的财富流失。股权分置改革，是新老划断，不再追究历史。但是，在股权分置改革后，如果继续片面强调与追求国有股及国资的保值增值，可能会以毁灭中国证券市场为代价。可以说，在股权分置改革完成后 3—5 年，是中国证券市场的转型期，要么，以“国际化进程加快”而繁荣，要么，以“行政化导向加大”而毁灭。必须重视与强调，国资管理部门在股权分置改革后的 3—5 年，要履行支持中国证券市场繁荣的职责。为此，必须从根本上转变理念：国资即国有股应与公众股公平增值。如果，在股权分置改革后的 3—5 年内随着国有股高价变现而中国证券市场陷入新的长期低迷，那么，国资即国有股的增值是以公众股的财富流失为代价，将转变为股权分置改革后的不公平增值。

股权分置改革要能够推动中国证券市场的繁荣，必须得到国资管理部门的支持，这是共识。这种共识，不仅要求明确以上两个最基本的政策理念与国资管理理念，而且还要对国有股管理采取切实可行的措施。第一，尽快建立与完善全国统一的上市公司国有股权预算体系；第二，国有股权的交易及变现应申请与备案；第三，国资部门对相关公司的业绩考核应引入上市公司市值参数；第四，国有股权分红收益上缴及统一调配。之所以要求对股权分置改革后的国有股管理采取切实可行的措施，是为了防止非法或不合规的投机利益。中国证券市场现有上市公司中的 96% 隶属某一国有集团或家族集团，这些集团不仅仅与行政力量有很好的个人关系，而且与证券公司、媒体等有相互依存的利益关系。追逐某一个集团利益或个人利益的最大化，完全可以让一些强势利益集团突破或超越监管。如果国资部门再片面强调国有股的保值增值，可能为某些强势利益集团的违法违规找到借口或推辞。在股权分置改革后3—5年过渡期内，作为承担与履行繁荣中国证券市场职责的管理部门，应通过条例或文件明确国有股管理的基本政策导向：业绩好及分红收益高的上市公司，其国有股要长期持有；业绩差及分红收益低的上市公司，其国有股要尽快变现。国有股管理要强调投资，反对或弱化投机。惟有如此，才能引导上市公司董事会、经营班子关心业绩与股价的同步增长。除此以外，国资管理部门要通过统一的上市公司国有股权预算体系，打击与抑制中国证券市场的过分投机行为。

三、中国证券市场国际化与中国企业全球化的同步推进

以股权分置改革加快中国证券市场国际化的进程，但是，中国证券市场的国际化不可能单独推进，要求同步推进中国企业的全球化。一个国际化的证券市场所承载的是全球化公司，只有当越来越多的中国企业实现全球化并首先选择在中国证券市场上市时，中国证券市场才能真正转变为一个国际化的证券市场。当然，中国证券市场也应尽早对其他国家或地区的企业开放。那么，中国企业的全球化有什么标志呢？

（一）应该能够在全球范围内利用资源与配置资源

20世纪90年代跨国公司在全球范围内的重新分工，把大多数的中国企业（包括中国的上市公司）变成了跨国公司的加工工厂或加工车间，而跨国公司转变为控制技术与销售两端的技术销售主导型公

司。中国企业通过高价进口设备、过度消耗资源、低价出口产品或贴牌，实现了企业自身规模与中国国民生产总值的做大。但是，这样的做大，是以中国自然资源的过度消耗与大多数中国工人持续多年的绝对低工资为代价的，由此而产生的是生态环境过度恶化与劳资矛盾过分尖锐的社会经济问题。中国企业的全球化，应该首先要转变的是企业资源配置战略，具备条件的企业要实施资本与劳动力的同步输出的战略，到自然资源丰富的地区进行购并或投资新设公司，同时，输出中国劳动力。可以说，跨国公司走进中国，是资本的输入；而中国企业走出国门，应该是资本与劳动力同步输出。劳动力丰富是中国绝对占有优势的资源。凭借中国的劳动力、市场、资本，利用东道国的自然资源而实现全球范围内的资源配置，可以塑造中国企业全球化后的相对竞争优势。当然，中国证券市场的国际化要能够为全球化的中国企业提供资金支持。

（二）建立完善治理准则与治理文化并举的现代公司治理

各个国家或地区公司治理准则的趋同，加快了经济全球化的进程。就中国目前关于治理准则的相关法律法规及条例看，治理准则借鉴了北美、西欧、东亚等国家或地区的经验，甚至在某些规定上照搬了国外的一些条款。可以说，在中国公司治理准则问题上，国际非政府组织、专家学者及政府职能部门一些官员都主张与国际惯例接轨。不同国家或地区的公司尤其上市公司的公司治理，应该接受一些共同的基本理念和基本原则。公司治理在世界范围内的趋同、在不同国家或地区的趋同，是一种不可改变的规律。但是，各个国家或各个地区也强调治理文化的差异。中国企业的全球化，决定了其必须建立治理准则与治理文化并举的现代公司治理，并强调治理准则的趋同性与治理文化的差异性。具体说，中国企业的公司治理完善，要尽可能推行与其他国家或地区相近或相同的治理准则，淡化公司治理准则的“中国特色”；同时，允许与支持中国企业培育与其他国家或地区不同的治理文化，强调治理文化的“中国特色”。

（三）按照社会文明进步要求自觉强化企业行为道德

知识经济时代与工业经济时代相比，是社会文明已经发展与成熟到一个新阶段。与此相适应，对企业的评价不再仅仅是看其盈利能力，而是看其用什么样的方式提高盈利能力。非正常方式或不道德方式盈利的企业，不仅得不到社会认可，而且得不到竞争对手的认可。可以说，“不择手段”的竞争或“不择手段”的追逐利润最大化，已经随着工业经济时代的结束被越来越多的企业所抛弃。“文明竞争”成为全球化企业的口号与主旨，“道德利润”成为社会文明进步的标准与实践。因此，中国企业的全球化是以其自身的行为道德自觉强化为条件之一。企业行为道德不再仅仅是一句口号，而是企业运营不同层面的具体行为指导。在中国企业行为道德自觉强化中，作为执行董事、经营班子成员的企业家发挥着决定性作用，与企业行为道德自觉强化相同步的是企业家自身行为道德水平的提高，企业家不仅在管理企业中依法行为与合规行为，而且在个人生活行为上要成为遵守社会公共道德的楷模。

文宗瑜

企业购并有关会计问题研究

——权益结合法的内在合理性

内容提要

企业购并涉及一系列复杂会计问题，首当其冲的，是购买法和权益结合法的选择。对此，会计界始终存有争议。2001年6月，美国财务会计准则委员会（FASB）颁布了第141号准则（SFAS141）《企业合并》，规定废除权益结合法。这在美国乃至全球会计界引起震动。我们应该效仿美国还是保留权益结合法？这是必须解决的会计问题。对于购买法和权益结合法，国内会计界有过大量研究，多是分析两种方法的会计后果和经济后果，这无疑是非常必要的。然而，一种会计方法应被废弃还是继续保留，说到底，取决与其是否具有内在合理性，即能否如实反映其所要反映的经济现象的实质。本研究报告从我国企业购并的实际情况和会计理论的角度对此进行分析。涉及的主要会计理论问题有：历史成本原则、会计信息的可比性、公允价值和会计计量属性、商誉和净资产的价值、负商誉等。本研究报告的结论是，我们不能亦步亦趋地盯住 SFAS141，应允许购买法和权益结合法并存，根据我国企业购并的实际情况，结合国际经验，制定两种方法使用范围和使用条件的标准。

一、从企业合并案例看权益结合法的内在合理性

SFAS141 认定："所有的企业合并都是购买。"为什么以股权交换形式实施的企业合并从本质上看也是购买行为？SFAS141 认为：这是因为企业可以发行股票以取得现金，然后再用现金去实施合并，所以以换股方式实行的企业合并其最终结果与购买相比，在经济性质上没有区别。SFAS141 还分析道：股票的发行是所有者的投资，从股票发行实体的角度看，通过交换股权，一个实体的净资产转移到另一个实体中去，而另一实体通过发行股票进行交换，这种交易与该实体的所有者以现金形式进行投资，基础是一样的；从接受股票一方的角度看，该交易也是交换型交易，即购买合并后存续实体

的股权，同时出售他们原有的股权。在股权交换之后，被购方所收取的股权与他们所放弃的股权相比，在市场上交易得更加广泛、交易量更大，特别是当原有股份被个别持有时更是如此。因此，被购方新换入的股份经常会变的流通性更强，这一点与出售的结果是一致的。此外，通过股权交换，合并前实体的所有权在合并后实体中继续保留了，但它们已经不是企业合并前的所有权，这是因为，对企业合并前资产的控制，已经被股权分散而降低了，同时又获得了对其他资产的控制。于是，不仅控制权发生了变化，而且被控制的内容也发生了变化。因此，所获资产的收益与风险与所放弃资产的收益与风险可能相同，很可能不相同。就合并后企业而言，可能增加了风险与报酬，也可能有所降低。SFAS141认为，在绝大多数以股权交换形式完成的企业合并中，总可以发现一个实施合并的企业取得了对其他合并方的控制权，这种行为实质就是购买行为；这种合并不是实体所有者权益的联合，而是联合实体本身参与了交易。换言之，实际上这种合并是净资产的交易。因此，一个实体与另外实体的合并，所提供对价的形式——在合并中就是股权——不应改变收购这一企业合并的实质。SFAS141认定，“真正合并”或“平等合并”非常少见，以至实际上并不存在。

既然所有的企业合并都是购买，所有的企业合并就必然都存在收购方。于是，对于如何辨认收购方，SFAS141给出了标准。

按照SFAS141的规定，以股权交换方式实施的企业合并，发行股票的实体通常作为收购方。SFAS141特别强调，在辨认收购方时尤其需要考虑下列因素：①合并以后在合并实体中具有的相应的表决权。在其他条件相同的情况下，如果合并方的所有者作为一个整体，保留或收到了合并后实体的多数表决权股份，则该合并方就是收购方。②当任何所有者或所有者群体均未持有多数表决权股份时，在合并后实体中持有的较多的少数表决权。在其他条件相同的情况下，如果某合并方单独的所有者或所有者群体在合并后实体中持有较多的少数表决权股份，则该合并方就是收购方。③合并实体的权力机构组成。在其他条件相同的情况下，如果某合并方的所有者或权力机构有能力对合并后实体权力机构进行选举或委派，则该合并方就是收购方。④合并后实体的高级管理层安排。在其他条件完全相同的情况下，如果某合并方的高级管理层能够对合并后实体的高级管理层进行控制，则该合并方就是收购方。⑤交换权益性证券的条件。在其他条件相同的情况下，如果某合并方支付的款项超过了其他一个或几个合并实体权益性证券的市场价值，即支付了溢价，则该合并方就是收购方。⑥一些企业合并涉及两个以上的实体，在这种情况下，应考虑是哪一个实体发起了企业合并，以及合并中某一方的资产，收入和盈利是否显著超过了其他方。

按照 SFAS141 给定的上述标准，是否对每一项企业合并都能客观，明确地辨认出收购方？令人怀疑。

2004 年 4 月 7 日，在我国上海证券交易所上市的上海市第一百货股份有限公司和上海华联商厦股份有限公司分别召开董事会，通过《第一百货董事会与华联商厦董事会关于第一百货吸收合并华联商厦预案》。根据此预案，第一百货吸收合并华联商厦，华联商厦所有股份按比例折成第一百货股份，华联商厦法人资格因合并注销。合并后存续公司更名为“上海百联集团股份有限公司”。翌日，刊登了《第一百货董事会与华联商厦董事会关于第一百货吸收合并华联商厦预案说明书》。2004 年 5 月 10 日，第一百货和华联商厦召开股东大会通过合并方案。2004 年 11 月 15 日，合并方案获证监会核准。2004 年 11 月 18 日，华联商厦终止上市。2004 年 11 月 19 日，第一百货和华联商厦将所持股份转让给百联集团的过户手续履行完毕。至此，实现了两上市公司之间的合并，被称为“百联”模式。

就法律形式而言，第一百货与华联商厦的合并无疑是吸收合并。但这次合并的经济实质是企业间的购买行为还是两个企业的股权联合？

表 1　第一百货与华联商厦资产负债表与利润表主要指标比较

2003 年 12 月 31 日　　单位：万元

	资产总额	净资产	销售收入	净利润
第一百货	363711	172343	226429	12495
华联商厦	229798	150939	150104	9567

表 2　合并前第一百货股本结构

	股　数	占股本比例
国有股	263348935	45.18%
法人股	131185624	22.50%
境内流通股	188313380	32.31%
总股本	582847939	100%

表 3　合并前华联商厦股本结构

	股　数	占股本比例
国有股	148108799	35.05%
法人股	150029979	35.50%
境内流通股	124467038	29.45%
总股本	422605816	100%

表 4　百联集团（合并后存续公司）股本结构

	上海一百原股东持有股数	占股本比例	华联商厦原股东持有股数	占股本比例	百联集团股本结构
国有股	263348935	23.92%	188542501	17.12%	451891436
法人股	131185624	11.91%	190980525	17.35%	322166149
境内流通股	188313380	17.10%	138656330	12.59%	326969710
合　计	582847939	52.93%	518179356	47.06%	1101027295

对表1至表4资料进行分析，可以看出，按照SFAS141的确认标准，在第一百货和华联商厦的合并中，很难辨认出收购方。

双方的合并方式是，华联商厦的全体股东将其原有股份折为第一百货的股份，合并双方均未因合并而发行新股，双方的国有股和法人股均不上市流通，也就没有“某合并方支付的款项超过了其他合并方权益性证券市场价，即支付溢价”的情况。

在上交所商业类上市公司中，第一百货资产规模具第二位，华联商厦资产规模居第七位；第一百货净资产规模居第二位，华联商厦净资产规模居第五位。按账面价值比较（第一百货/华联商厦），总资产规模比为1.58∶1；净资产规模比为1.14∶1；2003年销售收入比、净利润比（第一百货/华联商厦）分别为1.50∶1和1.30∶1。第一百货的资产总额、净资产总额、合并前的收入总额和利润总额略高于华联商厦。然而，根据上海立信评估有限责任公司对第一百货和华联商厦主要商用房地产估价结果，华联商厦每股净资产增值3.573元，第一百货每股净资产增值2.331元，二者之差为1.242元；考察合并双方近三年加权净资产收益率的算术平均值，华联商厦为7.31%，第一百货为6.15%，二者之差为1.16%。无论是商用房的潜在升值能力还是盈利能力，华联商厦都超过第一百货，华联商厦非流通股折为第一百货非流通股的加成系数为5.4%。综合考虑这些因素，可看出，双方规模接近或类似，显然无法得出“合并一方的资产、收入和利润显著超过对方”的结论。

无论是第一百货还是华联商厦，“作为一个整体”的原所有者，——国有股股东、法人股股东和流通股股东，均未在合并后存续公司中保留或收到多数有表决权的股份，各类股东之间在合并后实体中保持了与合并前大致同样比例的表决权股权。第一百货原国有股股东（上海第一百货商店有限公司）虽然在合并后实体（百联集团）中“持有较多的少数表决权股权”，但实际上第一百货的原国有股股东和华联商厦的原国有股股东均在同一控股股东——上海百联集团的控制之下，第一百货原国有股股东不可能单方面对合并后实体的权利机构进行委派，第一百货的高管层也不可能对合并后实体的高管层进行控制。事实是，第一百货和华联商厦在合并后实体——百联集团中处于平等地位，无一方在财务安排或经营安排中处优势地位。

其实，SFAS141 规定的辨认收购方的标准不见得全都合理。在股权交换中，发行股份的公司增发股份的数量一旦超过其原有股本数量，接受其股份的公司实质上就成为发行股份公司的控股股东，而后者则成为前者的子公司。由于有这种反向收购，发行股份的一方不一定总是通过股权交换实施合并中的收购方，有时恰恰是被收购方。在企业合并中，资产、收入和盈利规模较大的一方也不一定总是收购方。历史上，规模小的公司收购规模大的公司的案例并不罕见，资产、收入和盈利水平不同的公司不一定就不能进行股权联合。在股权交换中，很难判定合并中的一方支付的对价是否超过其他一个或几个合并实体股票的市场价值，即支付了溢价。因为受多种因素综合影响，股票的市场价格每时每刻都在波动，其价值中枢本身就不好定位。至于企业合并中的某一方在合并后实体中只持有较多的少数有表决权股份，即认定该合并方能够对合并后的实体进行绝对控制，从而将其作为收购方，这种结论恐怕勉强。通常情况下，只有持有多数表决权股份才能通过其表决权的行使决定和影响其他合并方的决策方向，对合并后的实体进行控制。仅有较多的少数表决权股份，既不能实施法定控制也很难实施实质控制。可以假设，几乎所有的企业合并，合并双方在合并后实体中持有的具有表决权的股份不可能恰恰相等。于是，总有一方持有“较多的少数表决权股份”。因此从逻辑角度看，既然有此一条，便没有必要再列出辨认收购方的其他标准。这也从反面证明，SFAS141 对仅具备此项条件就肯定是合并中的收购方，并不自信。

如果说 SFAS141 规定的辨认收购方的标准不尽合理，或者说，无法制定涵盖一切重大企业合并的辨认收购方的标准，其根本原因恐怕在于“所有的企业合并都是收购”的结论有武断之嫌。

之所以有“所有的企业合并都是收购”这一结论，SFAS141 的依据是，在股权交换中所采用的对价——股权，只是企业合并的一种形式而已，这种形式不能改变合并总是收购的实质。因为参预股权合并的企业可以发行股票换取现金，然后再用现金去实施合并，其最终结果与用现金收购其他企业相比，在经济实质上是相同的。换言之，SFAS141 认为，以股权交换形式进行的企业合并与企业间的收购相比，只不过省了一道中间环节；股权交换是一笔交换性交易，参与企业合并的各方股东出售其原有股份，同时购入合并后实体的股份，在这一点上与出售完全一致。于是，SFAS141 认为，以股权交换方式实施的企业合并不是实体所有者之间的股权交换，而是合并的实体本身参与了交易，因此企业间的股权联合与企业间的相互收购具有同样的经济性质。

诚然，股权交换只是企业合并的一种形式，不能仅仅看到这种形式就断言换股合并的实质就都是企业间的股权联合。企业可以通过种种手段，例如，有现金回购自己公司的股票作为库藏股，然后再用库藏股交换其他公司的股票；合并公司在合并完成后从公司股东手中购回股票；为了合并，在合并计划开始日至合并计划完成日之间，通过股利发放、增发普通股或注销已发行股份等方法，变收购为权益入股。然而，同样不能断言，股权交换这种形式总是与股权联合的实质相背离。

真正的股权联合与企业间的相互收购毕竟不是一回事。后者总有参与合并的一方发生资源流出，而其他合并方的所有者在合并过程中丧失其权益；前者在合并过程中则是所有合并方拥有资源的结合，合并各方对合并后的实体都没有新增投资，也均未放弃过资产，通过所有各方有表决权股份的交换，能够导致一个由合并各方形成的新的实体，在这个新实体中，各合并方的股东的所有者权益继续完整地保留并紧密结合在一起，从而实现了原有权益的连续性和合并各方原经营过程和盈利过程的连续性。在这种合并中，难以辨认出合并的哪一方是收购方，因为在这种合并中根本就没有收购方。

SFAS141也不排除换股合并可以使参与合并的各方企业的所有者权益在合并后实体中继续保留的这种客观事实，但强调，这种保留下来的所有权已经不是合并前的所有权，因为其对企业以前资产的控制权，已经由于股权合并而形成的股权分散化而有所降低，与此同时，又获得了对新的资产的控制。于是，不仅控制权发生了变化，而且被控制的资产也发生了变化。此外，新控制的资产的风险与报酬和原资产的风险与报酬也可能不相同。因此，就合并前的企业而言，合并可能增加了其风险与报酬，也可能有所降低。

其实，SFAS的以上论述，正是股权联合的文中自有之意。参与合并的各方企业通过股权联合，将各自的经济资源结合在一起，这种企业合并不是企业间资产的相互交换，合并各方对原有资产的控制并不因合并而中断，因此不存在让渡一部分风险与收益和再重新获得另一部分风险与收益的问题。股权联合使参与合并的各方企业不再作为单个企业发挥各自的作用，而是作为一个整体发挥规模效应或协同效应，这就必然将合并前不同的风险和收益结合为共同的风险和收益，这种整体的收益和风险不可能在单项资产间进行分解。一旦参与合并的各方在合并后实体中都未获得对其他合并方的控制权，即无论是根据其在合并后实体中的股权比例，还是从实质控制角度考察，参与合并的任何一方对合并后实体都无绝对控制权，合并各方便可以联合控制合并后实体的全部或绝大部分净资产和经营活动，从而共同享有合并后实体的收益并共同承担其风险，这正是股权联合的目的和特点。

SFAS141认为，美国会计原则委员会（APB）第16号意见书规定的企业采用权益结合法所应遵循的12条标准，“不能区分经济性质不同的企业合并”。APB第16号意见书的12条标准能否杜绝对权益结合法的滥用姑且不论，因噎废食毕竟不是可取之道。SFAS141 的以上看法，恰好说明，FASB 自己也看到，每一项企业合并都是独特的，其经济性质不见得完全相同。实际上，SFAS141 已经观察到："在一些企业合并中辨认收购方可能很困难，特别是那些可能不是收购的合并。"

二、权益结合法内在合理性的会计理论分析

从会计理论角度看，SFAS141 废除权益结合法的主要理由如下：

权益结合法提供的信息没有决策相关性。SFAS141 认为，权益结合法按账面价值而不是所谓公允价值作为计价基础，"不能使管理层对其所作的投资负责，也就不能使其对该项投资的业绩负责"，"提供的有关净资产的信息，就不如其他方法提供的信息有用。"

不废除权益结合法，实施合并的实体所提供的财务报表就不具备可比性。"所有企业合并都采用单一的方法进行会计处理。对于实施企业合并的实体，财务报表使用者能够对其财务成果的对应项目进行比较。这是因为，在所有的企业合并中，所收购的资产和所承担的负债均以相同的方式进行确认和计量，而不考虑对价的性质。""如果企业合并的会计处理方法存在不同，那么，当使用这些方法时，将使比较财务报表变得很困难。"可是，为什么不废除购买法？SFAS141 认为："报表的编制者、审计师、管理者和使用者都熟悉购买法。"

权益结合法不符合历史成本的会计计量模式。SFAS141 认为："权益结合法是一种公认概念的例外，即交换型交易应当按被交换项目的公允价值进行会计处理，而权益结合法是以交易中合并方的账面价值记录企业合并，所以它不能记录企业合并中的投资"，"权益结合法仅仅记录了实体的账面价值，未记录那些交换的价值"，所以，"权

益结合法与历史成本模式不一致”。

SFAS141 还同意这样一种观点：“即便辨认收购方在某些情况下可能比较困难，但为了美国联邦所得税，必须辨认出收购方。”

一种会计方法应废除还是保留，归根到底要看其是否具有内在合理性，即能否如实反映其所要反映的经济现象的实质。如果确如 SFAS141 所言，所有的企业合并实质上都是收购，客观上都具有收购方，权益结合法确实没有存在的必要，也就无须费力为废除权益结合法找会计理论方面的理由；反之，权益结合法所反映的与其要反映的经济现象的实质吻合，为废除它再找会计理论方面的理由，必然牵强附会。

（一）关于历史成本原则

什么是历史成本原则？众所周知，成本指为获取资产而让渡的价值，历史成本原则的涵义是：资产按取得时的实际成本入账，其后，无论客观环境发生何种变化和影响（诸如物价变动或汇率波动导致资产产生未实现置存损益），其账面价值一经确定都不得调整；资产发生耗费或转让时，按其账面价值结转。权益结合法的假设前提是，合并是企业间所有权的联合，而不是合并各方之间净资产的相互转让，任何一个参与合并的实体都没有为合并追加投资，因此也就没有购入对方净资产的成本。于是，已有的账面价值不能调整，按账面价值将合并各方的资产与负债相加，合并后实体的资产负债表中各项资产和负债的合并数均为其历史成本。历史成本原则是否有局限性姑且不论，权益结合法的会计处理方法恰恰与历史成本原则相吻合。购买法的假设前提是，合并是企业间的收购——一个实体收购另外一个或几个参与合并的实体的全部或绝大部分净资产。按照购买法，被购的净资产是按其所谓公允价值入账，并不是按收购方所让渡的价值计量，也就不是按净资产的收购成本入账。这是因为，收购方为合并而付出的全部款项即收购成本，与被购净资产的所谓公允价值之间，通常存在差额，此差额就是所谓的商誉或负商誉。换言之，被收购净资产的所谓公允价值与商誉相加，才是收购方让渡的全部价值即全部收购成本；而负商誉与收购成本相加，才是被购净资产的公允价值。这就类似于非货币性交易，当换入资产的公允价值与所支付的对价，即换出资产的公允价值不等时，换入资产按换出资产的公允价值计价，换入资产才是按实际成本入账；而换入资产一旦按换入资产的所谓公允价值计价时，换入资产这时并不是按取得它的实际成本入账，而是按该资产的售价入账。按照购买法，既然合并后实体的资产负债表对被购的各项资产及净资产是按其公允价值计量而不是按收购成本计量（这一点在出现负商誉并对其给与确认时尤为明显，被购净资产入账数即其公允价值，减负商誉入账数，才是全部实际投资成本），也就谈不上对被购净资产的计量坚持历史成本原则了。在出现商誉时，购买法对收购方的投资账户也不是按实际收购成本计量。这也是因为，投资入账数加商誉入账数，才是收购方的全部收购成本。而且，一旦按权益法核算投资，收购方投资的账面价值随被投资方（子公司）利润的陈报和现金股利的发放不断调整，可见，购买法对投资也不可能坚持历史成本计量模式。其实，很难说购买法符合历史成本原则。按照购买法，合并日的合并资产负债表的各项资产和负债，是收购方的历史成本加被收购方的现时价值。因此，在购买法下，合并资产负债表中各项资产和负债的数字，既不反映合并后实体的历史成本，也不反映其现时价值，而是一个大杂烩。

（二）关于可比性

废除权益结合法能否增强企业间财务报表的可比性？这要看所有的企业合并的经济实质是否完全相同。如果交换股权统统都只是一种形式，所有通过股权联合实施的企业合并其实质都是企业间的相互收购，对于企业合并的会计处理有两种方法并存，确实没有必要。因为会计不用类似的输入项和输入程序处理实质相同的经济事项，财务报表就必然歪曲有关数据彼此之间存在的某种经济意义上的联系，从而不能显示相关数据的内在关系，导致不可比产生。然而，会计信息的可比性不仅指信息可以使财务报表的使用者能够理解两组数据的相同之处，其内涵中更深刻的意义，还在于“能够使用户理解财务报表中两组数据的相异之处”。可比性要求对实质相同而仅仅是外在表现形式不同的经济业务或会计事项，在财务报表中显示相同或相类似的数据；对实质不同的信息，则要反映出它们的相异之处。可比性不是等同性，它在反映相异方面的意义更大。如果通过比较能够认识和分析不同企业合并的差异，显示相异形成的原因，从中得到的益处，比单纯显示相同和相类似更有助于财务报表使用者的决策。因为将相异之处解释清楚，从相异中懂得的东西会多于相似。解释现象的能力往往有赖于把相异的根本原因诊断出来。为了提高可比性，不能把相似的经济现象描绘成不相似；同样，也不能把不相似的经济现象作相同处理，更不能为了谋求可比去抹杀客观存在的差异从而杜绝造假。对于折旧方法，会计允许直线法、递增法、递减法并存，是因为不同企业中不同的固定资产价值转移方式存在着差异；会计允许不同企业可以分别使用先进先出法和后进先出法，因为不同企业中不同类别的存货，其实物流转过程不尽一致。这样的例子举不胜举。同理，如果事实证明，有些以股权联合形式实施的企业合并，其实质不是企业间的相互收购，又有什么理由认为用不同的会计方法处理不同性质的企业合并会削弱会计信息的可比性？

可比性涉及的是对两组财务报表数据之间关系的定量评价，可靠性和相关性涉及的则是对会计数据的质的评估。因此，与可靠性和相关性相比，可比性是会计信息低层次的质量特征。特定的会计数据必须是可靠和相关的，但不一定是可比的。看不到不同企业合并之间的实质差异，为了在两组数据之间强行可比，其中的一组数据就只能通过牺牲可靠性或相关性来获得，这就必然削弱会计信息最重要的质量特征。财务报表中数据的输入不真实，无论其输入的方法如何高度一致，得出的结果不会是真正可比。这种所谓的可比是错误的可比。面对纷纭复杂的客观现象，认为在可供选择的各种会计方法中只有一种是唯一正确、可以替代其他所有方法，这种信念过于单纯。

其实，购买法得出的结果，就有可能是“拿桔子与苹果比”。按照购买法，在合并资产负债表中，被收购方的资产和负债按所谓公允价值计列，而收购方的资产与负债用账面价值计列，这本身就有不可比之嫌；按照购买法，在合并资产负债表中被购净资产即子公司的净资产按现实价格计价，通常情况下这种计价原则“不下推”，即被购方作为子公司，其资产和净资产在其个别资产负债表中仍按历史成本列示。这种双重计价方法使同一企业集团的合并资产负债表和个别资产负债表肯定不可比；购买法要求收购方确认被购方的商誉，却不确认收购方自己的商誉，这种双重标准与可比性的要求也不一定一致。

（三）关于公允价值和会计计量属性

SFAS 141 承认：“合并方原股东作为一个整体，没有一方获得合并后实体的控制权，这些企业合并中某些可能不是收购。”“打算在另一个项目中考虑不属于收购的企业合并是否应用重新开始法而不是权益结合法进行会计处理。”对于非收购性质的企业合并，美国财务会计准则委员会宁愿使用重新开始法而不是权益结合法，可以看出，从会计理论角度讲，SFAS141 废除权益结合法的主要原因，是“公允价值反映了与所购资产和承担负债有关的现金流量预期，因为权益结合法是按账面价值而不是公允价值记录被购资产，权益结合法提供的那些有关净资产产生现金流量的能力的信息，就不如其他方法提供的信息有用”。这一观点与美国财务会计准则委员会 2000 年颁布的概念公告第 7 号《在会计计量中使用现金流量信息和现值》一脉相承。我国会计界也有观点认为：公允价值是 21 世纪面临的新的计量模式；作为一种新的计量属性，公允价值在 21 世纪将扮演越来越重要的角色，等等。然而，仔细研究就可以看出，所谓公允价值只是一个抽象的概念；它代表的是一个集合体，并没有确指对象；公允价值不可能构成一种独立的会计计量属性。

美国财务会计准则委员会为公允价值下的定义不是唯一的，其定义有两个。SFAS141对公允价值的定义是："在现行交易中，双方自愿购买（或者承担）或者出售（或者清偿"）一项资产（或者负债）的金额。"按此定义，公允价值隐含了公平交易和理性人的假设，即形成公允价值的交易不存在严重的信息不对称，资产的购买方能够得到所拟购买项目的合理信息，对所购项目的功能和用途有充分的了解，为了明确的用途购入该项目并能将其正常投入使用，并可以尽可能地发挥其最大效用；资产的购买方能够进入对自己并非不利的市场进行交易，交易是公平的，关联方之间为了某种特定目的达成的价格，不符合公允价值的前提。按此定义，公允价值明显指交换价值而不是使用价值。交换价值并不是新概念，交易总是包括购买方和出售方，根据会计主体假设，会计只能站在交易的一方而不能同时站在交易的双方进行核算。因此从会计角度看，必须将交换价值具体分为投入价值和产出价值。交换价值对于购买方来讲，就是其投入价值——成本；对于出售方来讲就是其产出价值——售价。会计进行计量，无非要解决计量尺度和计量属性的选择问题。计量属性指资产负债表各项目入账金额的价值表现形态。考察有史以来的会计实务，会计可供选择的计量属性无非以下几种：历史成本、现时成本、现行市价、可变现净值和未来现金流量现值。历史成本和现时成本反映的是投入价值，后三者反映的是产出价值。历史成本是有确凿的交易凭证作证明的市场成交价。不能设想，会计记录的历史成本全部或相当一部分是在非公平交易中产生的。因此，可以说历史成本也是一种公允价值，只不过历史成本不是当前交易的结果，长期资产历史成本的账面金额往往是各期摊销历史成本后的余额，所以，历史成本不符合SFAS141关于公允价值的定义。现时成本指购买与目前相同的资产所须支付的现金或现金等价物。严格地讲，现时成本与重置成本不完全一致，前者着重计量企业拥有的资产所含服务潜力的当前成本；而后者则是对替代企业当前在用资产的另一不同资产的计量。当现有资产的服务潜力低于可替代资产的服务潜力时，现有资产会招致较高的营业成本或使所生产的产品质量较低劣，所以重置成本包括技术进步因素而现时成本不包括这一因素，因此，通常情况下一项资产的重置成本往往高于其现时成本。但根据会计的重要性原则，二者的上述差异可以忽略不计，即在会计实务中通常将重置成本等同于现时成本。现时成本不是实际成交价，而是当前活跃市场中的公平报价。对于购买方来说，成本是其投入价值，也就是说现时成本或重置成本本身就是购买方所须让渡的价值。可见，无论是现时成本还是重置成本，都完全符合SFAS141关于公允价值的定义。现行市价指目前出售一项资产所能得到的现金或现金等价物。和现时成本一样，现行售市价也是当前活跃市场中的公平报价，只不过它不是投入价值而是销售方的产出价值，即不是用于核算企业的购买业务而是核算销售业务。在以现金为媒介的交易中，买方的投入价值就是卖方的产出价值，二者完全相等。因此，无论从哪个角度看，现行市价也完全符合SFAS141定义的公允价值。按照会计惯例及国际会计准则委员会颁布的第36号国际会计准则《资产减值》的定义，可变现净值（或称销售净价）指："在熟悉情况的交易各方之间自愿进行的公平交易中，通过销售资产而取得的、扣除处置费用后的金额。"按照美国财务会计准则委员会颁布的"论财务会计概念"第五辑《企业财务报表项目的确认和计量》，可变现净值"是在正规的业务中，一宗资产可望换取的、未经贴现的现金或现金等同物，扣除转换时倘若发生的直接成本。"由于可变现净值不考虑折现因素，是未来的产出价值而不是当前的产出价值，因此严格地讲，它不符合SFAS141关于公允价值的定义。但在会计实务中，可变现净值主要用于计量短期应受款和某些商品存货，这些流动资产通常可以在一年或一个营业周期内变现，也就是说这些短期项目的终值与现值差别不大，甚至可以忽略不计。因此，合理的排除数额不大的贴现因素，可变现净值的内涵也符合SFAS141关于公允价值的定义。

综上所述，现时成本（或重置成本）、现行市价和可变现净值都符合SFAS141关于公允价值的定义。换言之，所谓的公允价值只能通过现时成本（重置成本）、现行市价或可变现净值这些具体的计量属性表现出来，别无它径。

然而，SFAS142对于公允价值还有另外一个定义："现值技术通常是用来估计企业净资产（比如说，一个报告单位）的公允价值的最好技术。"此定义与SFAS141对公允价值下的上一定义，所指明显不同。一项资产或企业净资产的未来现金流量现值，体现的价值形态不是交换价值而是使用价值。因为未来各期现金流量是资产或净资产被使用的结果，而非对其进行交易形成的结果。交换价值受当前市场供求关系影响，使用价值则是由资产或净资产的使用效果决定；通过交换只能获取资产（包括现金）或净资产，只有通过使用资产或净资产才能在未来各个会计期间都产生现金流量。众所周知，使用价值和交换价值是两种完全不同的价值形态，于是可以看出，美国财务会计准则委员会所提的所谓公允价值，并非确指概念。有观点认为：从个别企业角度进行评估计算出的未来现金流量现值，体现的是使用价值，而从市场角度进行评估计算出的未来现金流量现值体现的就是公允价值，因为企业可能拥有一些特殊的信息或交易秘密，如企业可能使用内部资源以达到特定目的，或是可以内部成本价格而非市场价格获取某种所需的廉价原材料，从而导致其对未来现金流量的预期与市场的预期不同。这种观点强调的，明显是价值量方面的规定而忽视了其质的方面的规定，即使用的计算方法或输入的参数不同，只能改变价值量而不能改变价值形态。用未来现金流量确定出的公允价值也不是一种新的计量属性，它实际还原成前文所提的会计常用的第五种计量属性。西方有些会计学家早就试图用未来现金流量现值作为资产的主要计量属性，认为这一计量属性最能反映资产最主要的特征，即蕴藏未来经济利益。他们认为，资产是财富的存量，未来现金流量是财富的流量；没有资产就没有未来现金流量，但不是资产的价值决定未来现金流量，恰恰相反，是未来现金流量决定资产的价值。这种观点看起来有一定的理论依据，但由于未来现金流量的计算既复杂又缺乏可靠性，在会计实务中，未来现金流量现值除了用来计量某些可准确估计未来现金流量且合理确定贴现率的资产项目，如长期应收公司债券投资等，很难成为企业其他资产尤其是主要资产项目的计量属性。美国财务会计准则委员会颁布的概念公告第7号《在会计计量中使用现金流量信息和现值》曾用大量篇幅介绍了估计未来现金流量的方法，然而这些方法是否具有可操作性，其估计的结果是否具有可靠性，仍值得怀疑。

综上所述，SFAS141对公允价值的定义包括了两个不同概念；所谓公允价值只是一个抽象概念而不是一种独立的计量属性，它只能通过某一种具体的计量属性表现出来；在会计实务中，历来是多种计量属性同时并存。所以，权益结合法用账面价值反映被购企业的资产和负债，这个账面价值实际上已经包括了公允价值的成份，尤其是对大量资产项目计提了资产减值准备后更是如此。换言之，在企业计提资产减值准备的前提下，与购买法相比，权益结合法只不过未确认对方资产的升值罢了。SFAS141认为，购买法可以反映被购净资产的公允价值，但是在确定各项具体的被购资产和负债的公允价值的指南中，SFAS141也只能将公允价值还原为各种具体的会计计量属性如下：

“收购方应该在收购日，根据其估计的公允价值将收购成本分摊至所购的资产和所承担的负债中：

“a. 有价证券：按照现行市价入账。

“b. 应收账款：如果有必要的话，按照适当的现行利率确定应收账款的现值，并减去坏账准备和收款费用入账。

“c. 存货：

“(1) 产成品和商品：按照估计售价减去以下两项之和入账：

(a) 处置成本；(b) 扣除收款方为进行销售而发生的费用后的合理利润。

"(2) 在产品：按照完工产品的估计售价减去下列三项之和入账：(a) 加工至完工所须成本；(b) 处置成本；(c) 扣除收购方为完成加工和销售而发生的费用后的合理利润，该合理利润应根据类似产成品的利润确定。

" (3) 原材料：以现时重置成本入账。

"d. 厂房设备：

"(1) 将要使用的厂房设备：对于具备相似生产能力的厂房设备，应当以现时重置成本入账，除非预计未来使用该项资产对收购方的价值有所减少。

" (2) 将要出售的厂房设备：以现行市价减去销售成本后入账。

"e. 无形资产：以估计的现行市价入账。

"f. 其他资产，包括土地、自然资源和非有价证券：以评估价值入账。

"g. 应付账款和应付票据、长期负债和其他应付款项：以根据适当现行利率计算的应付金额的现值入账。

"h. 由于预计福利债务超过计划资产而发生的负债，或者由于计划资产超过单一雇主既定养老金计划的预计福利债务而产生的资产：按照SFAS87《雇主对养老金的会计处理》第74段的规定入账。

"i. 由于累计退休后福利债务超过计划资产而产生的资产，或者由于计划资产超过单一雇主既定退休金计划的累计退休后福利债务而产生的资产：按照SFAS106《雇主养老金以外的退休后福利的会计处理》第86—88段的规定入账。

"j. 债务和应计项目——例如，保证金的应计项目、退休工资以及递延给酬——按照依据适当现行利率计算的应付金额现值入账。

"k. 其他负债与承诺，例如，不利租约、合同、承诺以及收款中发生的清算费用：按照依据适当现行利率计算的应付金额的现值入账。"

没有任何一种会计方法是尽善尽美的。购买法同样存有理论上的障碍，也可以为操纵利润和财务状况提供机会。如果用购买法取代权益结合法，不能不对此有所考虑。

（四）关于商誉和净资产的价值

从会计理论角度看，收购价超出被购净资产公允价值之差，即通常所说商誉，其经济实质是什么？是否应将其确认为资产？对此，会计界历来存有争议，甚至可以说是解释不清的问题。美国会计原则委员会 1970 年 8 月颁布的第 16 号意见书《企业合并》认为："商誉就是收购成本超过下列之值的超出额：分配到所购可辨认资产中去的总和，再减去所承担负债中去的金额。"第 16 号意见书同时指出：购买成本与所购企业净资产公允价值之差，"证实了未确认资产的存在"。SFAS141 认为，上述定义只描述了商誉成本怎么计算，但没有解释商誉是什么或者代表了什么。其实，美国会计原则委员会的定义代表了会计界对外购商誉性质的一种观点，即"总计价账户"观念。

早期的会计界有观点将商誉的性质定义为外界对企业的"好感"。这种观点认为，一旦某个企业享有良好的信誉，掌握先进的技术，其商品具有品牌效应，与客户拥有良好的关系，等等，诸如此类的因素能够赢得外界对该企业的好感，于是收购这类企业所出的收购价就必然要高出其净资产的价值。对于商誉性质的这种解释很难得到认同，因为对于一个企业的好感总能找到具体原因，任何一种好感也就必然有其具体的归属：商品的品牌效应与商品本身是互补的，没有商品不会有商品的品牌效应；商品的品牌效应无论是源于该商品的质量还是来自广告功能，都必然要求提高该商品的售价从而提高其账面价值，而不是另计为商誉；企业之所以与客户拥有良好的关系，其中必有某种商品作为纽带，这类商品可以被企业通过交易转让从而有明确的转让价格，也就是说，它是一种确指的、可与企业分离的资产，而商誉不具备这种可分离性；一个企业拥有的先进技术，无论是计算机软件和数据库也好，还是某种商业秘密也罢，所有这些先进技术通常都是可以通过合约约定的具体条款或法律规定的权利得到保护，因此是一项可辨认的无形资产，而不是不可辨认的、与企业不可分离的商誉。总之，任何“好感”总是具体的，总能归属到具体的有形资产或可辨认的无形资产中去，而商誉具有不可分离性和不可辨认性。于是，对商誉性质的这种概括实际是否定了商誉的存在。

也有会计学者将商誉的实质概括为“总计价账户”。这种观点认为，商誉并非是创造未来超额利润的能力，收购方之所以溢价收购，是因为被购企业总有未入账资产。在企业间的相互收购中，收购方收购的不是单项资产而是组合起来的资产即整个企业，而资产负债表中的净资产数并不能代表一家企业的价值，即使对被购企业的资产和负债进行客观、准确的重新估价，全部资产公允价值减全部负债公允价值后，得出的净资产的所谓公允价值也不能反映一家企业的价值。这是因为“净资产不能单独计量”，净资产的计量取决于资产和负债的计量。而各项资产的计量使用的是不同的计量属性，负债亦是如此。于是，资产负债表中资产和负债的合计数都是各种不同计量属性的混合。这些合计数既不反映过去的价值也不反映现在价值，既不代表投入价值也不代表产出价值，所以资产负债表中资产合计数与负债合计数之差只是资产负债表的一个平衡数，可以说除此以外在经济上没有更多的意义，它与企业的价值无关。更为主要的原因是，资产负债表中的资产合计数是各项资产账面价值相加的结果，单项资产价值之和总是小于单项资产组合后的价值即企业的价值。从理论上讲，净资产的价值是企业在持续经营过程中未来各个会计期间现金净流量现值之和。显然，到目前为止，现有会计技术无法计算此现值，那怕是其近似值。企业股票的市场价格受包括投机因素等多种因素的综合影响，每时每刻都在波动，哪一时点的价格是企业价值的客观反映，令人困惑。尤其是我国股市，根本不具备定价功能，试图用股票的市场价格来代表企业的价值，结果只能是南辕北辙。总之，净资产的价值不能单独计量，其账面价值不能反映其实际价值，即便有关的资产与负债经过重新估价也是如此；“财务会计的机制不要求直接计量一家企业的价值”（美国财务会计准则委员会:《论财务会计概念》中文版第27页，娄尔行译)。于是，被购企业通常存有未入账资产，即资产组合后的价值与单项资产价值和之差。收购方之所以溢价收购，收购价超出被购净资产公允价值之差，为的就是这个未入账资产。然而，这个未入账资产不能分配到各项资产中去，因为各项资产在资产负债表中的金额总有一个上限：存货与固定资产的账面金额充其量不能高于其现实售价，应收账款的账面金额不能超过其到期时的收现数，等等。当资产负债表中各项资产的账面价值都已达到其上限后，收购价仍超过资产合计数减负债合计数之差，这时此项超出数便只能计入一个单独账户——商誉。也就是说，商誉不过是个代名词，它不代表获取未来超额利润的能力，而是净资产的实际价值大于净资产在资产负债表中所谓公允价值的金额。换言之，“商誉”不过是资产的附加账户，与一般的附加账户的不同之处是，它不是对某一项资产账户的附加，而是对各项资产合计数的附加。“总计价账户”观念较严谨地分析了外购商誉的性质，但遗憾的是，这种观念的逻辑无法解释负商誉这一会计现象。

较为流行的观点，是将商誉的性质概括为“获取超额利润的能力”。卡特利特和奥尔森于1968年发表的《商誉会计》研究文集的提法就具有代表性：“在目前的经营环境下，商誉的收益能力概念是最切合实际的。让受和让出企业，主要动机是取得未来利润。在这种让受和让出企业的交易行为中，所确定的价值就是对企业收益力的评价。”然而，“超额收益论”早就遭到过质疑：谁能保证一旦收购成本大于被购净资产，收购方就必定能在未来获得超额利润而不是收购价本身出高了？谁能保证溢价收购不是收购价出的高而是被购净资产估价偏低？谁又能证明未来超额利润的现值与收购价和被购净资产价值之差基本相符？

SFAS141、142对商誉性质的概括就是“超额收益论”。为回答以上种种疑问，SFAS141将收购成本超过被购净资产账面价值之差，分解成六个因素：“要素 1，在收购日，被购实体净资产的公允价值超过其账面价值的金额；要素 2，在收购日，被购实体尚未确认的其他净资产的公允价值。它们尚未被确认，可能是因为它们不满足确认标准（或许是因为计量困难），因为存在禁止确认它们的规定，或者由于实体认为它们形成的收益不足以弥补由此产生的成本；要素 3，被购方继续存在的营业中“持续经营”要素的公允价值。持续经营要素代表了已经设立的营业能够从优化的净资产中获得更高的回报率。如果单独收购那些净资产，则回报率要低。营业中持续经营要素的公允价值，由该营业的净资产在企业合并后形成的协同利益产生，以及从其他利益（例如，与市场缺陷有关的因素，包括赚取垄断利润和设立市场准入障碍的能力）中产生；要素 4，收购方和被收购方净资产及经营进行合并而产生的预期合并协同利益和其他利益的公允价值。这些协同利益和其他利益对于每一个企业都是独特的，不同的企业合并将产生不同的协同利益，从而产生不同的价值；要素 5，由于支付的对价评估中存在错误，从而产生了收购方所付对价的高估；要素 6，收购方多付或者少付。多付可能会在这种情况下发生，例如，在出价收购被购方的过程中价格被抬高。而少付可能在公开拍卖或者火灾受损物品拍卖中发生。”对以上六个要素，SFAS141 进行了分析：“第一个要素就其本身而言，不是一项资产，而是代表了尚未由被购方在其净资产中确认的利得，因此该要素是被购方净资产的组成部分，而非商誉的组成部分。第二个要素也不是概念上所讲的商誉的组成部分，它主要代表的是可能确认为单个资产的无形资产。第五个要素就本身而言，不是一项资产，而是一种计量错误；第六个要素也不是一项资产，从概念上讲，它代表了收购方的一项损失或者一项利得。因此，这两个要素均不是概念上所述商誉的组成部分。第三和第四个要素是概念上所述商誉的组成部分。第三个要素与被购方有关，代表了被购方净资产因优化组合而产生的超额价值。它代表了事先存在的商誉，是由被购方在合并之前自创的，也可能是由被购方收购的。第四个要素与被购方和收购方两者都有关，代表了企业合并带来了协同利益从而形成的超额价值。”SFAS141 对其所分解的第四个要素内容的解释令人困惑：理性的企业合并总能产生协同效应，但问题是，协同效应即有被购方净资产的贡献，也有收购方的贡献，通常情况下，收购方是净资产规模较大、赢利能力较强的一方，也就是对协同效应贡献较多的一方，既然如此，收购方为什么还要向被购方多支付收购价？对于要素 3，即被购方未入账的自创商誉，收购方确实需要为此付出代价并很有可能凭此在未来获得超额利润，但更为实际的问题是，任何一项企业合并都是独特的，在成千上万的企业合并实务中，除了被购净资产公允价值与其原账面价值之差可明确辨认外，怎样才能将收购价格超过被购净资产公允价值的溢价分解为上述五个要素？未来是不确定的，希望通过支付溢价能在未来获取超额利润固然是一种美好的愿望，但要求每项企业合并都能在未来有超额利润，未免有些强求；在企业间的相互收购中，收购成本超过被购净资产公允价值是常事，然而事实证明，并非所有的这些收购都在收购后赢得了超额利润。兴业证券在《华联商厦被第一百货吸收合并之财务顾问报告》中就曾分析到：“本次吸收合并完成后，存续公司的资产规模将迅速扩大，但规模扩大不一定能直接带来竞争力和赢利能力的增强。若整合时间过长或整合效果不理想，存续公司无法及时发挥本次合并带来的规模效应和协同效应，从而导致达不到合并预期效果的风险。”

对于商誉的后续计量，也是令人困惑的问题。

商誉是否是递耗资产？商誉是否需要摊销？应对其全部摊销还是只摊销其中的一部分？以递减方式摊销还是以直线方式或是递增方式摊销？对于商誉后续计量所涉及的种种问题，会计界始终争论不休，各国会计准则的规定也不尽一致。SFAS142 认为：“商誉中有一部分的使用年限是有限的，其余部分则不是递耗资产。”但是“在已确认的商誉中，将不属于递耗资产的部分从属于递耗资产的部分中分离出来是不可行的。”“商誉的减值很少呈直线型状态，在一定期限内对商誉采用直线法摊销是武断的。”因此，SFAS142 决定，对商誉的后续计量采用减值测试的方法。按其规定，企业对商誉的减值测试可以每年进行一次，也可在年中进行；在进行减值测试时，必须确定企业内的最小报告单位的所谓公允价值，而其公允价值的确定，往往需要人为估计这个“最小报告单位”的未来现金流量。毋庸讳言，按照这种复杂的方法通过估计进行减值测试得出的结果，不仅比直线摊销法有更多的武断性，而且增加了企业的随意性，为企业在各个会计期间之间调控利润腾出了更多的空间。实际上，SFAS142 之所以决定对商誉的后续计量采用减值测试法，根本原因是与美国国内废除权益结合法的反对者进行讨价还价的结果。美国财务会计准则委员会 1999 年废除权益结合法的征询意见稿的有些回复者直言：对废除权益结合法持何种态度，视美国财务会计准则委员会对商誉后续计量的规定而定。显然，一旦用购买法取代权益结合法，每年将要摊销巨额的商誉费用，影响了各年利润表的数字。于是，在 SFAS141 作出废除权益结合法的规定后，SFAS142 马上在商誉的摊销问题上进行妥协。换言之，SFAS142 不过是对 SFAS141 的反对者作出的一种让步罢了。

（五）关于负商誉

通过股权交换方式实施的企业合并按照购买法核算，一旦所支付对价的公允价值小于被购净资产的公允价值，出现负商誉，对此如何处理，是难以解决的棘手问题。SFAS141 论述了商誉的性质，认为商誉是一项资产，但对于负商誉的性质只字未提，回避了这一难以解释的会计现象。实际上，对于负商誉的性质，会计界一向讳莫如深。对负商誉性质的解释，只能在其所主张的会计确认方法中寻找线索。

对负商誉的确认，不外乎以下几种方法：

将收购成本小于被购净资产公允价值的部分，作为递延贷项挂在资产负债表的贷方，承认负商誉存在。这种确认方法的依据是，之所以出现负商誉，或者是因为被购企业已经濒临破产，或者是被购方存有潜在亏损，总之，被购净资产的实际价值小于其公允价值。这种观点缺乏说服力。可以假设，收购一个企业是为了在未来遭受亏损，出于这种原因进行的企业合并是不可想象的；反之，收购一个被认为有潜在亏损的企业而收购后通过对其资产的正常使用证明并无亏损，这种情况更不能说明收购时被收购企业有负商誉存在。负商誉的核心技术问题是，收购成本小于被购资产的公允价值与所承担负债公允价值之差。这里的所谓公允价值，是收购时对被购资产和所承担负债的重估价，即净资产的实际价值。也就是说，收购时的重估价必然考虑了被购企业的濒临破产因素和潜亏因素。按照会计的定义，资产是蕴藏未来利益的经济资源。因此，被购企业无论是有不良资产和潜在亏损也好，还是在未来有可能招致亏损也罢，都必然在重估价时调低其资产乃至净资产的账面价值，直到与其实际价值相符。可见，认为出现负商誉是由于被购净资产的实际价值与其重估价后的公允价值不相符，这就否定了公允价值的公允性，把要讨论的问题引到了负商誉之外，即不是在讨论为什么收购成本小于被购净资产的公允价值，而是要讨论如何对被购净资产进行客观地重估价了。

也有观点主张，将收购成本小于被购净资产公允价值的部分，确认为利得计入收购当期的利润表。主要理由是：出让一个企业与出让该企业的单项资产相比，类似于批发和零售，前者的交易费用小于后者；也可能是由于被购方急于需用资金，于是合并时被购方折价出售或是给予收购方一定的价格优惠。总之，收购成本之所以小于被购净资产的公允价值，是因为收购方未按被购净资产的公允价值付款，在收购时占了便宜。这种观点实际上否定了负商誉的存在，可能符合某些用现金进行收购的实际情况，却无法解释在换股合并中，被购净资产的公允价值为什么会大于所支付对价的公允价值。仍以百联合并为例，按照 SFAS141 辨认收购方和确定收购成本的规定，假如将第一百货作为收购方，收购成本应是华联商厦折成第一百货的全部股份的公允价值，具体计算见表 5。

表5　　收购成本计算表

股份种类	换股数量（股）	每股公允价值（元）	收购成本（元）
流通股	138656330	6.98	967821183.40
非流通股	379523026	5.288	2006917761.49
合计	518179356		2974738944.89

注：(1) 流通股每股公允价值为第一百货2003年12月31日收盘价；(2) 非流通股每股公允价值为第一百货每股净资产账面价值2.957元，加房地产重估价导致第一百货每股净资产增值2.331元；(3) 后者为上海立信资产评估有限公司信资评房咨字2004年001号评估结果。

同样以上海立信资产评估有限公司的评估结果为依据，华联商厦净资产公允价值为3018655831.31元。于是，出现负商誉 = 3018655831.31 - 2974738944.89 = 43916887.42元。出现如此巨额的负商誉，显然不是因为华联商厦急于需要资金，更与“类似于批发和零售”毫不相干。此外，由于这种会计处理方法对被购资产不是按实际收购成本计价，因此不符合实际成本原则。更重要的是，这种方法无法解释，为什么收购方需要确认损益。因为按照一般经济业务常识和会计处理惯例，只有出售商品或资产的一方才需要确认损益，购货时通常不可能有损益确认问题。

按照SFAS141的规定，一旦“被购净资产的公允价值超过收购成本，此项超出额应按比例减少本来应当分配到被购资产中去的金额。如果分配到所有被购资产中去的金额已经被减至零，但仍有剩余的超出额，则剩余的超出额应当被确认为非常利得”。SFAS141主张的这种方法否定了负商誉的存在。按照这种方法，各项被购资产不是按其公允价值计价了，与SFAS141本来所主张的“公允价值反映了所购资产和承担负债的有关的现金流量预期，权益结合法是按照账面金额而不是公允价值记录被购净资产，权益结合法提供的信息不如购买法有用”的初衷不符。尤为需要注意的是，这种处理方法得出的结果，与主张在收购成本大于被购净资产公允价值时不确认商誉，而将超出额分摊给各项被购实物资产的观点殊途同归，必然使某些被购资产的账面价值与其实际价值不符。按照这种方法处理负商誉，甚至有可能出现事实上有某项资产但其账面价值为零的奇怪现象。按照这种方法处理百联合并出现的四千多万元负商誉，实际是用房地产的增值，冲减所有非货币资产的实际价值，其结果的不合理性，一目了然。

三、结　　论

无论从企业合并案例的角度考察，还是从会计理论的角度进行分析，权益结合法都有其内在的合理性。在我国废除权益结合法会造成一系列的不利经济后果（详见黄世忠教授等的研究成果：《会计研究》2004 年第 9 期）。没有任何一种会计方法可以成为杜绝人为调控利润的防火墙。因此，我们不能亦步亦趋地盯住 SFAS141，也废除权益结合法。我们应当允许购买法和权益结合法并存；根据我国不同特点的企业购并，借鉴国际经验，包括 SFAS141 的合理成分，科学制定比美国会计原则委员会第 16 号意见书 12 条更简明的标准，分别规范购买法和权益结合法的使用范围和使用条件，以便真实地反映不同企业购并的经济实质。

（本文所引数据，均见我国上市公司公告。）

李　闰　赵纳辉
陈　翔　宋　立

关于资产管理公司不良资产处置若干问题的思考

——深圳市资产管理公司资产处置工作调研报告

内容提要

我国资产公司是诞生于20世纪90年代末期，借鉴国际有效经验的新生事物。至2005年6月底，全国资产公司共处置不良资产7174.2亿元，占收购不良资产总额的57.28%；累计回收现金1484.6亿元，占处置不良资产的20.69%。两项指标即使以国际水平考核也堪称优秀。六年来，资产公司的不良资产处置工作加快了国有商业银行的改革步伐；推动了国企现代化建设进程；促进了经济结构调整；保全了国有资产。实践证明，组建资产公司是我国经济改革综合战略的一项重大举措，资产公司所取得的令人瞩目的阶段性成果已实现了其组建的历史初衷，为改革和发展做出了重大贡献。

当前，改革和发展进入重要转折阶段，资产公司的工作面临许多亟待解决的问题。我们认为，这些反映在工作层面的问题究其深层次原因在于法规疏漏、体制僵硬、市场发育迟缓、监管真空和公司定位不清，其根本症结在于改革转轨时期经济运行机制和政策环境基础的重大缺陷。为此，必须清理思路，顺应时代要求，处理好当前工作并把握好未来发展方向。

从当前看，工作重点应是服从金融、国企改革大局，保全、盘活国有资产，全面完成阶段性历史任务，并在实践中自主探索创新，为未来发展创造条件。为此，我们提出了算改革大账，采取果断措施，保证在2006年末如期完成处置任务的工作建议。

从长远看，资产公司必须从创新机制入手，实行与市场化程度和金融体制改革相适应的全面转型。为此，国家必须实施系列的政策调整，构建促其转换经营机制的政策环境。我们在认真研究的基础上，提出了系列政策调整的基本思路。

总之，资产处置是一项政策性极强的工作，而资产公司改革更是一项系统工程。我国资产公司本应改革之运而诞生，而今又为适应改革深化而转型。转型过程将艰难曲折，但唯有改革才能获得新生，而创新机制则是通向改革成功的根本出路。

1999 年末，国家成立四家金融资产管理公司（以下简称资产公司）管理和处置因收购国有商业银行不良贷款形成的不良资产，当时剥离政策性不良资产共 1.4 万亿元。据银监会统计，截至 2005 年 6 月 30 日，四家资产公司共累计处置不良资产 7174.2 亿元，占收购不良资产总额的 57.28%；累计回收现金 1484.6 亿元，占处置不良资产的 20.69%。[①] 2004 年，国务院批准财政部对资产公司的目标责任制方案，要求资产公司全部债权资产[②] 于 2006 年末前全部处置完毕。迄今为止，我国资产公司已运营六年，而今对第一次政策性剥离的不良资产的处置限期已进入倒计时阶段。为此，我们组织了对四大资产公司驻深圳办事处的调研，了解了基本情况并形成了对相关问题的政策性思考。

① 数据来源于银监会网站(http://www.cbrc.gov.cn)。

② 指 1999 年政策性剥离的不良资产，不包括商业化收购部分。

一、资产处置工作的基本情况及成效

（一）深圳资产公司政策性不良资产处置概况

截至2005年6月末，四家办事处共处置资产138.24亿元，总体处置进度为67.14%，高于全国平均水平9.86个百分点；累计回收现金37.28亿元，回收率为26.97%，超出全国平均水平6.28个百分点。除信达尚存小额差距外，其他三家均提前完成了其总公司下达的“两率”（现金回收率和费用率）承包收现任务（详见表1)。这些资产的处置，除折扣收现与诉讼追偿等传统方式外，四家办事处还采用了招标、公开竞价、协议转让、破产清算、拍卖等多样化的处置方式，如华融处置的深中华项目，开创了资产公司重组上市公司的新模式。

同期，四家办事处剩余未处置政策性不良资产共有71.96亿元，占收购原值总额的34.95%，其中实物资产仅有3.16亿元，占剩余不良资产的4.39%。信达与东方剩余资产金额稍大，而长城与华融剩余资产仅占其收购原值总额的15.8%。

表1　　截至2005年6月末深圳地区政策性不良资产处置已完成情况表

单位：亿元

项目 单位	收购原值	已处置原值	已处置比例	回收现金额	回收现金率	费用率
长城	49.21	41.41	84.15%	8.01	19.34%	13.61%
信达	63.58	34.05	53.55%	12.21	35.86%	6.43%
东方	30.61	10.18	33.26%	7.26	71.32%	9.32%
华融	62.50	52.60	84.16%	9.80	18.63%	7.78%
合计	205.9	138.24	67.14%	37.28	26.97%	8.89%

（二）深圳资产公司商业性不良资产收购概况

深圳商业性收购工作开展不到一年，但步伐较大，除华融尚未开展业务外，其他三家收购规模已高出原四家办事处接收政策性不良资产总体规模27%，达261.4亿元。其中，信达商业化收购不良资产规模更是其自1999年后接收总额的2.5倍，且竞价比例也远高于责任制核定数（详见表2）。

表2　截至2005年6月末深圳资产公司商业化收购统计表　　单位：亿元

单位＼项目	收购原值总和	收购价格总和	收购价格占原值比例
长城	2.00	0.93	46.31%
信达	159.41	51.76	32.47%
东方	99.98	39.35	39.36%
合计	261.40	92.04	35.21%

（三）资产处置工作的阶段性成效

总体看来，深圳地区资产公司不良资产处置工作进展顺利，不但政策性处置业务进度较快，也开始了商业化处置业务的尝试。虽然深圳地区的资产处置以“两率”考核的水平优于全国，但其工作水平却大体相当，可从一个侧面反映全局情况。我们认为，当前我国金融不良资产处置已取得重要阶段性成果：一是加快国有商业银行改革步伐，政策性剥离大大降低了国有商业银行不良贷款的比例（使2000年不良贷款率下降了9.2%），改善了财务状况，面对外资竞争的严峻局面，为其加强管理、深化改革赢得了时间和机遇；二是推进国企现代化企业制度建设进程，政策性剥离使500家国有大中型企业完成债转股，初步建立起现代企业制度；三是促进经济结构调整，通过破产、关闭、重组、拍卖等市场化方式的尝试，大规模整合不良资产，提升了资产质量，促进了结构的调整和优化；四是保全国有资产，减少损失。六年间，我国资产公司累计处置额7174.2亿元、现金回收率20.69%，即使以国际水平考核也堪称优秀，资产处置工作最大限度地保全了国有资产。

总之，我国资产公司是在改革和发展的关键时刻，借鉴国际有效经验的新生事物。六年的实践充分证明，成立资产公司是我国综合改革战略的一项重大举措，资产处置工作所取得的令人瞩目的阶段性成果已实现了其组建的历史初衷，为改革和发展做出了重大贡献。

二、当前的问题及原因剖析

（一）当前的问题

四家办事处反映了一些亟待解决的问题。主要集中在三方面：一是政策性处置业务如期完成尚有难度；二是商业化运营出现不良倾向；三是对未来前景深感忧虑。主要问题有：

1. 剩余资产处置难度大

四家办事处处置不良资产的现金回收率一般呈逐年递减趋势（见图1），而费用率却逐年攀升（见图2），这说明不良资产处置工作难度加大，不仅处置进度难有突破，要保持与以往相当的现金回收率和费用率也实属不易。

2. 债权人权益无法得到保障

首先，企业逃废债现象严重，剩余资产中，企业人去楼空、债务法人“人间蒸发”、追索无门的情况非常普遍。其次，地方政府干预太多，东方办事处就反映因区政府干预致使巨额担保债务无法追索。再次，法院低效率或不作为，诉讼程序复杂，诉讼执行久拖不决。这

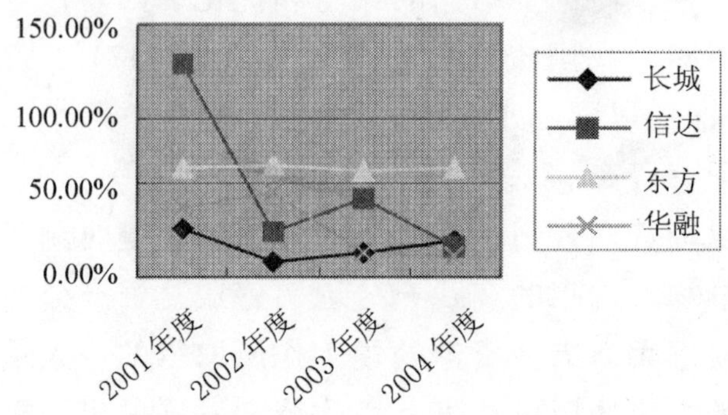

图1 深圳地区政策性不良资产现金回收率趋势图

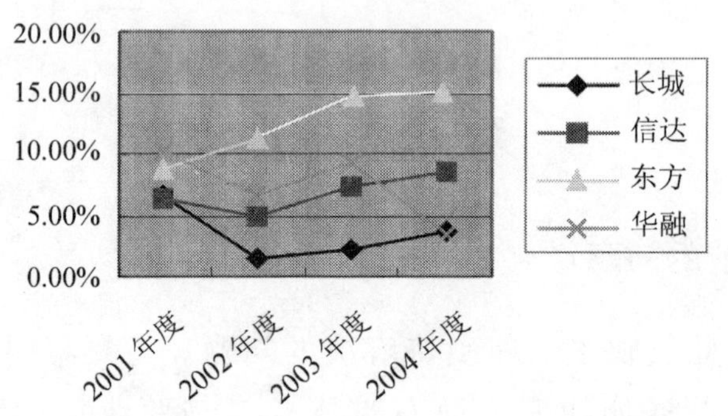

图2 深圳地区政策性不良资产处置费用率趋势图

都使债权人权益无法得到切实保障。

3. 事实呆账难以处置

这是目前最突出的问题。四家办事处普遍反映，事实呆账数额巨大且回收几率极小。事实呆账大致有两类情况：一类是，虽为明显的零回收资产，但因贷款时无正规手续而无法销账；另一类则是，因债务人消失、缺少对方资料等原因无法认定为零回收资产。仅东方办事处一家难以处置的事实呆账就高达13.84亿元，占其剩余资产的55.94%。大量事实呆账的处置耗时耗力，严重影响处置工作进度。

4. 政策性任务和商业化运作矛盾难以协调

我国资产公司本来承担的是政策性任务，几乎所有任务核定、完成进度、考核标准都由国家直接决定，因政府行为追求的政策目标和企业追求效益最大化的目标明显矛盾，所以日常运营中往往顾此失彼，影响工作思路，而且造成人心不稳。目前几家办事处都强烈反映，因前景不明朗导致人才流失、积极性不高或激进冒行，出现两种倾向：一部分人行权宜之事，希望完成任务后回归国有商业银行；而另一部分人则急于向商业化转化，以致急功近利，严重影响处置工作的质量。

5. 交易行为不透明，道德风险发生几率大

据反映，目前不良资产处置透明度不高，交易信息难以公开、对称，交易定价缺乏参照性，资产交易往往陷入"一对一"的谈判，交易资产的真实价值难以客观判断，暗箱操作漏洞颇多，关联交易和内部交易时有发生。交易不透明必然导致巨大的道德风险。

6. 资产公司间内部纷争、利益冲突

在试行商业化收购中，各家办事处热情很高，但也出现抢食"蛋糕"、恶性竞争的局面。各家为"揽活"，不惜报出与历史水平脱离的竞标价格：深圳地区商业收购的加权平均价格高达35.21%，比四家截止2005年6月底的加权平均现金回收率高出8.24个百分点。这是目前试水商业化运行中最值得注意的不良倾向。这种不计成本的非理性行为不仅破坏了市场秩序，也给国家财政埋下了隐患。

（二）原因剖析

我们认为，四家办事处反映的问题在全国具有代表性，但以上都属工作层面的表现，而造成问题的根本原因却在于改革转轨时期经济运行机制、政策环境基础的重大缺陷：

1. 法律架构不清晰，难以实现法制化运营

一是确立其法律地位的法规不完善。纵观各国资产公司的成功

经验，首先在于其实行法制化运行。各国都会针对不良资产处置和处置机构设置制定法律，如美国的《金融机构改革、复兴与实施法》(FIRREA)、《RTC 完备法》、《RTC 再融资、重组与改良法》，对资产公司的治理结构、经营目标、职责权限甚至存续期限都予以全方位明确规定。而我国资产公司的基本法规并不配套且失之粗陋。二是执行层次相关法律不衔接。而国外则很重视这一问题，在规定资产公司不良资产处置过程中所拥有的特别权力的同时，及时修订与之相抵触的相关法规，使之便于执行。而我国由于相关法规不衔接等问题，给处置工作带来困难。三是适应战略改革需要的法规制度缺失，如允许外资准入的制度创新等。因此，我国资产公司虽应改革之运而生，但却由于面世仓促，缺少支持其成长发展的法制大环境，因而从诞生之日起，便面临重重矛盾，常陷入无章可循、运营无序的窘境。

2. 机构定位不明晰，难以实现规范化公司治理

尽管国内外的资产公司的重点工作都是处置金融不良资产，但是着眼点有所区别。国际上资产公司定位明确，多为应付政府临时金融危机的权宜机构，主要任务是化解阶段性金融风险。而我国则国情特殊，资产公司是为适应体制转轨需要的政策性机构，其出台大背景是帮助国有商业银行改善财务状况，加快转制。组建初期，其出资人财政部曾明确表示公司存续期为十年，在不良资产处置完毕后即行关闭。虽然当前有关文件已表明国家支持其向商业化发展（批准其开展商业性任务），但并无正式定论。因而，机构定位不清、“十年大限”的疑虑始终困扰公司。理性定价、利润导向本是企业经营的内在要求，但目前四家公司“政策性机构”实行“企业化经营”，公司属性不伦不类。由此直接导致经营目标模糊不清。同时，其法人代表都由原母体商业银行派任或调任，其直接恶果是既难摆脱与母体的行政隶属关系（随意剥离），又无法完全履行对出资人的责任和义务，公司机构定位不明晰，妨碍了处置工作的顺利进行。

3. 信息披露机制未形成，难以规范交易行为

完善的不良资产交易市场应具有积聚信息、发现价格、决定价格和配置资源的功能。而这些必须建诸于公开信息披露机制的基础上。由于缺乏规范化市场，不能及时提供交易产品、交易价格，交易公允性、资产处置公平性无法判断，道德风险发生几率较大，市场积聚信息、配置资源的功能不能发挥，不良资产的价值不能充分实现。

4. 评估机制不成熟，资产处置缺乏基础

不良资产的评估是一项技术性极强的工作，而我国目前并未形成成熟的评估机制。一是法规缺失，对从业人员的法律义务和应承担的法律责任尚无明确的法律规定；二是执行层次的技术规范滞后，操作程序、评估方法等缺乏基础的评介工具，不仅造成不同评估机构对同一资产的评估迥异，也造成监管部门的审计、监督无章可循；三是中介机构自律性管理不到位，缺乏诚信，服务质量低劣。机制不健全使资产处置的评估工作失去可靠的基础，难以落实公平公正的基本市场法则。

5. 信用体系建设滞后，加大处置工作难度

我国市场化程度不高，社会公众的信用意识尚处启蒙阶段，信用体系建设正处起步初期，因此，信用制度未普遍推行。许多企业、个人的信用并无记录，更谈不上有权威的信用评级对之约束。由于财务信息普遍失真，资产评估、债务追偿缺乏针对性。严重影响资产处置工作的进度和质量。

6. 市场体系不完善，缺乏多样化的处置手段

完善的市场体系是决定不良资产处置的速度、效率和质量的决定因素。美国的资产公司之所以较快退出历史舞台，在于其规则完善、交易规范、金融产品丰富、处置手段多样化，因而资产处置的质和量都很高。韩国等资本市场发展虽不及美国，但其开放度较高，因而能通过公开市场引进国外战略投资者，利用国际资本来处置本国的不良资产。而我国目前虽然待处理不良资产规模宏大，但向社会投资人提

供的交易机会稀少且缺乏连贯性。我国融资渠道狭窄，金融衍生工具少，限制了国内、国外战略投资者的进入。据普华永道 2004 年底对关注中国不良资产的境外投资者的调查表明，近五年向国外出售的不良资产仅 60 亿美元，相对其他国家不仅数量少且手段单一。我国市场体系的不完善阻碍着资产公司的成长和发展。

7. 监管体系不健全，难以实现有效监管

今年 6 月，审计署对资产公司的审计结果公诸于市，称四大公司出现的违规问题（包括违规剥离、违规低价处置、违规挪用处置资金等）总金额高达 715 亿元，占抽查金额的 13%，引起社会强烈反响。银监会曾对此予以修正，认为最大的违规问题仅有 59.4 亿元，违法行为 82.17 亿元，且都是“剥离时的账面价值”①。双方各执一词，坚持不下。这里尽管数据显示的违规违纪程度不同，但却足以证明当前监管工作薄弱，并未形成有效的监管机制：一是缺乏权威的监管仲裁部门。美国负责监管资产公司的最高权力机构就是国会，处置工作必须向国会报告。而我国监管领导部门的级次显然不到位；二是缺乏有效部门沟通机制，政出多门、分工不明：行业主管是银监会，财务制度是财政部，财务审计是审计署；且部门间协作沟通不够，致使监管工作囿于部门局限，缺乏通盘考虑、统一规则，往往陷于就事论事的偏狭。三是缺乏全社会媒体、公众日常监管。监管不力直接导致违规违纪增多，国有资产流失。

综上，法规的空白疏漏、体制的僵硬、市场机制的发育迟缓、监管的真空加上机构本身的定位不清，是影响资产处置工作“质”与“量”和资产公司未来发展的症结所在。为此，必须清理思路，顺应时代要求，坚持科学发展观，做好当前工作，把握好公司的长远发展方向。

① 数据来源于新华网(http://www.xinhuanet.com)。

三、加强资产公司不良资产处置工作的政策建议

当前我国改革已进入重要转型阶段，加快金融改革、防范金融风险、转换企业经营机制仍是今后一段时间内深化改革的工作重点，也是我们作好当前和长远资产处置工作的基本出发点。

（一）当前加快处置进度的工作措施

从当前情况看，工作重点应是服从金融、国企改革和保全国有资产的大局，全面完成资产公司的阶段性历史任务，并在实践中创新机制，为未来健康发展创造条件。

1. 算改革大账，采取果断措施，如期完成任务

资产公司的成立着眼于改革全局，是为促进国有商业银行和国有企业改革进程，国家为此付出了极高的改革成本。我们算过一笔账，以其收购的第一批不良资产的原值2.25%计，资产公司每年仅支付利息就需315亿元，六年累计支付赫然已逾千亿元。如果剩余资产不能按期处置完毕，无限期拖延不但贻误改革进程，也将使国家财政不堪重负。实际上，从对深圳调研和全国相关资料的分析结果看，实现国家规定的期限目标是完全可能的，因此，我们主张按期完成的决心绝不动摇，关键是要采取恰当措施，加快处置进度，以最大限度地保全资产、减少损失，降低改革成本并推进改革进程。

2. 科学考评，效益挂钩，完善考核指标体系

科学合理的激励约束机制是实现如期完成任务的重要条件。当前要加快处置进度，客观实际的考核标准和与效益挂钩的奖惩制度是实现目标的关键。为此，第一，建议完善综合考核指标体系。一是指标

考核不仅限于“两率”本身，在对“两率”影响因素分析的基础上，不仅要考虑现金回收与费用绝对额的大小，而且要考虑处置悬而未决的债权所带来的贬值与机会成本；二是标准的制定也必须从实际出发，避免与现实偏差过大，使资产公司有充分的超收空间，提高“两率”的可操作性，以加快处置进度。第二，实行员工薪酬与处置业绩相挂钩的效益工资制，以绩效为主，综合考虑资产质量、处置难度等因素，激发员工的回收热情。

3. 放宽限制，创新方式，提高处置效率

目前资产公司处置手段过于单一，在已处置过的资产项目中，大部分以诉讼、拍卖、催收等传统手段为主，新的处置方式所占比重不高，国际上风行的并购重组、合资经营、资产证券化等处置方式并未全面运用，这是因为业务范围和业务手段仍受限制。因而要积极出台相关政策措施，放宽对处置方式的限制，这样，可以激发资产公司在处置中的创造性，有利于资产处置价值的提升和处置效率的提高。

4. 清除障碍，做好疏导，制定零回收标准

大量的事实呆账是影响处置进度的突出问题，目前“大限”已近，要实现既定目标必须处理好巨额事实呆账问题。为此，要尽快制定并推出切实可行的零回收标准，加紧做好相关部门的政策疏导工作，以实事求是的态度处置事实呆账，客观反映实际进度。

5. 科学测算，制定预案，打好攻坚战

据历史经验，在“大限”将至时，仍会有少量剩余资产未能处理完毕。为保证按期完成处置任务，对最后这部分确难处理的剩余资产，要防患于未然，采取前瞻性处理措施。建议预案设计思路可灵活优惠些，其要点包括：①整体打包，由财政部出售给各资产公司；②出售价格参照历史价格但给予一定优惠；③超收分成，对因打包价格优惠而超收部分全部由资产公司处置，其中，90%转增资产公司的资本金，10%用于对资产公司的奖励（具体比例可在调研后另定），以提高资产公司打好攻坚战的积极性。当前，果断处置的决心不能动

摇，以最大限度地降低改革成本和财政支出。

（二）现阶段加强资产处置工作的政策建议

从长远看，虽然我国资产公司阶段性历史任务已接近完成，但是基于金融体系的脆弱性和体制缺陷，不良资产消除还需要一个过程，因而在一段时期内我国资产公司仍将承担大量的资产处置任务。然而，随着形势发展，面对巨大的市场份额和竞争压力，资产公司必须实行与市场化程度和金融体制改革相适应的转型。但转型不可能一蹴而就，为此必须从创新机制入手，加大改革力度，实施系列政策调整措施，以改善政策环境，促其转换经营机制。

1. 出台相关配套法规，构建层次分明的法律框架

资产公司工作涉及经济稳定和改革发展的大局，必须保证其操作和运营受较高层次立法的保护，建议出台有关资产公司管理的较高级次的基本和配套法规（高于目前的行政法规层次），对其法律地位、经营目标予以明确，要增设现行行政法规所没有赋予公司的特别调查权、抵押物止赎权，形成资产公司的基本法律框架。二是出台或修正支持其执行能力的政策法律，如修订已出台的《公司法》、《民法》等，使之与资产公司相关法规相衔接，切实保护债权人权益。三是出台对其监管的法则，避免行政手段的干预、控制弊端，防范不良资产处置中的道德风险。要形成完整的资产公司法律框架，使资产公司的运营有法可依、有章可循。

2. 明确机构定位，确立商业化经营目标

从资产公司运作的历史作用和未来经济发展的内在要求来看，资产公司应有一个恰当的明确定位。我们建议从我国资产管理公司的客观实际出发，今后应明确资产公司机构性质是金融服务性企业，以不良资产处置为主业，兼具投资银行和国有资产经营管理的职能，实行规范化的公司治理，从目前的“政策性企业”逐步向自主经营、自负盈亏的“商业化企业”转化。为此，必须进行彻底的公司制、股份制

改造，根据技术力量、现有市场结构，对机构进行重新整合，并适时引进战略投资者，实行多元化股权结构，转换经营机制。国家仅以出资人身份按份额对其重大经营决策施加影响，不再以行政命令干预其具体的经营，允许其采取一切正当合法的市场手段，逐步将其改造成国有控股或国有参股的、充满市场活力的“商业化企业”。

3. 建立公开信息制度，规范交易行为

良好的信息披露机制能够保证不良资产处置有较高透明度，为此必须按公开、公平、公正的原则，建立一整套信息制度。一是处置信息公开，二是处置价格公平，三是审计结果公示，四是鼓励社会公众参与处置交易活动，为规范交易行为创造必要条件。

4. 建设系统评估体系，奠定工作基础

建立系统的评估体系是作好资产处置工作的基础，为此，第一，鼓励会计、法律、保险等中介组织参与评估，形成系统的服务体系，但是，对中介组织的服务质量标准要有严格的行业规范，并坚持高标准的行业准入门槛。第二，要扶持发展权威的评估机构（类似四大会计师事务所、穆迪评级公司在行业中的地位），在实践中逐步形成领军的顶级专业机构，以其专业标准、技术的示范作用提高评估工作的整体水平。第三，采取国际通行做法，研究一整套适合我国国情特点的评估规则，包括操作程序、标准、技术规范等，使评估工作科学化、标准化。

5. 完善监管机制，形成全方位监督体系

有效的监督机制是实现规范化经营的强有力的制衡措施。一是确立权威监管机构，建议由国务院明确领导监管工作的职能部门，并明确其他部门的协理责任，以廓清部门职能权限。二是加强部门间的协调配合。建议研究韩国监管经验，韩国由财经部、金融监督委员会和审计院各部门分工协作的监管体系配合默契，效率极高。为此，我国各职能部门应在分工清晰、各司其职、协调配合的基础上，形成互动良好的沟通机制，提高监管成效。三是鼓励社会公众积极参与对不良资产工作全方位、全过程的监督，以形成多层次、全方位的监督体系，保障国有资产减少流失。

6. 推进社会信用体系建设，保护债权人权益

推进社会信用体系建设不仅在处置工作中至关重要，也是整个社会向现代化迈进的重要步骤，对此，必须全社会形成共识。一是积极引进国外普遍实行的信用评级制度，对企业、个人的信用记录并评级，以确保财务信息真实，使资产评估和债务追偿有据可依。二是对恶意逃废债务的行为绳之以法，切实保证债权人的权益。三是在全社会倡导信用文化，达成逃债可耻、违法的社会共识，这对加强处置工作意义深远，是真正的基础性工作。

7. 培育市场环境，鼓励处置方式、手段创新

市场体系的完善与否直接决定了资产处置的方式、速度和效率。要借鉴国外资产公司的先进经验，进行市场化处置的探索，建立统一、多层次的资产交易市场，基本设想：一是参与者多元化，鼓励国外投资者和国内多种成分的投资者参与交易；二是市场交易工具多元化，建立金融债权市场，开展资产证券化试点，利用多种金融衍生产品；三是鼓励重组、拍卖等多种形式的处置方式。总之，通过引入市场竞争机制，实现不良资产价值的最大化。

8. 加强人才队伍建设，适应企业转型要求

实现资产公司成功转型的关键在于实施正确的人才战略。资产公司的重要职能要求其从业人员具有极高的业务素养，特别是履行投行职能更要求从业者具备开阔的国际视野、较强的组织策划能力、完备的金融知识、企业管理能力和创新能力。从国际经验看，投行人才的多寡是经济智慧高低的集中体现。而目前我国资产公司经过多年的实践和选拔，已集中了一批有相当水准的专业人才，但与我国经济发展和其业务工作要求相去甚远。因此，要把人才选拔、培养、任用工作提到最重要的议事日程，制定规划并保证实施，使之与时代的变革和企业的转型相适应。

总之，国有商业银行金融不良资产处置是一项政策性极强的工作，而资产公司改革更是一项系统工程。我国资产公司本应改革之运而诞生，而今又为适应改革深化而转型。转型的过程将艰难曲折，但唯有改革才能获得新生，而创新机制则是通向改革成功的根本出路。

本文参考文献：

1. 中国银监会“不良资产交易监管机制”课题组：“金融资产管理公司不良资产交易监管研究”，《金融时报》，2005 年 4 月 18 日。

2. 禹华初：“中国银行业不良资产与资产管理公司（AMC）运作”，新华网（http：//www. xinhuanet. com）。

3. “韩国金融改革政策措施借鉴”，《中国宏观经济政策报告》，2001 年第 1 期。

4. 凌华薇、程喆：“资产管理公司教训”，《财经》，2005 年总第 137 期。

课题主持人：米志明

课题组成员：张　萍　丛安妮　蔡维里　刘庭凤

县域经济发展应科学定位、分类指导

内容提要

我国县域经济可分为大工业周边县域、商贸型县域、资源型县域和贫困型县域四大类。发展县域经济应科学定位、分类指导，不同县域根据自身条件科学定位职能，选准正确的发展方向，因地制宜地促进县域经济发展。大工业周边县域应巩固现有工业基础，加强投资硬、软环境建设，扩大招商引资力度，培育企业集群，扩展县域产业链，注重提高城镇化水平，加快社会主义新农村建设；商贸型县域应进一步开拓市场领域，不断健全市场体系，加强物流服务体系建设，创造良好的商贸环境，以商带工，贸工联动；资源型县域应科学开发和利用资源，同时注重农业产业化、产业多元化和产业转型，树立可持续发展理念，走新型工业化道路；贫困型县域应以保护现有生态环境，防止水土流失和植被破坏为重点。

县域经济是以县级行政区划为地理空间的区域经济单元，是社会主义新农村建设的直接载体，是统筹城乡协调发展的根本所在。我国地域辽阔，东、中、西部乃至同一大区的不同县域在区位、资源禀赋、经济基础等经济发展的先决条件上存在重大差异，决定着不同县域在经济发展速度、经济实力等方面存在差异和差距。县域差距的存在是一种客观必然，缩小差距非短期可蹴。县域经济发展应遵循科学定位、分类指导的原则，不同县域应根据自身条件科学定位职能，选准正确的发展方向，因地制宜地促进县域经济发展。

一、我国县域经济的类别划分及其意义

根据我国县域经济的特点，可将其分为四大类别：一是工业基础现已比较成熟的大工业周边县域（以下简称大工业周边县域），主要集中在东部长三角、珠三角和环渤海地区；二是工业优势不明显，但市场发育比较成熟、市场体系比较完善、商贸业比较发达的县域（以下简称商贸型县域），这类县域分布不很集中，如义乌、白沟等地；三是自然资源丰富的县域（以下简称资源型县域），如山西的产煤大县、云南的旅游大县等；四是前述特征都不具备，经济基础薄弱的贫困县（以下简称贫困型县域），主要集中在中西部地区。

如此划分的意义主要体现在如下几个方面：

一是有利于县域资源的优化配置，提高配置效率。党的十六大以来，中央多次提出要加快壮大县域经济，各地方政府几乎都欲以农业产业化、工业化、城镇化等“三化”措施来促进县域经济的发展。“三化”无疑有利于壮大县域经济，但“三化”率的提高需要资源、技术、资本等生产要素的优化配置和庞大的市场需求。我国地域辽阔，县情各异，“三化”政策显然并不适用于所有县域。众县“三化”势必会导致资源的恶性竞争和配置效率的低下，如地价的恶性下压、农地的挤压占用、已投资项目的效益低下等。县域经济的分类指导可使得各县根据自己的县情科学定位职能，因地制宜地理性选择发展模式。这一方面有利于各县集中力量发展强势产业，避免资源的低效利用，另一方面有利于生产要素的有序流动和规模聚集，有效提高资源的利用效率。

二是有利于县域经济的科学发展。县域的类别划分和合理定位实质上就是县际专业化分工，这有利于各县明确自己的发展目标和方向。有条件“三化”的县域可以选择自己的优势、主导产业，集中资源突破“三化”；不适宜“三化”的县域如上述第四类县则不必去刻意追求，只是通过自身努力和上级政府支持首先解决居民基本生活需要，改善生活条件，同时努力维护、改良现有生态体系，避免水土、森林、植被等自然资源的流失。这样各县都各有所求，避免“眉毛胡子一把抓”的大而全、小而全现象。

三是有利于中央和省级政府的宏观调控。县域经济的类别划分使得各县都有适宜发展的主导产业，中央和省级政府对县域经济宏观调控特别是制定产业政策和安排财政转移支付时就会更具针对性，这有利于提高政策的可操作性和政策绩效，同时也利于合理安排转移支付资金，提高资金的使用效率。

二、我国县域经济的分类发展战略

（一）大工业周边县域

其突出特征是工业化程度较高，服务业比较发达，农业在县域经济中只占很小比例。这类县域又大致可分为两种：一是位于区域中心城市周边，在大、中城市多年来强力辐射效应中成长起来的县域，承担着中心城市主导产业的配套或协作功能，如昆山、江阴等长三角的县；二是位于改革开放的前沿地带，充分把握了市场先机，已开发出自己特色产业的县域，如顺德等珠三角的县，已成为当地区域经济的重要一极。这些县都具有很强的竞争优势，是县域经济的佼佼者和表率，全国百强县中大多属于此类。其发展战略主要从以下几个方面考虑：

一是继续巩固现有工业基础，充分享受中心城市的辐射和聚集效应，当好区域中心城市的配套者或者继续发展特色产业，优化产业结构，提高现有经济实力。这需要充分利用现有竞争优势，选准主导和支柱产业，发展“三高”（高科技、高效益、高附加值）产业，走新型工业化道路。在选择主导产业时，应客观认识县情，充分认识县域经济和中心城市经济的差别，瞄准中心城市的市场空缺和产业链断（弱）节，做好中心城市的补缺者，不宜一味追求完善的工业体系，应在立足现有经济基础和技术水平的前提下追求“三高”，努力提升技术水平和产业层次，提高产业竞争力。同时应继续巩固和开拓市场，特别是特色县域，应不断完善市场体系，为特色产业发展提供坚实的后盾支持。

二是加强投资硬、软环境建设，扩大招商引资力度，为县域经济发展提供资本支持。外商投资是此类县域经济发展的重要拉动力量，当初看重的是这些县域的区位条件以及投资、税收等优惠政策，但如今各地方政府为争取外资的恶性优惠竞争异常激烈，基础设施、园区建设等硬投资环境也普遍改善，此时外资更看重的是地方政府高效率、全方位的公共服务，特别是对于基础设施等硬投资环境已比较完善的县域，提升政府公共服务水平、提高行政效率是需要突破的重点。

三是培育企业集群，扩展县域产业链，发挥县域规模效应和聚集效应。特色产业县在这方面应更为重视，已有的特色竞争优势已使其企业实力相对雄厚，扩展产业链、进行专业化分工能有效提升企业效率，以保持并提升产业竞争力。另外，现有的产业基础会对同类投资产生极大的凝聚力，应抓住机遇，创造条件扩大现有产业规模，充分发挥特色产业的聚集和规模效应。

四是注重提高城镇化水平，加快社会主义新农村建设，统筹城乡协调发展。工业化是推动城镇化的最根本决定力量，大工业周边县域的县城、乡镇工业都相当发达，专业镇现象比较常见，在工业化进程中宜努力提升城镇化水平。县城作为县域经济的中心城市，可将县城优势产业链向城镇延伸，拉动城镇经济的进一步发展。另外，县域经济是转移农村剩余劳动力、提高农民收入水平的重要领地，发达县域在促进城镇经济发展的同时，有能力为农村提供必要的基础设施建设和公共服务，改善农村生产、生活条件，这类县域应该成为我国统筹城乡发展和社会主义新农村建设的先头军。

（二）商贸型县域

这类县域分布不如前者集中，但基本都属于市场观念树立较早、经商意识强烈或者物流条件比较便利的地带。发展战略主要是进一步开拓和完善市场体系、健全物流系统、提升政府公共服务水平、以贸带工、贸工联动等方面。

一是在现有基础上进一步开拓市场领域，不断健全市场体系。商贸业是这类县域的主导产业，其基本发展战略是“以商兴县”，这类县域现已具备较发达、完善的市场网络，应充分利用已有的经商意识、市场眼光和市场经验进一步拓展市场领域，发展专业化、特色化市场，同时扩大视野，拓展国际商业市场，并加强外贸体制改革，由全省、全国性的商贸城市向国际性商贸城市迈进。

二是加强物流服务体系建设，提高物流服务效率。物流产业是商贸型县域的孪生产业，二者相互依存和促进。商贸型县域应进一步改善物流条件，如加强交通、通讯设施和信息服务体系等建设，建设现代化物流展示中心、流通中心、配送中心等物流服务机构，提高物流服务效率。

三是政府应提供高水平的公共服务，创造良好的商贸环境。人口、商品的高度流动性是商贸型县域的突出特点，这需要政府创造良好的社会治安环境，加强社会保障体系和社会信用体系建设，提供高效、便捷的公共服务，为市场发展提供良好的外部条件。

四是注重以商带工，贸工联动，以商业带动相关工业的发展，二者相互促进。应以专业化商业市场为基础，发挥销售市场便捷的优势，适时发展小商品加工业，为县域经济发展增添活力。如义乌的饰品、袜业，白沟的箱包批发和加工基地都是成功的典范。

（三）资源型县域

它可分为三大类：一是曾经的粮棉油生产基地，具有肥沃的土地资源，即农业大县；二是矿产资源丰富的县域；三是旅游资源等比较丰富的县域。资源型县域发展战略可以从以下几个方面考虑：

农（林牧）业大县，应发挥现有农业优势提高农业生产效率，加快农业产业化步伐推动特色产业发展。为了充分发挥现有农业优势，一方面要大力依靠科技投入，提高农业生产的科技含量和技术水平，提高农业增值率。这主要依赖于农业科研成果的改进、创新及应用，突出表现在良种、良苗、高效肥料、高效农药、现代化农机具的应用等。另一方面，在现有农村家庭联产承包责任制的前提下，科学选择农业生产、经营模式，实现农业规模化生产。如在坚持家庭承包经营基础上，实行土地承包经营权流转；建立农业合作经济组织和行业协会；建立农业利益组织联合体等方式都有利于农业生产和经营效率的提高。同时，要加快农业产业化步伐，推动特色产业发展。国内外经验表明，将资源优势转化为经济优势的重要方式就是对资源进行科学开发，实行产业化经营，并适时拓展产业链，以最大限度地提高产品附加值。要以国内外市场为导向，以提高经济效益为中心，对当地农业的支柱产业和主导产品实行区域化布局、专业化生产、一体化经营、社会化服务、企业化管理，把产供销、贸工农、科技紧密结合起来，形成一条龙的经营机制。为此，一要培育和壮大农业产业化的龙头企业，发挥产业的聚集效应；二要注重科技创新，实现农业生产方式由劳动、资源密集型向知识密集型方向转化，以提高生产效率和市场竞争力；三要注重培育优势产业和产业基地建设，发挥出产业的规模效应，降低交易成本，并保证充足、优质的原材料供应；四要探索建立和完善农业产业化体系中的利益机制，积极推进契约型合作模式向资产联合型模式转化。所谓资产联合型，即龙头企业与农户之间以产权为纽带，通过股份制、股份合作制以及土地租赁制等形式结成利益共同体，使得企业和农户真正形成利益均沾、风险共担的利益联合体，有利于双方利益的协调，同时也有利于龙头企业迅速凝聚生产力，扩大经营规模，增强产业整体实力。这种合作模式属于农业产业一体化的最高形式，目前在我国部分地区已得以应用。

矿产资源丰富的县域，应科学开发和利用现有资源，同时注重产业多元化和产业转型，树立可持续发展理念，走新型工业化道路。资源相对枯竭、产业转型、生态破坏是当今资源型县域面临的突出问题。首先，应正确引导并建立、健全法规体系，严格监督，使资源的开采、利用纳入法制轨道，避免滥采滥挖和过度开发；其次，应结合县情培育县域新型产业，推进产业多元化和产业转型。产业单一是矿产资源型县域产业的典型特点，这种单一化的产业结构造成县域经济对资源的极大依赖，一旦资源市场发生波动，县域经济增长便大受打击。因此，这类县域应充分利用现有资源积累的基础，积极改善投资环境，加快工业多元化步伐，使资源型产业和非资源型产业齐头并进。最后，应控制环境污染和生态破坏，促进可持续发展。资源开发而引发的环境污染和生态破坏是矿产资源型县域面临的突出问题。为此，一方面要依靠科技进步，探询新的开发途径，加强对废弃物的处理，尽量减少环境污染和生态破坏，另一方面要树立可持续发展理念，对资源进行合理、适度开发，推进经济、社会和生态的协调和可持续发展。

旅游资源比较丰富的县域，应大力开发旅游资源，使资源优势转化为经济优势，促进旅游产业的发展。这首先需要对先天性旅游资源进行科学、合理开发，加强配套设施建设，为旅游产业发展提供良好的前提条件；其次，应拓展旅游产业链，促进餐饮、住宿、购物、娱乐等相关产业的发展；再次，应适时拓展旅游功能，将观光旅游、休闲旅游和文化旅游等相结合，满足游客的多样性需求，增强旅游吸引力；最后，应创造良好的旅游环境，如改善景区交通、治安、卫生条件等，为游客创造愉悦的旅游氛围，树立旅游产业品牌，尽力提高游客的满意度和重游率。

（四）贫困型县域

这类县域基本集中在中西部地区特别是民族地区，交通不便、资源匮乏使其无力发展经济，部分县域温饱问题尚未解决，基本依靠上级政府补贴来维持生计，诸如教育、卫生、医疗、社会保障等条件极为落后。显然，这类县域几乎谈不上经济发展战略问题。它们的首要目标就是满足基本公共服务需要。其支出除了他们自己的微薄收入之外，其余的全靠上级政府的财政转移支付和社会援助解决。因此，这类县域一方面应大力鼓励劳动力外出务工，以解决自身及家庭的基本生活问题，另一方面应注重保护现有生态环境，防止水土流失和植被破坏。这类县域大多位于中西部山区，农民大多依靠伐木、放牧等来增加收入，长期下去势必导致生态环境的破坏和恶化，这需要政府进行正确引导，树立环保意识，同时要加大财政转移支付力度，规范转移支付方式，切实保障农民的基本生活需要，并努力改善社会福利水平。另外，应推进县乡行政体制改革，树立“小政府”理念，科学定编定员，严格控制财政供养人员，减轻县乡财政负担。

三、发展我国县域经济的深层思考

（一）正确处理分类指导与自求发展的关系

实行分类指导后，中央及省级政府“一刀切”的宏观调控政策亟待转变，应充分注重县域经济的差别，对症下药，对不同类型的县域制定不同的经济发展目标及政策。特别是对贫困型县域，不宜施加发展经济的压力，可给予指导意见及鼓励政策。贫困型县域无疑也具有发展经济的愿望，在条件许可时，应抓住机遇，努力谋求经济的发展。它们面临着资本、技术、人力等生产要素短缺和买方市场约束的双重困境，即使在生产条件许可时也应冷静分析市场，不宜盲上工业项目。贫困型县域的首要任务是提供基本的公共服务，保护生态环境，否则，就有背于上级政府的宏观调控以及其自求发展的初衷。

（二）转变政府绩效观念，不同类别的县域应实行不同的考核指标，以指导地方政府树立科学的发展理念

不同类别的县域实行不同的经济发展战略和模式，其经济实力势

必存在巨大差异。而形成已久的GDP、财政收入等政绩考核指标迫使地方政府总力图甚至是不惜代价寻求易于见效的工业项目，当然增强本县经济实力的欲望也起着重要的推动作用。对县域经济实行分类指导后，亟待改变地方政府的考核指标体系，不同类别的县域宜实行不同的考核指标，这需要在制定考核指标时应充分突出县域经济的特点，如上述第一、二类县域在考核指标上比较类似，可仍以传统的GDP、财政收入、就业率等指标进行衡量；但对于第三类地区，其GDP及财政收入无法与前二者类比，对它们应重在考核资源的利用方式、生态保护的程度等方面；而第四类地区显然在经济、社会发展水平上无法考核，能够考核的就是其提供的基本公共服务水平以及对生态环境的保护程度。另外，在全国县域经济、社会发展状况比较时也应分类进行，使每个县具有合理的可比对象，以寻求差距，相互借鉴。只有改善绩效考核和比较的方式，才能使得各地方政府冷静分析县情并寻求合适的发展模式，因地制宜地促进本县经济、社会的发展。

（三）注重统筹城乡协调发展

县域经济是统筹城乡协调发展的根本所在。如前所述，大工业周边县域应成为我国统筹城乡发展的领头军，但其他各类县域也应高度重视城乡协调发展，农村市场是支持县域经济发展的重要腹地，“三农”问题的改善和解决有利于扩大农村消费市场，活跃农村经济，进而会拉动县域经济的发展。这需要各地政府重视解决“三农”问题，加强农业、农村基础设施建设，改善农民生活条件和生活环境，合理引导农村富余劳动力转移，不断提高农村教育、医疗、社会保障等公共服务水平，加强社会主义新农村建设，推动城乡协调发展步伐。

（四）充分注重民营经济在发展县域经济中的重要作用

长期以来，民营经济一直是我国国民经济发展的重要生力军，是我国国有经济的重要补充力量。它们大多从县域领地起步且成为县域经济发展的重要拉动力量，对县域经济增长、夯实县域财力、拉动就业、小城镇建设甚至盘活国有经济存量等都做出了重大贡献。各类县域特别是前三类县域应充分认识民营经济的重要作用，应大力提倡和鼓励民营经济的发展，为民间资本营造良好的投资环境，加快民间资本的积累，充分发挥民营经济在县域经济发展中的作用。

（五）坚持科学发展观，促进经济、社会、生态的和谐和可持续发展

这一方面要求在加快县域经济发展，提高物质生活水平的同时，应注重提升精神生活水平，大力改善教育、文化、医疗、卫生、社会保障事业，全面提高人民生活质量，另一方面要坚持经济、社会发展与环境保护、生态建设相协调，经济效益、社会效益和生态效益相统一的原则，树立资源开发与节约并举的指导思想，统筹规划，突出重点，标本兼治，合理开发和利用资源，努力提高资源的利用效率，鼓励发展循环经济、生态产业，有目的、有步骤地进行环境治理和建设，依法保护生态环境。

王朝才　邹治平

从财政角度看待缓解人民币升值压力问题

内容提要

持续的国际收支“双顺差”不仅使我国与贸易伙伴之间的摩擦日益增多，而且也造成了人民币升值压力不断扩大的局面。我们认为导致上述问题的部分原因存在于我国经济转轨时期的体制性与结构性矛盾之中，如，经济的持续增长过度依赖外需的拉动、内需不振，特别是消费严重不足，成为导致人民币升值压力不断增加的重要原因。依目前国内经济形势分析，利用货币政策的调整来缓解人民币升值压力的余地似乎不大，相反，财政税收政策则可能有用武之地，本文提出了这方面的四条建议。

近几年来，人民币汇率一直是国际社会普遍关注的焦点问题，而且针对人民币币值应否重估的争论还有持续升温的势头。从表象上看，人民币升值压力主要是由我国对外贸易长期处于顺差状态、外汇储备不断增长等原因造成的。但实际上，导致人民币升值压力日趋加重的部分深层原因则蕴藏于我国转型期的经济体制之中。在西方发达国家要求人民币升值呼声日趋高涨的今天，重新检讨人民币汇率形成机制是必要的，但最根本的还是要解决经济长期运行过程中所形成的制度性、结构性矛盾。由于我国目前正处于经济体制转轨期，经济的快速发展必然给人民币带来持续的升值压力。从国际经验看，汇率水平的一时调整并不能解决根本问题，"治本"的办法则是采取积极的措施，继续深化我国经济体制及金融体制改革，促进经济增长方式的转变，推动国内消费水平的提高，实现进出口贸易的平衡发展。

一、人民币升值压力产生的国际背景

要求人民币升值的始作俑者是日本人。2002 年 12 月，日本财务省黑田东彦、盐川正十郎等官员先后公开指称中国在向世界输出"通货紧缩"，并将全球经济的不景气的责任归咎于中国，要求人民币升值。2003 年 2 月，在七国集团财长会议上，盐川正十郎又欲通过一项类似"广场协议"的提案，以迫使人民币升值。在同年 7 月份的亚欧财长会议上，由于日本不遗余力的鼓动，欧美、亚洲的一些国家开始附和日本人的"倡导"。在人民币汇率是否应该重新评估的问题上，美国国会是积极的呼应者。从 2003 年开始，美国国会多次召开有关人民币汇率与中美贸易问题的听证会，指证中国操纵人民币汇率的声音不绝于耳。相比较而言，美国布什政府开始持有的则是一种静观其变的立场，态度比较温和。因为在"朝核"、"反恐"等国际性问题上，美国需要中国的配合，所以美国政府一直比较低调。但当其制造业就业状况、财政赤字等问题无望迅速扭转的时候，美国政府为了缓解内部经济矛盾、转移国民视线，也开始拿人民币问题“说事”。如美国财政部长斯诺等主要政府官员纷纷公开要求中国调升人民币汇率水平，试图以迫使人民币升值的方式来解决其贸易赤字等问题。

从2004年下半年至今，欧元区经济一直疲弱不振。为了缓解经济增长压力，欧洲也加大了对人民币的施压力度。尽管相对于日本和美国，欧洲的态度始终较为温和，但其目的也很明显，就是将本地区经济发展过程中的内部矛盾外部化，以转移区内选民的视线。

这一轮肇始于日本、呼应自欧美等少数发达国家的要求人民币升值的“运动”，以2005年4月6日，美国国会参议院通过的、旨在迫使人民币升值的“舒梅尔—格拉汉姆（Schumer - Graham）”提案为标志，形成了一个高潮。该提案声称要求中国政府在6个月内将人民币升值，否则中国出口到美国的商品将面临高达27.5%的惩罚性关税。2005年7月21日，随着中国政府关于人民币汇率体制改革措施的出台，人民币不再盯住单一美元，其汇率将参考一揽子货币来确定。至此，这场历时近3年的要求人民币升值的“浪潮”得以暂时平息。

二、人民币升值压力的原因分析

从形成人民币升值压力的国际背景来看，西方国家要求人民币升值的直接理由就是中国有着持续多年的贸易顺差，但导致贸易顺差的部分根源又与我国经济运行中带有体制性及结构性的问题相关联。因此，厘清人民币升值的表象及深层次原因，是寻求缓解人民币升值压力应对之策的前提。

（一）人民币升值的表层原因：连续的对外贸易顺差

改革开放后，尤其是加入WTO后，我国对外经济交往日趋频繁，国际贸易额稳步增长。近年来，在净出口乘数效应的作用下，我国就业规模成倍扩大，国民收入快速增长，出口已经成为国民经济持续稳定发展的巨大引擎。从我国各级政府实施的政策来看，招商引资、出口创汇已经成为它们推动区域经济发展的主要手段。因此，20 世纪 90 年代以来，我国国际收支出现了经常项目与资本项目双顺差的局面（见表 1）。

表 1　1999—2005 年我国国际收支经常项目与资本项目顺差情况　单位：亿美元

项目＼年份	1999	2000	2001	2002	2003	2004	2005
经常项目	156.7	205.2	174.1	354.2	458.7	686.6	672.6
贸易顺差	292	241	225	304	255	321	608
资本及金融项目	76.4	19.2	347.8	322.9	527.3	1106.6	383.0

注：2005 年的经常项目顺差、资本及金融项目顺差为上半年数据，贸易顺差为 1—8 月份数据。

资料来源：陈信华、殷凤编著：《国际金融学》，上海财经大学出版社 2004 年版；梅新育："贸易顺差创纪录意味着什么?"，《中国经济时报》，2005 年 10 月 20 日。

从表 1 可以看出，1999—2005 年的 7 年中，我国几乎每年都有数百亿美元的经常项目顺差，而经常项目顺差又主要是由连年的贸易顺差所形成的。从 1990—2004 年的 15 年中，除了个别年份外，我国对外贸易基本上保持了连续顺差的态势。其中，贸易顺差的高峰年份是 1998 年，为 435 亿美元，其次是 1997 年，为 404 亿美元，2004 年为 321 亿美元，2002 年为 304 亿美元，而 2005 年将有可能创下 1000 亿美元的历史最高纪录。虽然顺差曾经对资金短缺的中国来说是一件好事，但现在它却带来了两个不容忽视的问题。首先，形成了人民币升值的国际压力。从理论上讲，我国国际收支的双顺差，必然造成市场上外汇供大于求的局面，人民币有潜在的升值要求。同时，从外部来看，我国连年的贸易盈余，已经引起了不少国际贸易摩擦，欧美等国家纷纷拿起汇率“武器”，逼迫人民币升值，试图以此解决它们的贸易赤字问题。目前，在人民币问题上，我国所面临的国际压力，与二战后日、德经济快速发展过程中所遭遇的外部要求其调升币值的困境极为相似，而且我们的压力依然没有减轻的迹象。其次，造成国内通货膨胀压力，限制了货币政策调整的自由度。一般来说，在国际收支统计中，若没有出现错误与遗漏，也没有来自国际货币基金组织分配的特别提款权的情况下，经常项目差额与资本项目差额之和就构成了一国官方结算差额，所以当国际收支出现持续顺差时，官方储备资产的不断增加将是一个必然趋势。近十多年来，我国外汇储备资产不断增加的事实就是一个明证。而按照现行的外汇管理体制规定，我国中央银行是外汇市场上的最终买家。所以，为了维持人民币汇率的基本稳定，中央银行必须不断地通过投放人民币或发行票据等方式来吸纳市场上过多的外汇供给，其结果要么是因人民币投放过多而使国内出现通货膨胀压力，要么是限制了央行为适应国内经济发展需要而相机调整货币政策的自由度。

（二）人民币升值的深层次原因：体制及结构性问题

由我国连年国际收支顺差所引发的人民币升值压力问题，这只是问题的表象。其实，在这种表象的背后还有体制性或结构性的问题，这些问题才是引发人民币升值的部分深层次原因。所以，从逻辑上讲，是经济转轨时期的体制或结构性问题引起了我国经济的外部失衡，进而由经济的外部失衡导致人民币升值压力的上升。

首先，过度倚重出口对经济增长的拉动作用是导致外部失衡的一个重要原因。无疑，改革开放以来，出口对我国经济增长的促进作用是巨大的，出口也为弥补我国外汇缺口做出了积极的贡献。但随着我国经济发展水平的逐步提高、整体国力的不断增强，原来过度依赖外需（靠扩大出口）发展经济的策略并没有及时得到调整，以使经济运行处于内外失衡状态。同时，在外需模式导向下，扩大出口规模也就演变成了一些地方政府官员努力拔高的业绩标杆。由此，造成地方政府行为失范，如，地方保护、市场分割，以及人为地阻碍资源与商品在不同地区间的自由流动等。出于地方利益的考虑，经济运行中的重复投资、重复建设现象屡见不鲜，由其导致的某些行业产能过剩，在内需相对不足的情况下，只能依靠扩大出口来缓解生产过剩的问题。而在国际市场上，为了争抢客户，出口地区或出口商之间相互杀价，恶性竞争的现象时有发生，出现部分出口商品价格低于出口换汇成本、国际市场价格低于国内市场价格等问题。可见，这种“内讧”式的竞争是低水平的国际竞争，靠拼耗国内资源而近乎低价“倾销”的出口模式也是不可持续的，同时，也使人民币的有效汇率被低估。

其次，长期以来，国内经济增长主要靠粗放式的投资来推动和维持，国内消费市场的培育没有得到相应的重视，扩大内需只是被作为一种权宜之计来利用，因而也加重了对外需的依赖。呈现于我国社会经济转型期的“两高一低”（高投资、高储蓄、低消费）现象，在世界上是极为少见的。我国投资率很高，但消费率却很低。从表2可以看出，“六五”以来，我国消费总额（包括政府消费与居民消费）虽然在增加，但占国内生产总值的比重一直呈持续下降的趋势。2004年，我国消费总额占GDP的比重仅为53%，不仅低于目前发达国家80%左右的水平，也低于全球78%的水平。① 我国消费率在逐渐下降的同时，而投资率却一直在上升。“六五”期间我国投资占GDP的比重平均为34%，现在已达44%左右。根据世界银行《2002年发展报告》，2000年低收入国家的投资率为21%，中等收入国家的投资率为25%，高收入国家的投资率为22%。② 可见，我国是世界上投资比率

① 商务部：2005年秋季《中国对外贸易形势报告》。

② 转引自国家发展改革委员会固定资产投资司：“我国投资率与消费率有关情况分析”，http//tzs. ndrc. gov. cn/tzyj/t20050804 _ 38651. htm。

最高的国家。

表2　“六五”以来我国消费支出情况

	总额（亿元）		占GDP的比重（%）	
	资本形成总额	消费	投资	消费
“六五”	11201	21436	34.08	66.24
“七五”	26202	45275	36.86	63.52
“八五”	75289	109711	39.64	59.38
“九五”	148073	234313	37.64	59.32
2001年	37461	58927	38.00	59.80
2002年	42305	62799	39.20	58.20
2003年	51555	67494	42.40	55.40
2004年	62875	75440	44.20	53.00

资料来源：根据2005年《中国统计年鉴》。

经济结构失衡带来的问题是，一方面是供给，甚至是无效供给的不断增加，另一方面是有支付能力的需求相对不足，通货紧缩随时威胁着经济的稳定发展。除了居高不下的储蓄导致我国消费率过低外，归纳起来，更重要的是，还有以下一些因素制约了我国消费动力难以释放：三农问题的恶化、城乡收入水平差距的拉大、就业形势的严峻，以及社会保障体系的不完善等。三农及城乡差距问题使得占中国绝大比重的人口消费能力低下，不能将其潜在的需求转化为具有购买力的现实需要。而社会保障制度的不完善，也同样抑制了部分具有一定购买力、却对未来抱有不乐观预期人们的现实需要。因此，要启动国内消费，就需要从提高人们收入水平、解决社会分配不公，以及最终改变人们心理预期等方面着手。在这些问题没有解决之前，经济增长过度依赖外需来拉动，在一定程度上也是无奈之举。

第三，加工贸易比重过高，对外贸易增长主要靠加工贸易带动，在连年贸易顺差背后，存在巨额的“转顺差”问题。20世纪90年代以来，我国对外出口的迅猛增长与加工贸易出口规模的快速扩张直接相关，并且后者的增长速度明显快于前者。如，1990 年我国的出口额、加工贸易出口额分别为：621 亿美元，254.2 亿美元，而到了 1996 年，则分别增加到 1511 亿美元，843.3 亿美元，其中出口贸易额的年均增长速度为 16%左右，加工贸易的年均增长速度为 22.1%，加工贸易占出口总额的比重也从 41%上升到 55.8%。另外，根据海关总署的统计，2004 年中国对外贸易额创下历史新高，达到 1.1547 万亿美元，其中，加工贸易出口占出口贸易总额的比重仍高达 55.28%。

1994 年以来，在加工贸易飞速发展的带动下，我国对外贸易从“形式上”保持了连年的顺差态势。这里之所以称是“形式上”的顺差，是因为扣除加工贸易因素后，我国对外贸易顺差额很小，甚至可能转为逆差，而中国近年却因“形式上”的贸易顺差遭到操纵汇率的质疑。加工贸易是一种两头在外的贸易形式，即生产加工贸易品的主要原材料、零部件等都是从国外进口，而加工装配后的产成品又用于对外出口。我国的加工贸易，主要是 20 世纪 80 年代中期以来，美国、欧洲、日本等发达国家，以及新加坡、韩国等东南亚国家，将其劳动密集型产业或高污染、高能耗产业转移至中国而发展起来的。相应地，我国也就成了上述国家出口产品的廉价“加工厂”。而按原产地原则，经由我国加工的产品出口后，其贸易额就记在了中国的账上。由于主要原材料、零部件均来自进口，我国只能从加工贸易中获得份额并不高的加工费。正如 1996 年 9 月 22 日美国《洛杉矶时报》刊登的一篇文章所指出的那样，美国“从中国进口的‘芭比娃娃’玩具，在美国的零售价为 9.99 美元，而从中国的进口价仅为 2 美元。在这 2 美元中，中国只获得 35 美分的劳务费，其余 65 美分用于进口原材料，1 美元是运输和管理费用。按原产地统计，将这 2 美元全部计为中国对美国的出口，显然是不合理的”,[①] 因为中国在单位玩具上的出口贸易额被扩大了近 5 倍，即使加上 1 美元的运输与管理费，出口贸易额也被扩大了近 50%。假设当期中国没有从美国进口玩具，那么在出口单位玩具产生的 2 美元顺差中，就有 1.65 美元属于“转顺差”性质的贸易额，即有 1.65 美元的顺差来自于出口芭比娃娃生产材料的国家，而按现行的统计规则，这一数字也记到了中国的出口贸易总额之中。据估计，2005 年中国的对外贸易顺差有可能超过 1000 亿美元，在加工出口贸易占出口贸易总额比重超过 50%、且有不断增加的趋势下，其中的“转顺差”无疑将是一个巨大的数字。

由上述的分析可以发现，有两个方面的重要原因导致了我国对外贸易顺差一直“虚高”不下，一是加工贸易比重过高，而且结构不合理，二是不合理的“原产地”统计原则，二者均使中国成了国际贸易顺差的“二传手”。因此，在一定意义上，中国因贸易顺差而承受的货币升值压力也是在替人受过。

第四，我国金融体系运行效率不高，私人储蓄难以有效地转化为私人投资。根据经济学理论，经常账户顺差是由国内储蓄高于国内投资引起的，所以我国私人部门净储蓄的增加也是我国经济外部失衡的一个诱因。除了因目前社会保障体系不健全，而为了应对生活中的不确定性，人们被迫储蓄外，我国储蓄率高的另一个重要原因就是金融体制改革相对滞后，金融机构效率很低，不能高效地按市场机制配置有限的资源。众所周知，在我国的金融体系中，间接金融占有绝对的支配地位，而间接金融又以产权单一的国有银行为主，显然，国有银行的主要服务对象就是国有企业，在贷款融资方面，对广大的中小企业或民营企业存在体制性歧视。改革开放 20 多年来，非国有企业为社会提供了大量的就业机会，并对国民经济的发展做出了巨大的贡

① 转引自国务院新闻办公室：《关于中美贸易平衡问题》，1997 年 3 月。http：//www.china．org．cn/ch－book/maoyi/imaoyi．htm。

献，但得到的银行信贷资金支持却是最少的。另外，诸如金融投资品种少、投资渠道单一、资本市场诚信差，以及传统的文化习惯等也是制约私人储蓄转化为私人投资的重要因素。凡此种种，在我国引致的一种现象就是：一方面是国内有着巨额的资金存量没有得到有效的调动和利用，另一方面又以高额的成本大规模地引进国际资本，由此引发的问题是：我国到底是一个资金短缺国家，还是一个资金富余国家？

最后，外资政策被扭曲，大量外资蜂拥而至，致使我国资本项目连年顺差，进而造成国际收支失衡。根据“两缺口”理论：在实现经济发展目标的过程中，发展中国家在储蓄、外汇等方面的有效供给与其相应的需求之间往往存在缺口，即储蓄缺口与外汇缺口，而弥补这两大缺口的主要办法就是引进外资。同样，我国在改革开放之初，利用外资的目的也在于此。而随着20多年来社会经济的发展，当时资金短缺的情形已有了很大的改善，并且在一定意义上，我国已成为净资本输出国。从1979—2004年，我国实际利用外资总额为7453亿美元（包括对外借款与外商直接投资），① 但到2006年9月底，我国官方外汇储备已经超过7600亿美元，② 若加上私人部门所持有的外汇，我国官方与非官方所持有的外汇之和已经接近或超过了外来资本的总规模，所以我国已由名义上的资本输入国变成了实际上的资本输出国。那么在我国高储蓄与高外汇储备的并存的情况下，是否还需要引进外资呢？答案应该是肯定的，但现在引资的宗旨则与当初的目的应该由较大的不同，甚至是根本的不同，如果说开放之初引资的目的仅仅是为了弥补我国资金缺口的话，那么现在引资更应看重的是外资所带来的技术与管理经验。然而现在，一些部门及地方政府是引进外资的热衷者，个中缘由无非是引资规模与其政绩考核存在着某种内在的

① 国家统计局：《中国统计年鉴》，中国统计出版社2005年版。

② 国家外汇管理局官方网站：www.safe.gov.cn。

联系。在行政考核管理体制改革相对滞后的条件下，扭曲的政府行为必然带来扭曲的外资利用模式。虽然我国经济体制改革已经取得了很大的成就，但市场微观主体仍然没有建立起来（如出资人缺位、经营者或管理者侵害股东权益等问题尚未得到很好的解决），地方政府在经济运行中的角色也是模糊不清的。在市场经济体制的建立过程中，地方政府本应是规则的制定者与执行者，是“裁判员”，但在市场微观主体缺位的情况下，它们自然又当起了“运动员”，这种角色的游离只能带来地方政府行为的扭曲。而在现有的地方官员任命方式与考核制度下，又决定了很多官员的行为必然是短期性的。目前，我国地方政府的经济活动主要集中在两大领域：地方基本建设与大规模引进外资。前面已经讲过，我国经济的增长模式是资金推动型的，是粗放式的。我们知道，在计划经济时期，“钱随物走”，而现在则正好相反，物资资源随着资金而移动。所以，地方政府引进的资金越多，其能支配的资源就越多，当地经济可能增长的就越快，相应地，地方官员的政绩就越突出。因此，地方政府之间为了争夺外来资本，不惜通过税收优惠、土地无偿使用等手段开展恶性竞争。虽然通过外资投入规模的扩大，能够带来当地经济的增长和就业规模的一时增加，但它却是不惜以侵蚀税基、甚至是以环境污染为代价换来的，致使长期社会边际成本可能远远超过社会边际收益，这不仅与现实的引资宗旨相违背，也是一种不可持续的经济增长方式，并最终坐失社会经济改革的良机。

通过以上的分析可以看出，我国经济外部失衡的部分原因其实是由内部体制性及结构性矛盾引起的，国际收支的长期双顺差状态是与我国经济发展过度依赖外资和国外市场相联系的。同样，人民币升值的国际压力或某种程度的低估也与我国当前经济内部的结构性矛盾存在极高的关联度。因此，调整人民币汇率水平，对解决贸易不平衡问题只是一种权宜之计。解决我国经济内部矛盾与外部失衡的根本办法就是要调整我们的经济发展战略，以及通过相应的措施化解我国经济发展过程中带有结构性与体制性的矛盾，以求从根本上化解人民币升值的内、外压力。

三、货币政策在缓解人民币升值压力上的困境

由于我国经济的外部失衡是由经济发展内部矛盾引起的，所以解决人民币升值压力问题还须从化解经济中的内部矛盾开始。除了要调整我国经济发展过分依赖外需的策略外，还要针对我国目前的“两高一低”问题找出具体的对策。由于经常项目盈余是由国内储蓄高于国内投资引起的，所以我们的应对之策也就要从如何降低储蓄，保持适度的投资规模和提高人们的消费倾向着手。而我们可以利用的政策工具主要有货币政策与财政政策，那么通过下调利率的货币政策能否起到降低储蓄，提高投资的功效呢？这里虽然不能得到一个绝对肯定的答案，但至少目前货币政策工具不是一个最佳的选择。首先，尽管我国汇率正逐渐向更富弹性的管理体制转化，但汇率形成中的市场成分还不是很大，汇率还不能成为自动调节国际收支的工具，也就是说，在市场外汇供过于求的情况下，中央银行还得作为最终的买家出现。尤其是近年来，我国连续的国际收支双顺差使得持续冲销不断增加的外汇储备成了中央银行的主要任务，因此，过多的外汇占款可能会成为引发通胀压力上升的隐患，而此时再降低利率更有火上加油之嫌。其次，与国有银行在内的国有企业改革有关。因为在我国现行的金融体制下，中小企业或民营企业不容易从主流融资渠道获得信贷资金支持，国有银行或国有控股银行的服务对象主要是国有企业，所以，降低利率对本来就得不到主流融资渠道“惠顾”的中小企业来说，并不能起到刺激它们增加投资的作用。另外，国有企业的经营管理体制还在改革过程之中，现代企业制度尚待进一步完善，资金成本（利率）

的大小并不是国有企业向银行贷款时要考虑的唯一或主要因素，也就是说国有企业并不因为银行提高利率就少借款，也不会因为银行降低利率就多借款，其理由在于利润的最大化并不是国有企业唯一的目标函数，所以利率升降对其投资的调节效果并不十分明显。第三，居民对存款利率也不敏感，降低利率也不能起到减少人们储蓄的作用。我国金融市场不健全，效率不高，缺少合适的投资渠道，即使银行存款利率很低，居民也依然认为储蓄是他们最为安全的投资场所，把手中盈余用作它投的比重很小。原因是，虽然我国已经建立起了股票市场与期货市场，但由于相应的市场管理法律制度不健全，监管不到位，使得市场的投机成份过浓，风险过大，中小投资者对证券市场信心不足。因此，在银行利率降低后，证券并不能成为居民的投资替代品。与此相关联的是，如果投资者长期对证券市场失去信心，那么二级市场的疲软必然带来一级发行市场的疲软，最终是企业发行股票融资渠道的阻断，资金盈余部门（包括企业和居民）也失去了将储蓄转化为投资的通道。

根据以上分析，在汇率体制改革还不能完全到位、中央银行作为外汇最终买家的重任还不能“卸载”，以及货币手段还不能有效解决外部失衡问题等多方因素的制约下，财政政策可能是更为合适的缓解人民币升值压力的手段。

四、财政政策在缓解人民币升值压力上的可为之处

从引发我国经济外部失衡的内在矛盾看，有些问题仅靠财政措施也是解决不了的，如金融机构效率、官员政绩考核等。所以，这里只从扩大内需、转变经济增长路径等角度，考察财政与税收政策在消

除国际收支过度失衡或缓解人民币升值压力问题上的可为之处。

（一）扩大公共消费支出，促进内需对经济发展的拉动作用

首先，适度扩大政府消费支出是目前增强内需动力的重要举措。一般来说，内需包括投资需求与消费需求两个方面，其中任何一方面需求的启动都会对经济增长具有拉动作用。但从我国以往的经验看，通过扩大投资规模来刺激经济增长更容易取得立竿见影的效果，相对而言，除了政府消费外，居民消费由于其具有分散决策的特点，很难在短期内通过政策来刺激它。从理论上讲，居民消费不仅取决于当期收入，更取决于其长期预期收入。改革开放后，尽管我国人均收入水平有了很大幅度的提高，但在“效率优先”的原则下，对如何“公平”地分配收入的问题还重视的不够。目前在我国，反映贫富差距的基尼系数已经超过了0.4的国际警戒线。因此，出现了收入差距不断扩大的局面，众多有消费愿望的人，却没有相应的支付能力。特别是在我国社会保障体系还不完善的情况下，居民对现期消费更为慎重。另一方面，从作用经济增长效果来看，虽然投资要好于消费，但在内需的构成中，投资是目前要特别加以控制的。近几年来，由于钢铁、电解铝、水泥、房地产等一些行业投资规模增长过快，导致了其上游产品或相应原材料价格涨幅过高，并引发了煤、电、油、运的全面紧张。为此，2004年的中央经济工作会议，在全面分析我国经济运行状况后，对当前经济工作的指导思想、总体要求、原则，以及主要任务作了全面的部署，并提出“要实行稳健的财政政策和货币政策，继续控制固定资产投资规模的过快增长”，以及“要不断调整投资和消费的关系，提高城乡居民消费能力，增强消费对经济增长的拉动作用”等具体要求。这也是1997年亚洲金融危机后，在长达六年的扩大内需政策推动下，我国投资和出口“动力”得到全面释放，而消费需求一直偏淡的情况下，中央对经济发展政策的又一次调整。

可见，为了使中国经济健康、均衡地发展，就必须将扩大内需的

重点从投资转向消费。由上面的分析可知，居民消费是短期内难以对其施加影响的变量，因此，从近期看，扩大内需的重任自然落到政府的身上。从长期来看，社会整体消费能力的提升也有赖于公共财政保障机制的建立。所以，政府支出的增加必将在扩大内需方面扮演着重要的角色。

其次，增加政府支出、建立促进内需的公共财政保障机制是当务之急。居民现期消费之所以难以启动，是因为居民的未来支出往往具有很强的刚性，而其收入却具有不确定性。因此，要扩大消费需求，就必须从增加政府支出、建立扩大内需的公共财政保障机制、进而消除人们的后顾之忧，以及提高人们的消费能力着手。长期以来，我国消费之所以一直疲弱不振，除了政府消费支出不高外，还与居民消费受制于有关基础性社会保障制度不健全有关，所以必须加大公共财政的支出，构建一个良好的、且能很快提升广大人民群众生活水平的社会保障与支撑体系。为此，我们必须对现行的公共财政支出模式作出改革，即在全社会投资过热的情况下，财政支出应更多地由投资导向消费，尽快地退出竞争性投资领域，将更多的财力用于公共产品的生产及服务的提供上。所以，公共财政支出的增量部分应重点向以下几个方面倾斜：首先是投向对经济长期发展具有支撑作用领域，如，基础设施、基础教育、科学研究、公共卫生等社会事业建设，以及生态建设和环境保护等，这些领域的政府投资对保持我国社会经济的持续、和谐发展至关重要；其次，增加财政对城市医疗、养老等社会保障方面的支出，以期降低城市居民的长期预算，进而降低储蓄，扩大消费；第三，加强对“三农”的支持力度，让公共财政的阳光普照广大的农村地区。公共财政的支持重点要逐渐由城市向农村转移，将更多的财力用于包括农村基础设施、农村义务教育、公共医疗卫生等社会事业建设。通过扩大农村税费改革试点范围，加快县乡镇财政体制改革进程等措施，确实减轻农民负担，并通过直接对种粮农民进行补贴等方式提高他们的收入水平，以期启动农村消费存量，由此消化掉部分工业领域的过剩生产能力。

（二）调整现有的外资税收政策，引导外资投向，提高外资利用水平

我国现有的外资税收优惠政策区域导向性强，产业导向性弱。即外资税收优惠政策由沿海到内地（从经济特区，到经济技术开发区，到经济开放区，再到其他地区），以及由东向西，税收优惠程度是逐渐降低的。与区域导向形成反差的是税收优惠的产业导向性比较弱，即使对高新技术产业或道路、交通等基础设施建设，以及基础产业有明确的税收优惠政策，那么这种优惠也是从属于地区优惠政策的，即在给外资确定适用的优惠政策时，首先看其是否是在“某某经济区”，然后才看其属于何种行业。这种政策导向的结果是，首先外资主要集中到了沿海经济发达地区，资金真正匮乏的中西部地区难以得到外资的“惠顾”；其次外资主要集中到了高污染、高能耗、劳动力成本相对低的行业，甚至是投机性较强的地产与股票市场，而对国民经济长期发展具有支撑作用的基础产业，以及能够提升我国经济整体竞争力的行业很难得到外资的“青睐”；第三，外资正在向银行、保险、证券、电信等对国民经济具有控制力的行业集中。

另外，在我国加入 WTO 若干年后的今天，外资仍然在所得税方面享有“超国民待遇”。在世界各国争取各种平等机会参与全球经济一体化进程的今天，我们反而自戴“枷锁”，实在令人匪夷所思。同时，正是由于外资可以享受许多不合理的税收优惠政策，而内资企业只能“望洋兴叹”，所以，许多内资企业纷纷通过寻找境外利益代理人或在境外注册公司等形式，然后投资境内，以享受相应的外资待遇，形成所谓的“假外资”现象。由此观之，目前的外资优惠政策既不利于我国整个产业结构的调整与升级，也不利于提高外资的利用水平，反而因引资过滥，导致国际收支失衡。因此，必须对包括税收优惠在内的整个引资政策进行调整，以提高外资的利用水平，进而减轻资本账户顺差给人民币带来的升值压力。

我们应根据产业结构调整与升级的需要，确定需要重点扶植的产业，凡是进入国家拟定支持产业范围内的外资，不论其在什么地区落户，一律都可以享受政府的税收优惠政策。同时，还要辅以区域性税收优惠的政策，但这里所说的区域优惠政策，与过去由沿海到内地税收优惠程度依次减弱正好相反，它强调的是对到经济落后地区投资外资的税收优惠，以鼓励社会资源向落后地区流动。同时，还要加快内外资企业所得税的合并工作，使得内外资具有相同的竞争环境。与部分人认为取消外资企业所得税优惠政策及调整其他有关外资政策会减少外资流入观点相反的是，政策优惠与否绝非是外资来中国投资的唯一或主要决定因素，因此，有关引资政策的调整不一定会对外资造成太大的影响。同时，我们调整外资政策，也是为了拒绝一些低质量外资（只从事高能耗、高污染、低技术等项目投资的外国资本）的流入，以及“假外资”的再度出现，最终减轻由于外国资本过度流入而给官方带来外汇收购压力，由此，也可以减少国际收支过度失衡与人民币升值预期增强所带来的压力等问题。

（三）进一步调整出口退税政策，促进出口与进口贸易的平衡发展

从1990年至2004年的15年间，除个别年份外，我国均为贸易顺差国。而2005年1—8月份，我国出口总额为4763亿美元，同比增长32%，进口4155亿美元，同比增长15%，累计贸易顺差达608亿美元，若上半年的贸易顺差态势得以延续，那么2005年全年的贸易顺差有望超过1000亿美元。在中美、中欧贸易摩擦频发的今天，持续扩大的贸易顺差额对我们来说，不仅不是福音，而且还成了近年来西方国家强压人民币升值的由头。在一定意义上说，贸易顺差的持续与不断扩大，也是内需不足与国内经济降温的另一种表现。未来几年，如果内需不足问题得不到很好解决的话，那么，净出口需求在经济增长中的贡献率还会上升。届时，人民币升值压力、贸易争端等问题还会进一步增强或恶化。因此，为了减少与主要贸易伙伴之间的摩擦，

以及化解人民币升值压力，我们必须在扩大内需与出口导向之间求得某种平衡。

对于如何转变我国对外贸易增长方式，2005 年 10 月，中共十六届五中全会在关于制定国民经济和社会发展第十一个五年规划的建议中明确提出，要“积极发展对外贸易，优化进出口商品结构，着力提高对外贸易的质量和效益。扩大具有自主知识产权、自主品牌的商品出口，控制高能耗、高污染产品出口，鼓励进口先进技术设备和国内短缺资源，完善大宗商品进出口协调机制”。在我国诸多支持外贸发展的政策中，出口退税政策具有很强的杠杆作用。出口退税政策自 1985 年实施以来，对扩大我国出口规模、增强出口产品的国际竞争力、增加就业，以及保持经济的持续快速发展，均发挥了积极作用。在随后的 20 年中，根据国际经济形势的变化及国内经济发展战略的调整，国家分别于 1994 年、1999 年、2003 年对出口退税政策作了三次大的调整，目前的出口退税率共分五档，分别是：17%、13%、11% 、8%以及 5% 。如果说 1999 年出口退税率的调升是为了通过扩大出口保持国内经济适度增长，以消除东南亚金融危机对国内经济造成负面影响的话，那么，2003 年出口退税率的平均下调则意在减轻中央财政退税负担与调整出口产品结构。而今天再提出口退税制度改革问题，则重在通过进一步调低某些产品出口退税率，以求转变我国对外贸易增长方式，提升出口商品质量，促进进出口贸易平衡发展，减轻人民币升值压力为目的。在进一步调整出口退税率时，除了像农业、电子，以及通信等一些需要特别保护和鼓励的产业，其出口产品退税率保持不变外，对一些高能耗、高污染行业的产品，以及资源性产品，要继续下调其出口退税率，直至完全取消出口退税。在必要的情况下，甚至可以考虑对污染严重的产品征收环境税，以及对高能耗、高污染的产品征收出口税。将开征出口税作为一种替代调升人民币汇率的方式加以使用，帮助缓解人民币升值压力。

无论是对出口退税，还是对出口征税，可以认为都是一种行政性杠杆，既可以用于优化和调整国内产业结构，也可以用于调整特定时期的国际贸易收支平衡，更可以用于缓冲时下我国所遇到的要求人民币升值的国际压力。

（四）开征“托宾税”，限制国际投机资本的流动

由于近年来国际社会对人民币升值预期不断增强，所以很多国际短期资本，尤其是国际游资开始通过各种渠道向中国云集。据国家有关部门统计，仅 2004 年就有不少于 1000 亿美元的国际游资流入中国。因为在资本项目下，人民币还不能自由兑换，国际游资大多是通过短期贸易融资或侨汇等渠道进来的，所以，我国外汇储备规模的快速增加与国际游资的进入不无关系。

1978 年，美国经济学家詹姆斯·托宾（James Tobin）在其发表于《远东经济杂志》的一篇“关于国际货币改革建议”的论文中，提出了对不同货币之间的兑换行为征收交易税的构想，其主要目的就是通过限制短期国际资本的流动来稳定国际金融体系。按照托宾的设计，这种交易税是按一定比例在全球统一征收的，只要是两种不同货币之间的兑换交易，都要征收统一税，无论其中是否涉及本国货币。甚至一国居民从另一国居民手中购买货物、服务、真实资产等行为，都要照此征税。由于对货币兑换交易征税是托宾提出来的，所以人们也将其称为“托宾税”。从 1978 年至今的 20 多年中，尽管全球发生了多次国际金融危机，但托宾的建议并没有得到采纳。不过，20 世纪 90 年代以来，许多发展中国家因深受危机之苦，它们都对短期国际资本的进出采取了相应的限制措施。从严格意义上说，这些措施都不是原本意义上的“托宾税”，但它们都或多或少地体现了托宾的建议精神。如，巴西曾对一切外国资本的收益（红利、奖金、利息）征收 15%的利息均衡税，泰国对外国人征收 10%的利息税，智利政府对所有外国借款征收 1.2%的印花税。同时，智利、泰国、马来西亚等国家还通过要求外来资本按比例缴存一定准备金等方式，向外国资本征收

间接税，以限制短期国际资本的流入。

为了抑制国际游资进入我国豪赌人民币升值的行为，可以考虑对所有进入中国的国际资本开征“托宾税”，同时，为了对正常的投资和贸易不造成实质性影响，对在一定时期内保持相对稳定、且具有真实投资及贸易背景的国际资本实行“退税”。

五、结　　论

目前人民币升值压力的不断增强，既是我国经济内部与外部发展失衡的结果，也是对我国转型期各类社会经济矛盾的一种折射。首先，长期以来我国经济增长过度依赖出口或者外需的拉动，很多出口产品是以高能耗、高物耗、高污染的方式生产出来的，而其技术含量与附加值又都很低，形成了“三高、两低”的不可持续的外贸模式。这种只注重内部经济目标，而有意或无意地忽视外部经济平衡发展的作法，导致了我国为了出口创汇而不计成本，对外贸易长期处于顺差的局面。从更长远的角度看，与我国目前外贸模式相伴随的“显性”经济成本及“隐性”社会成本会越来越大，出口商品的换汇成本有潜在上升趋势，人民币升值的内在压力也不可小视。其次，我们还存在许多使内需严重不足的问题，如经济增长方式转变不及时，投资与出口主导型的增长模式没能向消费主导型的增长模式转变；城乡发展差距不断拉大，农村地区成为全面实现小康社会的重要瓶颈；收入分配不公问题不断恶化，低收入阶层的内在消费意愿难以转化为有支付能力的社会需求；社会保障体系不完善，“预防性”储蓄居高不下；金融体系效率低下，储蓄不能转化成有效的投资等。如果说贸易盈余是我们曾经在外汇缺口较大时，刻意追求的一种状态的话，那么，通过外需的不断扩大来保持经济的持续增长，则成了现时内需不足情况下的一种必然诉求。

由此可见，造成人民币升值压力的因素，既是多维的，也是复杂的。所以，其压力的真正缓解，需要从多个角度去考虑和着手，尤其是要从我国目前所实施的经济发展战略、外资政策、地方政府行为，以及深层次的经济体制及经济结构等层面找原因。上面所提出的财政税收措施只是一时的应对之策，也只能从外围为汇率管理体制的进一步改革赢得时间。人民币升值压力问题的最终解决还需要通过转变经济增长方式，不断深化经济与金融体制改革来实现。

《全球化背景下重大经济问题研究》课题组
——人民币汇率问题研究子课题
课题组负责人：王朝才　罗文光　吕旺实　赵全厚
本课题执笔人：陈新平

汇金模式功能定位与制度配套上的缺陷尚不足以规避政府为股份制商业银行买单的风险

——析国有产权主体虚置法律瑕疵触发控股股东诚信责任所引起的金融财政风险

内容提要

本报告在肯定了汇金模式的积极作用后，分析了汇金模式产权主体虚置七个方面的法律瑕疵，及其可能触发控股股东诚信责任，招致政府承担责任，影响国家财政金融安全的法律风险，提出了四条建议：(1) 应尽快明确汇金的功能定位与法律地位，明确与汇金公司发生产权经营管理关系的产权主体；(2) 用信托机制代替目前普遍实行的托管制，完善产权主体与产权主体代表之间的法律关系，明确各自责权利的法律边界，根治产权主体和主体代表虚置的法律瑕疵；(3) 彻底改变商业银行现行的行政绩效评价体系；(4) 通过期股期权等方式完善产权代表与经营管理层之间的激励和约束机制。

引　言

市场经济是法制经济，财政金融安全是经济安全的根本，这是两个大家共同认可的命题。但如果同时从法律和经济两个角度来评估金融体制改革中的“汇金模式”，可使我们对这两个命题以及“改革进入深水区，触及体制深层次问题”具有更深的感触和领悟！

汇金模式是我国金融体制改革的一大创举。从用外汇储备 450 亿美元重组中行和建行起，截至 2005 年 9 月 17 日，汇金在其成立 21 个月后，先后控股和参股中国银行、建设银行、工商银行、交通银行、光大银行、中国进出口银行、银河证券、申银万国、国泰君安、中金公司、南方证券、华夏证券、华安证券、湘财证券等 6 家大型银行和 8 家券商，基本上掌控了中国金融的半壁江山。用外汇储备注资，是继 1997 年的亚洲金融风暴后，国家于 1998 年发行 2700 亿元特别国债补充国有商业银行资本金，及 2002 年剥离 1.3 万亿元不良资产给四家金融资产管理公司后的又一个根本性的动作。应该说，汇金在化解中国银行金融业风险和危机，完善商业银行法人治理结构方面取得了实质性的进展，是一个创举，更是一个了不起的创新！显示了新一代中央政府的魄力和胆略！也体现了相关决策人员的智慧和专业水平！但有人因此就认为政府再也不用为商业银行的亏损买单了，对此，笔者有不同的意见。笔者认为这一说法为时尚早，汇金目前的模式和配套改革还存在缺陷，尚不足以排除买单的可能，如不尽快采取配套措施和改革，不仅有可能加重政府相关的法律风险，甚至危及国家的金融和财政安全。

理由是：第一，汇金模式只是解决了国有产权主体代表问题，并没有解决产权主体虚置的问题；第二，产权主体虚置导致投资主体存在一系列的权利能力和行为能力上的缺陷，影响到商业银行的法人治理结构，可能损害银行和其他股东的利益，触发控股股东的诚信责任；第三，控股股东诚信责任直接影响和关系到国家的金融财政安全。为此，笔者建议：第一，完善汇金公司的功能定位，规范国有产权主体与产权主体代表之间的责权利关系，根治产权主体虚置的缺陷和法律瑕疵；第二，彻底改革商业银行的行政绩效评价体系，用现代商业银行的绩效评价体系代替行政绩效评价体系，改行长和董事长由中组部任命的行政组织管理模式为银行股东推荐、董事会选举产生、监事会与党委考核的现代企业管理模式；第三，在产权主体代表与其所选派的商业银行经营管理层之间建立有效的激励和约束机制。

一、控股与商业银行控股股东诚信义务的法律依据

（一）控股与控股股东的认定

对控股的理解和认定一般应具备三个构成要件：有支配公司的意

思；对公司主要的经营活动实施控制，通常表现为对公司的重大经营决策施加影响或控制，以贯彻控股股东的经营战略；对公司的控制是有计划而持续，并非偶然或暂时。据此，股东只要存在以下情况之一就可以被认定为控股股东：①出资额或者持有股份的比例[①]在公司占50%以上的股东[②]；②不足50%，但依其出资或者持有的股份所享有的表决权已足以对股东会、股东大会的决议产生重大影响的股东。[③]其中，持股50%以上为绝对控股，持股在30%以上（包括30%）50%以下的股东为相对控股股东。至于下列三类情况：低于30%，但是可以决定董事会成员的组成；[④]在具有控制和被控制关系的两个公司中，基于是控制公司的控股股东，变成被控制公司的控制股东；公司法第二百一十七条第三项关于实际控制人规定中的其他情况，笔者认为属于控制权的范畴，其中前面两种也属于我国公司法所规定的控股的范围。

（二）银行控股股东与国有控股股东的认定

控股权与控制权，是既有联系又有区别的两个概念，在不同的法律体系下和不同的产业领域两者联系的程度不一样。我国公司法没有将控制权纳入控股权的范围，两者之间存在着法律上的区别；而国际上已经基于实质控制原则，将控制权也包括在控股权的范围之内，也就是说控股股东应该承担的责任，控制权股东也应该承担。会计制度上，本着实质重于形式的原则，控制权属于会计并表的条件，因此也被纳入控股权的范围。我国将在2007年实现与国际会计制度接轨，届时的控股股东的认定可能会发生一些变化，而更加倾向于国际上目

---

① 出资额和股权比例的持有，包括直接持有和间接持有，因此计算持股比例时，直接持有与间接持有应该合并计算。

② 我国修改后的公司法第二百一十七条第二款规定。

③ 公司法第二百一十七条第二款规定。

④ 公司法第四十三条规定。

前盛行的实质性标准。

我们通常所强调的国有控股,[①] 一般情况下不是一个法律和财会上的概念，而是一个政治概念。对此，法律上和财务上的控股股东应该承担的诚信责任，国有控股股东是否应该承担，法律没有给出明确的规定。我国公司法仅仅规定国有控股企业之间的关系不能因为国有控股而列为关联关系，但法律上没有规定同是国有控股股东之间持有的股份是否可以合并计算；而对外资金融机构持股比例，则规定对其互有关联关系[②] 的外资金融机构持有的比例应该合并计算[③]。笔者认为，在国有股东持股比例低于 30%的情况下，如果其为第一大股东且依据股份或出资所产生的表决权足以对公司的决策产生影响力和控制力，也可以认定为控股股东。一旦国家或者政府行使了控制力或者影响力使国有控股股东之间采取一致行动，国有股东的持股比例就应当合并计算，触发控股股东的诚信责任。

对于国有银行控股股东的认定，由于银行信用和国家信用的特点，处理控股权与控制权之间的关系，更应该具有特殊性。笔者认为，应该将具有控制力和影响力的股东，都列为控股股东的范畴，要求其承担控股股东所应该承担的诚信责任。如上所述，非银行国有股东持股比例低于 30%的情况下，如果其为第一大股东且依据股份或出资所产生的表决权足以对公司的决策产生影响力和控制力，也以被认定为控股股东；而对于银行的国有股东来说，基于银行的性质和信誉的特别要求，同样情况下的国有股东应当被认定为控股股东。这是因为：首先，商业银行肩负创造货币和供给货币，维持资金清算与支

---

① 如上市后的交通银行股权结构中，财政部持股比例为 25.53%为第一大股东，汇丰银行持股 19.9%为第二大股东，社保基金持股 14.22%、汇金公司持股 7.68%，分别为第三和第四大股东。

② 公司法第二百一十七条第四款规定，关联关系，是指公司控股股东、实际控制人、董事、监事、高级管理人员与其直接或者间接控制的企业之间的关系，以及可能导致公司利益转移的其他关系。但是国家控股的企业之间不仅因为同受国家控制而具有关联关系。

③ 《银监会外资金融机构行政许可事项管理办法》第十一条第二款。

付等社会职能，对金融稳定和安全有着更高的要求；其次，银行高负债经营和股东有限责任原则下，银行负盈不负亏或者损失有限而收益无限的收益分布状态，刺激着股东和经营管理层风险经营偏好；最后，银行经营风险损失的发生直接关系到存款人及其利益相关者利益，特别是国家金融安全与财政安全。因此，商业银行对股权结构和法人治理结构有效性的更高要求，也就意味着对商业银行控股股东提出了更加严格的要求和更宽范围的认定。笔者认为，国有银行的控股，意味着更高的信用级别，与一般非银行企业的国有控股不同，应该合并计算。这样通过控股股东的诚信义务，加强和完善政府对银行的有效监管，有利于维护国家金融安全和财政安全。据此，上述交通银行中的股权结构中，财政部持股在25.53%，尽管低于30%，也应该认定为国家控股，中国建设银行中，汇金持股在61.48%，[①] 超过了50%更是国家控股。

（三）控股股东诚信义务的内容与范围

诚信义务来源于信托理论和信托法的规定，它要求处于优势地位的受托人要对处于劣势地位的受益人或委托人负有受信托的义务。诚信义务包括注意义务和忠实义务，[②] 一开始仅限于公司董事。控股股东的诚信义务不同于董事的诚信义务，原因是：控制股东的诚信义务来源于股东表决权的本质，而董事的诚信义务来源于董事的身份和公司的委任。一旦成为公司的董事，由于信息的不对称和本身的信任和信托关系，董事便对公司当然负有诚信义务；而股权的财产属性，要求股权表决权下的控股股东在行使表决权或者共益权时，不能为了自

① 根据建行2005年年报第31页。

② 所谓注意义务，是指像一个如果谨慎的人，处于同等地位与情形下，对其所经营的事项所给予的注意一样，予以注意的义务。所谓忠实义务，是指本人与其他利益相关者的利益冲突时，不得为自己的利益而损害其他利益主体的利益。控股股东的诚信义务与董事诚信义务之间存在区别。

己的利益而损害或者减少公司或其他股东的权益，但只要不与公司的利益形成冲突，不损害处于弱势股东的利益，就可以为自己利益最大化行事。因此，在控股股东诚信义务中，其忠实义务不同于董事的忠实义务，不排斥控股股东的自益行为；而其注意义务是指如控股股东作为或者不作为给其他股东或者银行利益可能造成影响，他应该像一个其他谨慎的人所应该给予的注意一样给予注意，如果明知或者应该知道该为而不为，或者不该为而为有可能导致损害后果的发生，由于没有尽注意义务而放任或者轻信这种结果不会发生导致结果发生，则应对因此而造成的不利后果承担诚信责任。值得关注的是，新修改的公司法并没有直接规定股东或者控股股东负有诚信义务：第一百四十八条规定“董事、监事、高级管理人员应该遵守法律、行政法规和公司章程，对公司负有忠实义务① 和勤勉义务②”；公司法第二十条规定“公司股东应当遵守法律、行政法规和公司章程，依法行使股东权利，不得滥用股东权利损害公司或者其他股东的利益；不得滥用公司法人独立地位和股东有限责任损害公司债权人利益。公司股东滥用股东权利给公司或者其他股东造成损失的，应当依法承担赔偿责任”。

人民银行总行颁布的《股份制商业银行公司治理指引》第十四条规定“ 控股股东对商业银行和其他股东负有诚信义务。控股股东应当严格按照法律、法规、规章及商业银行章程行使出资人的权利，不得利用其控股地位谋取不当利益，或损害商业银行和其他股东的利益”。因此，对控股股东是否应该承担诚信责任，有两种观点：第一

---

① 忠实义务是指忠实地履行自己的职责的义务，作为董事等高管人员，他是受股东之托来经营管理公司，实现股东利益最大化，因此他的职责就是在其履行职务时，无论如何不能考虑个人的经济利益，更不能损公肥私，将自己的个人经济利益置于公司利益之上，在公司利益与个人利益发生冲突时须无条件服从公司利益。

② 勤勉义务是指公司董事等高管人员，以正常合理的谨慎态度，积极处理公司事务，对公司事务尽应有的注意义务，即哪些事情应该做，哪些事情不应该做，依照法律规定和有关约定履行职责，维护公司利益。

种认为不需要承担；第二种认为应该承担。第二种观点的理由有两个，而且两者都分别构成控股股东承担诚信责任的依据：公司法第二十条的规定其实就是控股股东诚信责任的内容；人民银行关于控股股东诚信责任的规定，体现在商业银行的章程中，而章程对控股股东具有约束力。笔者同意第二种观点。

二、国有产权主体虚置的法律瑕疵属于控股股东的诚信责任的范围

法律瑕疵之一，是产权主体和主体代表之间的托管制与现行的法律制度不接轨，缺乏规范性，权责利边界不明确，同时产权主体与主体代表之间没有激励约束机制的安排，造成出资人权利能力和行为能力上的法律缺陷。

剩余索取权和剩余控制权在产权主体和产权主体代表之间的配置缺乏规范性、科学性和强制性，产权主体有收益权和剩余索取权而无控制权，而产权主体代表有控制权而无收益权和剩余索取权，两者之间目标函数不完全一致，又没有有效约束和激励机制的安排。产权主体与主体代表之间目前普遍实行的托管制，不伦不类，责权利边界不明确，缺乏规范性和法律约束力。国有产权主体虚置，使公有制变成了“空有制”，没有人从行为主体的角度对国有资产的保值和增值承担最终责任。没有真正的产权主体，就没有利润和效益的驱动，也就没有公司治理的内在动力以及相关的责任感和危机感。另一方面，投资主体不承担完全的出资人风险，银行高级管理人员也没有风险约束，投票权可以廉价行使，产生资本和预算软约束，导致股权结构失效和治理结构失灵而损害到其他股东的利益或者造成银行的损失，这显然违背控股股东的注意义务和忠实义务。

具体到汇金公司来分析，其用外汇储备注资中行和建行，仅仅是作为国有资产的产权代表。而产权主体是谁，汇金公司与这个产权主体之间是什么关系？这些问题到目前为止没有定论。有人说外汇储备是由人民银行管，汇金公司就归人民银行管，也有人说国有资产是由国资委管，汇金就归国资委管。这些说法都不准确。如果说归人民银行管，则：第一，明显违背央行法关于人民银行职责的明确规定，或者形成新的法律体系上的冲突；第二，如果说汇金是在经营国家外汇储备，那就说明用于注资的450亿美元，与外汇储备之间的权属关系并没有切断，违背了公司法关于资本维持、资本确定和资本不变的三个原则。如果说归国资委管，则：第一，违背了中央关于国资委和财政部在国有资产产权主体上的分工和划断；第二，不利于财政政策与货币政策之间的协同效应的发挥；第三，没有突出金融资产与一般资产上的特殊性；第四，不利于国家公共财政对通过银行而做出的相关产业上的金融支持；第五，不利于公共财政对国家金融安全与财政安全在预算上的整体考虑与安排。作为控股股东和出资人，汇金存在的问题是，没有产权主体，更没有与该主体之间的法律关系，特别是责权利方面的明确边界。虽然可以预期作为专家出身的谢平和汪建熙等人，以其人格、专业水平和事业心，会把汇金及其投资的金融机构经营好，但是缺乏制度保障，如果经营不好谁负责？如果经营不好造成其他股东和银行的损失，汇金承担不了，国家财政是否还应该买单？所有这些问题，都影响到汇金与其所投资的银行的法人治理结构，也属于控股股东注意义务和忠实义务的责任范畴。由于因该产权主体虚置而导致缺乏出资权利能力和行为能力，影响到相关决策能力的事实和可能性没有披露，没有告知其他发起人股东，就会因此而触发控股股东的诚信责任。

法律瑕疵之二，是所有权与经营权不能有效分离，影响了法人的独立性。

所有权与经营权分离，法人有独立的决策权和财产权，是法人享有独立人格，股东就其出资承担有限责任，法人以其财产为限对社会承担责任的法人制度的前提条件。汇金用450亿美元的外汇储备注资中行和建行，缺乏法律制度上的支持：第一，实体投资显然不属于经营外汇储备的范围；第二，实体出资作为国家投资，又没有预算方面的安排；第三，没有经过相应的法定程序。应该说，笔者非常理解当初政府在没有履行上述程序前大刀阔斧地用外汇注资的方式，进行国有银行体制改革的原因，但银行资本属于实收资本制，资本金的来源及其程序是否合法，都有严格的法律程序，否则存在法律瑕疵，影响所有权与经营权的分离，影响到法人的独立性。如没有法律规定外汇储备可以由人民银行用于投资，会计师事务所的验资报告也是依据行政批复来进行，这就直接影响到汇金公司与人民银行之间法律关系的确定，以及汇金公司在资本金问题上与人民银行之间所经营的外汇储备之间的关系界定。只要没有法律的确认，汇金用于出资的资金的法律性质就不明确，所有权与经营权就不能有效分离，汇金的法人地位就不一定真正独立，汇金法律地位上的瑕疵，又会直接或者间接影响到其所投资的银行和金融机构的独立性。这样一来，国有控股股东滥用法人独立地位和股东有限责任的嫌疑就不能彻底摆脱，国家财政和政府的信用与银行的信用就不能真正切断。

改制之前，国有银行虽有独立法人和市场主体之名，但由于所有权与经营权没有完全分离，却无独立法人之实，也缺乏市场主体应有的约束和激励机制，造成国家信用与银行信用不能区别，政府承担隐性担保的责任。债转股之前，国有商业银行不良资产高达17000亿元左右，约占总资产的39%，剥离14000亿元不良资产后，到2001年底四家国有商业银行不良资产率又升至25.4%，2003年国有商业银行不良贷款率仍达20.36%，不良贷款全额高达19168亿元。政府为什么反复补充资本金，承担相关法律责任，其原因是所有权与经营权没有有效分离而导致法人独立性上的法律瑕疵，使国家承担隐性担保责任。2003年底国家动用450亿美元的外汇储备注资中行和建行，之所以用注资的方式代替隐性担保，让国家隐性担保的显性化，目的是花钱买机制，通过建立真正的法人制度，完善治理结构，避免政府信用与银行信用之间的混同。但如果所投资的资本——外汇储备的所有权与经营权不能有效分离，则政府势必还要对其经营问题承担责任，即使所投资的银行在境外上市仍然不能切断银行治理结构失灵给国家金融安全和财政安全带来的风险和隐患。

法律瑕疵之三，是控股股东在目标银行或者金融机构接受并运用行政绩效评价体系扭曲了管理层的价值取向和目标函数，若造成了其他股东和银行的损失，将违背了控股股东注意义务。

汇金作为最大的股东，不具有对所投资银行高管人员的任免权。国有银行的董事和监事虽然名义上由汇金派出，但汇金行使的并不是完全的出资人的权利，至少不拥有国有银行的董事长、行长和监事长的人事任免权。这些人由中组部负责任免，享有同官员一样的副部级待遇，这就模糊了他们作为银行家的实质。而且汇金公司缺乏对国有银行的绩效考评体系，也为有关部门通过行政方式干预高管的任免留下了理由。银行绩效评价体系行政化，使无论是国有控股还是非国有控股的商业银行，实行的人事管理制度还是传统的“官本位”体系，所有的福利、待遇、住房、用车等，都与职务、工龄有关，而与工作业绩关系不大，经营层追求的就是升职，获得各种各样的优惠和福利。治理结构上的扭曲，将势必增加银行不良资产和坏账损失，严重影响银行经营绩效。

瑕疵之四，是行长官员化，通过控制行长而控制银行，存在政府滥用股东有限责任和银行法人制度的嫌疑，违背控股股东的注意义务。

1988 年 9 月成立的广发行，注册资本 35 亿元，是我国首批成立的股份制商业银行之一，股东共有 800 多个，最大股东为华辰集团，持股比例为 10%，显然不属于广东省政府完全控股。但由于其行长等高管层都是由广东省委组织部任命，激励约束机制是行政绩效考核体系，导致该行承担了不少该由政府承担的事务，成为广东省政府解决金融难题的一个平台，如：托管恩平城市信用社、代管河源农信社、托管中银信托、接手汕头商业银行和佛山商业银行。此外，广发行不良资产的大量产生源于其多级法人格局下，广东各地市财政局长担任相应地市分行长期间，大量发放政府项目贷款和批条贷款。据悉，除了深圳、东莞两地外，广发行在广东的其他十四家分支行均全线亏损，背上了不良贷款比率高达 22.84%，拨备覆盖率低至 7.01%，资本充足率仅为 3.87%三大包袱，产生了不良贷款净损失 300 多亿元的后果，出现权益性和流动性危机。该行目前处在救助性重组中，据悉广东省政府自愿拿出 200 亿买单，其他由央行通过再贷款解决。这一事例表明，即使是股份制银行，国有资本不控股，但由于政府行政干预，滥用股东的有限责任和法人独立地位要求银行替政府卸包袱，破坏了法人制度的独立性，最终形成大量的不良资产还是由政府来承担。

瑕疵之五，是目标银行缺乏激励约束机制的建立，违背控股股东的注意义务。

委托人与代理人利益的不一致性、信息不对称、契约不完全和交易成本这四项因素是产生代理问题的主要原因。而降低代理成本的途径一般认为有：制定代理人最优行为标准；确立保证合格的控制机制和经理人激励机制；确定代理人违约的责任和惩罚实施机制；剩余索取权和控制权应当尽可能对应，拥有剩余索取权的人拥有剩余控制权或者拥有控制权的人应该承担风险。在公司治理结构层次上，剩余索取权主要表现为其拥有者在收益分配顺序上是最后的索取者，也是风险承担者，剩余控制权主要表现为投票权，也就是拥有对合同中没有说明事项的决策权。如果拥有剩余控制权的人没有剩余索取权，则其手中的剩余控制权就将是“廉价”的投票权，必然会使所有者对于经理层的控制缺乏效率，也使不称职的经理层，更易于在这种治理结构中谋取更大的寻租空间。汇金公司，虽然具有名义出资人的地位，但出资人的责权利不明确，势必影响其追求投资效益最大化的积极性。它作为投资机构，没有明确公司高管人员薪酬同其所投资银行的业绩挂钩浮动，也没有将绩效作为任免高管的唯一指标，缺乏激励和约束机制。因此，完善法人治理结构，首先就要在董事会和经营管理层，通过期股期权建立相应的利益激励机制和约束机制，通过这一机制，增强剩余索取权与剩余索取控制权的一致性，使决策层与执行层的利益和目标相一致，降低和减少代理成本，避免逆向选择和道德风险。

瑕疵之六，是一股独大情况下的法人治理结构失灵，违背控股股东忠实义务。

一股独大，指控股股东，滥用其控股地位，侵害银行、中小股东和其他利益相关者利益的状况，是股权结构导致公司法人治理结构失灵的表现之一。表现为控股股东行使表决权不是基于股东利益或者公司利益考虑，也不是基于竞争优势的考虑和安排，而是基于宏观调控中的行政命令，决策的结果导致包括其本人在内的银行和其他股东的利益受到损害。无论是在管理职能和所有权职能交叉的国有商业银行，还是在完成股份制改制的股份制银行，政府常常以行政性目标直接干预银行的正常经营，银行也常常将满足政府的政策偏好作为其经营目标。银行真正所有权的行使因此而处于虚置，银行经营管理者重大事项的决策权、利润最大化的治理机制严重缺失，没有改善经营状况、提高经营效率的内在动力。例如为了控制房地产市场价格过高，政府要求银行减少贷款。一方面政府的宏观调控命令不是用法律或者行政法规的形式发布；另一方面，执行这些非法律法规性质的调控，肯定损害银行及其股东的利益。在政府的宏观调控政策或者行政手段与银行的利益或者股东的微观利益发生冲突的情况下，控股股东或者其委派的董事会该如何决策，就显得非常敏感。特别是汇金的董事及其派到目标银行的董事，绝大部分都是政府管金融的官员，使这个问题显得更为敏感了，极容易成为其他股东要求控股股东承担诚信责任的理由和依据。

瑕疵之七，是一股独大中的内部人控制，也违背控股股东的注意义务。

内部人控制，是指银行完全由享有经营权而不享有股权的经营管理层控制，管理层通过这一控制侵害股东利益，而股东又不能利用投票表决权予以制止的情况。一股独大中的内部人控制，是指国有控股银行中，尽管存在控股股东，但在产权主体虚置条件下，产权主体与其代表之间目标不一致，或产权主体代表委派经营管理层的依据和目标与商业银行的价值目标和要求不一致，导致所委派的经营管理层在控制商业银行后发生内部人控制，管理层的代理行为与其委托人和商业银行目标函数不一致，违背注意义务和忠实义务，放大逆向选择和道德风险从而增大代理成本，通过关联交易、转移定价或者违背竞业禁止原则，损害了其他股东和银行的利益。这显然违背控股股东的注意义务和忠实义务，属于诚信责任原则约束的范围之内。

三、结论与建议

综上所述，按照《公司法》等法律法规的有关规定，建立规范的股份制商业银行组织机构，完善商业银行独立法人制度，是我国试点银行股份制改革的目标，也是区别银行信用和国家信用，从而切断银行经营风险与国家财政之间联系，维护国家金融安全和财政安全的战略性举措。汇金模式是完善商业银行法人治理结构、实现国家金融控股的创举和创新，但是如果其功能定位和相关的制度安排不能及时到位，产权主体虚置的法律瑕疵并没有从根本上得到解决。股份制银行下的产权主体虚置的法律瑕疵有可能触发控股股东的诚信责任，引发更大的风险，甚至事与愿违。而在彻底解决这一问题的措施中，股份制银行的产权制度的进一步完善以及相关的激励与约束机制的安排更为重中之重。须知，股份制银行的产权制度构成了法人制度的核心，从根本上决定了金融机构的决策机构、管理机构、激励制度和约束机制，也决定着金融机构作为法人的行为目标与行为方式，从而严格区分政府行为，改变金融机构的运行效率和金融资源原有的配置格局。为此，笔者建议：

第一，明确汇金公司的功能定位与法律地位，明确与汇金公司发生产权经营管理关系的产权主体。汇金作为投资主体和产权主体的代表的功能，在其重组银行和金融机构的过程中已经得到了充分的表现和发挥，这一点无须质疑，应该通过立法予以明确和完善。但是汇金作为产权主体的代表，应该对谁负责，尽管目前有很多观点和争论，但是笔者认为，这一产权主体应该是财政部，而不是人民银行，也不是国资委。如果这一问题不明确，将影响汇金公司作用的发挥，形成新的条件下的“婆婆多，妈妈少”的局面，而且可能触发控股股东的诚信责任，引爆相关的法律风险，威胁到国家的金融安全和财政安全。

第二，用信托机制代替目前普遍实行的托管制，完善产权主体与产权主体代表之间的法律关系，明确各自责权利的法律边界，根治产权主体和主体代表虚置的顽疾。严格地讲，托管不是一个法律概念，我国的法律没有直接与之对接的概念和规定，只有委托代理与其比较接近，而委托代理方面的法律规定远远没有我国信托法的规定完整和完善。尽管目前我国信托出事的频率也比较高，但笔者认为，这与信托机制本身没有关系，是相关信托人和监管层面的问题。并且即使在这种情况下，针对出问题的信托，责权利也是非常明确的。因此，笔者主张赋予汇金公司具有信托方面的权利能力，然后运用信托机制代替托管，用信托法律关系规范财政部作为产权主体与汇金作为产权主体代表之间的法律关系。这样才能实现商业银行方面效用最大化和股东利益最大化；使维护国家金融安全的指标体系[①]转化为相关各方的责权利形成资本和预算的硬约束；使各项指标体系的完成既具有契约保障和机制支持，又有明确的法律规范约束，具有确定性和强制性；使产权主体由虚置无力变成真实有效明确；从而才能产生负责任的委托人和受托人，为完善法人治理结构和股权结构提供坚实的法律和制度安排。

第三，彻底改变对商业银行的行政绩效评价体系。改变商业银行现行的行政绩效评价体系，取消现行的商业银行行长中组部任命考核模式，根据股份制商业银行，这一现代金融企业的特点，重新设计和安排绩效考核指标体系。笔者认为，只有将银监会《关于中国银行、中国建设银行公司治理改革与监管指引》第十四条所规定的试点银行股份制改革考核指标作为商业银行绩效考核评价的基础指标进行考核和落实，才可能使改制后的银行用3年左右的时间变成资本充足、内控严密、运营安全、服务和效益良好、具有国际竞争力的现代化股份制商业银行。否则，不仅这些指标体系会变成无源之水，无本之木，缺乏法律上的约束力和市场上的生命力，还会因为行政性绩效评价体系触发控股股东的诚信责任。

第四，通过期股期权等方式完善产权代表与经营管理层之间的激励和约束机制。目前国际上通行的激励方法有两种：其一是给予经营

---

① 《关于中国银行、中国建设银行公司治理改革与监管指引》第十四条："两家试点银行股份制改革的考核指标包括总资产净回报率、股本净回报率、成本收入比、不良资产比率、资本充足率、大额风险集中度和不良贷款拨备覆盖率等项指标"。根据规定：两家试点银行总资产净回报率2005年度应达到0.6%，2007年度应达到国际良好水准；两家试点银行股本净回报率2005年度应达到11%，2007年度应进一步提高到13%以上，确保注资的效果和获得良好回报；从2005年起成本收入比应控制在35%—45%之内；从2004年起对非信贷类资产实行五级分类，并按五级分类口径对全部资产的质量进行考核，将不良资产比率持续控制在3%—5%；从2004年起应严格按照《商业银行资本充足率管理办法》的有关规定进行资本管理，资本充足率应在任何时点上保持8%以上；从2005年起对同一借款人的贷款余额与商业银行资本余额的比例不得超过10%的风险指标；2005年底不良贷款拨备覆盖率，中国银行应达到60%，建设银行应达到80%，2007年底应继续有所增长。

层以公司股票期权，这在英美公司治理结构的安排中比较普遍；其二是作为企业内部人的经理层出资持有一定股份，成为内部股东，使经理层的利益与外部股东的利益一致起来。我国相关的管理部门应该说已经认识到在产权代表与经营管理层之间建立激励约束机制，降低代理成本，避免逆向选择和道德风险的必要性。2005 年 12 月 31 日，中国证监会颁布了《上市公司公司股权激励管理办法》（试行），财政部也就相关期股期权的会计制度和税收处理早在 2004 年就颁布了相关规定，国资委也于 2005 年 11 月 8 日向国办报批《国有控股境外上市公司实施股权激励试行办法》。但目前整个进展，不一定很乐观，据悉原因可能还是担心国有资产是否流失的问题。殊不知，在公司法控股股东诚信责任原则下，这一个主观命题和惯性思维，若妨碍激励和约束机制的建立，反而有可能引发法律风险，造成更大的国有资产流失甚至威胁到国家金融和财政安全。因此，笔者建议应尽快在股份制商业银行中针对经营管理层建立和完善包括期股期权、内部持股在内的激励和约束机制，以便最大限度地降低代理成本，避免逆向选择和道德风险，为实现银行和股东利益最大化提供制度保障。

段爱群

PPP管理模式在高等教育产业化中的应用研究

内容提要

本文从管理的角度研究了PPP管理模式对我国高校产业化的影响。我国目前正处在高校快速发展时期，在发展的过程中出现了学生人数快速增长、基础设施建设投资大幅度增加、资金出现巨大缺口以及管理落后等问题。恰当地在高校产业化过程中采用PPP管理模式，可以有效解决以上问题，以使高校产业化进入健康发展的轨道。

一、PPP 管理模式的内涵

（一）PPP 的概念

PPP 是英文Public - Private Partnerships的缩写，通常翻译为公私合作伙伴，但是在中文文献中，有关 PPP 的译法多种多样，如公私合作伙伴模式、民营化、公立私有伙伴关系、官方/民间的合作、公共/私人合作关系、公共民营合作制、官督商办模式、国家私人合营公司等。这些概念的差异反映了学者们在对 PPP 的理解和认识上的仁者见仁，智者见智。相应地，关于 PPP 的概念也有着多种不同的表述，下面是几种具有代表性的表述：

第一，美国民营化专家萨瓦斯认为，我们可以从三种意义上使用公私伙伴关系这一术语。首先是广义界定（这多少有点夸张），是指公共和私营部门共同参与生产和提供物品和服务的任何安排。合同承包、特许经营、补助等符合这一定义。其次，它指一些复杂的、多方参与并被民营化了的基础设施项目。再次，它指企业、社会贤达和地方政府官员为了改善城市状况而进行的一种合作(E.S.Savas,1999)。

第二，PPP 是指在两个或两个以上的团体之间建立正式或非正式的、契约性或自愿的合作关系，这种合作关系包括共有或兼容的目标，并将具体的角色和责任在各参与方之间进行普遍认可的分配。其意义在于通过共同投入资源来实现风险共担、权力共享和互惠互利(Environment Canada preface)。

第三，PPP 是指公共部门与私营部门之间签订长期合同，由私营部门实体来进行公共部门基础设施的建设或管理，或由私营部门实体代表一个公共部门实体（利用基础设施）向社会提供各种服务。(G.Peirson,

P.Mcbride，1996)这种模式通常具有如下特征：①公共部门实体通常根据协议向私营部门实体移交基础设施（是否付款作为回报要视情况而定）；②由私营部门实体建设、扩展或重建一项基础设施；③由公共部门指定基础设施的运行特性；④私营部门实体在既定期限内，利用基础设施来提供公共服务（通常对运营和定价进行限制）；⑤在协议到期之后，私营部门实体同意向公共部门移交基础设施（是否付款视情况而定）。

第四，PPP指在合作双方的专业技术基础上，公共部门和私营部门进行合作经营，通过恰当分配资源、风险和收益来满足明确界定的公共需要。PPP的主要特征在于合力实现共享或一致的目标：它们的经营是为了实现互惠互利；强调风险共担和资金价值（value for money，VFM）；在合作关系中联合投入资源，共享权力（the Canadian Council for Public - Private Partnerships）。其含义包括以下几个方面：公共部门和私营部门之间签订合同；与可能存在的广泛合作结构一致；在共同目标上具有明确一致性；合作目的在于提供公共基础设施和服务；可以通过传统的公共部门来提供。

根据以上各种概念的表述，联合国发展计划署总结为：PPP是指政府、营利性企业和非营利性组织基于某个项目而形成的相互合作关系的形式。通过这种合作形式，合作各方可以达到比预期单独行动更有利的结果。合作各方参与某个项目时，政府并不是把项目的责任全部转移给私营部门，而是由参与合作的各方共同承担责任和融资风险(联合国发展计划署，1998)。

（二）PPP的要素及特点

1.PPP的要素

关于PPP概念的解释还有多种说法，不过，从上述各种叙述中，我们可以确定PPP所具有的基本要素：

(1) 确定的对象。政府公共部门和私人部门所共同面对的对象就是一个确定的、可行的项目，这个项目是公私合作的必要条件。作为合作对象的某个项目，应该具备如下条件：①该项目具备非纯公共物品（或准公共物品）的性质。不能是私人物品，也不能是纯公共物品。根据公共物品理论可知，私人物品可以完全通过市场来提供；而纯公共物品只能由政府来提供。②该项目运营过程中自身存在的经济性。项目自身经济性的大小将直接影响着私人部门参与的积极性，项目自身经济性越大，私人部门参与的积极性就越大，相反，私人部门参与的积极性就越小。③项目的自然垄断性。自然垄断性越高，私人部门参与的积极性越大，反之，私人部门参与的积极性就越低。

(2) 完备的合约。一个对双方都具有约束作用的完备的激励合约，是PPP 成功实施的主观必要条件。激励合约的核心内容应该包括双方的权力与义务，并在各自的优势上承担各自的风险。权力共享是各自的权力，风险共担是各自的义务。体现最优风险分配的激励合约是公私合作管理模式的一个重要标志。如表 1 是在 PPP 中公共部门与民营部门风险分配表。

表 1　在 PPP 管理模式中公共部门与民营部门风险分担表

风险类别		政府承担	民营部门承担	保险公司（或第三方）承担
商业风险	成本超出	√	√	
	经营风险		√	
	利润风险	√	√	
财政风险	债务偿付	√	√	
	汇率风险	√		
政治风险	价格规制	√		
	充公风险	√		
	转资风险			√
	争端解决			√
其他风险	技术风险		√	√
	环境风险	√		
	不可抗力			√

资料来源：此表是作者根据萨瓦斯《民营化》总结所得。

(3) 明确的目的。公私合作必须有一个明确的共同目标，双方是为了共同实现这一目标才进行合作的。例如：一个通过公私合作建立的污水处理厂，政府建立污水处理厂是为了处理更多的污水，而民营部门为了获得更多的利润，也需要通过处理更多的污水而获得，因此，政府和民营部门的共同目标都是为了处理更多的污水。也就是说，在公私合作过程中，公、私双方不仅仅目标明确，而且还要达到高度的一致。如果公、私双方的目标不明确或不一致，将会导致公私合作的失败。

(4) 参与者。在公私合作管理模式中，有两个主要的参与者，就是政府公共部门和私人部门。政府公共部门可以是一个公共部门，也可以是几个公共部门的联合体；同样，私人部门也可以是一个私营部门或几个私人部门的联合体。多个私营部门之间可以通过各种形式的契约，从而形成个联合体与政府公共部门合作。在公私合作管理模式中，除了政府公共部门与私人部门两个主角之外，还有许多相关参与者，例如：法律事务所、会计事务所、咨询公司等。

2.PPP 的特点

公私合作管理模式有如下四个主要特点：

(1) 以项目为主体，全过程的合作。PPP 是以某具体项目为主体，在项目的全过程中合作，并不是在项目的某个阶段进行合作。从项目的设立开始，到项目的结束终止，整个过程都是由公共部门与私人部门共同完成的。

(2) 利益共享、风险共担，强调风险最优分配的原则。PPP 所面对的项目是由公共部门和私人部门共同投资来完成的。采取利益共享、风险共担的分配原则。在风险分配时，强调整个项目风险最小化的原则，即政府公共部门和民营部门各自承担自己最有能力承担的那部分风险。

(3) 构造现金流。我们知道，PPP 所面对的项目是生产公共产品或服务的，一些项目本身的现金流量非常小，或者根本就没有现金流，如果仅仅靠项目自身的现金流是不可能维持项目运营的。这时，就要构造现金流以使项目正常运营。

（4）可以使效率与公平在 PPP 中达到的有机结合。一个项目采用 PPP 管理模式，有两个明确的目的：一个是可以引进民营部门的资金；二是利用民营部门的效率。民营部门的参与可以使项目运营的效率大提高，政府部门的参与又可以使项目为社会公平的提供公共产品或服务。在这里，公平与效率可以达到完美的结合。但是，公平与效率的有机结合还需要有完备的激励合约作为基础。如果没有完备的激励合约，可能会达不到想要的结果，甚至达到相反的结果，使得项目运营更低效，所提供的产品或服务更缺乏公平。

PPP 侧重于通过在政府部门和私营部门之间建立合作关系来为公众提供物有所值的公共产品或服务，并且在合作各方之间合理分配风险、收益。它不同于资产所有权发生转移的国有企业私有化，也不同于政府直接提供公共产品或服务的传统方式。它们之间的差异主要体现在五个方面：是否发生资产转移、政府角色、服务提供的方式、风险与收益的分配和各方关系性质等。

（三）PPP 的适用范围

PPP 的适用范围较为广泛，从经济学公共物品理论来分析，凡是生产或提供具有非纯公共物品或服务的项目都可以采用 PPP 的管理模式，但不应涉及私人物品或服务的领域。严格符合纯公共物品的产品或服务非常少，因此，它广泛地适用于提供非纯公共物品或服务的项目领域，特别是在基础设施中应用的较多。根据西方发达国家的经验，适于 PPP 模式的工程包括：交通（公路、铁路、机场、港口）、卫生（医院）、公共安全（监狱）、国防、教育（学校）、公共不动产管理。但是，目前在我国还在较多地应用在基础设施方面，特别是在城市基础设施方面有较多地项目在采用这种管理模式。例如：上海浦东威望迪自来水厂、上海友联污水处理厂、上海黄浦江外环线隧道的建设等。在教育、卫生、社会保障等方面，我国目前还较少地甚至还没有涉及公私合作的管理模式。

由于我国正处于转型阶段，许多领域都处于向民营资本开放的过程之中，因此，PPP 在我国有着更为广阔的发展空间。特别是在教育产业化的过程中，教育产业的高速发展，与政府投入的不足，使得许多高等院校从银行大量融资，这将成为学校以后发展的沉重的负担。如何解决高校快速发展中资金不足问题，将是高校发展过程面临的一个严峻的课题。

二、教育产业化的特点

虽然目前已有不少人对于“教育产业化”的表述提出异议或批评，但在现实生活中，我国教育的产业化特点可说是一种不争的事实。其相关情况可列举如下几个方面：

（一）教育产业化的背景与现状

1. 高校学生数量快速增加（普通高校本科生、专科生）

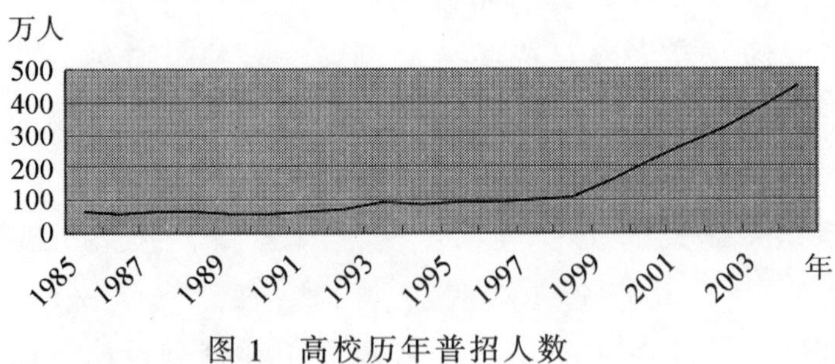

图 1　高校历年普招人数

资料来源：历年全国教育事业发展统计公报。

从图 1 可以看出，我国高校招生从 1999 年大幅度增加，1999 年比 1998 年增加 47.3%，2000 年比 1999 年增加 38.1%，2001 年比 2000 年增加 21.6%，2002 年比 2001 年增加 19.5%，2003 年比 2002 年增加 19.4%，2004 年比 2003 年增加 16.9%。平均每年增幅高达 23.5%。如此快的增长速度，给高校基础设施增加了巨大的压力，许多高校人满为患。高校人数的快速增长必然带来对高校基础设施的急速增加，这就要求学校进行大规模的基础设施建设。

2. 高等教育财政投资的有限性

（1）财政压力巨大，高等教育经费不足。目前中国的高等教育经费严重不足，这主要源于总的教育经费的严重不足。在高等教育规模不断高速增长的情况下，教育经费不足以至影响高等教育事业发展的问题日显突出。从 20 世纪 70 年代到 90 年代，中国每年教育经费占当年 GDP 的比例，各年都在 2%左右，总是占世界各国的倒数第十几位。世界上发达国家的教育经费一般占 GDP 的 5%—7%，而与中国经济水平相当的发展中国家，教育经费一般占 GDP 的 4%左右。如要按人均教育经费算，中国更少得可怜。具体到高等教育经费，约占教育总财政投入的 20%左右。因此高等教育财政性经费在国家总的教育经费不足以及高等教育经费占总教育经费比例不高的双重作用下显得捉襟见肘。

（2）高等教育经费的主渠道薄弱、结构不合理。近年来政府的财政拨款虽然已经逐年递减，但其所占比重仍然偏高，说明高等教育仍没走出市场化的道路，辅助渠道还没完全发挥其应有的作用。另外，中国对专门针对教育而征收的税费比例又过低，近年来一直低于 1%，没有很好的发掘教育税这一条教育经费来源渠道。高等教育学生缴纳的学费应是高等教育经费的重要来源渠道，近年来中国高等教育学费呈上升趋势，但是，仅仅依靠学费收入，仍然不可能满足高校基础建设高额的投资需求。

（3）财政性教育经费事权、财权不统一。我国财政性教育经费的预算管理，长期处于事权和财权分离的状态，教育经费的预算未能单独立项。造成一系列问题：一是教育经费预算数量相对弹性较大，缺乏透明度。二是教育发展和政府对教育的拨款脱节。三是教育部门无权行使有效的宏观管理权与调控权，造成教育资源浪费。

(4) 对多元化筹措教育资金的政策扶持力度不够。在政府投入是高等教育经费主渠道的前提下，能否开拓非政府渠道，关键在于政府的政策导向。中国虽然也颁布了捐赠法，但在具体税收政策上并没有明确的规定。目前只是实行税前从所得中全额扣除捐赠额外，没有其他税收优惠以鼓励社会捐赠。企业投资也是高校经费、特别是科研经费的重要来源之一。另外，中国高等教育经费来自于社会的投资也不是很高，虽然近几年民办高校发展迅速，但中国民办高校的发展长期受国家政策的制约，《高等教育法》规定“设立高等学校，……不得以营利为目的”。

3. 银行融资规模较大

随着学生规模的急剧膨胀，大多数学校的宿舍、教室、实验室等顿时紧张起来，一些学校甚至计划内学生的住宿问题都不能解决，为此不得不要求学生写出同意自己解决住宿的保证书。由于学生人数的快速增长，学校的基础设施显得非常短缺，特别是教室和学生宿舍，因此许多学校都在大兴土木建筑。但是由于高校的基础建设资金主要来源于财政投资，如果仅仅依靠财政投资来进行基础设施建设，根本无法满足高速增长的需求。在这种情况下，许多学校从银行融资进行基础设施建设，部分学校银行贷款占整个基础建设投资额的 90% 以上。巨大的银行贷款将会成为未来学校发展的沉重的包袱，学生的学费收入还不够每年银行贷款的利息，而财政拨款仅够维持日常的开支。据了解，一些学校已经通过银行向本校老师借款，说明金融机构已经注意到向学校贷款的风险在加大。

学校通过银行贷款融资进行基础设施建设主要基于以下三个原因：首先是学校建设资金短缺，而又没有其他融资渠道；其次是政府支持，许多贷款都是政府的主持下获得的；三是学校认为，如果学校还不了贷款，政府会最后来买单。

（二）教育产业化的过程

在高校产业化的过程中，首先实行产业化是领域是高校后勤，其次是科研，再次是教学。下面我们从三个方面来分别探讨高校产业化的过程：

1．后勤产业化

高校产业化的第一步就是后勤与高校分开，后勤也是较容易实行产业化的领域，这主要是后勤所提供的产品或服务的性质所决定的，后勤所提供的产品或服务更具有私人物品的性质。如学生食堂、学生宿舍等。许多高校在新建的学生宿舍中引进了民营资本，民营企业通过向学生收取住宿费的形式收回成本并获得利润。

2．科研产业化

学校科研产业化可分两年方面，一个是基础研究；另一个是应用研究。相对于应用研究而言，基础研究的经济性较弱，并且能够用于实践的周期较长，并且承担着较大的风险，因此基础研究的科研经费一般还是由国家来提供，很少能够通过市场化的形式取得。相反应用研究就可以通过市场化的方式取得科研经费。因为，应用研究所得到的科研成果较容易转化为能够带来利润的产品，而且研究的周期相对于基础研究来说较短。有些科研项目本身就是企业提供并赞助的，企业通过向社会公开招标的方式寻求合作伙伴。同时也有学校的一些应用性较强的科研项目，通过向社会招标的方式寻求企业合作伙伴，并约定该项目完成后与企业共同拥有成果。

3．教学产业化

相对于后勤和科研产业化，教学产业化就不那么容易了。教学产品就是老师为学生提供的服务，这种服务能否产业化要看它是否具备产业化的条件。用经济学的公共物品理论可以很好地回答为什么实行九年义务教育和研究生收费教育，可是对于大学生缴费的解释就不那么完美，原因很简单，那就是，他们毕业后的就业已经成为不可回避的问题。解决他们毕业后就业的问题，就不是那么容易了。大学生的收费的理论基础在哪里？虽然现在也实行了收费，如果毕业后他们的就业环境不能改善，这种收费的教育方式就会被大打折扣。教学产业化还存在着相当多的问题，如果进一步深化教学产业化的改革，还有待深思。

简单回顾了高校产业化的过程之后，有利于我们更好地认识正确处理高校产业化问题的重点和难点。同时，也为下一步如何利用公私合作的管理模式来促进教育产业化做准备。

（三）教育产业化的困境

目前我国教育产业化改革中面临着三个困境，分别是：

1. 投资缺口巨大

由于高校的合并，许多高校都建设了新区，而且校园占地面积较大。巨大的新校园区需要基础设施建设，而基础设施建设又需要大量的资金。众所周知，学校的基础设施建设历来都是由政府投资的，现在政府的财政投资仅仅能维持正常的开支，不可能有更多的资金投入到基础设施建设，从而形成巨大的投资缺口。目前解决如此巨大资金缺口的主要方式是从银行贷款，这种银行贷款将会很快转化为学校的深重经济负担，成为高校尽一步发展的阻力。

2. 学费收入不能满足快速增长的基础设施投资

目前一些学校依靠学生的学费收入还银行贷款的利息，银行已经意识到贷款的风险在增加，据了解，一些银行已经不再继续为学校贷款。此时，学校只有通过银行向本校教师借款方式来获得建设资金。由于学生的学费不可能再继续提高，而招生的总数已经很大，如果继续增加，学校也将很难承受。如果一旦学校无力归还贷款，将给银行造成呆账、坏账，那么高校进入民营化的日子将不会太久远。

3. 管理落后

我国高校近几年有了快速的发展，无论是从学校的占地面积规模还是学生的招生规模来看，高校每年都在发生着巨大的变化。有人曾说，我国高校的基础设施建设在全世界都是一流的。但是，我们的高校管理并不是世界第一流的，和过去的管理方法没有太大的改变，落后的管理已经严重制约了学校的进一步发展。这种管理落后的现状主要表现在以下三个方面：

（1）管理观念落后。由于受计划经济体制的影响，加上过去学校的基础设施建设资金全部是由政府财政投资的，他们相信国家不会让他们成为民营高校，并且相信政府最终会为他们的贷款买单。在这种落后观念的引导下，一些高校大量从银行贷款，并且盲目扩张校园，盲目扩大投资规模。

落后的观念还表现在，资产利用率和效益观念淡薄。长期以来，校内资产在使用上缺乏严密监督、严格考核，没有必要的费用控制手段，也缺乏一定的激励机制和奖惩制度。一些人不花自己的钱不心痛，致使资产利用率低，效益差，浪费多。一些设备配置缺乏认真论证，到货后才发现选型不恰当或暂时用不着，甚至发生到货多年不开箱；有的则是缺乏全面了解，选取技术落后的设备满足不了现代教学要求而提前退役或闲置；有的不顾实际需要喜新厌旧，片面追求高、新、全，既多花了钱又使许多功能得不到开发利用，造成闲置浪费；有的好打小算盘，多多益善，宁可闲置也不调配给别的部门使用，急需部门只能重复购置；有的实验室是今改明拆，缺乏长远规划；有的以教学需要为由，行少数人使用之实，自然利用率就不高。

（2）管理体制落后。现行的高校管理体制还是过去计划经济体制下的管理模式，高校除了增加对学生的各种收费之外，与过去的管理模式并没什么大的区别。特别是在学校的基础设施建设方面，有的学校虽然也在表面上实行项目的招标，其实都在私下商定好了。落后的管理体制已经大大制约甚至阻止了高校的发展。传统的计划经济体制下的投融资模式已经不能满足高校日新月异发展的需要，需要有新的投融资体制与之相适应。在传统的投融资体制下，学校根本无法取得正常的融资渠道，一些学校在银行的贷款也是在政府的直接干预下取得的。

(3) 管理方法落后。虽然高校经过的快速的发展阶段，但是其管理的方法与水平并没有与学校的规模的增长而快速的增长。传统的行政干预手段依然是主要的管理方法，学校原本是以教学为主导地位，老师是学校的主力军，但现实的情况并非如此。

三、PPP在教育产业化中的作用

在高校产业化的过程中引进PPP的管理模式，可以对高校产业化产生以下三个方面的作用：

（一）解决高校发展过程的投资不足或融资方式单一问题

目前高校的发展还是依靠传统的模式，主要是依靠财政拨款、学费收入、还有银行贷款。这三种方式都存在问题，一是财政投资和学费收入的有限性。财政投资和学费收入已经远不能满足高校的快速投资增长的需求，二者之间形成巨大的缺口。二是银行贷款的风险性。我们知道，学校并不是像企业一样有着较好的盈利模式，学校的收入大部分是通过收取学生的学费来实现的，前面刚谈过，学生的学费收入是有限的，已经不能满足目前的投资需求。在这种情况下，如果通过银行贷款来进行大规模的基础设施建设，就会带来如下问题：随着贷款规模的增大，当学校不能如期归还银行贷款利息的时候，银行就会因为风险的增加而终止向学校继续发放贷款，而学校又没有其他的资金来源，势必要终止在建所有工程，从而产生一些烂尾巴工程。

公私合作可以有效解决这两个问题。首先是增加高校投资，弥补财政投资的不足。通过 PPP 可以引进民营资本到高校的基础设施中来投资，从而弥补高校投资过程中资金的不足。引进的方式有多种多样，可以根据不同的项目性质来决定通过不同的模式来引进民营资本。例如现在已经被部分高校所使用的 BOT 的形式，但是仅仅是通过 BOT 的形式来建设高校的学生宿舍，在别的地方用的还比较少见。其实还有许多 PPP 的形式都可以用来为高校进行融资。除了学生宿舍之外，同样也能用到其他设施上面，如教室、体育馆、游泳馆等。通过与民营部门的合作可以为高校引进大量的建设资金，从而解决高校建设投资不足的问题。其次是防范风险，与民营部门共同承担风险。学校通过银行贷款进行建设，是学校自己承担风险。如果通过与民营部门合作，引进民营资本进行建设，不仅可以引入了民营资本，同时也可以与民营部门共同承担风险。况且，民营部门有着比高校更强的承担建设和经营管理方面风险的能力。民营部门不仅可以投入自有资金，同样也可以通过各种形式向金融机构贷款，这与学校向银行贷款有着本质的不同。学校贷款一般是信用贷款，而民营部门的贷款一般是抵押贷款。如果资金再遇到前面所述的不足现象，民营部门除从银行贷款外，还可以通过其他渠道获得资金。例如通过发行股票或债券等从证券市场获得融资。从而避免给高校产生一些烂尾巴工程的风险。

（二）提高高校的管理效率

通过公私合作的管理模式可以提高高校的管理效率。不同形式的 PPP 可以从不同的方面来提高高校的管理效率。例如：通过 PPP 建设并管理的学生宿舍，一方面可以提高建设的效率；另一方面还可以提高对宿舍经营管理的效率。在学校单独进行建设时，往往成本相对较高并且不能按期完工。如果让私人投资建设，效率会得到大提高。在管理方面，私人部门的管理效率高于公共部门的管理效率这已经是个不争的事实。如果让私人部门对学生宿舍进行管理，其效率也会得到很大的提高。同样，在其他地方采用PPP管理模式，也会提高效率。如对学校内的花草的管理，可以采用服务外包的形式。美国民营化大师萨瓦斯对服务的外包有着深入的研究，他认为："市政部门从事同样工作的成本比承包商高88%（考虑税收效应和利润效应），换言之，市政机构的资源利用效率要低得多。"关于私人部门为什么比公共部门更有效率的研究还有史蒂文斯得出的结论："在大多数公共机构中，诸如清晰准确的任务界定、明确的工作标准和责任追究等原则并没有像在多数私营企业那样得到严格落实。这一区别似乎是公共机构和私人部门之间存在巨大成本差异的主要原因。"通过与民营的合作来提高高校的管理效率，这也正是采用公私合作管理模式的重要因素之一。我们会经常看到这样一些现象：一些校园内的花草树木种了拨，拨了又种，这已经不仅仅是管理效率低的问题了，给学校造成了极大的浪费。还有一种情况就是：学校内的正式的工人并干什么活，他们又从外面招聘临时工来做。如果学校内不设这些工作岗位，所有这样的工作都通过合同承包的方式让专业公司来做，不仅仅效率得到很大的提高，同时还会得到高质量的服务。

（三）促进高校产业化健康的发展

新中国成立以来，教育事业的发展都被认为是政府的责任，应由政府投资，政府建设及政府经营，是标准的带有公益性质的公共事业。然而，随着经济社会的发展，维持教育事业的这种制度安排已日显艰难。从表面上看，作为教育事业行业原有提供主体的公共部门的供给能力，已难以满足日益增长的需求，而其长期的投资不足又成为政府巨大的财政负担，财力不足制约了投资，使供给的数量难以增长，质量难以提高。

从前面的数字我们可以清楚的看到，近几年学生的招生数量在飞速增长，导致的结果是：学生的总数增加了，学生数增加必定要扩大学校的基础设施规模；而基础设施的扩大建设又需要巨大的资金，这时候又通过增加招生来增加收入。这就进入了一种怪圈，学生越来越多，校园越建越大，资金越来越紧张。为了增加收入，学校又要求增加招生规模，给学校造成更大的基础设施建设的压力。

财政投资的不足已经制约了高校的发展，通过扩招增加收入已经进入怪圈，银行贷款又会产生许多难以克服商业风险。

因此，公私合作是促进高校产业化健康发展的理想途径。PPP能够很好地解决目前我国高校发展过程所遇到的三大问题：①资金问题；②风险问题；③效率问题。这在前面已有论述，本处不再赘述。

四、高校产业化过程中如何采用PPP管理模式

（一）选择合适的项目

在选择一个项目决定采用公私合作管理模式时，要从项目本身的条件来决定采用哪种形式的管理模式，根据不同项目的特点来选择合适的管理形式，并不是说所有的项目都适合采用公私合作的管理模式。不同的项目有着不同的特点，同一个项目在不同的阶段也有着不同的特点。一般而言，所要准备采用公私合作管理的项目应该具备如下条件：

1.项目自身的经济性

一个项目的经济性是指该项目所产生的现金流量。现金流量越大说明项目的经济性越强，相反现金流量越小表示项目的经济性越弱。一个项目的经济性强弱是该项目能否采用PPP管理模式的一个关键条件。经济性强的项目比较容易引起民营部门的注意，相反那些经济性较弱的项目常常不能引起民营部门的注意。如果一个项目有着较好的现金流量，通过项目自身的经济性能够偿还贷款并实现盈利，这类项

目会有较多的伙伴愿意与高校来合作。如果一个项目经济性较弱，通过自身的经济性不能盈利，甚至不能还清贷款，只有通过财政的补贴才能实现盈利，这类项目相对而言就没有前面所述的项目受民营部门的喜欢。项目本身的经济性强弱是一个项目成功实施PPP管理模式的关键，对于经济性强的项目，高校会有较多的合作伙伴可供选择，对于经济性较弱的项目可能就没有那么多的合作者来参与。项目经济性的强弱可以通过西方或世界银行的基础设施可销售性指标来进行判断，一般地，可销售性指标越高其经济性越强，反之越弱。

2. 项目所要求的技术性

项目的技术性是指该项目的建设，以及运营和管理所需要的技术水平。不同的基础设施项目有着不同的技术水平的要求。对于有较高技术水平要求的项目，在选择合作伙伴时就要真对在该项目上有着较高技术水平的合作者来进行招标，以便能够引进更先进的技术。对于没有太高技术水平要求的项目，就应该向更多的合作者进行招标，以便能使成本降到更合理的位置。一个项目的技术性也是对该项目能否成功实施PPP管理模式的一个重要因素。

3. 项目所处的环境

一个项目采用PPP管理模式所需要的环境包括多个方面，如政策环境、经济环境、技术环境、市场环境等等。在这里主要谈的是市场环境，也就说，该项目所处的是一个什么样的市场环境。市场环境是指竞争性市场还是自然垄断性的市场。如果该项目所处的是竞争性的市场环境时，高校应该充分利用市场的优势，让市场充分发挥作用，而不是过多地进行干预。此时，高校合作的对象不应该是一家，而是和多家进行合作，让他们之间形成充分的、理性的、有序的竞争。如果该项目处于自然垄断的市场环境时，高校只能和一家民营部门进行合作。同样，在这种情况下也可以把竞争引进过来，如在招标合作伙伴时采用竞争招标的方式。这也称之为事前竞争。在自然垄断的市场环境下，高校在PPP管理模式中的地位和作用就会比竞争环境下大一些。

（二）合作伙伴的选择，合作伙伴的条件

有了明确的项目之后，就要确定合作伙伴。合作伙伴的选择在PPP管理模式当中有着重要的地位和作用，也是一个非常重要的环节。如果选择到了一个合适的合作伙伴，项目就会进展的很顺利，如果选择的合作伙伴出了问题，项目就会变成一个烂摊子工程。因此，作为高校在选择合作伙伴时应该慎之又慎。选择合作伙伴有一个基本的原则，就是在选择的过程中要做到“三公”，即公开、公平、公正。在选择合作伙伴时还要营造充分公平的竞争环境。

1. 选择合作伙伴时应该遵循的基本原则

（1）引入竞争机制的原则。在选择合作伙伴时要引入竞争的原则，其目的是：一方面为了能让有资格的民营部门的经营管理者，平等的参与竞争；另一方面通过竞争可以降低成本、提高效率。由于高校项目的特殊性，在经营管理中引入商业竞争的可能性不大。只有把这种商业竞争机制放在选择合作伙伴的环节上，从而改善和提高经营和管理的效率。引入竞争的方式有很多，最为常用的还是公开招标的方式。目前我国在公开招标方面，许多地方做的还远远不够规范，名义上公开招标，实际上是暗中指定。有时以故意抬高进入门槛的办法，把一些有能力的民营部门管理者排除在外。

（2）规范、透明运作的原则。在选择合作伙伴时，应该遵循规范、透明运作的原则。只有规范、透明运作才能体现公开、公平、公正的基本原则。要建立规范的操作流程，透明的运作制度。要向所有的有意愿参与和高校合作的民营部门提供统一的招商材料。由项目小组制定《资格预审公告》、《资格预审须知》等资格预审文件，并在规定的时间内向参与竞争合作伙伴的公司发送资格预审文件。通过预审后，项目小组再对通过预审的公司递交的申请文件进行初步审核，由项目组成员会同有关部门人员在完全封闭、保密的情况下，根据该项

目对合作伙伴的要求及评审的要求，对通过预审公司提交的申请文件进行全面的分类整理。然后由专家进行评分，在公证人员的监督下，根据专家的评分结果来确定最后的合作伙伴。有多种形式的选择合作伙伴，但是，应优先采用公开招标的方式，对暂不具备公开招标条件的，应更强调决策的透明性和责任制度，强调专业性中介机构的作用并强化签约前的审批制度和签约后的备案制度。

（3）公众参与机制的原则。高校在选择合作伙伴时，应该让公众有参与选择民营部门的程序，建立公众参与高校选择合作伙伴的机制。让每个公众参与没有必要也不太现实，但应该建立让更多公众参与的机制。如在该项目的受益者中，选拔出能充分体现公众意愿的代表，参加到决策小组中，和决策小组成员一起投票。至于在决策小组中所占人数的比例，还应该有待尽一步的研究。

2. 选择合作伙伴的基本条件和要求

不同的项目有着不同的特点，在选择合作伙伴时，要根据不同的项目来进行选择。

（1）应具有投资、经营和管理此类或类似项目的经验。所要选择的合作伙伴首先应具有在此类项目的投资、经营和管理的经验，特别是对于有着通过采用PPP管理模式来引进先进的管理经验的目的的项目，在选择合作伙伴时更应该注重这方面的要求。缺乏或者没有此类项目的投资、经营和管理经验的民营部门竞争者应该排除在外。如果选择的合作伙伴根本就没此类项目的投资、经营和管理的经验，也就失去了采用PPP管理模式的意义。

（2）主要管理人员应具有与项目相关的技术和管理能力。选择的合作伙伴的管理人员应具有与项目相关的技术和管理能力。管理人员所拥有的技术和管理能力，是合作伙伴参与的基础。如果所选择的合作伙伴的管理人员缺乏应有的技术和管理能力，等到与高校合作之后再从新来进行培训，这无形中就增加了合作的成本。同时也不符合采用PPP管理模式的初衷。对所选择合作伙伴管理人员具有的技术和能力应有较高水平的要求，在行业内应具有领先的地位。管理人员的技术和管理能力，在 PPP 管理模式中有着核心地位和作用。在公私合作模式中，民营部门拥有的技术和具有的管理能力是其能够与高校合作的优势条件之一。

（3）应具有与项目相当的财务实力。要选择的合作伙伴应该具有与经营管理的项目有相当的财务实力。这一方面的要求特别在有着融资目的的 PPP 管理模式的项目里会有更严格的界限。合作伙伴的财务实力与资信能力代表着其具有的投资和融资的能力。一般高校的基础设施投资都需要巨大的资金，高校之所以与民营部门合作，目的之一就是为了引进民营部门的资本投入到高校的基础设施建设中来，从而解决政府在高校的基础设施投资的不足。对合作伙伴的财务实力一般都有具体的要求，自有资金的投入一般要求不低于项目投资额的35%或更高的比例。

（4）合作伙伴应符合国家目前相关行业资质管理的一般规定。所选择的合作伙伴除了具有技术、管理、财务等方面的要求外，还应该符合国家目前相关行业的资质管理的一般规定。十六届三中全会通过的《关于完善社会主义市场经济体制若干问题的决议》中已经明确提出了“放宽市场准入，允许非公有资本进入法律法规未禁入的基础设施、公共事业及其他行业和领域。”使得民营部门有了更多的参与城市基础设施建设的机会。

3. 选择合作伙伴的程序

选择合作伙伴的程序较为复杂，不同的项目有着不同的特点。就是同样的项目也会有不同的合作形式，在选择合作伙伴时可能要采用不同的方式，不同的方式就会有不同的程序。但是，尽管程序有所不同，都会经过这样几个阶段，见图 2。

（1）方案的准备。①组织落实。成立项目领导小组，主要负责招商工作的协调、决策。同时也可委托招标公司作为招商代理，负责全过程的具体事务。②文件准备。这个阶段的主要工作是，编制《合作

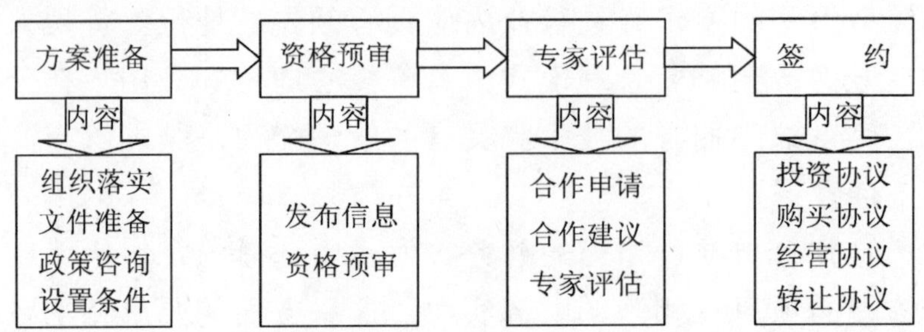

图 2

协议书》以及相关的文书和协议。在编写这些文本的过程中，应尽可能的详细、严谨、规范，并要咨询法律顾问。③政策咨询。政策咨询的主要内容包括：政府的授权、经营权的期限、税收的优惠政策、前期的工程费用、土地政策和物价政策等。项目是否成功的关键离不开政府的支持，特别是在政策方面的支持。④设置条件。根据具体项目的内容和要求，结合行业特点，对项目合作伙伴确定相应的条件。

（2）资格预审阶段。①发布信息。发布信息应该按照《招标法》规定的格式和程序，在公开媒体上进行信息发布。对招标说明书做尽可能广泛的广告宣传，确保宣传超过在专门报刊上刊登一条声明这一最低要求。从竞标消息发布之日到正式竞标，要留出充分的时间供投标商进行准备。要举办一个竞标商讨论会，解答竞标商提出的种种疑问。避免在招标书中出现过多的标价，避免以不适当的理由否决竞标商的投标。当一个竞标者出现失误时，不能让其重新提交标书。②资格预审。要由专家组成的资格预审组进行预审，在资格预审中要做到“公开、公平、公正”的原则。这里主要是排除不合格的参与者，选择符合条件的参与竞争者。这里应注意两个方面的问题：一个是要防止不合格的参与者参与部标；二是不要让合格的参与者排除在外。在这方面，有些地方曾采用抽签的方式决定参与部标者，还有些地方人为的设置一些条件，让一些合格的竞标人排除在外。这都说明了现在有些地方做的还不够规范。

(3) 合作申请与评估阶段。①招商申请。通过资格预审的参与者，在此阶段领取合作的文件，并根据合作文件的要求进行准备投资及经营管理的建议书。②合作建议书递交。参与竞争者提交投资及经营管理建议书。对递交的投资及经营管理建议书要进行规范、整理，不能使评标人从竞争者的建议书中看出是哪家竞争者所投的建议书。目的是为了让评标人能够客观公正的打分。③招商评估。这是一个重要的环节，主要有这样几个工作：首先，经过整理后的建议书，要经过竞争者的再次确认。其次是专家选择，有条件的可能采用在公证处进行随机抽签产生。专家的组成结构应由技术与管理、金融、法律等。再次是，在公证处代表的公证下，召开专家评估会进行评估。会议还可分为技术与管理、经营与管理，可分别进行独立的评估。

(4) 签约。选择合作伙伴的最后一项工作就是签订合作伙伴的各种协议。其中主要有这样几种：投资协议、产品或服务的购买协议、经营权的协议、变更协议、转让协议等等。还要根据合作的内容及合作的形式签订相关的附属协议。

总之，选择合作伙伴是一项复杂而艰巨的工作，在实际操作中可能会遇到许多复杂的问题，还需要进一步的规范。目前存在主要问题还是操作不够规范，暗箱操作的现象时有发生。选择合作伙伴是 PPP 管理模式的开始，如果合作伙伴没有选择正确，那么该项目采用 PPP 管理模式就很难达到预期的目的。

(三) 建立监管体制与绩效评估制度

1. 建立监管体制的问题

由于教育行业特殊性的存在，建立监管体制是公私合作成功的关键，对公私合作制管理模式的正常发展至关重要。建立监管体制，包括监管主体和监管对象两个方面。也就是说由谁来监管和监管什么的问题。对于监管主体三方面的要求：首先是监管主体必须具备独立性。这既是监管主体的一般组织特征，也是最重要的特征，是监管主体其他特征的基础。独立性特征要求监管主体在结构上要与政府其他部门严格分开，以独立执行监管政策。其次是监管权的配置必须协调，即监管主体与其他政府部门及监管机构间是分工协作的关系。第三是还应包括对监管主体进行监管的内容。监管的内容通常也可分为三个方面：①经济监管；②技术监管；③ 普遍服务。对于监管的对象包括二个方面的要求：一是要有利于引入竞争。二是要有完善的信息获取和传递机制，以确保信誉机制的有效。

2. 建立绩效评估体系

绩效评估已经被日益广泛地应用到经济社会的各个方面，绩效评估不是目的，它是一种有效的管理方法，通过绩效评估我们可以对公私合作进行有效的管理。无论采用何种方法进行评估，都要对所评估的结果与传统的管理模式相比较，前后比较的方法也是最直接与最有效的评估方法。萨瓦斯在其《民营化》一书中，以公共服务的合同承包为例做了大量的前后比较研究。前后比较的评估方法虽然实用，但是它有个无法克服的弱点，就是不能考察各种因素之间的相互影响关系，只对单个的效果进行比较。

建立绩效评估体系，应该包括三个方面：一是评估主体；二是评估对象；三是评估方法。作为评估的主体应该具有独立性，否则将缺乏公正性。作为评估的对象应该明确、清晰。它也应该包括评估的内容。作为评估的方法，要根据不同的项目特点来选择。对公私合作管理模式的评价并没有一个全能的评价公式，不同的公私合作管理模式的形式会有不同的评价方法。这主要是因为公私合作形式的多样性所导致的结果。

只有建立了有效的监管体制和绩效评估制度，才能确保公私合作管理模式在我国高校产业化中发挥作用。否则，不仅不能够促进高校产业化的健康发展，相反，会使得产业化既无效率又缺乏公平。因此，在高校产业化过程中应当谨慎采用公私合作管理模式。

本文参考文献:

1. 萨瓦斯:《民营化与公私部门的伙伴关系》,中国人民大学出版社 2002 年版。

2. Stevens: Comparing Public and Private - sector Efficiency, P545.

3. 世界银行:《2004 年发展报告——让服务惠及穷人》,中国财政经济出版社 2004 年版。

4. 加雷斯·D. 迈尔斯著:《公共经济学》,中国人民大学出版社 2001 年版。

5. 欧文·E. 休斯著:《公共管理导论》,中国人民大学出版社 2001 年版。

6. 王晶编著:《城市财政管理》,经济科学出版社 2002 年版。

7. 孙洁著:《城市基础设施经营的公私合作管理模式研究》,博士论文,2005 年。

8. 徐瑞娥:《完善我国财政教育投入体制问题的研究综述》,2004 年。

孙　洁

旅游业发展对优化财政资源配置的贡献研究

内容提要

旅游业的发展离不开财政的支持，财政也需要旅游业提供越来越多的收入，但这只是旅游业与财政之间基本的联系，与其他行业和财政之间的关系并无不同。我们发现财政和旅游业之间在资源配置方面存在着交集，因为财政具有资源配置的职能，旅游业具有资源配置的效应，后者对前者的贡献才是旅游业的发展对财政经济更大程度的贡献，这为理解和研究旅游业和财政之间的内在联系开辟了一个崭新的视角。

经济学中的劳动供给曲线很清晰地描述出人们收入水平提高后的行为变化：我们将工资率的提高分成两个阶段，首轮的提高是对劳动的激励，人们以劳动代替闲暇，以获得更多的收入；再度的提高则是对劳动的奖励，人们以闲暇代替劳动，用较高的收入来消费闲暇。所以，提高工资最终会带给人们消费和休闲的需求，而旅游是新型的消费品，能同时满足人们这两种需求。旅游业作为一个“朝阳产业”不只是给予个人感官上的愉悦和心灵上的净化，它为整个经济的贡献才是最值得关注的。在经济领域，旅游业有太多方面值得深入研究，本文用财政的眼光，盯住的是旅游业资源配置的效应。

一、财政的资源配置职能分析

（一）资源配置的概念及评价

资源配置是运用有限的资源形成一定的资产结构、产业结构、技术结构和地区结构，以达到优化资源结构的目标，也就是资源的使用方式和使用结构的问题。资源配置还有广义和狭义的区分，前者是对社会总产品的配置，后者是对生产要素的配置。资源配置及其相关问题是经济学研究的核心。

西方经济学为描述资源配置的“理论”状态及如何实现这种状态提供了理论依据，即一般均衡理论；又为衡量资源配置的效率提供了尺度，即帕累托最优的资源配置效率。一般均衡理论研究经济体系如何将所有市场的需求和供给在同一时间调节相等，当所有的要素市场和商品市场同时处于均衡状态时，无数决策者做出的不同最优化决策都可以和谐并存，即达到了一般均衡这一“理论”的经济状态。帕累托效率是评价资源配置的基本标准，它描述的是这样一种经济状况：即不可能通过资源的重新配置，能在不使其他任何人境况变坏的同时使任何人的境况变得更好，这样，每一种资源都有效地配置于最适宜的使用方向上，资源配置达到了帕累托效率。

（二）财政的资源配置职能

财政是政府从事资源配置和收入分配的收支活动，并通过收支活动调节社会总需求与总供给的平衡，以达到资源配置、公平分配、经济稳定和发展的目标。当代财政学研究的基本问题是政府与经济的关系问题，从经济学的角度分析这一基本问题，首先需要考虑如何提高资源的配置效率，而在市场经济下资源在市场和政府之间分配的比例标准就是资源配置的效率准则。市场经济体制要求市场应作为资源配置的基础力量，政府不可介入市场有效发挥作用的领域，只能通过经济手段间接纠正"市场失灵"。

财政资源配置的职能体现在很多方面，我国《国民经济和社会发展纲要》规定了财政资源配置的内容，包括加强农业投入、加大科技投入、基础性和公益性项目建设、对西部地区的财政支援等等。财政进行资源配置的主要工具是财政支出和税收。

目前，我国财政的资源配置职能还有待优化，"缺位"与"越位"现象比较严重，具体表现在财政资金过多地投入生产领域，在总财力有限的情况下，对基础设施、社会保障、科教文卫事业的投入严重不足，从而无法保证市场经济健康地成长，政府和市场的关系没有理顺。实际上，在很多竞争性领域政府可以完全退出，将经济实体推向市场，在竞争中磨练。

二、旅游业优化资源配置的效应分析

因为旅游业集行、游、吃、住、购、娱等多种活动为一体，具有"一业带百业"的作用和推动经济跨越式发展的乘数效应，其成本和技术含量较低，财政投入只限于先期公共品的供给，从其诸多优点来看，应给予政策扶植。中共中央十四届五中全会把旅游业确定为第三产业中积极发展的新兴产业序列的第一位，党的十六大提出把旅游业作为新兴工业着力发展，并出台了许多鼓励旅游业发展的政策和措施，其中包括取消歧视性收费、规范服务价格、建立旅游专项基金、投资支持、财税政策支持等等。下文将着重分析旅游业的经济贡献和资源配置效应，并在此基础上提出适宜的旅游业扶植方案。

（一）中国旅游业发展概况

旅游者的消费带动起旅游业的发展，旅游业的发展带动起相关产业的繁荣，最终促进旅游目的地的经济和文化的全面发展。2004 年，我国入境过夜旅游人数 4176 万人次、创汇 257 亿美元，分别居世界第 4 位和第 7 位；国内旅游人数达 11 亿人次；出境旅游人数达 2885 万人次，成为亚洲第一大客源市场。2004 年，全国旅游总收入达 6840 亿元人民币，相当于全国 GDP 的 5.02%。与此同时，旅游业对社会就业的带动作用更加显著。2003 年，我国旅游直接从业人员 649 万，间接从业人员 3244 万，从业总人数为 3893 万，占全国就业总数的 5.2%。此外，中国旅游业具备良好的投资和发展环境，截至 2002 年底，旅游业利用外资的总体规模达到 500 亿美元，约占中国各行业累计吸收外资 4500 亿美元的 11%。

据长江证券研究所的旅游行业深度报告显示，中国旅游业的增长率长期高于 GDP，并随着宏观经济波动呈现出一定的周期性，2002 年开始旅游行业进入上升周期，2003 年“非典”疫情给旅游业带来重创，经过 2004—2005 年的恢复，将于 2006—2007 年随本轮经济周期顶峰的到来进入高潮，预计 05 年旅游业总收入增长将超过 12%。2004 年，中国入境旅游恢复式增长，1—10 月入境旅游人数和旅游外汇收入同比 2002 年增长率达到 11.1% 和 14.1%，但仍然低于常年水平，其主要原因是受 SARS 和燃油价格上涨的影响。2005 年，由于团队入境游增长恢复，旅游外汇收入增长率将达到 15% 左右；农村居民收入增长、城镇居民可支配收入提高和旅游结构性需求变化等因素也将促进国内旅游的稳步增长；出境旅游受到出境政策放松和人民币升值两大因素共同影响，将继续保持爆发式增长态势。据世界旅游组织预测，到 2020 年，中国将成为第一大旅游目的地国和第四大客源输出国，中国政府制定的远景目标是届时旅游业总收入将相当于国内生产总值的 8%至 11%。

（二）旅游业对经济的贡献

1. 旅游业对宏观经济的贡献

首先，推动各资源要素的合理流动和优化配置，这是旅游业对宏观经济最重要的促进作用。旅游业的发展要依靠许多行业和部门同时提供的产品和服务，而旅游业是联系和沟通诸多行业部门的桥梁，是配置资源的重要纽带。具体来说它在产业、就业、供求、国际和地区间的资源配置等各个方面均起到很好的促进作用。其次，推动经济和产业结构的合理调整与优化重组。旅游产业与国民经济其他产业之间存在着密切的关系，其发展影响着产业结构的发展变化和产业政策的合理调整，也促进产业组织趋向高级化。再次，旅游企业、旅游者和旅游业带动的其他行业缴纳的各项税费推动财政收入和财政可支配资源的增加。

2. 旅游业对中观经济的贡献

旅游业对中观经济贡献主要体现在推动区域内部其他行业的发展，提高区域整体经济实力，还在一定程度上推动了区域改革的深化和对外开放的扩大。因为发展旅游业，区域资源利用效率和区域产业结构得到了优化，地方财政收入得以增加，区域内的企业和居民的收益、收入水平也得到了提高。而各旅游地区之间在发展阶段、发展规模及水平上存在的差别能够推动区域旅游产业自身的合理分工和布局。

3. 旅游业对微观经济的贡献

对企业来说，旅游业是成本低收益高的行业，还能享受国家各种优惠政策的扶持，所以旅游企业是直接受益者；旅游企业的发展能够带动其相关企业的繁荣，所以相关企业是间接受益者。对居民来说，旅游业最大的好处是促进就业，旅游业本身属于劳动密集型产业，可以直接提供很多岗位；旅游业的产业关联度高，可以间接扩大相关产业的就业。除了就业之外，外来旅游者的消费会提升该地的工资总额，从而提高个人的收入水平；旅游业的发展还能使居民的知识财富得到积累、审美情趣得到满足、思维能力和意志得到发展和磨练。

（二）旅游业优化资源配置的效应

旅游业资源配置的效应，具体是指旅游业对旅游目的地在资源配置方面所起的作用和产生的影响。随着旅游业的迅速发展，旅游业的资源配置效应会越来越强，本文将对旅游业在产业资源、人力资源、国际资源和地区间资源配置方面的积极效应进行分析。

1. 产业资源配置效应分析

因为旅游业高度关联和辐射带动的特点，它能够带动三大产业中的各个行业的繁荣，最终促使产业资源配置优化。旅游业及相关产业能够吸引投资、促进消费，它们容易吸引包括资金、技术、信息、人力资源等多种资源的流入；旅游者的消费将收益引向旅游及其相关产业，并带动消费总量的增加。

旅游业的资源配置具有乘数效应，原因是旅游业具有技术含量低、对资本的需求少而对其他产业的拉动巨大等特点。世界旅游组织公布的资料显示，旅游业的经济乘数效应远高于其他行业，旅游业每收入 1 元，相关行业的收入就增加 4.3 元。旅游业的消费乘数更大，国际上该乘数为 7，即旅游者每消费 1 元钱，可以带动 7 元社会消费，而在中国该乘数大约为 5。

2. 人力资源配置效应分析

旅游业可以引起庞大的人力资源流动并不断进行优化配置。就业结构总是和一定的产业结构相联的，旅游业的工资水平较高，对人力资源的吸引力巨大。旅游业是劳动密集型产业，既可以为具有丰富专业知识和技术专长的高层次人才提供岗位，也可以为知识和技能水平较低的劳动者提供就业机会。

旅游业还具有就业的“乘数效应”，据测算，旅游业每增加 1 个直接就业人员，社会就能增加 5 个就业机会。据国家旅游局统计，目前，我国有近六百万人直接从事旅游业，按照乘数计算将带动社会就业三千多万人，这不但解决了就业压力，还能连带解决与失业相关的许多社会问题。世界旅行旅游理事会（WTTC）主席让·克劳德·鲍姆加腾指出，中国旅游业在吸收剩余劳动力方面具有得天独厚的优势。

3. 国际资源配置效应分析

发展旅游业，能够吸引国际闲置资金，优化国际间的资源配置，改善对外经济关系，扩大对外经济合作，增加外汇收入，促进国际收支平衡。旅游业的创汇能力强，换汇成本低，不受各国税制限制，被称为“无形出口”收入，已经成为各国创汇的重要手段。据统计，中国改革开放 26 年来，旅游外汇收入年均增长 21%，1989 年以来的 15 年间，累计旅游外汇收入 1524 亿美元，是 26 年来旅游累计外汇收入的 93%，足见旅游业对我国增加外汇收入和平衡国际收支的贡献。

利用外资可以弥补旅游基础建设资金的不足，可以引进先进的旅游接待设备和科学的现代化管理方法，增强旅游业的市场竞争力，但也需要科学地引导外商投资在投向和区域上的合理配置，使其符合旅游业既定的发展方向和目标。

4. 地区间资源配置效应分析

国家及地区发展的不平衡是各国普遍存在的问题，发展旅游业是缩小地区差别，使落后地区脱贫致富的有效办法，因为在偏僻闭塞的地区自然和文化资源保护得较好，适宜发展旅游业。这样不仅会推动当地的通讯、交通等基础设施的建设，也会通过推动餐饮、民间工艺、商业等行业的发展，从而提升当地的产出水平，进而吸引多方投资并提高当地居民的消费总额和收入水平。总之，旅游业可以激发当地经济发展的潜力，推动该地区经济的整体发展，实现地区间的资源配置优化。

自我国实施西部大开发战略以来，西部地区条件得到了明显改善，为旅游业创造了难得的发展机遇，而旅游业集中了西部地区的比较优势和潜在后发优势，有着重要的战略意义。鲍姆加腾说，旅游业被视为西部大开发的主要催化剂，有助于吸引投资和消费，对缩小东西部之间的经济差距也将起到很大作用。

三、旅游业的发展和财政资源配置职能的关系

旅游业作为一个产业对整个国民经济的贡献巨大，它与财政之间更是有着密切的联系。除了受到财政支持和提供财政收入外，旅游业与财政之间更为深刻的联系就体现于资源配置方面。我们已经分析过，财政具有资源配置的职能，旅游业具有资源配置的效应。显然，财政和旅游业之间在资源配置方面存在着交集，这就为我们的研究提供了较好的基础。本部分我们将财政的资源配置职能和旅游业的资源配置效应联系起来，重点研究后者对前者的贡献。

（一）产业资源配置方面

财政对产业的支持是资源配置职能的一个重要体现，但财政资金是有限的，必然无法顾及到所有需要财政支持的产业，导致财政不能

进行最优的产业资源配置。但是，如果产业自身能够实现资源配置优化，不但解决了自身的问题，还能为财政摆脱困境贡献力量，这将开创另外一种局面，而旅游业正是这样一个难得的产业。

一方面，因为旅游业与很多产业有着高度关联的辐射带动关系，在旅游投资和消费时都能引起各种产业资源的流动与整合，使财政得以缩减部分产业资源配置资金用于其他方面；与此同时，旅游业的发展通过“乘数效应”拉动经济，能够带动许多行业为财政收入做出贡献，进而为财政发挥资源配置职能提供财力支持。

另一方面，旅游业的发展也离不开财政的资源配置。首先，旅游业及其相关行业的发展依赖于财政对公共品和准公共品的先期投资；其次，旅游业的过度发展所造成的环境污染和生态破坏等外部不经济的现象需要财政力量进行纠正；第三，对旅游业的某些盲目投资所造成的旅游项目雷同，重复建设和资源浪费等旅游业自身的资源配置问题，需要依靠财政的力量来引导旅游业进行资源与产品的互补式开发。

（二）人力资源配置方面

人力资源会自发流向效益好、工资高、有前景的行业，流向经济较发达的地区，这是符合市场规律的，然而造成的后果是行业和地区差距以及收入差距的扩大，只能通过财政进行收入再分配的调节。此外，经济发展的不平衡会影响就业目标的实现，而失业人口会加大社会不稳定因素，这需要财政既要创造就业机会又要稳定治安。总之，财政人力资源配置的职能主要体现在两个方面，其一是调控劳动力的合理流动，其二是创造就业岗位减少失业人口。

和产业资源配置相似，旅游业在人力资源配置方面也有独特的优势。首先，旅游业是一个“朝阳产业”，就业还没有达到饱和，自身就能吸纳大量处于各个知识层次和拥有各种技能的劳动者；其次，旅游业具有就业的“乘数效应”，其相关产业多属于劳动密集型的服务行业，能提供更多的就业机会；再次，旅游资源丰富的地区大多偏僻落后，难以吸引人才，而旅游业的发展能将大量高素质人力资源引导向贫困地区，提升地区的收入水平，缩小贫富差距。因此，旅游业在人力资源配置方面的作用减轻了财政在人力资源配置方面的负担，但是如果旅游业发展过度，也会引起旅游行业的人力资源供给过剩，需要财政出面进行再配置。

（三）国际资源配置方面

国际收支平衡是各国追求的宏观经济目标之一，而国际资源配置的优化能够促使这一目标的实现。财政在国际资源配置方面发挥了一定的作用，例如，用增加基础设施的供给、设立税收优惠等方法来吸引外资，加大对外贸企业的支持力度来增加出口等等，这些财政调节的成本不菲，但效果有时并不明显。

旅游业的优势在于它对国际资源的配置是直接的，而且效果显著。首先，旅游业对资本成本和技术含量要求较低，容易吸引国际投资者，尤其是像中国这样的被誉为“世界上最具潜力的旅游市场”的旅游资源大国，只要投资环境良好，必定吸引大量外商投资，促进旅游业的良性循环发展；其次，国外游客入境旅游在国内进行的各种消费，直接增加外汇收入，换汇成本低；再次，国内游客出境旅游，对国际商品和劳务的供求平衡、改善国际经济关系、扩大对外经济合作都有直接的促进作用。可见，旅游业的国际资源配置效应是财政国际资源配置职能最好的补充。

（四）地区间资源配置方面

地区发展的不平衡，主要表现为经济发展的不平衡，并由此引发诸如居民收入、居民受教育程度、医疗卫生条件和社会保障程度等一系列失衡问题，它们分别导致贫富两极分化、全民文化素质参差不齐、传染疾病大范围传播、社会不稳定因素增多等问题。有限的中央财政转移支付最多能改善基础设施的状况，对带动起地方经济的发展是远远不够的。

启动落后地区的旅游业之后，情况就会变得不一样，发展旅游业能够改善该地区的基础设施、吸引大量人才、提高居民生活水平、扩大就业，并逐渐解决该地区的科教文卫、社会保障等许多从前由财政解决的问题。此外，自然物质资源是人类生存发展的基础，随着经济的不断发展，发达地区的自然资源会逐渐变得稀缺，投资者终会将力量转向自然资源丰富的欠发达地区，开发这些地区的旅游资源是较好的选择之一。那时将会有大量的资金、技术、设备、人才等资源从发达地区流入落后地区，在地区之间实现资源配置的优化，进而，节约了财政转移支付的资金或提高了该资金的利用效率。

总之，发展旅游业能够直接或间接地进行多种资源配置，这实际上是市场的选择，比政府财政进行资源配置的效果要好。旅游业在市场竞争中适度发展，不但能够给财政带来大量收入，还可以节省财政支出资金，有利于财政在其职能范围内更深程度地发挥作用。但是，旅游业的发展也会产生一些消极作用，例如本文提到的旅游项目雷同、环境污染、诱发通货膨胀风险以及旅游业过度超前发展所导致的产业结构失衡等等，这些消极的影响只有依靠财政的宏观调控来纠正。此外，旅游业的发展季节性强，对突发事件反应敏感，例如“非典”危机让旅游业一度低调，这种情况下市场处于“失灵”状态，只能依靠财政的扶持来启动新一轮的快速发展。因此，在和旅游业相关的资源配置方面市场和财政应共同起作用，当市场自身能够有效发挥调节作用时，财政应该退出，转向市场失灵的领域，这正是财政职能实现的前提。

四、适度发展旅游业，充分发挥财政资源配置职能

经论证，旅游业的适度发展对资源配置和对财政都有重要意义，联系我国的实际情况，当前我们可以确立适度发展旅游业，充分发挥财政资源配置职能的目标。对于该目标的实现，本文提出如下政策建议：

（一）加大公共品的投入

发展旅游业的前提条件是在基础设施方面有充足的准备。目前，我国与旅游业相关的公共品供给明显不足，在旅游旺季，交通、住宿拥挤屡见不鲜，旅游景区的通讯不畅也司空见惯，这种状况严重打击了旅游者出游的热情。基础设施建设落后已经成为我国旅游业发展的障碍，而消除这些障碍只能依靠财政的力量。当前除了急需加大财政对公共品的投入以外，还需要加大对旅游业收益前景的宣传，吸引各方投融资。

（二）调控旅游业产品和服务的质量

旅游业具有资源配置的效应，但旅游资源的配置却不能依靠旅游业自身的力量来完成。目前，我国旅游业的产品和服务质量较低，既造成了资源的过度浪费也影响了旅游业的可持续发展。解决旅游资源配置失衡的问题，市场是无能为力的，只能通过财政手段进行直接或间接的调控和引导，具体可以采取的办法有：限制同类景观的开发，学习旅游业发展先进的国家及地区的经验，引进高级管理和专业人才，开设旅游特色化的服务等等。

（三）规范税费征收

旅游业的地域性很强，地方政府及其所属部门享有较大的权利，不规范收费现象比较普遍，给旅游企业造成沉重的负担。旅游企业除了要应对工商、城建、交通、环境等相关部门的收费外，还要应对诸如防洪基金、副食品基金、人员暂住费、劳动力安置费等等概念不清、权责不明的收费项目，如果将这些负担转嫁到旅游消费者的身上，便会影响客源，阻碍旅游业的发展。最有效的解决方法是不合理收费给予取消，有留存必要的费改为税，由财政部门监督各地的执行情况，并鼓励社会各界共同监督，对违规行为的举报实行奖励等等。

（四）保持税收政策的合理支持力度

对旅游业的税收政策支持需要保持合理的力度，要有针对性，否则会削弱税法的权威性和公平性，也容易造成旅游业的过度发展，最终导致整个产业结构的失调。当前，我国对旅游业的税收优惠经过一段时间的运作，其优点和不足已然暴露，应该保留对旅游业发展起积极作用的项目，取消容易造成旅游业依赖性的项目，作用不很明显的项目或者取消或者调整，最终确定的政策体系并非保持长期不变，而是要随着经济形势进行短期调整。

（五）推行环境保护

旅游业相对于制造业来说原本属于环保产业，但从其近期的发展看，旅游企业和旅游者的某些行为却产生了一系列破坏生态和污染环境的后果，这对旅游业乃至全社会的可持续发展都有不良的影响。当前急需对这些行为进行纠正，可以采取说服、教育、引导的方式，以避免发生严重的破坏而耗费大量的财政资金治理，那样必然会影响到其他方面资源配置的资金需要。

除此之外，前文介绍的我国对旅游业扶持的政策措施依然是科学的，关键是视其发展，把好尺度。在今后的实际发展过程中，对旅游业扶持的重心会随着具体目标的转换而发生变动，但是要想保持并加强旅游业资源配置的效应，财政行为不影响市场的调节始终是不变的初衷。

五、结　　论

本文通过介绍财政资源配置、旅游业的发展概况，通过分析旅游业对经济的贡献、优化资源配置的效应及其与财政资源配置职能的关系，得到三点结论：第一，旅游业的发展具有资源配置的效应，可以作为财政资源配置职能的补充或一定程度上的替代；第二，因为旅游业具有资源配置效应，使得财政有限的资金可以进行更大范围的资源配置，从而，财政的资源配置职能得到加强；第三，旅游业发展不足或发展过度会减弱其资源配置效应，致使财政进行再配置，浪费财政资源，所以需要财政对旅游业的发展加以宏观调控，本文对此提出了有关政策建议。

本文参考文献：

1. 陈共：《财政学》，中国人民大学出版社 1999 年版。

2. 贾康、阎坤：《转轨中的财政制度变革》，上海远东出版社 1999 年版。

3. 余永定、张宇燕、郑秉文主编：《西方经济学》，经济科学出版社 1999 年版。

4. ［美］H. 范里安，《微观经济学：现代观点》，上海三联书店、上海人民出版社 1994 年版。

5. 叶俊东、袁元：“非典难逆中国经济增势”，载中国科学院武汉分院：

《创新与实践，它山之石专刊》，2003 年第 7 期。

6. 黄晨晨：“西部开发：旅游先行、效益先行——论西部大开发中旅游业的地位和发展模式”，《旅游学刊》，2004 年 2 月 3 日。

7. 郭佩霞、黄小彤：“发挥财政职能，促进旅游业持续发展”，《西南民族学院学报》，2002 年 8 月。

8. 张兵男：“如何在市场经济中按公共财政要求推动旅游业发展”，《经济研究参考》，2003 年第 33 期。

9.《中国旅游业统计公报》（历年），国家统计局网，www.stats.gov.cn。

阎　坤　于树一

国民政府时期省以下分税制的借鉴与启示

内容提要

本报告主要研究了国民政府时期省以下分税制财政体制的实施与改革，为我国当前省以下分税制的深化和完善提供借鉴。报告分五个部分，分析研究了国民政府1928年省以下分税制未能实行的原因和造成的后果；1934年省以下分税制实施的成绩、经验和存在的缺陷；1937年省以下分税制改革中取消省级财政加强中央和县级财政的利弊；1945年中央、省和县三级财政的税种划分和财力的协调。最后进行了综合研究，认为合理划分中央和省级政府的税种是完善省以下分税制财政体制的基础，加强县市级税收是完善省以下分税制的重点，省以下税种划分不宜过多设置共享税，国家对省以下分税制应有统一的要求和基本的框架。

完善省以下分税制财政体制，是目前我国财政体制改革的一项重大任务。这项改革既是 1994 年以来分税制财政体制改革的继续和深化，也是彻底扭转县乡财政困难局面，加快解决“三农”问题，建立健全公共财政体制，推进“十一五”规划提出的建设社会主义新农村的客观要求和有力措施。在中国历史上，国民政府时期推行分税制改革时也遇到了省以下分税制的问题，并进行了多次研究和改进，其中的经验教训对当前完善与深化省以下分税制财政体制改革有着一定的借鉴和启示。

一、省以下分税制的制定与存在的问题

国民政府 1927 年成立之际，财政面临着严峻的局面：一是由于长期战争，地方政府形成独立和半独立状态，拒绝或拖延向国家解交赋税，中央财政极度困难，只能依靠税外加税来维持。二是地方财政也危机四伏。北洋政府时期，各省几乎不受国家的节制，支出成倍增长。由于入不敷出，1925 年 19 个省有 16 个省财政发生亏空，占总数的 84.21%。为了填补财政赤字，地方政府纷纷举借外债，滥发纸币，东北三省被称为“纸币世界”，各省通货膨胀极为严重。三是财政管理长期处于混乱状态，不仅中央财政税外加税，地方财政的苛捐杂税更是多如牛毛，致使工商因之凋敝，民众积怨颇深。国民政府成立后，为了整顿和统一财政管理体制，增加国家财政收入，消除地方财政危机，在既巩固中央政权又考虑到地方政府利益的原则下，选择实行了已经传入我国的西方发达国家的分税制财政体制，并在 1928 年第一次全国财政会议上做出了划分国地收支、实现财政统一的

决定。①

（一）省、县、市税种划分

1928年国民政府第一次全国财政会议，将地方财政定为三级：省及特别市（特别市属中央管辖，与省平级）、县及普通市（普通市与县平级）、镇乡。据此，会议提出将地方财政收入划分为省级收入，县、市级收入和镇乡收入。其中省级收入有7种，县级收入有6种，市级收入有14种，镇乡收入有6种。具体划分如表1所示。

表1　国民政府1928年分税制后地方财政收入划分方案

省级收入	县级收入	市级收入	镇乡级收入
省有产业收入 省政府行政收入 市镇乡土地税 渔业税 省特别估税 省营事业收入 中央补助金	县有产业收入 县政府行政收入 屠宰税 契税 县特别估税 国家和省政府补助金	产业收入 市行政收入 房捐税 营业税 普通商业注册税 车捐 船捐 码头捐 市特别估税 市公营事业收入 市公用事业特许权税 土地增价税 市罚金 国家或省政府补助金	镇乡产业收入 镇乡行政收入 镇乡房捐收入 镇乡车捐 镇乡特别估税 省和县政府补助金

资料来源：《全国财政会议汇编》，上海大东书局1928年版，第32—35页。

① 《全国财政会议汇编》，上海大东书局1928年版，第12页。

省级收入中，土地税（即田赋）是最重要的税种，广义而言土地税包括田赋、地价税、土地增值税、一切以土地为对象的捐税，狭义而言土地税指地价税和土地增值税。地价税是对田赋的一种改革，因为田赋原来主要向农民征收，而城市土地占有者（如宅地、厂地等）不纳税，为公平起见，对城市的土地按地价征税。随着经济发展和人口集中，城市土地价值比农村要高得多，且有自然增值的趋势，因此对土地征收增值税。县级收入中，契税所占比重最大，1931年各省契税收入总预算为2380.68万元，最少的也在30万—80万元之间①，成为县级财政收入中的主干税种。市级财政收入的税种比较多，重要的税种为营业税。1931年，南京市营业税为47.61万元，占总收入5811385.647万元的8.19%。镇乡收入名义上虽有6项，但没有重要的税种，基本上靠镇乡产业收入和省、县的补助金。

省以下税收划分方案通过后，会议却将是否实施的决定权交给各省，"缘各省县富力不同，情况迥异，由各省财政厅审度省财政、县财政现状于此限度内公平支配，拟定办法，呈报财政部备案"②。省级政府为了集中财力，实际上并没有付诸实践，省以下分税制实际上成了一纸空文。

（二）县乡财政出现的弊端

由于1928年省以下分税制没能实行，县乡税收仍然是原来各种税的附加，收入严重不足，加之事权不断下移，县级政府不得不自筹经费。于是巧立名目，横征暴敛，乱摊派、乱收费应有尽有，造成种种弊政。

一是开征附加税。国民政府1928年财政会议虽然决定取消田赋附加，但因县乡财政困难，田赋附加仍然照收，而且其他附加也越

① 《全国财政会议汇编》，上海大东书局1928年版，第97—99页。

② 《全国财政会议汇编》，上海大东书局1928年版，第35—36页。

来越多。省附加于上，县附加于下，名目繁多，数额巨大。如江苏如皋县正税年仅7.7万元，各种附加年收入竟达137万元，几乎是正税的18倍。税收附加极大地加重了农民的负担，如四川眉山县农民一年所得63%以上被田赋正附税搜刮而去，其中绝大部分是附加税。

二是税捐繁重。税捐繁重苛细，达到了无货不税、无物不捐的地步，不仅活人抽捐，甚至死人棺材也要交纳捐税。1934年7月国民政府要求废除苛捐杂税时，第一批废除的，江苏就有228种，税额达330多万元；广东有275种，税额达480多万元；江西有300种，税额170多万元。据国民政府官方统计，从1933年7月到1934年12月，废除的苛捐数目达3000余种，款额达3850万元。

三是层层摊派。县政府通过乡、镇、区等基层机构按一定标准向居民临时进行摊派。据统计，1933—1935年，河北全省有46个县存在摊派，数额达百余万元。其中玉田县1931—1934年间临时摊款有30万元之多。贵州某乡镇，法外零星摊派达30余种。

由上可知，此次分税制财政体制改革，省以下的体制并没有改变，县乡财政困难没有得到解决，这是国民政府1928年实行分税制时遗留的一个最大的问题。省级政府在省以下分税制中的这种做法，在社会各界引起了强烈的反响。如国民政府财政部赋税司黄端履科长认为：一省经济和社会的发展，关键在于县，“省非别有领域也，省之地即县之地也；省非别有政治也，省之事皆县之事也。欲求县政之发达璀灿，应以县能自治与否为先决问题”，“欲谋县自治之发展，又以县费之充实与否为先决问题。”他强调中央之所以将田赋划归地方所有，主要是“顾地方有省县两级，厚于省而薄于县，恐县无事可为”。“倘如现时苏省之田赋，省得最大数额，而县得最小数额，则一省全数之县，永无达完全自治之期”。贾士毅先生也指出：“地方有省、县两级，省之权大于县，支配财政往往厚于省而薄于县。省得最大数额，县得最小数额，以致田赋虽划归地方，而县之自治经费仍缺如也。"[①] 国民政府《财政年鉴》对这次分税制也给予了实事求是的评价，认为"所谓地方财政，系以省级为主体，县则附庸于省，殊无独立地位可言"[②]。

（三）省以下分税制未能实施的原因

1. 中央对省以下分税制的实施没有统一的要求

中央政府虽然对省以下的税收进行了划分，却没有要求统一实施，而是由各省根据自己的情况自行决定。这就等于纸上谈兵，因为省级政府为了集中财权和财力，往往不愿意再次对税种划分。而且，国民政府初期，地方政府半独立的状况还没有彻底改变，这也加重了省以下分税制实施的难度。

2. 省级财政的主体税种过少

国民政府1928年国地税收划分，中央收入有16种，即盐税、海关税及内地税、常关税、烟酒税、卷烟税、煤油税、厘金及一切类似厘金的通过税、邮包税、印花税、交易所税、公司及商标注册税、沿海渔业税、国有财产收入、国有营业收入、中央行政收入、其他属于国家性质的现有收入、所得税*、遗产税*。地方收入有12种，即田赋、契税、牙税、当税、屠宰税、内地渔业税、船捐、房捐、地方财产收入、地方营业收入、地方行政收入、其他属于地方性质的现有收入、营业税*、市地税*、所得税附加*。[③]

中央的税收不仅多，而且大部分是主要税种。如关税在税收中居于首位，1928年占税收总额的69%；盐税在税收中占第二位，1927年盐税占税收总额的44.7%；统税在税收中居第三位，1927年占税收总额的12.9%。关、盐、统三税成为中央税的主体，三税收入

---

① 贾士毅：《民国续财政史》（七），商务印书馆1934年版，第325页。

② 《财政年鉴》三编，第12篇，中央印务局1948年版，第1页。

③ *表示将来税种的划分，当时还没有实行。

1927年占总税收的84.6%，到1931年占总税收的97.9%。这种分税制的划分使中央的财力得到了有力的保障。地方税收以田赋、契税为主。田赋是地方收入中第一大税种，田赋划归地方后，征收额逐年增加，在各省岁入中占重要地位。1931年，山东田赋占岁入总数的60.8%，一般省占岁入总数的40%—50%。[①] 契税是地方税收中的第二大税种，每年收入各省不等，最多者如江苏省，1931年约为430万元。田赋、契税之外，其他的地方税都是一些数额小、不固定的税收。如果按照国民政府1928年全国财政会议的划分方案，把契税分给县级，其他的税再划去一部分，省级的财力就减少了一半，会出现省级财力不足的问题。在税收有限的情况下，县级财政分税制就很容易落空。

3. 重省级财政轻县级财政

省级税种有限固然是一个客观原因，但是重省轻县的传统做法也是一个不可忽视的因素。否则，即使省级财力有限，也应该把田赋的50%、或者把契税划分给县乡。可见，“省得最大数额，县得最小数额，以致田赋虽划归地方，而县之自治经费仍缺如”的现象正是“厚于省而薄于县”带来的后果。1928年国民政府省以下分税制未能实施与此也有一定的关系。

二、省以下分税制的实施及税收划分

由于县级财政亏乏和混乱达到了难以维持的地步，加快推行省以下分税制财政体制刻不容缓，国民政府不得不在1934年召开的第二

① 孙翊刚、董庆铮主编：《中国赋税史》，中国财政经济出版社1987年版，第350—351页。

次全国财政会议上把此事提到议事日程。

（一）省、县税种的划分

国民政府1934年第二次全国财政会议上，议定了《划分省县收支原则》，并由立法院通过《财政收支系统法》加以确定，县市财政由此成为独立收支系统。划分后的县级财政税收共有7项，如表2所示。

表2　国民政府1934年县市级税种改制前后比较

1928年县级税种	1934年县级税种
田赋附加	土地税（田赋附加）
契税附加	土地陈报后正附溢额田赋全部
屠宰税附加	中央拨补印花税三成
其他附加	营业税三成
房铺捐	土地改良物税（房捐）
杂捐	屠宰税
	其他依法许可的税捐

注：1934年分税制之后县财政主要收入，目前各书记载与《财政年鉴》所载有些出入，此以《财政年鉴》所载为准。

资料来源：《财政年鉴》三编，第12篇，中央印务局1948年版，第3页。

通过比较可知，国民政府初期，县级财政基本上没有什么税种，全都是一些附加税和杂捐，是省级财政的附庸。经过这次划分，土地税和田赋附加全部划给了县级财政，除此还有印花税的三成、营业税的三成，县级收入因此大为增强。特别是土地税经过整顿后，查清了原来的无粮土地、黑地，平衡了田赋负担，收入比以前有所增加。印花税一成归省，三成归县，二成接济边远贫瘠地区，作为裁减或废除苛捐杂税、减轻田赋附加的抵补。营业税三成划为县财政收入，1935年江苏省的营业税收入为490万元，按30%计算，县级财政可收入

147 万元，数目是较为可观的。加上土地改良物税、屠宰税等，构成了县级财政税收体系。从此，县级财政真正实现了独立的一级财政，对县级政府职能的发挥、地方经济的发展、农民负担的减轻都起到了一定的作用。

（二）省、县税种划分的作用与缺陷

1934 年省、县税种的划分，既有积极的作用，也遗留下很大的缺陷。

积极作用有两个方面：一是完成了三级财政的分税制财政体制的构建。我国历史上的分税制财政体制，民国初年只限于国家与省两级财政之间，县市还没有涉及到。1934 年国民政府省以下分税制财政体制的实施，最终确立了三级分税制财政体制框架，对于完善财政体制具有重要的意义。二是奠定了中国历史上县级财政的地位。在中国封建社会，县级财政是没有独立地位的，从民国开始产生了省级财政，但县（市）级财政却一直是省级财政的附庸。通过这次省、县税种的划分，使“县市财政成为独立收支系统”，县级财政才真正变为一级财政。

但是，这次省、县税种划分仍然存在着缺陷，主要是把田赋附加作为县级税收中的一个重要部分。众所周知，附加税是地方政府各种苛捐杂税产生的温床，也是致使财政混乱、阶级矛盾加剧的主要原因。1928 年国地税收划分时，颁布了限制征收田赋附加办法八条，1933 年又颁布了《重订整理田赋附加办法》十一条。1934 年国民政府第二次全国财政会议专门讨论了减轻附加税、取缔摊派的问题，议定自此以后田赋永不再增附加税，对于以前附加的各种捐税分期减除。但是，在省、县税种划分中却把田赋附加名正言顺地列为县级土地税的一个组成部分，与两次国地税收划分的政策都相悖，无疑影响了省以下分税制实施的效果。

三、省以下分税制财政体制改革

1937 年抗日战争爆发以后，国民政府为了适宜战争的需要，一方面加强中央财政的财力和财权，以利于国家财力和物力的集中与调配；另一方面简化政府机构，充分发挥县级财政筹集税收的作用。于 1941 年第三次全国财政会议上，决定将全国财政划分为中央财政与县自治财政两级，省级财政并入中央财政。从此，县（市）级分税制财政体制得到了进一步的加强。

（一）中央与县两级财政税收划分

在国民政府 1941 年第三次全国财政会议通过的税收划分方案中，中央税种有 14 种，县级税种有 12 种。详细内容见表 3。

表 3　　1941 年国民政府中央与县级财政税种划分表

国家财政税收	县级财政税收
所得税	土地税的 25%
遗产税	土地陈报后正附税溢额
地价税	土地改良物税（房捐）
土地改良物税	营业税的 3—5 成
营业税	遗产税的 2—5 成
营业许可税	印花税 3 成
契税	营业牌照税
关税	使用牌照税
货物税	行为取缔税
货物出产税	屠宰税
货物出厂税	契税附加
货物取缔税	筵席及娱乐税

续表

国家财政税收	县级财政税收
印花税 专卖收入	

资料来源：《第三次全国财政会议提案》第3辑，第126页；《财政年鉴》三编，第12篇，第3页；马寅初：《财政学与中国财政》上册，商务印书馆2001年版，第187页。

1. 中央税收的主体

这次改革，把省级财政并入中央财政后，中央财政和县级财政都得到了加强。中央的主体税种，一是所得税，1942年收入为1.97亿元，1943年增加到7.61亿元，1944年为11.45亿元，到1945年增加到了20.09亿元。二是遗产税，从1942年的100万元增加到1945年的1.11亿元。三是营业税，1942年为6.10亿元，1943年为17.85亿元，1944年为30.32亿元，到1945年增长到73.18亿元。四是印花税，1943年扩大了征收印花税的凭证范围，成为抗战时期国民政府主要税种之一，1943年为3.55亿元，1944年达到10.63亿元，到1945年增加到31.40亿元。① 五是地价税（即田赋），田赋划归中央财政后，由货币改征实物，1943年为7900万石，1944年为7000万石，1945年为5500万石。② 六是食盐专卖，1941—1945年间，国民政府通过食盐专卖、盐税及食盐附加税等共收入1515.39亿元，占同期国家税收的62%。③ 这一时期，在关税、盐税、统税三大税急剧下降的情况下，代之而起的所得税、营业税、遗产税、印花税、田赋、盐税，构成了国民政府中央财政的税收主体，适应了抗战的需要。

2. 县级税收的主体

省以下分税制财政体制改革后，县级财政的收入比以前明显增

① 杨荫溥：《民国财政史》，中国财政经济出版社1985年版，第112页。

② 中国财政史编写组：《中国财政史》，中国财政经济出版社1987年版，第551页。

③ 中国财政史编写组：《中国财政史》，中国财政经济出版社1987年版，第543页。

加。虽然田赋全部划归中央财政，但仍然从中央财政分得土地税（田赋契税）的 25%，遗产税的 3.5%，营业税的 30%—50%，印花税的 3%。这些都是当时主要的税种，分成后也很可观。此外还有土地改良物税（房捐）、营业牌照税、使用牌照税、行为取缔税、屠宰税五个独立税种。县级财政还有来自中央财政为数不少的补助，如 1940 年中央财政补贴占县财政年度预算的 34.98%。再加上公营业及事业盈余收入、物品售价税等，县级财政收入比以前大为改观。这一效果在当时得到了充分的肯定："财政收支系统自经此次改订，系统较前明确，国地财政亦得各遂其发展。同时县市财政，复经督促整理，规模大具，对于促进地方自治，利赖殊多。"①

（二）省以下分税制改革后的变化与作用

1941 年确定的两级分税制是在抗战期间特殊情况下实行的，而且分税只限于中央和县财政两级之间，这对于财政的运行机制产生了很大的影响。

首先，省级财政的作用被取消。所谓地方财政，原来主要指省级财政。省级财政全部归并到了中央财政后，省级财政成为中央财政的一部分，"省之收入，即中央之收入；省之支出，即中央之支出"。省级不再有财政预决算，每年度支出的数额在各省平均发展的原则下，由中央财政拨付。具体办法是：国家在每年度开始前，核定各省在该年度内应办的事业。未经核定的事业，各省认为急需举办，其经费在省总概算 20%以内者，各省在每年度开始之前，遵照国家核定的应办事业，估计其必要经费，编制普通政务预算及特别建设预算，呈财政部核定。这一时期，省级财政支出大部分为公教人员生活补贴的行政费，事业费支出极少。如福建省文教建设经费 1935 年占总支出的 10%左右，1942 年两级分税制之后仅占 6%。

---

① 《财政年鉴》三编上册，第 12 篇，中央印务局 1948 年版，第 1 页。

其次，加强了中央财政的实力和权限。在抗战时期，由于国民政府原来的主干税种关税、盐税、统税比以前锐减，中央财政收入在财政总收入中所占比重急剧下降。如1940年，国税收入占总收入的比重下降到5%。省以下分税制改革后，由于把省级的税收划归中央财政，又将原来属于县级财政的田赋也收回中央，从而增强了中央财政的收入和对物资的筹集权限。

再次，巩固了县市财政的地位。1934年省以下分税制的实施，使县级财政得到确立和发展，这次省以下分税制的改革使县级财政收入进一步增加，对巩固县级财政的地位起到了重要的作用。这一时期，县级财政有了自己独立的预决算，如县财政办法草案中规定，县地方收支应根据县各级组织纲要及中央现行法令的规定确立预算；县地方预算送县参议会审议，获得同意再由县长呈报县政府核定。县级财政具有独立的预决算，说明这一时期县财政的财权和财力得到进一步加强。

1941年省以下分税制改革的作用，适应了战时需要，保证了抗日战争的胜利，对于中华民族的发展是有积极作用的。马寅初先生曾就此评论说："就中央方面言，由于省级财政之归并于中央财政系统，原属地方之田赋与营业税，及契税收入列为中央收入之大宗。同时因为田赋改征实物，军粮公粮不虞匮乏，有助于抗战者至巨，确实收到相当成效。"①

四、省以下分税制财政体制的调整

1945年，抗日战争取得胜利，中国政治、经济、军事形势发生

① 马寅初：《财政学与中国财政》，商务印书馆2001年版，第168－169页。

了新的变化，两级分税制与新形势发生了不适应。一是中央财政不需要再像战时那样为应付战争供给而集中财力物力，医治战争创伤、发展地方经济成为重点。必须“使中央与地方平衡发展，尤在使人力财力逐渐转向地方，一矫过去头重脚轻之弊”①。二是需要省级财政在地方自治中发挥作用。在正常时期，省是居于国家与县之间的一级政府，是地方政府的首脑机构，无论在政治上还是经济上都不可或缺，没有省级财政就很难起到促进经济发展、保障社会安定的作用。三是中央集权过度会造成地方“滥权”产生。重要税源悉归中央，地方财政没有主要来源，就会使摊派苛政大兴，财政制度混乱，最终导致中央财权旁落。要消除“滥权”，就必须处理好“集权”和“分权”的关系。由于上述原因，国民政府于1946年召开了第四次全国财政会议，决定取消抗战期间实行的两级分税制财政体制，恢复原来中央、省、县三级分税制财政体制，并对省以下分税制进行了重新调整。

（一）调整后的省以下税收划分

国民政府1946年以后的分税制，中央税收有10种，省级税收有3种，院辖市税收有9种，县市级税收有10种。具体税目如表4所示。

表4　　1946年国民政府分税制税种划分表

国家税种	省级税种	院辖市税种	县市税种
营业税（院辖市总收入的30%） 土地税（县市收入的30%和院辖市收入的40%构成）	营业税（总收入的50%） 土地税（县市收入的20%） 契税附加	营业税（总收入的70%） 土地税（总收入的60%） 契税及契税附加 遗产税（中央拨	营业税（省拨给总收入的50%） 土地税（总收入的50%） 契税 遗产税（中央拨给30%） 土地改良物税（房捐）

① 《财政年鉴》三编上册，第1篇，第43页。

续表

国家税种	省级税种	院辖市税种	县市税种
遗产税（总收入的55%） 印花税 所得税 特种营业税 关税 货物税 盐税 矿税		给15%） 土地改良物税（房捐） 屠宰税 营业牌照税 使用牌照税 筵席及娱乐税	屠宰税 营业牌照税 使用牌照税 筵席及娱乐税 特种课税

资料来源：《财政年鉴》三编下册，第12篇，第2页。

（二）调整后省以下分税制的新格局

1. 主要税种由中央与省、市、县共享

共享税有营业税、土地税、遗产税三种。营业税修改后于1946年8月16日公布实施，由于“税源丰富，征收简易，自中央接管整顿后，税收税政，日益良好”，成为国民政府主要税种之一。1946年预算数额为400.99亿元，实征数额为646.51亿元，超额245.16亿元。[①] 1946年6月，决定将营业税划归省级，从本年7月1日起由地方征收，中央和地方分享。《财政收支系统法》规定：省级财政的营业税留总收入的50%，另外50%拨给县市财政，行政院所辖市的营业税留总收入的70%，其余30%上缴中央财政。

土地税包括田赋、地价税和土地增值税，历来是国家的重要税种之一，1946年划归地方征收，也采取中央与地方共享的办法。院辖市的土地税留总收入的60%，其余40%划归中央财政；县市级的土地税留总收入的50%，其余30%划归中央财政，20%划归省级财政。

① 《财政年鉴》三编上册，第4篇，中央印务局1948年版，第47页。

院辖市土地税与中央财政分享，县市土地税与中央、省级财政分享。

遗产税自1942年开征，至1946年底各收复省区预算大都超收，“前途极有希望”。1946年预算额为26.14亿元，实征37.66亿元，超过十几亿元。[①] 遗产税划为中央税，但中央财政以其总收入的30%划归县市，15%划归院辖市。即中央财政占有55%，其余45%划归地方。

2. 中央税收占优势

中央财政除与省、市、县分享主要的税种外，还有货物税、关税、盐税、印花税等，这也是一些主要的税收。(1) 货物税。战后居于税收的首位，1946年货物税收入预算额为20.25亿元，占当年税收的32.3%；实际征收额比预算额增长了1倍，占当年税收的35.1%。(2) 关税。由抗战时期的下降趋势开始回升，所占税收总额的比重从1946年的16%上升为1947年的18.6%，到1948年上半年达到了22%，一跃居税收的第二位。(3) 盐税。虽然一直没有恢复到国民政府初期的首要地位，但其收入也是可观的，名列税收的第三位。1947年预算额为53亿多元，占税收的15.9%。(4) 印花税。1946年预算额为300亿元，实征484.54亿元，超过了184亿元。[②] 中央财政除与地方财政分享的收入外，又拥有众多的主要税种，在中央和地方的财政分配中处于绝对优势。

3. 地方财政收入处于弱势

与中央财政相比，地方财政却处于弱势。特别是省级财政除与中央分享的营业税和土地税之外，只有契税附加。院辖市、县市财政除与中央分享的税收外，剩余的都是一些历来属于地方的小税，也没有主要的税种。在地方财政中，省级财政的实力仍显得薄弱，院辖市与县市实力旗鼓相当，而院辖市稍占优势。

---

① 《财政年鉴》三编上册，第4篇，中央印务局1948年版，第41页。

② 《财政年鉴》三编上册，第4篇，中央印务局1948年版，第44页。

五、国民政府省以下分税制的得失借鉴

从1928年到1949年，国民政府分税制财政体制实行了21年之久，从财政体制建设的探索来看是值得肯定的，同时也存在着一些不足之处。其间的得失对我们目前进一步深化省以下分税制财政体制改革具有一定的借鉴作用。

第一，合理划分中央和省级税种是完善省以下分税制财政体制的基础。分税制的核心内容之一是税种的划分，过去和现在都是如此。国民政府初期，分税制在税收划分上存在着重中央轻地方的倾向，仍然有“集权”和“集财”的传统做法。主要的税收全归中央，省级都是细小零碎、收入很低的税种，无统一名称，无统一制度，无统一税率，致使省级政府没有主要的税种划分给县市，造成县市财政入不敷出，徒有虚名，沦为省级财政的附庸，并引起地方苛捐杂税的繁多，从而加重了农民的负担。所以，中央财政与省级财政合理划分税种，对县市财政的好坏有着直接的关系。我国1994年在分税制的税种划分中，也存在着重中央轻地方的倾向，主要的税种归中央，省级财政的主要税种少，进而造成县级财政无主体税种，影响了省以下分税制的实施效果。在进一步完善省以下分税制财政体制时，首先要根据事权和财权相统一的原则，合理调整中央与地方的税种划分。在考虑省级主体税种时，一定要把县级的主体税种包括在内，为省以下分税制的有效实施打好基础。

第二，加强县市级税收是完善省以下分税制的重要环节。县市级财政是地方财政的主体，也是省级财政的基础，县市级财政发展了，省级财政自然就会壮大起来。国民政府在1934年吸取了1928年分税制的教训，把土地税（土地税未实行前为田赋附加）这一主体税种划

归县市，改变了其附庸地位，使之成为一级财政。1941 年，把省级财政并入中央后，进一步加强县级财政，缓解了县级财政困难，减轻了农民负担，省以下分税制取得到了较好的效果。1946 年恢复三级分税制以后，县市得到的土地税分成由以前的 25%增加到 50%，营业税达到 50%，县级财政并没有受到太大的影响。目前我国省以下分税制呈现“头重脚轻”的格局，主要的税种划归省，细小的税种归并到县，而且财权一步步集中到省，事权一步步下放到县，县级政府财权远远小于事权。这不仅是县市财政困难的根源，也是农民负担出现反弹的隐患。今后在完善省以下分税制改革时，一定要消除重省级轻县级的倾向，把县市财政作为地方财政的重点。保证县级财政拥有一定的主体税种，使其形成县级税收体系，以加强县级财政收入。

第三，省以下税种划分不宜过多设置共享税。1946 年国民政府在税种的划分上采取了主要税种共享的办法，这种做法有三个负面影响：一是大宗税种遭受割裂，造成各级政府都缺少主体税种；二是国家与地方财政之间出现提解划拨、错综复杂、支离破碎的局面，不利于管理；三是利益共享有大锅饭的性质，不利于刺激经济的发展和组织税收的积极性。我国目前也存在省和县市共享税过多的问题，甚至出现省和县市再次分享中央和省级共享税的情况。因此，省以下分税制中税种支离，你中有我，我中有你，但都没有主体税种。国民政府时期的教训应该吸取。

第四，国家对省以下分税制应有统一的要求和基本的框架。分税制基本框架的建立，可以防止县市分税制流于形式，避免体制上五花八门、杂乱不一的现象。国民政府 1928 年的分税制说明，省以下分税制如果由省级政府根据各自的情况决定是否实施，很容易成为一纸空文，或流于形式，或趋于混乱。我国 1994 年对省以下分税制的实施也是这样要求的，结果是形式各异，极不规范，实践证明效果不佳。完善省以下分税制再不能各行其是，国家要建立基本的框架，制定统一的要求，在此基础上体现灵活性。

财政科学研究所财政史研究室
《国民政府时期省以下分税制的借鉴与启示》课题组
课题指导人：苏　明
课题主持人：赵云旗
课题组成员：申学锋　柳　文　史　卫
课题执笔人：赵云旗

提高我国劳动者劳动报酬与收益水平有利于经济社会持续健康发展

——理顺人力资本与物质资本的收入分配关系

内容提要

由于在国际上我国劳动者的劳动报酬属于低水平，职工工资增长比GDP慢一倍，固定资产投入多，教育经费投入少，劳动者基本得不到收益性分配，因此适度提高劳动者报酬有利于我国经济社会持续、协调、健康发展。

一、我国劳动者劳动报酬的历史演变

（一）简要回顾

我国城镇就业劳动者1949年为1533万，城镇失业人员为472万，失业率为23.6%，1957年为3205万（职工为3102万，个体劳动者为104万）1958年猛增为4534万，从农村招工进城2000万，1964—1965年动员13万青年支边，1966—1976年动员1700万人上山下乡，后来又从农村招工1300万进城就业，1978年落实政策回城等因素构成城镇社会劳动者为9514万（职工为9499万，个体劳动者为15万），待业率为5.3%，1989年城镇社会劳动者为14390万（职工为13742万，个体劳动者为648万），待业率为2.6%，2004年城镇就业者为26476万（其中：在岗职工为10576万，国有单位为6438万，城镇集体单位为851万，其他单位为3287万，个体为15900万），城镇登记失业人员为827万，失业率为4.2%。由于我国人口多特别是农村人口多，社会就业压力除了一方面来自城镇新增劳动力，另一方面来自2亿多农村剩余劳动力，可见我国城镇劳动者的组成与其报酬始终与农民工相互关联，加上经济基础薄弱等原因，国家就采取了高积累、低消费，广就业，低工资的政策，虽然工资改革进行了五、六次，实际上变动幅度不大，据统计，从1989—2004年职工实际平均工资比上年增长幅度，全国平均为7.7%，其中：国有单位为7.7%，城镇集体单位为5.4%，其他单位为6%，而同期国民经济GDP全国平均增长幅度为9.1%以上。

（二）劳动力低成本的优势与贡献

改革开放以来，我国实施全方位、宽领域、多层次的对外开放政策，引进外资、技术、人才和管理经验，由于我国劳动力成本较低，政府提供的土地、工商管理、交通、电力等条件好与税收优惠多，每年又有 1 亿左右的农民工涌向东南沿海城市打工，进城的农民工每月收入平均水平只有 600 元左右（每小时约合 0.3—0.4 美元），平均只为城镇在岗职工的 40%—60%，构成了我国阶段性的劳动力低成本的优势。在计划经济体制向社会主义市场经济体制转变的作用下，现今我国 GDP 的 1/3 和 4/5 的新增就业岗位都是由非公有制经济提供的，对国际资本特别是港澳台商的制造业和贸易业具有极大的投资吸引力，争先恐后将其工厂、企业和基地转移到我国沿海广东、海南、福建、上海、江苏、浙江、北京、山东、辽宁各地，在他们得到丰厚回报的同时，对我国经济社会发展起到了很大的推动作用。1978—2005 年累计实际利用外资达到 6224 亿美元，列全球第二位，国内外商投资企业已超过 50 万户，全国 CDP 从 3624 亿元增长到 18.23 万亿元年均增速为 9.4%，列全球第五位，外贸进出口总额从 206 亿元增长到 1.42 万亿元列全球第三位，外汇储备从 1.67 亿元增长到 8189 亿元列全球第一位，致使我国获得了综合国力增强，国际威望提高，人民生活改善等巨大成就，这与劳动力低成本的重大贡献密切相关。

（三）新阶段的新挑战新出路

过去我国由于受到计划经济体制与平均主义的残余影响，职工工资未能在发展生产提高劳动生产率的基础上逐步增加，始终滞后于经济增长幅度，现在我国人均达到 1700 美元的发展新阶段，一要保持在发展的黄金时期经济持续平稳健康的从量的增长方式转变为质的增长方式，二要在社会矛盾的多发时期及时地缓解城乡之间地区之间贫富之间收入分配不公的矛盾，以利和谐社会的建设。从这个大局出发，在科学发展观的统领下，重新认识与调整投资、出口和消费这三驾马车的关系，把主要依靠投资与出口转变为投资与消费、外需与内需相互协调拉动上来，至于过去劳动报酬上存在的平均主义的低、乱、死和隐形分配等问题，只有坚持深化改革加以逐步解决。据劳动和社会保障部2006年3月对25个省48个县调查显示，75%的人外出打工者2006年预期月工资为1189元，从2003年起困扰东南沿海的“民工荒”未见缓和，2006年福州市近6万个岗位招聘女工每月800元无人问津。由于企业实行计件工资制，农民工每天工作十几个小时也难超千元。据中国社会科学院2005年调查分析，1978—1998年中国持续20年的经济高速增长中，资本的贡献率为28%，技术进步和效率提升的贡献率仅为3%，而劳动力的贡献率高达69%。认为中国劳动力已经开始从“无限供给”转向“有限剩余”。2004年中国劳动力供给增长率首次出现下降，预计2011年劳动力供给不再增加，2021年劳动力总量开始减少。国家发展和改革委员会主任马凯2006年3月19日在中国发展高层论坛2006年会上说：“着力改变目前存在的职工、特别是工人最低工资制度上存在不合理的问题，最低工资水平过低，几年不提高等情况都要逐步改变。”“我国公务员不论与国内各行业相比还是与海外公务员相比，收入都是偏低的。虽然在1985年到2003年国家曾对机关和事业单位工作人员的工资制度进行过八次调整和改革，但我国公务员工资仍然偏低。以2003年为例，全国公务员的年平均工资为15487元，而国家统计局公布的2004年全国城镇单位在岗职工年平均工资为16024元。2003年之后，公务员就没有再统一调整工资。”又说：“尽管有观点认为，正是长期的低工资所带来的低成本竞争优势才造就了广东、浙江的经济神话，一旦中国全民提升人力支出，中国产品的国际竞争能力将大打折扣。但实际情况是，在目前国际市场竞争加剧的环境下，单一的低成本无法再具有竞争优势，有时反而会成为竞争者指责中国商品倾销的口实，为此，中国经济就要转变曾经单一倚仗的低成本竞争优势而转向依靠创新、品牌等综合竞争优势”。提高最低工资标准除了增加居民收入具有扩大内需的作用外，更具有促进社会和谐发展的重要意义。

二、我国劳动者劳动报酬的现状

（一）我国职工工资增长比 GDP 慢一倍，职工工资占 GDP 比重下降 1/3

根据国家统计局于 2006 年 1 月 9 日对 GDP 历史数据修订结果的公告，我国 GDP 1993 年为 35334 亿元到 2004 年增长为 159878 亿元，增加了 3.52 倍，而同期职工工资总额从 4916.2 亿元到 2004 年增长为 16900.2 亿元，增加了 2.44 倍，11 年来慢了一倍多；职工工资总额占 GDP 的比重 1993 年为 17.28%下降到 2004 年的 12.16%，在国民经济中的份额减少了 5.12 个百分点，将近 1/3 左右。再以 2005 年全国 GDP 增长 9.9%，而城镇居民可支配收入比上年增长 9.6%，农村居民纯收入只增长 6.2%衡量，也是居民收入滞后于经济增长。如果把农民工与城镇固定工相比较，虽然他们的总人数相当，但工资相差一倍多，若从整体上分析，我国劳动者的劳动报酬与收益水平更低，根据国家统计局数据，我国 2002 年有 1 亿多农民工，当年其总收入为 5278 亿元，人均月收入为 439 元，寄回农村为 3274 亿元占 62%，到 2004 年全国农民工人均月收入为 539 元，同期城镇职工人均月工资为 1335 元。

（二）我国固定资产（物质资本）投入多，教育经费（人力资本）投入少

我国从2000年到2005年期间，GDP总额每年增长率（%）分别为10.6，8.3，9.1，10.8，10.1，9.9，而同期固定资产投入额增长率（%）分别为10.3，13.0，18.9，27.7，28.8，25.7，固定资产投资总额占当年GDP的比重（%）分别为33.2，33.9，36.2，48.3，44.1，48.6，但是，作为人力资本投入主体的全社会教育经费的年增长率（%）分别为14.9，20.5，18.2，13.3（2004、2005年缺数下同），同期教育经费占GDP的比重（%）分别为3.88，4.23，4.55，4.57，属于财政性教育经费占GDP的比重（%）分别为2.58，2.78，2.9，2.84。我国人力资本与物质资本的形成，长期以来不能同步增长，物质资本投资年均增长率1952—1978年为10.64%，1978—1994年为15.52%，而同期人力资本投资年均增长率则为7.45%和11.94%。从物质资本、人力资本和技术进步三项对经济增长的贡献率（%）来观察，上世纪末中国与亚洲“四小龙”情况大体一致，即最大贡献来源于固定资产存量的增长，基本占2/3左右，而人力资本存量增长的贡献占1/3左右，技术进步的贡献基本上很小，中国只占1.9%；而美国三项比例则分别为23、34和42，日本为48、9和42，法国为33、3和63。数据显示，我国重视物质资本投入，而轻视人力资本投入。

（三）在国际上我国劳动者的劳动报酬属于低水平

根据瑞士国际管理发展学院编著的《IMP世界竞争力年鉴2002》资料，首先，分析2001年各国每个制造业工人每小时全部报酬（美元）最高的是德国为22.2，次之是美国为19.86，第三是日本为19.51，最低的是印度尼西亚为0.14，巴西为1.27，印度为0.78，我国排在倒数第三名为0.53，而德国、美国、日本、巴西、印度相当

于我国的倍数分别为42、38、37、2.5、1.5。其次，分析2001年世界上47个国家服务性职业的报酬（年收入，美元），其中银行信贷员、部门经理、初级学校教师、秘书等岗位，最低水平是印度分别为2400、10200、1700、2500，最高水平是瑞士分别为65100、85150、60100、38900，我国分别为5800、12300、2900、5300，瑞士相当于中国的倍数分别为11、7、21、7。再次，分析2001年世界上47个国家的经理层报酬，其中首席执行官、工程师、生产主管、人力资源主管等岗位，最低水平是爱沙尼亚分别为34554、10092、21154、20982，最高水平是美国分别为580601、135400、355718、291149，我国分别为55322、23304、42242、34130，美国相当于我国的倍数，分别为10、6、8、9。当然经济水平决定工资水平，但不能与国外差距过大而影响人才凝聚力，需要随着经济快速发展而有所增长。

（四）我国劳动者基本上得不到收益性分配

我国劳动者作为人力资源的所有者享有相应的权益，包括劳动力的所有权、使用权、自主流动权、补偿保全权和收益权等，只有社会主义制度才能真正实现劳动者的主人翁地位，而所有权是收益权的前提与基础。工资性的所得不是收益性的分配，它与生产过程中消耗掉的生产资料需要扣除补偿一样，是消耗掉的人力补偿价值，是对消耗掉的劳动自然力（体力与脑力）给予必要补偿而进行的生产性分配，对劳动的资本力（创造出的新价值即税后净利润）应获得收益性分配，现行企业财务会计体系基本上未作反映，实际上国有企业没上缴给国家财政，非公有企业的生产资料所有者也基本上没有分配给劳动者，留下滚动作为企业扩大再生产的投资基金、风险基金和其他消费，这也是我国历年投资过热难降的资金与制度根源。2004年我国全部国有及规模以上非国有工业企业净利润达到11341亿元，相当于1998年8倍，当年销售收入相当于1998年2倍，而净利润占销售收入的比重为6.04%，从业人员减少了97万，人均净利润为18596元；

其次，2004年国有及国有控股工业企业净利润达到5312亿元，相当于1998年的10倍多，销售收入相当于1998年2倍多，而净利润占销售收入的比重为7.45%，从业人员减少了1700万近一半左右，人均净利润为25934元；2004年三资企业净利润达到3455亿元，相当于1998年8倍，当年销售收入相当于1998年4倍，而净利润占销售收入的比例为6%，从业人员增加了670万近乎一倍，人均净利润23917元。2004年国有和非国有及三资企业的年人均净利润达到1.8万—2.6万元之间，相当于职工年人均工资1.6万元的1.1—1.6倍，这样大的财富与创造它的劳动者基本上无关。

三、适度提高劳动者报酬，有利于我国经济社会持续健康发展

适度提高劳动者劳动报酬与收益水平，从宏观上分析，有利于理顺消费与投资的结构关系，有利于遏制消费比重下滑的趋势，有利于实施扩大内需方针，可以防范和减轻通货紧缩的压力，从而有利于生产、流通、消费的良性循环。我国投资比重（%）过高，消费比重（%）过低，而且还逐年有所扩大，如两者比值1978年为38.2和62.1，到了2004年变化为44.2和53.0（2005年更下降为50%左右），全国人均消费水平与人均GDP水平，均以1978年为100，到了2004年则分别为585.4和760.0，前者滞后于后者180个百分点，说明我国消费水平与经济发展水平不是同步增长的。虽然把投资放在首位拉动了GDP的增长，27年来我国人均GDP达到1700多美元，经济年均增长率保持9.4%以上的高水平，我们在肯定成绩的同时也需要冷静地看到我国消费比重下降了9个百分点，投资比重上升了6个百分点的风险。投资几次过热造成粗放型经济增长方式，形成资金高投入、

资源能源高消耗、环境高污染、费用高成本和经济低效益的“四高一低”现象。与目前国际上比较，我国消费比重也是过低的，如世界银行《2005 年世界发展报告》称：全球消费比重（%）为 79，低收入国家为 81，下中等收入国家为 71，上中等收入国家为 78，高收入国家为 81，比我国高出二三十个百分点。说明了我国经济过分的依赖投资与出口，长期轻视扩大内需与国内消费。目前我国外贸依存度达到 70%左右，而经济强国美国只有 22%，日本只有 15%。再进一步说，我国生产与流通领域存在着不顺畅和一定的“过剩”现象，据统计，目前 600 种商品中没有一种是供不应求的，其中：172 种供求平衡占 28.7%，428 种供大于求占 71.3%，主要是纺织品、文化用品、日用品、交通工具、通讯用品等。另外 300 种生产资料中 66 种供过于求占 22%，213 种供求平衡占 71%，21 种供不应求仅占 7%。

适度提高劳动者报酬，从远景规划分析，有利于贯彻落实科学发展观以人为本和“五个统筹”的远景规划，有利于贯彻落实立党为公和执政为民的根本宗旨，让广大人民，尤其是广大农村群众享用改革开放带来的看得见摸得着的好处与实际利益，有利于社会公平与稳定，真正体现我国政府为人民提供公共产品与公共服务的职能作用，有利于全面建设小康社会与构建和谐社会：从 2006 年人大政协两会观察，全国上下都在关注民生问题，国务院扶贫办公室主任刘坚谈到扶贫任务艰巨性时说：到 2005 年底，全国农村没有解决温饱的贫困人口为 2365 万人，他们的年收入上限 683 元仅是全国农民人均收入 3255 元的 20%；低收入贫困人口还有 4067 万人，他们的年收入上限 944 元仅是全国农民人均收入的 29%。按照国际标准，我国的贫困人口总数仅次于印度，列世界第二位。对于 1.2 亿的农民工都受到政府多项关怀和支持，如：上海市规定了最新小时工工资指导价位，又如：对城镇居民就业和农民工劳动工资支付保障机制，对其各种劳动保险及其子女教育等问题多种优惠政策，再如：对于老龄人口也有照顾政策。国家尽最大努力让城乡居民收入差距不再扩大，“十一五”

规划要求城乡居民收入增长速度均保持在5%，不能让过去城镇为8%以上，而乡村为4%以下的现象继续存在；对于看病贵、看病难的问题也正在进行改革，实施农村合作医疗制度，严格管理医药卫生部门的收费标准，施行调低医疗价格等政策措施，我国公共财政调整支出结构，加大对新农村建设的投入，加大对贫困地区和贫困人口的转移支付力度，加大对公共卫生、教育、环境保护和社会保障的资金投入等，金融业也为贯彻“十一五”规划调整了信贷资金的投向，关注农村与卫生和教育事业的需要。

适度提高劳动者报酬水平，从发展知识经济分析，有利于我国中长期的人才强国战略和自主创新科技的发展，有利于人力资源的开发，有利于教育资金投入的增长，有利于我国科学技术事业的发展和人力资本的积累：经济发展中最重要的因素是人，特别是掌握一定的科学技术知识和技能的人，我们要依赖人力资本的积累，知识将成为经济社会发展中起决定性作用的因素，特别是我国正处于经济全球化、知识经济和信息化时代，知识就是有智慧人脑的积淀、知识劳动者的才能。有的专家根据美国1909—1949年的统计资料，测算出技术进步对经济增长的贡献率超过80%，并发现其中有60%依赖于劳动者受教育水平和培训的因素。但是，我国教育支出占GDP的比例很低，2002年为3.41%，2004年为2.79%，2005年仅为2.16%，按1993年国务院颁布《中国教育改革和发展纲要》提出国家财政性教育经费占GDP的比例到2000年达到4%的目标，至今未能实现，如果达到4%的目标教育经费将是7300亿元以上。这里必须看到我国在科学技术投入方面的差距，按国家规定在2000年研究与开发经费(R&D)占GDP的比例达到1.5%的目标，而实际上从2000—2005年比例(%)分别为1.0，1.07，1.23，1.31，1.44，1.3，始终未能实现。“十一五”规划要求，若要在2010年达到2.0%，2020年达到2.5%，尚须做出很大的努力。

四、对策思考与建议

（一）充分认识发挥教育工程与科技工程在人力资源开发和人力资本积累中的重大意义

我国是一个人力资源大国，但不是人力资源强国，要实现人才强国战略，必须充分认识人力资源开发的重点是人力资本的积累工程，就是加强全民族的教育工程。但是，从我国2000年劳动者文化水平构成观察，我国劳动者文化素质较低，其文化程度小学及以下的，在全国、城镇和农村的比重（%）分别为43、15、54，初中的分别为35、41、32，高中和中专的分别为19、35、12，大学及大专的分别为4、8、2，其中工程师以上的分别为0.9、2.6、0.3。各国经验证明，加大教育工程投入力度，提高人口文化科技素质是“一本万利”的工程，这点从资源缺、国土少又在第二次世界大战中受到严重破坏的日本和德国在不到半个世纪里，快速发展成为全球仅次于美国的第二、第三经济强国已经得到证明，他们的经验就是“物质资本毁灭了，还有雄厚的人力资本”，依靠有知识有智慧的各类科技人才，使经济得以快速振兴起来。回顾我国在投入上多是“见物不见人”，重视眼前利益而忽视长远后劲，需要扭转重视固定资产投入轻视教育工程投入的偏向，如2005年我国固定资产投资占GDP的比例高达48.6%，教育工程投入只占2.16%；而90年代各国教育经费占GNP的比重（%）世界平均水平为5.1，发达国家为5.65，发展中国家为4.32，我国最高的1991年仅为3.02；同时也要充分认识加强科学技术的研究与开发（R&D）占GDP的比例的重要性，我国2004年只有1.3%，低于原来规划的要求，也低于国际一般水平，2000年日本为3.11%，美国为2.68%，韩国为2.65%，德国为2.46%，法国为2.14%，我国处于弱势地位，我国经济要持续健康发展，不但要引进和吸收先进技术，更为重要的是原始自主创新，用中国品牌占据世界科技制高点。我们的祖先有四大发明为人类做出了贡献，相信在新世纪里我国科技工作者也会为人类做出更大的贡献。

（二）要建立劳动报酬与收益分配的长效增长机制和法规

一是我国多年以前制定了《劳动法》，需要补充与修正的地方很多，正在草拟《劳动合同法》、《劳动争议处理法》、《就业促进法》等予以补充，党的十六大报告提出："确立劳动、资本、技术和管理等生产要素按贡献参与分配的原则，完善按劳分配为主体、多种分配方式并存的分配制度"。党的十六届三中全会通过的《关于完善社会主义市场经济体制若干问题的决定》提出："坚持效率优先、兼顾公平，各种生产要素按贡献参与分配"。国家建立有关劳动的法律法规是非常必要的；因此，对职工的劳动报酬不能多年一贯制，要随着经济（GDP）上年度增长幅度而适度增长，有条件的也可以半年度增长一次；对各类企业职工要求按照企业的上年度或者半年度或者季度的销售收入增长幅度为依据，调整增长企业职工的劳动报酬与收益水平，根本不用职工要求与谈判，也不由企业管理者的意愿决定。对于企业销售收入比上年度减少的劳动者报酬也相应地适度减少，对于销售收入增长而净利润亏损的企业，其职工报酬应照常增长，只是不参加企业的净利润分红而已。二是对于劳动者参加收益分配问题，在我国理论上与实践上还是一个初始阶段。但是，扣除各种生产要素消耗与税收和必要的社会扣除，这时劳动者的工资参与生产性分配；劳动者创造的新价值过去叫剩余价值，在社会主义市场经济体制下称之为净利润，这是劳动者参与创造的，理应参加其收益性分配，但是，这个部分过去只由生产资料所有者独占，我国也曾经将企业利润分成上缴国家财政，"利改税"后变为国家财政只收税不要利润的现实，现在不论国有企业、集体企业和三资企业，劳动者都没有权利过问和分享税后净利润的分配，致使目前我国国有企业有净利润9000亿元沉睡于企业，既不上缴国家财政，也不适度分配给予职工，而主要用于扩大投资。职工工资只是劳动者体力和脑力消耗的补偿，而不是劳动者劳动创造的新价值，因此，净利润的创造者有权参加收益分配。我国清朝晋商“乔家大院”的商号实行的“身股”就是一种收益分配的形式，是留住与招揽人才和调动职工积极创业与守业精神的有效办法，现在美国也实行“职工持股计划”，实施后绝大多数公司职工主动性增强，公司生产力大为改善；日本企业有的实行“年功薪金制”，我国近年来也实行股份制和股份合作制多种形式，让职工参与企业股份，有职工股、劳力股、生产者权益股，享有“分红”权益，虽然有的还实行养老补贴、住房公积金和医疗保险等办法也不是职工收益权的全部。

（三）劳动报酬与收益分配须加强管理

由于我国处于改革开放的黄金发展时期和社会矛盾的凸显时期，我国过去劳动工资管理存在着很大的平均主义和不规范的分散性，所以，现在普遍存在部门之间、行业之间、所有制之间、城乡之间、区域之间、单位之间多种劳动报酬制度与作法，人为地形成收入分配不公，有的复杂劳动与简单劳动不分，也有的存在体脑倒挂、程度不同的“吃大锅饭”现象，不利于人力资源开发；为了健全社会主义市场经济体制和运行机制，必须统一规范和依法管理劳动报酬与收益分配，以法律的形式确立下来，改变目前存在的同工不同酬的五花八门混乱现象，如城市与乡村的差距，如东部地区与中西部地区的差距、如国有企业与集体企业和三资企业与个体企业的差距，如女性职工与男性职工的差距，如资源富裕单位与资源短缺单位的差距等，劳动报酬与收益分配除了公开的合法形式还有隐蔽的不合法形式，甚至于有红包形式，关键在于我国劳动立法不及时不健全，没有使劳动者与用人单位有法可依，有章可循，有法必依；还因目前我国劳动力市场还不普及、不统一、不健全、不规范，也就难以保护劳动者的各种权益。

本文参考文献：

1. 国家统计局编著：《2005 年中国统计年鉴》，中国统计出版社 2005 年版。

2. 瑞士国际管理发展学院编著：《IMP 世界竞争力年鉴 2002》，中国财政经济出版社 2002 年版。

3. 国家统计局："关于我国国内生产总值历史数据修订结果的公告"，《经济日报》，2006 年 1 月 10 日。

4. 国家统计局："中华人民共和国 2005 年国民经济和社会发展统计公报"，《人民日报》，2006 年 3 月 1 日。

5. 中国共产党第十六届中央委员会第三次会议通过：《中共中央关于完善社会主义市场经济体制若干问题的决定》，人民出版社 2003 年版。

6. 本书编写组：《十六大报告辅导读本》，人民出版社 2002 年版。

7. 徐国君著：《劳动者权益会计》，中国财政经济出版社 1997 年版。

8. 江毅等："全国 2365 万人盼温饱"，《中国剪报》，2006 年 4 月 3 日。

9. 沈利生等著：《人力资本与经济增长分析》，社会科学文献出版社 1999 年版。

10. "美国实行'职工持股计划'"，《经济日报》，1994 年 5 月 11、26 日，6 月 2 日。

11. 李忠民著：《人力资本》，经济科学出版社 1990 年版。

12. 张文贤主编：《人力资源会计研究》，中国财政经济出版社 2002 年版。

13. 世界银行编著：《2005 年世界发展报告》，中国财政经济出版社 2005 年版。

14. 马凯："企业职工和公务员工资要增长"，《经济参考报》，2006 年 3 月 20 日。

15. 马凯："坚定不移地深化改革，完善科学发展观与构建和谐的体制保障"，《经济日报》，2006 年 4 月 5 日。

16. 王建华等：“‘民工荒’向中国劳动力成本优势发出警告”，《经济参考报》，2006年4月7日。

17. 曹滢：“解读‘大学毕业生工资不如农民工’——并非大学生太多，而是市场更需要有技能的生产人员”，《经济参考报》，2006年4月8日。

余天心　王石生

评美国会议员汇率操纵指控与IMF和WTO之间的法律冲突及其依据上的自相矛盾

——警惕美国用“广场协议”① 的模式算计甚至加害中国

内容提要

本报告在认证了汇率政策的主权边界和约束范围以及IMF关于操纵汇率的认定标准后，认为：(1) 美国会议员对中国汇率操纵的

① 1985年9月22日，美国、日本、联邦德国、法国以及英国的财政部长和中央银行行长在纽约广场饭店举行会议，达成五国政府联合干预外汇市场，诱导美元对主要货币的汇率有秩序地贬值，以解决美国巨额贸易赤字问题的协议。因协议在广场饭店签署，故该协议又被称为“广场协议”。广场协议的表面经济背景是解决美国因美元定值过高而导致的巨额贸易逆差问题，但从日本投资者拥有庞大数量的美元资产来看，“广场协议”是为了打击美国的最大债权国——日本。

“广场协议”对日本的经济产生了重要影响，一方面使日本经济规模实现了跨越式发展，至少使日本迈前了20年，日本的国际购买力增强，科技研发投入更多，国际市场份额占有率提升；另一方面，同时在汇价升值的背后，疯狂的日本房地产超过国际警戒标准，股市泡沫越吹越大，当资金意识到风险撤离时，留下了日本经济15年衰退的恶果。

指控不仅违背 WTO 和 IMF 的法律规定，也与美国包括《1988 年综合贸易竞争法》等在内的、关于汇率操纵标准的国内法律规定相冲突；[①]（2）中国汇率形成机制弹性和灵活性不足的原因在于中国外汇市场的深度和广度不够，汇率形成的市场化机制尚不能起基础作用，以及市场监管不完善和监管水平还不适应，而不是操纵汇率；（3）汇率操纵[②]和补贴都要以市场机制的存在为前提条件，美国一方面不承认中国的市场经济地位，另一方面又指控中国操纵汇率，还扬言征收 27.5% 的反补贴税，表明汇率操纵的指控，不仅存在前提条件和评估依据上的自相矛盾，也还存在着法律上的专业错误；（4）汇率政策属于一个国家的主权范畴，我国汇率形成机制与市场经济体制确立的社会经济条件发生的变化也确实存在不相适应，缺乏灵活性和弹性，确实需要进行根本性的改革，这既是 IMF 的要求，也是提高中国金融贸易业国际竞争水平的基础和关键；（5）汇率政策改革，我们既

① 美国《1988 年综合贸易竞争法》、美国《2005 年拨款法》以及美国法典第 22 章 5305 节。

② 汇率操纵是指为了阻挠有效的贸易余额平衡或者贸易调整，或为取得出口贸易上的价格优势，人为的确定本币与贸易国的汇率比值或者汇率比值波动的幅度，使其与市场机制下汇率均衡价格水平之间存在着差额的行为。

不能让美国的汇率操纵指控与汇率评估置我们于被动，形成人们对人民币汇率变化的错误预期和惯性思维，更不能固步自封，拒绝外汇体制上的积极改革，被美国“汇率失真”的指控找到口实和依据，还应该根据改革的进展争取对我国市场经济地位的确认；(6) 应该警惕美国会议员“汇率操纵指控”和“汇率失真指控”与美财政部汇率评估的双簧效应和“幕后戏”，即美国可能用“广场协议”模式算计和加害中国而给中国经济造成的影响和冲击，并就可能出现的复杂局面，准备有效的预案。

引　　言

2005年，美国国会议员舒默、格雷汉姆提出了货币法案，指控中国操纵汇率并扬言征收27.5%反补贴税，旨在逼人民币升值。2006年3月20日，应中方邀请，舒默、格雷汉姆以及另一位参议员科伯恩，对中国进行了为期一周的访问，并就经贸领域的分歧进行沟通。回国前，两位议员表示，同意将法案表决时间推迟到9月。2006年5

月美国财政部公布汇率定期评估报告，认为中国没有操纵汇率。[①] 一般认为，如果在9月之前，人民币升值幅度不大，则美国会议员可能争取更多投票，通过这一法案；如果升值仅在合理要求的范围之内，中国外汇管理体制以及汇率形成机制的市场化改革也趁机得以有效的进行，取得了实质性进展倒也是一件好事；如果升值也合理，但美国的贸易逆差不可能因此而得以根本改善，国会议员仍然没有达到目的，继续施压，要求更高的升值，甚至其提议的货币法案也被通过，致中国于两难境地：如不继续升值，则爆发中美贸易战；如果继续大幅升值，则必将拖垮中国的贸易和金融！情况就会显得非常复杂和紧迫！

一、汇率政策的主权边界和约束范围是成员国制定和改革汇率体制的战略依据

维持有秩序的汇率是国际货币体系的核心内容，也是IMF成员国进行国际货币合作的基本目标。汇率政策属于一个国家的主权范畴，成员国一方面有权根据自己的本国国情，决定相应的汇率制度和汇率水平；[②] 另一方面，为了建立一个便利国际贸易和经济健康增长的体制，保持金融和经济的稳定，各会员国有义务同IMF和其他会员国合作，保证有秩序的外汇安排，并促进汇率制度的稳定。这也就是各成

① 该评估报告与其2005年的评估报告有根本的变化：如果说2005年的评估报告还承认和强调中国汇率机制市场化程度不高有其客观性和合理性外，重点是担心汇率作为价格信号的失真和对宏观经济的影响。而2006年的评估报告仅仅是没有下中国操纵汇率的结论，但其依据和角度却是从反面进行准备和选择。没有下操纵汇率结论的原因是2005年中国汇率改革已经开始，而且中国政府及国家领导人也对汇率形成机制的深层次改革作了承诺。美财政部2006年的评估报告，明显带有逼人民币汇率升值的色彩和意图。

② 《国际货币基金协定》（以下简称《基金协定》）第4条的规定。

员国权利和义务产生和发展的依据。

成员国在选择汇率制度和确定汇率时，应围绕着有秩序的外汇安排和促进汇率稳定的目标，遵循《基金协定》的相关规定和约束：[①]①实行的经济和金融政策有利于实现有秩序的经济发展和价格的全面稳定；②货币制度应该创造有秩序的经济和金融条件，保持汇率不经常变动，努力促进外汇制度的稳定；③避免通过操纵外汇汇率和国际金融制度，妨碍国际收支的有效调整或取得不公平的竞争优势；④执行与保持汇率稳定相符合的外汇政策。这些规定具有原则性和政策性意义，是成员国选择汇率制度与汇率政策的依据和基础。

但一旦IMF的规定与原则与成员国的主权发生冲突时，应该尊重各成员国国内的社会经济与政治形势和国情，[②] 这也是各国确定汇率安排或者汇率调整之前，不需要事先向IMF汇报，而是事后向IMF通报。这也就是：IMF仅仅是对成员国汇率政策进行监督，而不是审批的法理基础之所在。IMF仅仅有权审查成员国的义务是否与《基金协定》规定的义务相一致，包括审查成员国是否通过操纵外汇汇率和国际金融体系，目的在于妨碍国际收支的有效调整或取得不公平的竞争优势，而不是事先干预和审批。

因此，汇率政策是一个国家的主权范围，各国有权利根据本国的社会经济发展条件选择自己的汇率政策，有权根据本国的国情，按照主动性、可控性和循序渐进性原则改革本国的汇率政策，但主权的边界和范围就是不要影响和损害国际货币体系的运行，不能损害其他成员国的利益，不能违背《基金协定》的原则和规定。

---

① 《基金协定》第4条第1款和第2款。

② 《基金协定》第4条第3款。

二、IMF 与美国的操纵汇率标准和判断依据及其彼此之间的差别

（一）IMF 关于操纵汇率的标准和判断依据

根据《基金协定》第 4 条第 1 款的规定，IMF 执行董事会于 1977 年 4 月 29 日通过了一项旨在避免操纵汇率或国际货币体系的决议。该决议规定了三项原则，第一项与《基金协定》第 4 条第 1 款第 4 项完全一致，即：IMF 成员国有义务避免操纵汇率，操纵国际货币体系，阻碍其他成员国对国际收支的有效调整或者不公平地取得优于其他成员国的竞争地位；第二项规定，如果外汇市场的紊乱情势构成对成员国货币汇率的短期干扰，为消除这种紊乱的情势，相关成员国必要时应对外汇市场进行干预；第三项规定，此项干预应当充分考虑到其他成员国（包括所涉外汇的发行国）的利益。这一决议对于《基金协定》第 4 条具有解释意义，已经成 IMF 成员国确定汇率政策的指导原则，也是衡量会员国行为是否符合第 4 条规定的标准，具有重要影响。

同时，《基金协定》第 4 条 3 款规定：凡涉及有关避免操纵汇率或者国际货币体系指导原则的事项，或者发生下列原则性争议时，相关成员国应当就汇率问题与基金组织进行协商：①某成员国长时间、大幅度地对外汇市场进行单一方向的调整；②某成员国对国际收支项下或者经常性交易项下的资金兑汇或者资金转移重新增加限制、加重限制或者施以长期限制时；③某成员国为实现其国际收支平衡目的，而采用对资本国际流动造成不正常的激励或者约束的其他金融政策时；④以表面判断某成员国对其汇率的调整和政策改变，与起主导作

用的经济金融形势不相关，且这种调整和改变又对其竞争能力和资本长期流动产生影响的情形。尽管《基金协定》对违背上述规定的行为没有明确界定为操纵汇率，笔者认为这就是操纵汇率的行为的标准。

对汇率的影响，成员国政府不该做时就不能做，该做时就不能不做。该做与不该做之间应该有严格的主观要件和客观要件。这里客观要件应该有两个层次。第一个层次是指进行调控和影响的行为，即：成员国汇率的调整和汇率政策改变的行为。行为有以下三种情况：某成员国在外汇市场上长时间、大幅度地对外汇市场进行单一方向的调整，有没有充分的经济金融情势作为依据，或者某成员国对国际收支项下或经常性交易项下的资金兑汇或资金移转重新增加限制、加重限制或施以长期限制时，有没有充分的经济金融情势作为依据，或者某成员国对资本国际流动实施不正常的鼓励或限制的金融政策超越了为实现其国际收支平衡所需要的范围和程度。而结果是指行为对其他成员国汇率和汇率政策以及其他相关者利益所造成的影响和后果，如：是否给其他国家的正当利益造成负面影响。主观方面，要区分调整汇率的目的是为了产生阻碍其他成员国对国际收支的有效调整的结果或者不公平地取得优于其他成员国的竞争地位，还是为了保证金融稳定和经济发展所必须的、有秩序的基本条件。如果违背上述这两个主客观条件，就有可能被认定为是操纵汇率。

（二）美国关于操纵汇率的标准和判断依据

根据美国《1988 年综合贸易法》的规定，美国财政部长，在与 IMF 协商后，每年都要对其贸易伙伴的汇率政策进行评估，以判断该贸易伙伴是以阻止贸易盈余的有效调整或者为了取得贸易竞争优势，而操纵其本国货币与美国货币之间的汇价。2005 年生效的美国《拨款法》① 规定，在该法生效的 60 天内，美国财政部长必须就美国的贸

① The Consolidated Appropriations Act 2005。

易伙伴是否操纵汇率，根据美国法典第22章第5304节[①]（以下简称5304条款）所规定的汇率操纵标准，向拨款委员会提交报告。

美国5304条款规定，财政部长在审查和评估美国贸易伙伴汇率政策时，如果发现操纵汇率的成员国具备如下条件：第一，真实地存在全球贸易盈余；第二，在对美贸易中，有巨大的双边贸易盈余，则财政部长应该在IMF的框架内或者双边机制下，立即与该成员国进行谈判，以保证该成员国能够经常并且立即地采取措施，调整其本国货币与美元之间的汇率，使其贸易盈余得到有效调整，消除彼此之间不公平的竞争优势。[②]

根据5304条款的规定，美国财政部在审查贸易伙伴是否操纵汇率的过程中，审查的范围有贸易伙伴的汇率、贸易平衡情况、外汇储备规模、宏观经济形势、财政金融发展状况、制度安排及其发展水平、金融外汇限制情形。但任何一个环节或者因素的突出，都不足以为得操纵汇率的结论提供充分的依据。只有多个因素形成一个逻辑链条，才能（而且过去也是）让财政部得出某个贸易伙伴操纵汇率的结论。尽管仅凭这些数据尚不足以得出操纵汇率的结论，但却能增加同向判断的分量和可信性这些数据一般包括：币值低估的措施；长时间的、大规模的单向干预；快速的外汇储备增长；资本管制与支付限制；经常项目项下的贸易盈亏等。[③] 所有这些审查的内容就是为了证明两个问题：第一，主观上是为阻止贸易盈余的有效调整或者取得贸易上的竞争优势；第二，客观上实施了相关的操纵行为或者存在该作为而不作为，而且阻止贸易盈余的有效调整或者取得贸易上的竞争优势的客观效果已经发生。

---

① Title22U.S.C.5304。

② Treasury/s March 11，2005，Report To The committees On Appropriations On Clarification Of Statutory Provisions Addressing Currency Manipulation.

③ 参阅美国财政部2005年的汇率操纵评估标准的报告。

（三）美国与IMF关于汇率操纵标准的差异和冲突

在IMF的标准里面潜伏着一个前提条件，就是操纵汇率的国家一定是市场经济国家，否则缺乏价格弹性的非市场经济环境下，不会因为汇率操纵价格与市场均衡汇率价格之间的差额而产生贸易竞争优势。而在美国的上述法律规定中，没有明显提到这一点。另外一个方面，就是行为要件方面或者是客观条件方面，美国的标准比较模糊，具有很大的弹性。尽管美国的上述法律，都要求汇率评估操纵，一定要征得IMF的同意，表明美国也自己认为他的标准与IMF相同，但是操作起来就具有很大的随意性和武断性。

（四）美国会议员指控的标准和美国财政部规定的标准与美国法律和IMF的规定之间也不一致，而且相互矛盾

按照5304条款的规定，有无全球贸易盈余和与美国双边贸易顺差来是判断是否操纵汇率的加重条件而不是充分必要条件，而且对是否操纵汇率的认定是多个因素和条件综合认定的结果。而美国国会议员舒默和格雷汉姆等，就抓住美国经常项目贸易逆差和中国经常项目贸易顺差，就武断地认为中国操纵汇率甚至扬言征收反补贴税，既不顾IMF的规定，也不顾美国的规定。

而美国财政部在2005年的评估报告中则认为，中国的当时的汇率政策，严重扭曲了资源配置，使中国经济及其贸易伙伴经济和全球经济的增长潜伏着巨大的风险。认为中国这种基于竞争力考虑的外汇政策，也严重限制了采用汇率浮动政策的相邻经济体的利益，认为如果这种状况不采取根本性措施，那中国的汇率政策就会构成汇率操纵。显然，财政部采用的是效果标准，而不管行为要件和主观要件。因此，从这一角度说，他所列举的理由接近美国其他议员提出的中国“汇率失真”指控，而与美国法律和IMF关于汇率操纵指控的标准相差甚远。

三、美国法律关于认定和评估汇率操纵的规定违背 IMF 和 WTO 规则

（一）立法上与 IMF 和 WTO 的冲突

汇率问题，特别是判断是否操纵汇率的问题，从 WTO 与 IMF 之间关系的角度而言，属于 IMF 的管辖范围，这既是 IMF 的规定，也是 WTO 的规定。而美国作为 WTO 和 IMF 的成员国，其《1988 年综合贸易竞争法》的规定，显然与 WTO 以及 IMF 的规定相违背。根据《WTO 协定》第 16 条第 4 款：每一成员国应保证其法律、法规和行政程序与《WTO 协定》所附各协定对其规定相一致。根据《补贴与反补贴措施协定》第 32 条第 5 款的规定：每一个成员应采取所有必要的一般和特殊的步骤，在不迟于《WTO 协定》对其生效之日，使其法律、法规和行政程序符合可能对所涉成员适用的本协定的规定。既然 WTO 以及 IMF 都规定汇率问题属于 IMF 管辖的专门范围，涉及到汇率方面的争议，按照《基金协定》的应由 IMF 来裁定，而美国《1988 年综合贸易竞争法》却规定美国财政部对是否操纵汇率有裁决权，显然与《基金协定》的规定相冲突。美国没有履行其在 WTO 中所承诺的、保证其法律、法规和行政程序符合 WTO 规定的法定义务。特别值得强调的是，美国明知有上述规定，却在其法律条款中，加上“征得 IMF 同意”的字眼，似乎这样就可不受 IMF 规则和 WTO 规定的约束，其实这一行为本身业已构成了对 IMF 和 WTO 规则的严重违背。

（二）IMF是汇率国际管理的专门机构，他的专业意见是成员国质疑是否操纵汇率的前提和基础

WTO与IMF之间的关系主要规定在GATT第15条中。该条第4款规定：缔约方不得通过外汇措施而使本协定各项条款的意图无效，也不得通过贸易行动而使《国际货币基金协定》各项条款的意图无效。这里“无效”的理解，旨在强调任何与基金协定的文字条款相违背的外汇行动，如在实际中不存在明显偏离该条款的意图，则不应该视为违反该条款。

根据GATT第15条第1款的规定，WTO和IMF是合作的关系。乌拉圭回合达成的《关于世界贸易组织与国际货币基金组织关系的宣言》确认了这种关系。GATT第15条第2款和第3款规定了两者合作和协调的具体内容。根据GATT第15条第4款及其附件9的规定，凡是遵守基金协定的措施，可在GATT/WTO下豁免，即使WTO认为构成贸易障碍，也不能采取行动，而要向IMF报告，由IMF出面管辖。可见，在汇率问题上IMF处于主导地位，WTO须听从IMF的意见。但如果某些措施，例如对汇率的操纵，目的是限制进口，而不是为了保障其国际收支平衡，维护其金融稳定，则不仅与IMF宗旨相违背，也为WTO所禁止，WTO法律规范框架就可以对这些行为进行约束。

因汇率是一个金融问题，而不是贸易问题，同时汇率制度又关系到一个国家的主权，所以是否操纵汇率的界定问题应由国际货币基金组织管辖。

四、汇率形成机制上市场化缺陷不属于汇率操纵的范畴

（一）建立在强制性结汇基础上的盯住汇率制和有管理的汇率制度

1994 年 1 月 1 日起，我国对人民币汇率实行以市场供求为基础的、单一的、有管理的浮动汇率制，其实采用的是盯住美元汇率制，其基础就是强制性结汇制。自 2005 年 7 月 21 日起，实行以市场供求为基础、参考一篮子货币进行调节、有管理的浮动汇率制度。同时，2005 年实行有比例限制的意愿性结汇，扩大了允许保留经常项目外汇收入的企业范围、对现有允许保留外汇结算账户的企业，扩大可以保留外汇的限额、延长了结汇宽限时间，增加了汇率形成机制的弹性。

（二）强制性结汇限制了市场的主体和客体，影响了外汇市场的深度和广度

1994 年起，实行结售汇制，绝大多数国内企业的外汇收入必须结售给外汇指定银行，同时中央银行又对外汇指定银行的结售周转外汇余额实行比例幅度管理。结售汇制使央行购汇成为必需行为，使得近年来我国国际收支出现大量顺差导致国家外汇储备大幅增加，缺乏适度规模的考量与限制；另一方面，强制结售汇使得市场参与者，特别是中资企业和商业银行，持有的外汇必须在市场上结汇，不能根据自己未来的需求和对未来汇率走势的预测自主选择出售时机和出售数量。这种制度上的“强卖”形成的汇率并不是真正意义上的市场价格。目前我国外汇市场存在交易主体过于集中、交易工具单一的问

题。银行间市场主体主要由国有商业银行、股份制商业银行、经批准的外资金融机构、少量资信较高的非银行金融机构和央行操作室构成。从交易额来看，中国银行是最大的卖方，中央银行是最大的买方，双方交易额占总交易量的60%以上。主体构成较为单一，交易相对集中，这也使得外汇交易带有“官方与民交易”的色彩。同时，因汇率波动幅度小于1%，我国汇率制度被国际货币基金组织认定为盯住美元的固定汇率，也增加了无风险套利和套汇的机会，增加了资本项目下监管的难度。

（三）改进和完善中央银行的干预机制

目前，央行入市干预的交易日数超过总交易日数的70%，对银行间市场敞口头寸基本全额收购或供应，可以说主导了市场汇率的形成。扩大汇率波动区间后，中央银行应减少市场干预频率，调整市场干预的手段，完善干预的依据。除非当市场汇率由于各种因素的影响，形成趋势性的、较长时期内的低估或者高估，并可能对经济运行产生不利影响时，中央银行才入市干预。

（四）有比例的意愿性结汇还将对外汇市场水平的提高带来影响

实行有比例的意愿性结售汇制后，可以增加市场交易主体，让更多的企业和金融机构直接参与外汇买卖，以避免大机构集中性的交易垄断市场价格水平。中国人民银行《关于扩大外汇指定银行对客户远期结售汇业务和开办人民币与外币掉期业务有关问题的通知》（银发［2005］201号）将主体范围由银行扩大到具备中国银行业监督管理委员会核准的衍生产品交易业务资格的主体。同时，将外汇交易工具，由仅限于美元、日元、港币的即期交易，扩大到远期交易和调期交易。外币期货期权等交易通过外汇交易中心，在一定的条件下可以开展。开办这些金融业务不仅可满足企业套期保值的需求，而且由于远期外汇交易形成的远期汇率代表了银行和企业对汇率的预期，还有助于即期汇率的确定。

（五）强制结汇和有条件的意愿性结汇政策，是基于中国国情的限制和要求，符合《国际货币基金协定》的规定

《国际货币基金协定》第4条第3款第2项规定：IMF制定的原则应该尊重各会员国国内的社会和政治政策，并且对各会员国的境况给予应有的注意。显然，我国的汇率制度跟我国的国内的境况和社会政治政策之间有必然的因果关系，符合《基金协定》的规定。另一方面，强制结汇与有条件的意愿性结汇的目的是为了创造有秩序的经济和金融条件，保持汇率不经常变动，努力促进外汇制度的稳定，与《基金协定》第8条第2款a项“未经基金组织批准，成员国不得对经常性国际交易的支付或转移进行限制”的规定之间不存在冲突。强制结汇与有条件的意愿性结汇显然不属于操纵汇率的范畴。特别是我国的国情，目前还不足以支持取消有比例限制的意愿性结汇，实现汇率形成机制的完全市场化：

第一，尽管我国市场经济的基本法律已经制定，但各具体制度仍有待完善，目前的制度建设尚不能应对全部意愿结汇制下可能引发的各种汇率和金融问题；第二，我国正处于市场经济的转型期，虽然市场经济的基本框架已经建立，但相关市场，如资本市场、外汇交易市场、产权交易市场等均处完善和建立阶段；第三，我国金融监管，尤其是对外汇及汇率衍生工具的监管水平较低，尚不能完全适应金融汇率市场的剧烈变化；第四，我国宏观经济承受汇率波动的能力还相当弱；第五，现代企业制度改革刚刚起步，企业的外汇风险意识不强。基于以上理由，若外汇一下子全面放开，各市场可能无法及时适应与调整，发生混乱，引发金融市场不稳定问题。因此，在一定的期限内，我国只能采用强制结汇与意愿结汇项结合的二元制度，并且将其作为“有管理的浮动汇率制度”之组成部分，有其必然性与合理性。

五、美国所指控的中国汇率操纵汇更不构成WTO《补贴和反补贴措施协定》[①] 意义上的补贴

(一) 市场经济体制是构成汇率操纵和补贴的前提条件

汇率操纵是指通过操纵，扭曲了市场价格所形成和反映的汇率水平，其前提条件就是要承认被指控国家的汇率形成机制是市场机制，如果不承认其市场机制，就没有办法指控其操纵汇率，改变了市场正常的价格发现。严格说起来这其中还涉及到影子汇率价格与现实中的汇率价格的比较问题。美国至今没有承认中国是市场经济体制国家，在对我国诸多企业反倾销的案例中，都将中国列为非市场经济国家而使用替代国制度就是一个铁证。一方面不承认中国是市场经济体制国家，另一方面又指控中国操纵汇率，这是属于典型的逻辑上的自相矛盾。

此外，指控补贴和征收反补贴税率的确定，也一定要以市场经济为前提。如果不承认中国是市场经济，又指控中国构成补贴并征收反补贴税，不仅与美国现有的法律制度存在冲突，而且在WTO的争端解决程序中也不好操作和确定。补贴就是在市场经济条件下，利用补贴改变价格与销售额之间的关系，改变其销售量和生产量，进而扭曲价格效应和资源配置。如果被补贴的企业或者国家不是市场经济，相关企业的生产和销售对价格没有反映，也就意味着对补贴没有反映，就不存在补贴改变了竞争态势，改变了生产量和销售量，因此就不能形成该成员国的贸易竞争优势，更不能衡量价格的水平和程度。美国

① 这是WTO中专门规范补贴与反补贴行为的协定，本文简称为SCM协定或者SCM。

国会议员所谓的征收 27.5%惩罚性关税，除了表明美国的霸道外，也表明这些议员专业水平的欠缺。因此，没有承认中国是市场经济国家的大前提，就不应该有汇率操纵的指控和认定，也不应该有汇率操纵构成补贴的说法。更何况基于补贴与汇率操纵之间的法律关系，即使认定了汇率操纵也不一定就等于构成补贴。

（二）美国的指控不符合 WTO 关于补贴构成的四个要件的要求

按照 SCM 第 1 条的规定，构成一项补贴要四个要件。一是补贴的提供者须是政府或公共机构；二是该政府行为是“财政资助”，或者 GATT1994 第 16 条意义上的任何形式的收入或价格支持；三是利益标准，即要求财政资助的影响结果是授予被补贴者一项利益；四是该补贴行为具有专向性，专向性标准是判定和区分补贴的关键，按照 SCM 第 2 条的规定，认定专向性主要有两类标准——法律上的专向性和事实上的专向性。

按照 SCM 的规定，若汇率操纵的目的是为了取得贸易上的竞争优势，那就意味着已经具备了补贴的专向性构成要件。主观上以出口为目的，或客观上有利于出口，都属于出口补贴专向性的构成要件。其原因是出口补贴专向性的构成要件不同于其他补贴的构成要件。出口补贴是以在法律上或事实上取得出口实绩为充分必要条件的补贴，那么形成出口贸易竞争优势，在客观上就等同于取得事实上的出口实绩。因此，就操纵汇率构成出口补贴的专向性要件而言，在法律上不存在障碍。

值得强调的是，美国《1988 年综合贸易法》中所言的汇率操纵是否构成补贴，当时的条件与现在发生了一个重大的变化，那就是在 1994 年 SCM 协定生效之前，没有就补贴的定义以及补贴必须要有财政资助这一法律要件达成协议。当时补贴的范围非常宽泛，只要能够产生利益的任何政府措施都可以被认定为补贴。而 1994 年之后，情况就不同了，必须要有发生公共费用的财政资助的存在才能认定补贴。因此，即使按照美国的标准构成汇率操纵，也不等于构成WTO上的补贴。

另外一个关键是要看是否存在财政资助或者价格支持。理解和掌握是否存在财政资助和价格支持的必要条件是，审查调控汇率的行为和措施中，是否有公共费用发生和支出。如在盯住汇率制度下的政府操作中，为了盯住汇率，对付外汇流入剧增，政府有不同的措施。第一个政策措施是政府进行冲消干预，即卖出政府债券，买进外汇，以降低资本流入对国内货币政策的冲击，但这种冲消操作的结果会增加财政成本。第二个措施是中央银行投放基础货币购买外汇，而这将带来通货膨胀的压力。此外其他一系列的措施还包括：收紧财政政策、对资本流入实行控制、放松对资本流出的控制、提高商业银行的准备金比率或提高再贴现率等。在这些措施中，卖出债券和投放基础货币等有公共费用支出，才属于财政资助范围的措施；不产生公共费用支出就不属于补贴的范畴。因此，不是所有操纵汇率的措施都属于财政补贴。此外，在具备财政资助的构成要件后还要审查出口企业是否因此而获得利益。缺乏这四个构成要件的任何一个，都不能认定汇率操纵构成禁止性补贴。

六、结论与建议

综上所述，美国会议员指控中国操纵汇率，不仅违背IMF和WTO的规则，与中国的客观事实也不相符，本身也陷入到法律逻辑上的自相矛盾之中，其指控的依据与美国法律也存在着内在的冲突。但是，特别值得强调的是，美国5403条款关于汇率操纵标准的规定一方面非常含糊，具有很大的不确定性；另一方面，只要美国的贸易伙伴存在贸易顺差而美国却存在贸易逆差，美国财政部就会经常地和立即地与该成员国就汇率政策的调整进行磋商，直到这种贸易差额及其所代表的贸易优势消失。这就无形中将贸易差额等同于贸易竞争优势，等同于汇率操纵。美国的这一“底牌”，势必与中国经济发展的目标和要求存在根本性冲突！这就警示我们：美国的汇率指控和汇率评估是另一种更为残酷的贸易战，极有可能出现更为复杂和困难的局面。为此笔者建议：

第一，应就美国贸易逆差和中国贸易顺差的成因及其与汇率操纵标准之间的关系问题，与美国财政部等部门，积极主动进行沟通，尽量减少误会，扩大共识。同时，也可以考虑运用 IMF 和 WTO 等多边程序和机制与美国进行磋商，准备相应的反制措施，包括但不限于通过 WTO 的争端解决机制寻求法律上的救济；

第二，应该高度警惕美国财政部汇率“评估”与美国国会议员“汇率操纵”与“汇率失真”指控的“双簧”效应及其“幕后戏”，特别是美国国会如果通过货币法案后可能出现的复杂局面；

第三，应该警惕美国甚至欧盟和日本用当年“广场协议”的模式算计甚至加害中国。通过逼人民币升值，导致进口扩大出口萎缩，以及生产性外资甚至内资将生产线转移到境外，产业工人失业增加；另一方面投机性资本进入国内大量购买中国的不动产、债券和股票，经济出现过热，潜伏甚至诱发经济危机。对此，中国的财政货币政策，特别是汇率政策和外汇体制改革，应该利用汇率政策属于国家主权范围的特点，按照可控性原则，为趋利避害，进行前瞻性安排和战略性应对；

第四，调整我国的经济发展战略，优化外资优惠政策和出口退税政策，及时推行“两税合一”，通过收入政策、国内资本投资促进政策、产业支持政策，为内资企业的技术创新和市场开拓，提供税收、金融等方面的支持，同时也要为我国企业的海外投资建立强大的政府或者行业安全保护体系，改变以前单面的外向型价值取向，实行“内向与外向并重”，构筑我国产业安全的战略防护体系，防止产业政策和产业结构安排上受制于人；

第五，既要防范人民币升值及其波动幅度放大后的风险，又要注意到人民币升值后，人民币在国际金融衍生市场上，因汇率波动和金融衍生产品而取得的定价权的价值和战略意义。因此，中国应通过本次人民币汇率形成机制的市场化改革，按照主动性、可控性与循序渐进性原则，建立与中国作为全球第四大经济体① 相适应的外汇金融体制，在条件成熟时实行全额意愿性结汇，放宽人民币汇率波动的幅度，推出并且完善包括金融期货交易所在内的金融衍生产品市场建设，为中国政府、企业和个人资产的避险保值和优化结构安排以及参与国际市场竞争提供金融工具、市场基础和法律支持。

段爱群

① 目前，中国是全球第四大经济体、最大的高科技出口商、第三大电信服务市场和第六大 IT 市场。有媒体预测，到 2050 年，中国很可能超越美国，成为全球最大经济体。美国将退居第二，然后依次为印度、日本、巴西、俄罗斯和欧盟。

国外财经与国际经验借鉴研究

国外运用财政政策缓解社会矛盾的历史考察

内容提要

本报告是财政部财政科研所重点课题《构建和谐社会的财政政策研究》（贾康、刘尚希负责）的背景报告之一，侧重从历史角度考察国外不同发展时期缓解社会矛盾的实践，特别是分析其中运用财政政策的经验和教训。本报告认为，在不同的历史时期，国外曾运用多种手段缓和各类社会矛盾，其中适当的财政政策手段发挥了重要作用；政府财政政策能力大小以及财政政策手段运用是否及时，对社会矛盾的有效缓解至关重要；财政政策运用不当不但不利于缓解社会矛盾，还有可能激化财政本身的矛盾。这些都是值得我们认真思考和借鉴的。

社会矛盾作为人类社会发展过程中不同阶级、不同阶层、不同种族、不同民族、不同团体或不同群体之间及其内部在地位、意识、利益、价值、信仰、行为等方面的对立或冲突，对社会经济发展进程起到一定的促进或制约作用。从某种程度上说，社会矛盾的大小和性质，甚至影响或决定着社会变革的程度和方向。马克思在分析资本主义社会发展趋势时，由于看到了资本主义社会中生产资料私有制和社会化大生产这一社会基本矛盾的性质和存在及其历史发展趋势，得出共产主义社会必然代替资本主义社会的科学论断。

我国自进行社会主义建设以来，在社会矛盾方面，作为具有阶级对立性质的生产资料私有制和社会化大生产这一社会基本矛盾已不复存在。但由于我国社会生产力还不发达，所处的社会经济、文化教育、思想意识和国际环境等领域仍存在诸多不稳定因素。特别是改革开放以来，随着社会主义市场经济体制的建立，社会生产方式、生产资料占有形式、社会分配方式、就业形势等出现了许多新的变化，加上我国社会的进一步转型、市场经济的深层次改革、政府管理机制和模式的转变等，使得我国目前出现了失业人数不断增加、地区之间和居民收入差距日益扩大等诸多社会问题。在某些领域和某些地区，这些社会问题开始演变成一种社会矛盾，有时还非常明显和激烈，甚至影响到我国社会经济的全面、协调和可持续发展。

我国目前正处于人均GDP1000—3000美元的经济起飞时期。从国际发展经验来看，这一时期是一个国家发展的关键时期，既充满新的机遇，又面临着各种社会风险，往往是产业结构快速转型、社会利益格局剧烈变化、政治体制不断应对新的挑战的时期①。在我国目前利益格局调整和社会构成发生深刻变化，利益和价值取向多元化趋势加快，城乡之间、地区之间、行业之间、部门之间以及个体之间收入差距拉大，新旧体制转换带来震动和摩擦增加的情况下，借鉴国外在缓解社会矛盾方面的政策措施和经验教训，加快和谐社会建设步伐，促进社会经济持续、全面、协调发展就显得十分重要。本文试图通过对国外近代以来不同时期社会矛盾，以及政府在缓和、协调社会矛盾方面所采取的政策措施进行系统考察，特别是分析财政政策在其中的地位、作用，以及值得我们借鉴的经验和教训。

一、国外不同时期的主要社会矛盾及其特点

（一）18世纪

18世纪作为资本主义社会的形成和发展时期，在人类社会发展进程中，主要表现为资产阶级利用广大农民（农奴）的革命热情，发动资产阶级革命，反抗封建社会的各种束缚，夺取资产阶级政权的过程。例如英国通过1688年的“光荣革命”、法国通过1789年的大革命、美国通过1775年的独立战争，先后确立了资本主义生产关系。同时，资产阶级通过发展资本主义生产关系，一方面迅速摧毁了封建生产关系，另一方面也加大了对劳动阶层的剥削，加快资本主义原始积累的完成。可以说，资本主义社会的形成和发展，也是一个充满艰

① 李培林、张翼、赵延东、梁栋：《社会冲突与阶级意识——当代中国社会矛盾问题研究》，社会科学文献出版社2005年版。

辛过程。正如马克思所指出的“是用血和火的文字载入人类编年史的”①，“资本来到世界，从头到脚，每个毛孔都流着血和肮脏的东西”②。

在资本主义社会形成和发展时期，其社会矛盾主要表现为资本主义生产关系和封建主义生产关系的冲突和对立。在这一大的社会背景和发展趋势下，也包含了许多其他社会矛盾，并体现出不同的特点。

一是封建主与农民之间的矛盾。随着封建社会的逐步瓦解，农民挣脱与封建主之间原有的人身依附关系的斗争越来越激烈。同时，封建主也通过土地来加大对农民的剥削，在英国甚至出现“羊吃人”的现象。

二是封建主与资产阶级之间的矛盾。在资本主义社会的形成和发展过程中，封建生产关系和资本主义生产关系存在着一定的交错和斗争。在两种生产关系的此消彼长的过程中，封建主和资产阶级在维护各自有利的生产关系上，存在一定的冲突和对立。

三是资产阶级与工人之间的矛盾。在资产阶级形成过程中，大量工人也开始产生。从资本主义生产方式的特点和资本的本质来看，资产阶级与工人之间矛盾也开始逐步显现。

四是阶级关系开始复杂化。随着资本主义生产关系的萌芽，工厂手工业者、小资产阶级、城市贫民、行会组织等一些新的阶级、阶层或团体也开始出现，使得社会关系开始变得越来越复杂。

（二）19世纪中叶

19世纪50—60年代，由于欧洲、北美和日本的资产阶级民族民主运动，进一步扫除了生产力发展的障碍，资本主义国家的社会经济等各方面也得到进一步发展，特别是在社会生产力方面，“资产阶级

① 《马克思恩格斯全集》第23卷，人民出版社1972年版。

② 马克思：《资本论》第1卷，人民出版社1972年版。

在它的不到一百年的阶级统治中所创造的生产力，比过去一切世代创造的全部生产力还要多，还要大”①。随着资产阶级统治方式的建立，资本主义社会生产关系的发展以及资产阶级力量的壮大，资本主义社会在生产方式、生活模式、社会矛盾等许多方面也出现了许多新情况和新变化。

在这一时期，资本主义的社会矛盾及其特点主要体现：

一是社会基本矛盾开始从封建生产关系与资本主义生产关系之间的对立，转变成生产资料私有制与社会化大生产之间的矛盾。在这一时期，虽然在有些国家新兴资产阶级力量日益壮大，仍然处于无权或少权状态，封建落后势力对社会经济发展还产生一定的障碍，但是资产阶级反对封建残余势力的斗争，仍属于资产阶级性质的民族、民主革命。资产阶级革命的完成，标志着两种生产关系之间的对立以资本主义生产关系的胜利而结束。如此同时，资本主义社会的本质，决定了生产资料私有制与社会化大生产这一基本矛盾的长期存在。

二是社会阶级之间的矛盾，主要表现为无产阶级与资产阶级之间的对立。资本主义生产关系统治地位的确立，一方面产生了资产阶级，另一方面则造就了工人队伍的形成、发展和壮大。同时，随着资产阶级将资本主义生产关系向世界各地的推行，使得工人队伍逐步演变成与资产阶级相对抗的无产阶级。无产阶级与资产阶级之间的对立和冲突，成为这一时期最主要的社会阶级矛盾。

三是无产阶级反抗资产阶级的斗争，逐步从经济领域转向政治领域。在资本主义社会初期，工人对资本主义的反抗，主要表现在改善工作条件、提高福利待遇等方面。随着资本主义社会的进一步发展，资产阶级对工人的剥削进一步加剧，工人阶级的思想意识和政治觉悟也得到进一步提高，无产阶级作为一支政治力量逐步登上了历史舞台，在与资产阶级的斗争中逐渐从经济领域开始向政治要求方面发展。

① 马克思：《共产党宣言》，人民出版社 1997 年版。

（三）20世纪20、30年代

19世纪末和20世纪初，是资本主义市场经济发展的转折阶段，世界主要资本主义国家从“自由”资本主义进入垄断资本主义阶段。在社会发展过程中，资本主义是在激烈的竞争中发展的，这对社会生产发展与进步带来了一定的积极作用。在这一时期发生的第二次工业革命，使主要资本主义国家的工业经济超过了农业经济，在工业经济中重工业超过了轻工业，由轻工业为主导转变为以重工业为主导，由以农业为主导转变为以工业为主导，基本上实现了工业化，这是人类历史上社会转型的巨变。

资本主义社会的“自由竞争”，使得中小企业和手工业纷纷破产，大企业不断吞并小企业，生产和资本不断集中，结果导致了垄断的产生和发展。垄断资本的形成和发展，对社会生产方式、经济运行机制、社会阶层构成、政府管理模式等各方面都带来重大转变和重要影响。在这一时期，社会矛盾出现了许多新变化。

一是在社会生产力得到极大提高的同时，资本主义社会生产“相对过剩”的现象开始出现，使得资本主义社会的生产资料私有制与社会化大生产这一社会基本矛盾也日益剧烈，并由此产生一系列的经济危机和社会危机。

二是随着垄断资本主义社会的形成与发展，资本主义社会的生产方式也发生了巨大变化。社会生产规模的扩大和社会资本的日益集中，垄断组织和垄断形式也开始日趋多样化，资产阶级内部分化为垄断资产阶级与中小资产阶级的趋势加快，从而使得垄断资产阶级与中小资产阶级之间的矛盾也开始显现。在生产方式、资本集聚和集中、市场占有等方面，资产阶级内部一直存在着相互竞争，在垄断资本主义阶段，这一竞争开始变得更为激烈。

三是在资本主义社会得到进一步发展的前提下，通过无数次的革命运动和政治斗争，无产阶级所处的工作环境和生活条件等方面与以前相比有了一定的改善。但与此同时，无产阶级所处的经济地位和社会状况却比以前更加恶劣，无产阶级“相对贫困”的现象更加突出，从而使得无产阶级与资产阶级之间的矛盾更加尖锐。

四是在垄断资本主义的形成和发展过程中，资本主义国家之间政治经济发展不平衡加剧，相互之间在市场垄断、殖民地和势力范围等方面的冲突也越来激烈，并为此发生了世界大战。同时，由于资本主义国家之间在生产方式等方面的联系日益密切和相互交错，使得社会矛盾不仅限于一国之内，而是在各个国家之间也存在一定的联系，并且社会矛盾的影响程度和涉及范围也开始扩大。

（四）20 世纪 70 年代以来

第二次世界大战后，随着第三次工业革命的进行，科学技术的推广与运用，国家垄断资本主义在主要资本主义国家占据优势，资本主义进入前所未有的黄金发展时期。在这一时期，资本主义社会生产力进一步得到解放，加上各主要资本主义国家逐步加强与完善对经济运行和社会生活等各方面的调控，例如通过社会再分配的作用，建立社会保障等，在 20 世纪 50、60 年代，资本主义国家的社会矛盾在某些方面和一定范围内有所缓和。

进入 70 年代，特别是 1973 年底资本主义世界爆发了二战后最严重的经济危机以来，资本主义的经济运行机制出现许多新问题，社会发展也面临着一些新的矛盾，资本主义社会进入了一个新的矛盾多发期。在良好经济发展形势下有所缓和的社会矛盾，又重新显现并有所激化。同时，在社会矛盾表现形式和具体内容方面，也有新的变化和特点。

一是资产阶级与无产阶级之间的矛盾有所激化。垄断资产阶级为了转嫁经济危机，采取大量解雇工人、压低工资、加强劳动强度、抬高物价、增加税收等办法，使无产阶级的社会、经济状况等有所恶化。

二是社会阶层结构开始复杂化。在原来的无产阶级与资产阶级之间出现了一个新的社会阶层，即中产阶层，它包括“白领工人”和从事生产管理的技术人员。他们的社会地位介于资本家与劳工之间。同时，经营者阶层在资产阶级内部不断形成和发展，食利者阶层队伍不断壮大，还出现了依靠自身的智力而“暴发”的有产阶层。

三是社会矛盾表现形式多样化。在这一时期，除了工人运动有所发展外，还出现了学生运动、民权运动、妇女运动、反对纳粹主义、反对种族主义歧视、反全球化运动、生态运动等，社会矛盾表现形式日趋多样化。

四是社会矛盾日趋复杂。社会矛盾焦点从以经济为主，开始涉及到政治、民主、人权、环境、种族、宗教、教育、社会福利、毒品、腐败等社会、经济生活的所有层面。同时，经济领域“滞胀”（即通货膨胀与经济增长迟滞）的存在，使得资本主义国家在缓解这类矛盾时，处于两难境地。

五是社会矛盾国际化趋势加快。随着科学技术的迅猛发展，经济全球化趋势的加快，国家之间的竞争也越来越激烈。在这种情况下，社会矛盾在国与国之间的相互联系和相互影响也越来越深入。同时，国家内部的社会矛盾与国家之间的冲突开始相互交织、相互影响和相互转化。

二、国外缓解社会矛盾所采取的政策措施

资本主义作为人类历史上社会经济迅猛发展时期，从某种程度上说，也是社会矛盾集聚和多发期。其主要表现在：一是社会矛盾所反映的内容越来越复杂。二是社会矛盾的表现形式越来越多样化。三是社会矛盾的波及范围越来越广。四是社会矛盾的影响程度越来越深。

五是社会矛盾在国与国之间的相互影响和联系越来越密切。

针对社会经济发展过程中所存在的各种各样的矛盾，为了促进社会经济的持续、全面和快速发展，资本主义国家在如何缓解社会矛盾方面，在不同的社会发展时期，根据不同的社会矛盾采取了不同的政策措施。

（一）政治方面

在资本主义生产关系开始萌芽和确立时期，由于资本主义生产关系与封建生产关系等存在严重的对立和冲突，资产阶级为了扫除封建生产关系等因素对顺利发展资本主义生产关系的阻碍，便采取大规模的革命运动的方式。而在资本主义生产关系建立起来之后，工人阶级与资产阶级的对立和冲突，除了改善工作环境和经济条件，也体现在政治要求等方面。对于工人阶级对政治方面的要求，资产阶级一方面是加强统治，另一方面也在不损害资产阶级统治的前提下，给予一定的政治权利和自由，在一定程度和范围内缓解资产阶级与工人阶级之间的对立。例如，1891年5月，比利时10万名矿工要求实行普选，他们的罢工使全国煤炭工业陷于瘫痪。后来，在众议院否决关于实行普选权的提案以后，工人党领导发出了总罢工的号召，大约25万人举行大罢工，这样大规模的罢工在欧洲是空前的，统治阶级不得不做出让步。罢工一周后，议会通过了给成年男子以普选权的法律，这使参加选举的人数几乎增加了9倍。①

（二）经济方面

1. 调整经济结构

资本主义社会矛盾的激烈与缓和，从某种程度上说，与资本主义国家的经济发展状况存在着密切联系。为了迅速摆脱经济危机，缓解

① 秦德占：《变动中的当代欧美社会》，当代世界出版社2004年版。

由此引发的社会矛盾，资本主义国家适时对国民经济结构进行改革和调整。例如，20世纪90年代以来，欧美国家特别是美国的产业结构又进行了一次更高层次的调整，以信息技术为导向、以因特网为平台的新经济快速发展，只占美国GDP8%的信息产业，却对整个国民经济增长的贡献率则达35%以上。[①] 欧美产业结构调整的直接后果就是最终带来了服务业的大发展，在一定程度上改变了资本主义传统的经济危机的规律性。同时，第三产业的大力发展，也有利于改善就业结构，提高劳动就业率，缓解就业所带来的社会的矛盾。

2. 支持科技创新

科技创新作为资本主义社会生产力发展的主要动力之一，各主要资本主义国家都非常重视对科技创新的支持。这不仅可以加快资本主义经济的发展，也对缓解社会矛盾产生一定的积极作用。从资本主义社会发展过程中所经历的三次工业革命的情况看，每次工业革命都带来了生产力的迅猛发展、劳动生产率的提高，以及社会生产结构的改善。同时，由于经济的发展，也使得工人阶级的生活条件和工作环境等方面也有所改善，从而有利社会矛盾的缓和。例如，第三次工业革命带来了20世纪50、60年代资本主义的"黄金发展期"，与此同时，这也是资本主义社会矛盾相对缓和的时期。

3. 财政政策

资本主义国家根据社会经济发展形势和需要，不断地对财政政策进行相应地调整，以期实现社会经济的平衡运行。在财政政策措施方面，各主要资本主义国家通过逐步建立和完善保障社会保障税、个人所得税、财产税等在内的财税政策体系，充分发挥财政政策对社会收入分配状况的调节作用。同时，资本主义国家还通过建立和完善财政转移支付制度，加大对地区发展和特殊群体的扶持和救助力度，以缓解由于地区差距和特困群体扩大等所引起的一系列

① 秦德占：《变动中的当代欧美社会》，当代世界出版社2004年版。

的社会矛盾。

4. 金融政策

金融作为现代经济的命脉，资本主义国家一方面通过建立、健全现代金融体系，为资本主义经济的平稳发展和健康运行提供良好的外部环境和金融政策支持，避免由于金融混乱与危机可能引发出一系列的社会矛盾。例如，1913年12月23日美国总统威尔逊签署法令，建立新的联邦储备体系。1944年，又主导成立了布雷顿森林体系。另一方面，通过利率、汇率等金融杠杆，加强对宏观经济运行的调控，缓解由于经济发展缓慢或停滞所带来的就业压力加大、特殊群体经济状况恶化等一系列的社会矛盾。

5. 贸易政策

针对资本主义社会生产的“相对过剩”所引发一系列社会矛盾，资本主义国家采取了扩大海外市场、划分势力范围、剥夺殖民地、加强贸易谈判等一系列有利于本国的相关贸易政策措施。有时，不惜动用武力来保证这些政策措施的实施。这不仅有助于缓解因经济危机而产生的社会矛盾，还可以将国内的社会矛盾转嫁到国外。在各主要资本主义国家，由于迫于某些产业（行业）集团或利益阶层的压力，不得不对这些产业实行一定的贸易保护政策，以避免该产业内社会矛盾的激化和扩大化。

（三）社会方面

1. 建立社会保障制度

面对社会经济发展过程中出现的因经济形势变动和结构调整带来的失业问题、就业环境恶化等问题，以及由此引发的工人运动等社会矛盾，现代资本主义国家从19世纪末期开始，先后建立和完善了社会保障制度。例如，19世纪的德国，资本主义工业蓬勃发展，工人阶级力量也不断壮大，劳资矛盾引发的工人运动此起彼伏。为了缓和日益激化的劳资矛盾，维护资本主义制度，德国政府采取了一系列的措施。1871年，执政的德意志帝国第一任首相俾斯麦采取的所谓"大棒加胡萝卜"政策。一方面加强对革命运动的镇压，另一方面为缓和阶级矛盾，接受了当时最有影响的社会政策协会的部分主张，开始建立现代社会保障体系。①

2. 实施反贫困政策措施

贫困问题作为社会发展过程中的核心问题之一，人类社会发展史从一定意义上说也是与贫困斗争的历史。在资本主义社会发展过程中，各国从促进社会稳定与和谐的角度出发，通过实施反贫困的政策措施，以缓和社会矛盾。例如，美国通过严格实行城市最低工资标准制、失业保障制度、食品补助计划、医疗补助计划等四大措施，帮助解决家庭贫困问题。② 在20世纪60年代后期，美国总统约翰逊宣布了"向贫困宣战"的计划，扩大了社会救济，包括医疗救济、食品券和对养有未成年儿童家庭的救济等。③

3. 加强教育与培训

社会劳动力的科技知识和知识结构等综合素质，不仅关系到社会生产力的发展与劳动生产率的提高，而且与劳动者适应社会经济形势变化和就业等方面的能力有着密切联系。资本主义社会科学技术的迅猛发展和经济结构的调整，相应地需要具有高素质的劳动力相配合。同时，在每次经济危机和结构调整中所出现的失业问题，也与失业者综合劳动素质存在很大关系。因此，资本主义国家从促进科技推广、加快经济结构调整、提高劳动生产率和市场竞争力等方面出发，加大了对劳动生产力的教育和培训力度，提高失业者的就业能力，缓解失业问题。上世纪80年代末，世界农业劳动力平均受教育的程度就已经达到11年，美、法、德、英、日分别达到了18.04年、15.96年、

① 邵芬：《欧盟诸国社会保障制度研究》，云南大学出版社2003年版。

② 新华社："美国四大政策帮助贫困家庭"，《广州日报》，2005年3月22日。

③ 秦德占：《变动中的当代欧美社会》，当代世界出版社2004年版。

12.17年、14.09年和11.87年。[①]

（四）法律方面

1.社会保障立法

自德国先后颁布“三大保险法”即《劳工疾病保险法》（1871）、《劳工灾害保险法》（1884）、《劳工老年残疾保险法》（1889），[②]开创世界社会保险立法之先河以来，资本主义国家开始日益重视社会保障体系方面的立法建设。通过社会保障立法，明确规定了政府、企业和雇员之间在就业待遇、失业保障等方面的权责关系。这不仅有助于规范、有效地解决社会生产过程中可能出现的劳资纠纷，也有助于解除劳动者的后顾之忧，促进人力资源的流动，使其达到合理配置。通过社会保障立法，强化了政府与企业在改善就业环境、提供社会救助等方面的责任，从而有助于缓和社会矛盾。

2.经济立法

为了促进资本主义社会生产从无序竞争到有序运行的转变，适应社会化大生产的要求，资本主义国家通过制定相关的法律法规，规范了社会经济运行秩序，缓解了由无序竞争所带来的一系列负面影响和社会矛盾。进入垄断资本主义阶段后，为了缓和垄断资产阶级与中小资产阶级之间的矛盾，资本主义国家先后制定了反垄断方面的法律法规。例如，美国经济结构的变化和托拉斯等垄断组织的出现，确实威胁到小生产者的利益，由此产生的政治压力和公众对经济权力集中的忧惧是《谢尔曼法》出台的主要原因。1914年的《克莱顿法》、1936年的《鲁宾逊—帕特曼法》和1950年的《塞勒—凯弗维尔法》都有保护小工商业者的意图。[③]

---

① “国外农村劳动力培训的启示”，www.chinafeed.org.cn，2004年1月19日。

② 邵芬：《欧盟诸国社会保障制度研究》，云南大学出版社2003年版。

③ 郭跃：“美国反垄断法价值取向的历史演变”，经济法网www.cel.cn，2005年10月13日。

3. 政治权益立法

政治权益作为资本主义社会工人运动的一个主要内容，在资本主义社会发展过程中，资本主义国家通过制定和完善《选举法》、《平等权利修正案》等相关政治法律，有效地缓解了工人运动所产生的社会危机。例如，为了缓解民权运动所带来的社会矛盾，美国于1957年9月通过了《民权法》，1960年国会又通过了《1960年民权法》，这对保障美国人民的民主权利具有重要意义。①

（五）其他方面

资本主义国家在缓解社会矛盾方面，除了利用政治、经济、法律等手段外，也利用各种精神手段等来缓解社会矛盾，维护社稳定。②

1. 宗教

现代资本主义国家比较巧妙地抓住了宗教这一精神产品，来控制人们的灵魂，对其教义、思想重新作了解释。它紧紧抓住了当代人共同关注的重大问题，如人类环境问题、精神生活与精神追求关系问题、社会正义与仁爱精神的关系等问题进行探索。这些主张在当代西方社会道德相对主义、价值虚无主义盛行的环境下，无疑可以起到维护社会公德、稳定社会秩序的作用。

2. 新闻媒体

在欧美社会，充分利用新闻媒体的宣传和导向作用，不仅可以强化资产阶级统治，维护资本主义制度。同时，从某种角度看，资本主义的新闻制度，在一定程度上也是消释资本主义社会矛盾的一个“出气口”，也是其内部党派与集团权力斗争的工具。

3. 文化教育

① 秦德占：《变动中的当代欧美社会》，当代世界出版社2004年版。

② 秦德占：《变动中的当代欧美社会》，当代世界出版社2004年版。

大力发挥文化教育等手段的规范和教化作用，利用文化教育等工具来传播资产阶级的思想和价值观念，是战后以来欧美社会缓和社会矛盾的一个重要措施。在欧美社会，政府从来就非常重视学校教育，其一个始终不变的目标就是要以资本主义的思想体系牢牢控制住这块思想阵地。

三、财政政策在缓解社会矛盾方面的作用

财政作为以国家为主体进行的一种分配活动，涉及到社会、经济、生活的方方面面，对社会经济的顺利发展和人民生产生活有着密切联系。而财政政策作为国家为实现一定历史时期的任务，依据客观经济规律制定的指导财政工作和处理各种财政关系的基本准则，是国家进行宏观经济调控的一个重要手段。从国外为缓和社会矛盾中而采取的政策措施看，财政政策在其中处于重要地位。一方面通过其自身的作用途径，比如财政转移支付、财税政策优惠等，对缓解社会矛盾起着直接调控作用；另一方面，作为一个综合性政策措施，财政政策还通过与其他政策措施如社会政策、法律法规等相配合，充分发挥其在缓解社会矛盾中的导向作用和财力支持作用。政府在经济、社会、法律等方面采取的政策措施，几乎都离不开财政政策的支撑。从某种意义上说，在缓解社会矛盾方面，财政政策起着其他政策措施不可替代的重要作用。

（一）促进地区经济协调发展，缩小地区差距

地区经济发展不平衡作为一个客观的经济与社会现象，是经济发展在一定阶段的必然现象，具有一定的普遍性。这种现象的出现，一方面与自然资源、地理环境、经济基础等因素有关，同时也

与生产力水平和社会经济政策等因素有关。地区之间社会经济发展差距的扩大，使得地区之间的居民在收入和生存环境等方面的差距也不断加大，这不仅造成整个国民经济和社会发展的不协调，而且也产生了一系列的诸如种族矛盾、民族问题、生态环境、人员流动、阶层分化等社会问题，并可能由此造成社会不稳定和影响整个社会经济的发展。

从社会经济发展过程看，社会矛盾的形成和发展，从某种程度上说，与地区社会经济发展不平衡存在一定的联系。为了促进社会经济的协调发展，维护社会稳定，国外非常重视通过缩小地区差距来缓和社会矛盾。在促进地区经济协调发展，缩小地区发展差距，以此来缓解社会矛盾等方面，财政政策起着非常重要的作用。

1. 采取财政转移支付的形式支持落后地区发展

规范的财政转移支付制度不仅是各国解决地区差距的通行做法，也是各国缩小地区差距最基本的手段。德国联邦政府把财政支出的20%用于补贴低于各州平均水平的穷州，日本政府直接用财政转移支付和税收调节来提高落后地区的财政能力。[①] 通过财政转移支付，改善落后地区的社会生态环境，实现地区间公共服务水平的均等化，缓和地区之间由于公共服务水平失衡所产生的社会矛盾。

2. 通过政策倾斜促进地区发展

为了促进落后地区的经济发展，许多国家实行一系列的税收优惠、政策倾斜等政策措施。20世纪50年代中期至70年代中期，意大利为推动南方地区经济发展，制定了到南方新办工厂给予10年免征利润所得税的优惠政策，鼓励企业家向南方投资。通过政策倾斜，为落后地区的社会经济发展创造良好条件，同时也提高了当地居民的生产生活水平，有助于人民安居乐业、缓和社会矛盾。

① 赵英兰、纪鹤："财政转移支付是国外解决地区差距通行做法"，新浪财经 http://finance.sina.com.cn，2005年10月13日。

（二）调节社会收入分配，缓解收入差距

收入分配不仅反映社会再生产的过程和结果，而且对生产要素的合理配置和经济的发展有明显的导向作用。合理的收入分配制度，能够激发人们的积极性，促进劳动生产率的提高，促进国民经济的持续快速健康增长，也有利于从根本上保持社会稳定，为社会经济发展创造良好的社会环境。而从另一角度看，收入分配问题的重要性还体现在：如果分配问题处理不好，也会对经济和社会的发展产生负作用。如不合理的收入差距的扩大，分配秩序不规范，分配关系不协调，非法收入的失控等，都会直接影响到社会经济的良性循环。

在调节社会收入分配，缩小收入分配差距，缓解社会矛盾方面，财政政策的作用主要体现在：

1. 通过建立和完善相关税收体系，调节收入分配

在调节收入分配的税收政策方面，目前比较常见的有个人所得税、财产税、遗产税、赠予税、消费税等。通过这些税种之间的相互配合和相互协调，调节过高收入，规范个人收入分配秩序，强化对分配结果的监管，可以起到缓解部分社会成员收入分配差距扩大的趋势。

2. 通过转移支付等形式，改善低收入群体的收入水平

税收政策在缓解收入分配差距方面，主要侧重于对高收入群体的收入进行适当调节。为此，国外还采取社会救助等形式，一是直接提供资金，提高贫困者的购买力，二是直接提供生活必需品，如食物、住宅和医疗照顾等。例如美国的社会救助体系就包括补充安全所得（SSI）、失依儿童的家庭补助（AFDC）、医疗补助（Medicaid）、一般的社会救助（General Assistance）、食物补助方案、住宅补助等。[①] 通过转移支付，改善和提高低收入群体的生活水平，缩小收入分配差距，

---

① 孙莹：“美国社会救助政策述评”，北京社科规划www.bjpopss.gov.cn。

从而有助于缓解特殊困难群体由于生存条件相对恶化所引起的社会矛盾。

（三）支持产业发展，调节就业形势

产业结构调整和优化升级作为社会经济发展过程中的一种趋势，不仅是发展社会生产力的必然要求，也是推动社会经济发展的一个重要动力。随着产业结构调整和优化升级的进行，必然带来社会就业结构和形势的变化。为了避免产业结构调整给社会就业所带来的不利影响，国外通过财政政策对产业发展进行适当调节，以此缓和因就业结构变动可能引发的社会矛盾。

1. 支持产业升级，调整就业结构

自第二次世界大战以来，西方各主要资本主义国家通过采取财税优惠政策等加大对信息产业、高新技术和服务业等第三产业的扶持力度。通过加快第三产业的发展，不仅促进了产业结构的优化升级和社会经济的协调发展，也使得以工程技术人员、工商企业管理人员、中上层职员、教员、医护人员、咨询人员为主体的中间阶层的出现。中间阶层的出现和发展壮大，一方面体现了无产阶级在工作环境、经济地位等方面有所改善；另一方面，也使得西方主要资本主义国家中原有的资产阶级与无产阶级两大阶级的直接对立和冲突，因为中间阶层而有所缓和，这也是西方主要资本主义国家在20世纪60、70年代社会矛盾出现某种程度缓和的一个主要原因。通过优化产业结构，特别是对有利于改善就业结构、缓解就业压力行业给予一定的财税政策支持，不仅有利于社会经济的协调发展，也有助于解决就业问题、缓和社会矛盾。

2. 对特殊行业进行一定的保护

随着产业结构调整，一些行业可能由于技术水平、外界竞争等因素而在社会经济发展过程中处于不利地位。为了保护这些特殊行业的利益，避免特殊利益集团和行业工人由于利益受损所可能带来的社会

冲突，许多国家通过财政补贴等措施对其采取一定的保护。例如，从1980年以来，美国钢铁公司得到了政府超过170亿美元的补贴，接受政府巨额补贴几乎成为美国钢铁工业的传统。在2002年3月5日美国总统布什决定对进口钢铁征收高关税时宣称，提高进口钢铁关税的目的是为了给国内钢铁行业几年休养生息的时间，帮助那些依赖钢铁行业生存的人乃至整个美国经济走出危机。[①] 中美纺织品贸易摩擦的背后，体现了美国纺织品相关产业利益集团的存在，以及政府为维护美国纺织品行业利益和缓解由此可能引发的社会矛盾所做的努力。通过在财税政策方面对特殊行业实行保护和支持，维护相关行业利益集团和就业者的利益，不仅缓解了在产业结构调整中因失业问题而可能引发的社会矛盾，同时也是将国内社会矛盾向国外转移的一个重要途径。

（四）发展社会事业，缓和社会矛盾

利用财政政策支持社会事业发展，以此来缓解社会矛盾，是当今各国通行的做法。其具体手段包括：

1. 建立和完善社会保障体系

社会保障制度的建立是社会发展进步的一个重要标志，它对缓解社会摩擦，协调社会利益，维护社会稳定，起着重要作用。从社会保障制度产生和发展的过程来看，社会保障制度最早是由政府涉足社会救济事业开始。为缓和社会矛盾和防止社会动乱，1531年英国国王颁布了《救济法令》，开始从积极的意义上注意如何救济贫民。[②]

财政对社会保障事业的支持，一是通过建立和完善相应的税收政策，为社会保障提供资金来源。二是通过建立和完善相应地组织机构

---

① 陈岚兰：“美国钢铁征税之路能走多远”，人民网，2002年3月11日。

② 邵芬：《欧盟诸国社会保障制度研究》，云南大学出版社2003年版。

为社会保障事业的开展提供支持。从西方各主要资本主义国家看，财政是社会保障体系的一个主要支柱。正是由于有财政的支持，社会保障这张“安全网”才能够充实发挥缓解社会矛盾，促进社会和谐发展的作用。

2. 大力发展教育

教育事业不仅事关科学技术的发展与进步，促进社会生产力水平的提高，还与劳动者的劳动能力、社会认同感等综合素质存在密切联系。统治阶级非常重视利用教育来巩固其统治。哈佛大学前校长科南特于1956年发表《知识堡垒》一文，强调美国教育必须适应新的形势：“在反对苏联意识形态的斗争中，我们是主要的保卫者。我们的中小学、学院和大学意识到这种责任对于教育的含义。……这个工作正在成为对我们的未来公民进行美国民主生活的教育的一部分。”① 财政在通过教育缓解社会矛盾方面：一是通过提供免费培训等形式，提高劳动者素质，适应社会经济发展和经济结构变动所带来的就业结构的调整，缓解由于失业问题而引起的社会矛盾。二是通过义务教育等形式，提高国民素质，增加公民的社会认同感，为社会经济的和谐发展提供良好的人员基础。

3. 支持非营利机构的发展

现代社会复杂多变，各种社会问题层出不穷。解决这些问题单靠政府与市场是不够的，因为政府与市场本身都存在着缺陷。“解铃还须系铃人”，大量社会事务必须要由社会自行解决。随着非营利机构在解决社会问题领域的不断拓宽和能力的不断提高，非营利机构已逐渐在不少领域中取代了原先政府在社会事务中扮演的角色。美国的非营利机构包括各类学术研究机构、教育培训机构、医疗保健机构、专业协会、教会、工会商会、体育组织、文化娱乐组织、青年组织、老

① 吴必康：《美英现代社会调控机制——历史实践的若干研究》，人民出版社2002年版。

年公民组织、志愿组织、民间基金会、公益性团体、慈善机构等。

政府通过对非营利机构采取税收优惠和资金支持等形式，支持非营利组织发展，利用非营利组织在社会领域所处的地位来缓解社会矛盾。自上世纪80年代起，美国政府对非营利组织的支持有显著增长。联邦政府在社会服务方面的支出，50%以上投向非营利组织。非营利组织与政府签订合同，在政府资助下，非营利组织提供庇护、咨询、就业培训、保护受虐待妇女及受歧视儿童等服务项目。①

四、国外利用财政政策缓解社会矛盾方面的经验和教训

如何缓解社会矛盾，促进社会经济顺利发展，是目前各国面临的一个共同问题。国际上的一些国家和地区，曾在20世纪70年代经济起飞后进入这个时期，但后来却走上了截然不同的发展道路，一些发展顺利的国家和地区，如今人均GDP已达到1万—2万美元，而另一些没有解决好社会矛盾和发展问题的国家和地区，至今人均GDP还停留在不足3000美元的水平。从国外的社会经济发展历程来看，财政与社会矛盾的激化或缓解存在着非常密切的联系。一方面，财政政策的失误，有可能促成社会问题的出现，加剧社会矛盾的激化。另一方面，合理的财政政策和方式，对缓解社会矛盾也起到一定的积极作用。

（一）财政能力建设不足，可能导致社会矛盾的集中爆发

从国外社会矛盾的产生和爆发过程来看，任何一个社会出现足以

① 孙倩：“美国的非营利组织”，《社会》，2003年第7期。

颠倒乾坤的危机，它的前兆必然是财政危机。实际上，严重的财政危机往往是严重的社会危机的反映。因为在任何时代、任何社会制度下，财政都是一个大问题，财政实际上是一国政治的全部经济内容。

1688年英国资产阶级革命和1789年法国大革命的爆发，起因都是在社会矛盾积累到一定程度后，政府在采取财政调整和改革等措施来缓解社会矛盾时，由于措施不当形成财政危机，从而又加速了社会矛盾的激化和爆发。而1978年伊朗革命，则是在“几乎20年令人印象深刻的经济增长的背景下爆发的”①，但由于在缓解社会危机方面的政策措施不力，财政经济形势的恶化，最终导致巴列维王朝的覆灭。

（二）财政政策的不合理，可能造成社会矛盾的复杂化

国外利用财政政策缓解社会矛盾，可以说是一个不断发展和完善的过程，其形式和手段也各种各样。合理的、规范的财政政策对缓解社会矛盾起到一定的促进作用，而不合理的财政政策，在缓解社会矛盾的过程中，反而又引发出新的社会矛盾。比如在社会保障的政策措施方面，社会保障作为资本主义国家为了缓解工人阶级与资产阶级之间的矛盾所采取的政策措施之一，在资本主义社会的发展过程中，社会保障对促进经济发展、保持社会稳定和改善人民生活等方面起到了非常重要的作用。合理、适度的社会保障体制对社会矛盾的缓解确实起到了一种“缓冲器”和“安全网”的作用。但不合理的、超前的社会保障体制，在缓解原有社会矛盾的过程中，又引起一些新社会问题和矛盾，使得社会矛盾进一步复杂化。

由于社会保障需要有一定的财力支持，社会保障的范围越广、标准越高、种类越多，相应地资金需求和管理难度也就越大。另一方面，社会保障在稳定社会发展的同时，也对人们的经济行为和生活方

---

① S. 巴克哈什：《阿亚图拉的统治：伊朗和伊斯兰革命》，纽约1984年版。

式等各个方面都带来了深刻变化。目前，福利国家在社会保障方面也出现了一些新的现象和问题。一是开支日益庞大，导致税赋大增和社会不满；二是负面效应的显现，如降低工作积极性和增加福利依赖性等；三是改革困难，既得利益难以触动。以上这些现象和问题表明，由于国家在缓解社会矛盾中的财政政策的不合理，使得在原有雇主与雇员之间的矛盾没有得到彻底缓解基础上，又使得社会福利与经济效率，国家、企业、雇主、雇员之间的矛盾开始显现并相互制约，加剧了社会经济发展过程中社会矛盾的复杂化。

（三）财政政策运用不及时，可能增加缓解社会矛盾的难度

财政政策在缓解社会矛盾中的作用，应该说是随着社会经济的发展，社会矛盾的形成与激化而不断体现和深化的。在财政政策对缓解社会矛盾的认识方面，也是一个不断深入的过程。从国外利用财政政策缓解社会矛盾方面，由于对财政政策在缓解社会矛盾中的作用认识不足，忽视或运用财政政策不及时，使得社会矛盾不仅没有得到有效缓解，反而使得社会矛盾进一步累积或恶化，增加了缓解社会矛盾的难度。

从国外社会经济的发展过程来看，及时利用财政政策缓解社会矛盾是各国在促进社会稳定，加快经济发展的一个重要措施。社会保障体制在资本主义各国的建立和完善，从某种程度上说是挽救资本主义最为有效和最及时的财政政策措施之一。同样，由于财政政策措施方面的不及时，使得原本在社会矛盾的形成初期通过简单化、低成本的财政政策就可以有效缓解的社会矛盾得以进一步恶化，这不仅影响到了社会经济的健康、持续和稳定发展，也使得财政政策在缓解社会矛盾中的政策措施选择较难、政策效果不理想、政策成本增加、缓解社会矛盾的难度加大等。例如，“拉美化”的形成和发展，一方面是拉美各国在发展战略与道路选择等方面存在一定的失误，另一方面是拉美各国在缓解社会矛盾方面的政策措施不当和错失良好时机。因为社

会问题与经济发展的相互制约，使得财政政策在其中也处于两难境地。社会矛盾影响经济的正常发展，经济发展不正常影响财政能力的提高，财政收入不足影响到缓解社会矛盾的能力，社会矛盾的恶化又进一步增加了缓解难度。

（四）规范财政资金用途，有助于提高缓解社会矛盾效率

从社会经济发展进程看，社会生产形式、经济活动、生活方式等趋于多样化和复杂化，社会矛盾的表现形式和反映的内容将会越来越复杂。相应地，财政在缓解社会矛盾中的用途和领域也将越来越广。如何有效管理和规范使用财政资金，是影响财政在缓解社会矛盾中的作用发挥的一个重要因素。

在资本主义社会初期，资本主义国家在缓解社会矛盾时经常采取临时性的、不规范的政策措施，由此造成了政策效果不明显等后果。例如，英国在早期应对贫困问题时，由于制度不健全，导致假公济私、做假账、私吞公款、挪用善款铺张浪费等现象的发生，后来通过建立和完善《济贫法》，规范了资金的使用方式，加强对资金的用途管理，一定程度上缓解了由于贫困带来的社会矛盾。

（五）适时调整和完善财政政策，是有效缓解社会矛盾的要求

矛盾危机的多样性，决定了调控手段方式的多样性。社会矛盾是多样的，在不同时期、不同领域和不同社会阶级中，社会矛盾的产生、表现形式和冲突程度，都是不同的。这就需要采取相应的多种多样的调控手段方式。从政策措施对社会经济发展的影响看，合适的政策措施有助于社会经济发展，而政策措施不当，反而可能会引发社会矛盾。1919 年后，先后解除英国各项“战时工业政策”，恢复了战前自由放任的市场机制。英美缺乏健全的宏观经济调控的政策和能力，难以控制社会化生产中的盲目性。对维护经济秩序和制约投机牟利和垄断等不当行为等，也缺乏有效的微观调控，是 30 年代经济大危机

的重要原因之一。①

在20世纪30年代大危机中，胡佛政府在1932年将税率提高到和平时期最高水平。英国政府也在危机初期奉行主张自由放任的剑桥学派经济理论，指望市场自动调节，反对扩大政府开支和公共工程，采取减少工资，降低生活水平、削减社会保险和失业补贴等错误对策。② 这些政策措施不仅没有促进经济发展，缓解社会矛盾，反而造成更大的危机。

由于资本主义各国在凯恩斯主义影响下，实施了重视财政调控作用的相机抉择的财政政策，使得20世纪30年代的大危机才得以逐步缓解。从资本主义国家完善和创新财政政策的原因和效果看，适时调整和完善财政政策措施，使其与社会经济发展形势和要求相适应，不仅有助于促进社会经济发展，而且也是有效缓解社会矛盾，充分发挥财政政策调节效果的必然选择。

五、我国转轨时期的主要社会问题及其特点

改革开放以来，特别是随着社会主义市场经济体制的建立，我国社会经济迅猛发展，社会生产力水平、生产形式和生活方式等各方面都发生了非常大的变化。在我国经济发展、社会进步、人民生活水平提高的同时，社会生产和生活领域也出现了一些新变化、新情况和新问题，有些问题还非常严重，甚至已经开始影响到我国社会经济全面、协调、可持续发展和全面小康社会的建设。

---

① 吴必康：《美英现代社会调控机制——历史实践的若干研究》，人民出版社2002年版。

② 吴必康：《美英现代社会调控机制——历史实践的若干研究》，人民出版社2002年版。

（一）就业问题

就业问题作为我国目前社会经济发展中一个比较突出的问题，其主要表现在以下几个方面：

1. 劳动力总量供给大于需求

从劳动力供求总量上看，目前每年的城镇新生劳动力加上现存的下岗失业人员，每年城镇需就业的劳动力达到2400万人。按经济增长速度保持在8%—9%计算，在现有经济增长就业弹性的约束下，每年新增的就业岗位最多也就是900万个，劳动力供大于求的矛盾十分突出。①

2. 农村劳动力转移压力大

随着我国农业产业结构调整速度的加快，农村富余劳动力将越来越多，流动就业也会更加频繁。据有关部门统计，我国“十五”期间农村劳动力数量每年新增800万。加入WTO后几年内，农业领域将产生1000万富余劳动力。综合考虑这两项因素，“十五”期间我国至少要转移5000万农业富余劳动力。从需求上看，乡镇企业年均吸纳250万，按每年增长6%，五年内可转移2000万。供求相抵，将新增1700万，加上目前积存的1.5亿，以及其他因素，“十五”期间农业富余劳动力将达2亿人。②

3. 劳动力结构不合理

一方面是大量劳动力难以就业，另一方面却是企业对高素质劳动力的需求难以满足。我国劳动力的综合素质不高，知识结构和技术水平不合理，使得因经济结构调整和升级所带来的再就业问题，加剧了我国就业问题的严重性。劳动和社会保障部2004年4月对全国40个

---

① 汝信、陆学艺、李培林：《2005年：中国社会形势分析与预测》，社会科学文献出版社2004年版。

② “农村劳动力就业”，www.zsjob.com.cn/news。

城市技能人才状况抽样调查的结果显示，技师和高级技师占全部技术工人的比例不到4%，而企业需求的比例是14%以上，供求之间存在较大差距。①

（二）收入分配问题

随着我国社会经济的发展，社会收入分配方式和渠道的多样性，使得我国收入分配中的差距越来越大。这不仅影响消费，而且引起群众不满，影响劳动积极性，影响社会稳定。

1. 城乡收入差距扩大

2002年城乡之间的人均收入差距为4:1，但加上各种隐性收入，实际差距在6:1以上。城乡平均收入差距在20年以上，即便农民人均年纯收入能够年均增长5.8%，到2020年还达不到2000年城镇人均年可支配收入的水平。②

2. 贫富收入差距呈扩大趋势

目前我国的收入分配差距悬殊已十分突出。我国的基尼系数2000年为0.458，2004年接近0.5，已超过国际公认的0.4警戒线，并以每年0.1个百分点的速度在提升，我国贫富差距未来10年还将继续拉大。③ 2004年，城镇居民中，低收入群体的收入占全部收入的比重为7.4%，比1985年的12.8%下降了5.4个百分点；中等收入群体收入占的比重为57.7%，比1985年下降了6.1个百分点；高收入群体收入所占比重为41%，比1985年提高了11.5个百分点。④

3. 地区发展差距

---

① 汝信、陆学艺、李培林：《2005年：中国社会形势分析与预测》，社会科学文献出版社2004年版。

② 李培林、张翼、赵延东、梁栋：《社会冲突与阶级意识》，社会科学文献出版社2005年版。

③ 张冉："生产力报告出炉，中国贫富差距未来10年继续拉大"，http://finance.sina.com.cn，2005年11月18日。

④ "财富向高收入者集中，我国收入分配存在五大问题"，来源于上海证券报网络版。

由于经济基础和自然条件的差异，我国的经济发展在地区之间很不平衡，1978年到2004年平均，东部地区生产的GDP占全国的比重达到56%，而中部地区和西部地区则分别是26%和18%，东部地区创造了全国一半强的经济总量。与GDP的生产一样，可用于分配的国民总收入，地区之间的差异也很大。从1998—2002年的数据来看，东部地区的可支配收入占全国的比重为55.5%，中部地区为26.3%，西部地区为18.2%，东部地区的比重超过了中、西部之和。经济的发展和分配都呈现出东重西轻的格局。①

4. 贫困问题依然严重

2004年末全国农村绝对贫困人口为2610万人，比上年减少290万人，占农村人口的比重为2.8%，比上年下降0.3个百分点。与此同时，2004年农村居民内部收入分配的基尼系数为0.3692，比上年提高0.12个百分点，这种城乡差别和农户内部之间差别的扩大也就说明了社会分配的不公平在加剧，相对贫困人口在逐年增加，相对贫困深度在加深。②

（三）社会保障问题

社会保障体制作为社会经济发展的“安全网”和“稳定器”，随着我国社会主义市场经济体制改革的逐步深入，社会经济协调发展和全面小康社会建设对社会保障也提出了更高的要求，我国社会保障体制仍存在诸多问题。

1. 社会保障覆盖范围

我国目前的社会保障体制主要覆盖的是城镇居民家庭，农村居民家庭对生活风险的抵御主要还是依靠家庭自保和社会互助。在基本养老保险方面，目前总的覆盖面还不足20%，其中农村充其量为5%，

① “财富向高收入者集中，我国收入分配存在五大问题”，来源于上海证券报网络版。

② 国家统计局：《2004年中国农村贫困状况监测公报》，2005年4月21日。

而城镇也仅为 45.4%。在城镇居民社会保障覆盖面不高的情况下，还出现了参保人数和缴费人数下降的情况。到 2002 年 6 月底，全国养老保险的参保人数为 10567 万人，比上年减少 235 万人；实际缴费人数 9253 万人，比上年底减少 344 万人；失业保险参保人数 10095 万人，比上年底减少 260 万人。①

2. 社会保障标准

在社会保障标准方面，一是社会保障的项目不健全，二是社会保障的支付标准较低。按照国际劳工组织 168 号公约，失业人员领取的失业金，应不低于原收入的 50%。我国各地参照最低生活保障标准和法定最低工资标准确定的失业保险金，标准仍然很低，通常只相当于社会平均工资的 30%—40%。②

3. 老龄化问题

目前，我国的老年人口（60 岁以上）已占总人口的 10% 以上。我国已经进入老龄社会，老龄化速度快，老年人口规模大，21 世纪 30 年代人口老龄化将达到高峰。与此同时，我国国民人均创造财富的能力依然很低，出现“未富先老”现象，老年人面临着传统的家庭养老体系逐渐解体和通过老龄就业自我养老的困难。

4. 社会保障资金

社会保障资金的安全、完整和保值增值，不仅是社会保障制度正常运行的物质基础，也是保证社会保障资金可持续运作的前提条件。据世界银行估算，我国转轨成本在 3 万亿—4 万亿元左右，③ 基本养老保险基金收不抵支的矛盾突出。预计 2003 年企业基本养老保险基金征缴收入可达 2043 亿元，基金支出 2391 亿元，总体上收不抵支

① 汝信、陆学艺、李培林：《2003 年：中国社会形势分析与预测》，社会科学文献出版社 2003 年版。

② 陈佳贵、王延中：《中国社会保障发展报告》，社会科学文献出版社 2004 年版。

③ 陈佳贵、王延中：《中国社会保障发展报告》，社会科学文献出版社 2004 年版。

348 亿元。①

（四）腐败与社会公正问题

1. 腐败问题

腐败作为当今社会公认的一大社会问题，在我国社会转型和经济转轨过程中，由于体制转变、制度建设、政策调整等方面的不完善和不协调，使得我国社会的腐败现象开始成为一个严重的社会问题，直接影响到国家的政治稳定和经济发展。我国目前的腐败现象，已经从经济领域开始向社会治安、司法、医疗、教育等政治和社会领域蔓延，腐败的形式和影响程度也开始越来越复杂化。

2. 社会阶层

阶级阶层结构的变化，往往是由于一个国家产业结构的巨大变化或者社会经济体制在某些历史时期的重大调整。在这种变化过程中，各个阶级或阶层社会地位的起伏，阶级关系结构的变化，不仅会给社会日常生活带来新的冲击，而会造成各个阶层人们心理上的动荡。从世界发展的普遍趋势来看，阶层结构比例失调往往是引发经济—社会危机的深层次因素，或者会使一个社会难以应对由其他原因引起的经济—社会危机，难以迅速从危机中恢复过来。有关研究表明，我国现在的社会阶层结构形态不合理的基本表现为该缩小的阶层还没有小下去，该扩大的阶层还没有大起来。社会中间阶层的规模过小，而像农业劳动者这样的构成社会中下层的阶层规模还过大。②

3. 社会公正

在社会转型和体制转轨过程中，如何对待利益受损者和社会弱势群体，不仅是一个社会公正问题，也是影响社会稳定的一个重要因素。例

---

① 汝信、陆学艺、李培林：《2003 年：中国社会形势分析与预测》，社会科学文献出版社 2003 年版。

② “当代中国社会阶层结构研究报告”，中国网，2002 年 2 月 4 日。

如，在我国目前快速的工业化和城市化过程中，失地农民的境况已经成为一个严重的社会问题。2004 年上访事件明显增多，其中相当一部分增加的上访者因失去土地而又未得到妥善安排、公正补偿的农民。①

4. 社会心态

社会心态反映的是民心人气，在快速变化的时期，由于影响社会心态的因素比较复杂，在很多情况下社会心态变化与平均化的客观指标情况并不完全一致，而且人们所处的地域和社会阶层不同，心态也会产生差异，这是我们在经济快速增长时期需要特别注意的问题。就我国目前情况看，社会经济发展过程中出现的各种负面现象和社会思潮冲击，对社会心态变化有着重要影响。

（五）经济发展与社会环境问题

改革开放二十多年来，我国经济持续以年均 9% 的增长率高速增长，在社会生产力发展方面取得了举世瞩目的成就。但今后的发展也面临着许多巨大的障碍，除了技术进步之外，最大障碍就是资源和环境因素。同时，社会法治程度和公共安全等问题，对经济的顺利发展等也有着非常重要的影响。从某程度上说，环境恶化、能源紧张、公共风险爆发等情况，所影响的不仅是经济增长问题，可能将引致社会矛盾的激化和爆发。

1. 环境问题

由于我国现在正处于迅速推进工业化和城市化的发展阶段，对自然资源的开发强度不断加大，加之粗放型的经济增长方式，技术水平和管理水平比较落后，污染物排放量不断增加。从全国总的情况来看，我国环境污染仍在加剧，生态恶化积重难返，环境形势不容乐观。环境问题已经成为制约经济发展和改革开放，影响一些地区社会

① 汝信、陆学艺、李培林：《2005 年：中国社会形势分析与预测》，社会科学文献出版社 2004 年版。

稳定的重大问题。环保总局与世界银行的研究表明，每年环境污染造成的损失占GDP的百分之四到八，再加上生态破坏带来的损失，总的占到GDP的13%—15%。①

2. 能源问题

能源涉及经济、社会、环境等各个方面，问题比较复杂。我国广大地区工农业生产的发展在很大程度上仍受制于能源的不足，而另一方面又存在浪费能源现象。我国自1993年以来净进口石油依赖度从0.45%飙升至11.5%，按照中国进口石油的速度预测，到2010、2015和2020年，中国石油净进口率下限将分别达到54.4%、57.4%和59.7%。② 在能源效率方面，我国GDP单位能耗比与发达国家相差好几倍，能源系统效率和单位能耗比等方面也是如此，能源危机可能随时爆发。能源紧张所引起的国际冲突不断，同时也可能导致国内社会矛盾的激化。

3. 公共安全问题

据了解，我国目前的公共安全问题主要表现在4个方面：自然灾害、事故灾难、公共安全和社会安全事件。近年来，我国因这4方面原因平均每年造成的非正常死亡人数超过20万人，非正常死亡率约26‰，伤残超过200万人，经济损失超过6000亿人民币。③ 此外，我国公共卫生的形势同样不容乐观，影响国家安全和社会稳定的因素在我国依然存在。公共安全在造成经济损失，对经济发展的正常运行产生不利影响外，同时，也对人身安全等个人财产安全带来威胁，严重影响到社会稳定。

总体来看，在我国经济转轨、社会转型过程中，人民群众的物质

---

① 钟欣："解振华谈中国的环境问题与对策"，www.economy-and-law.com。

② 张冉："生产力报告出炉，中国贫富差距未来10年继续拉大"，http://finance.sina.com.cn。

③ "我国平均每年因公共安全问题带来的经济损失超过6000亿元"，新华网江苏频道，2005年11月4日。

文化需求与落后的社会生产力之间的矛盾，仍将是我国现实生活中最基本的社会矛盾。在此基础上，我国社会矛盾也呈现出一些新的特点，一是社会矛盾的表现形式开始多样化，二是社会矛盾所反映的内容越来越复杂化，三是社会矛盾的影响也越来越深。同时，一些社会矛盾之间还存在一定的相互联系、相互影响和相互转换。

六、借鉴国际经验和教训，科学运用财政政策促进和谐社会建设

实现社会和谐，建设美好社会，始终是人类孜孜以求的一个社会理想。根据新世纪新阶段我国经济社会发展的新要求和我国社会出现的新趋势新特点，我们所要建设的社会主义和谐社会，应该是民主法治、公平正义、诚信友爱、充满活力、安定有序、人与自然和谐相处的社会。① 在如何建设和谐社会方面，除了要深入分析和准确把握我国社会经济发展过程中所面临和可能出现的各种社会问题外，还应该在借鉴国外缓解社会矛盾所采取的政策措施，结合我国社会矛盾的特点，采取的合理政策措施。同样，在财政政策措施方面，也应该针对我国社会矛盾和财政政策的特点，借鉴国外利用财政政策缓解社会矛盾方面的经验与教训，不断完善我国缓解社会矛盾中的财政政策措施和手段，充分有效地发挥财政政策在缓解社会矛盾中的作用，促进我国和谐社会建设。

① 胡锦涛：《胡锦涛在省部级主要领导干部提高构建社会主义和谐社会能力专题研讨班开班式上发表重要讲话》，新华网，2005年2月20日。

（一）加强财政能力建设

和谐社会建设作为一项巨大的、宏伟的系统工程，除了需要有相应的政策措施来促进经济发展、协调各种利益关系外，还需要有一定的财政实力来对各项事业给予财力支持。从目前国外社会经济发展情况看，经济发达国家虽然也存在这样或那样的社会问题和矛盾，但从总体上看，经济发达国家的社会形势比经济欠发达国家要稳定，社会矛盾的激化程度相比而言也较为缓和。一个重要原因是，经济发达国家有着较为强大的财政能力和雄厚的物质基础，对社会经济发展过程中出现的各种社会矛盾和利益冲突能够进行有效地调控，而经济欠发达国家在社会矛盾缓解方面却是"心有余而力不足"。

各国政治、经济与社会的发展情况也表明："社会动员涉及个人、集团和社会的抱负的变化；而经济发展则涉及个人、集团和社会的能力的变化。这两者对于现代化都是需要的。"① "社会动员水平和经济发展水平都与政治稳定性直接关联，社会动员和经济发展都达到高水平的国家，政治上更为稳定和平安。"②

（二）合理选择政策对象

在社会经济发展过程中，社会矛盾的主要内容和表现形式将会不断发生变化，其对社会经济发展的影响程度也有很大不同。在利用财政政策缓解社会矛盾方面，不仅需要有相应地财力支持，更重要的是要选择好政策作用对象。因为各种社会矛盾之间存在着一定的相互联系和相互制约的关系，在各种社会矛盾中也存在着一个或少数几个"牵一发而动全身"、对社会经济发展影响程度最大的社会矛盾。再加上国家财力的限制，以及"社会动员比之经济发展，

① ［美］塞缪尔·亨廷顿：《变动社会的政治秩序》，上海译文出版社 1989 年版。

② ［美］塞缪尔·亨廷顿：《变动社会的政治秩序》，上海译文出版社 1989 年版。

是一种更大的不稳定因素。两种变化形式之间的差距，为现代化对政治稳定性的冲击提供了一定的衡量标准”① 等因素，利用财政政策缓解社会矛盾时需要选择好一个“突破口”，以便充分发挥财政资金在缓解社会矛盾方面的指导性、规范性、方向性作用和“四两拨千斤”的效用。

随着社会经济发展、社会经济转型和体制改革的深入等，各种社会问题也开始出现。就我国目前的情况来看，在对利用财政政策缓解社会矛盾方面，我们不可能对所出现的社会问题都采取“一视同仁”的态度。一是受财力所限，二是有些社会问题将会随着主要社会矛盾的缓解和时间的推移而逐步得以化解。同时，财政政策在缓解社会矛盾中的采取“面广点多”和平均用力，反而可能不利于发挥财政资金效益和“集中力量办大事”。比如义务教育问题，其不仅仅只是义务教育资金投入多少的问题，更是涉及到农村贫困、机会均等和公平、社会经济发展动力、就业和社会稳定等各种社会问题。在我国目前的社会问题中，义务教育应该说是一个比较突出和急待解决的社会问题，也是财政政策缓解社会矛盾中一个比较关键的作用对象。

（三）把握财政作用程度

财政政策在缓解社会矛盾中的作用程度，不仅涉及到财政实力问题，更是一个政策策略问题。对国外社会经济发展的分析表明，“进行现代化的国家中的政治不稳定，在很大程度上是欲望和前景之间的差距所造成的，而这种差距则是由于现代化初期特别容易出现的欲望不断上升而产生的”。② 财政政策在社会矛盾中的作用程度越大，人们对社会生活的期望越高，财政政策和经济发展中的任何闪失，使满

① ［美］塞缪尔·亨廷顿：《变动社会的政治秩序》，上海译文出版社1989年版。

② ［美］塞缪尔·亨廷顿：《变动社会的政治秩序》，上海译文出版社1989年版。

足的增速低于期望，或出现期望增大但满足先增后减的情况，从而有可能爆发一场整个社会范围内的“期望革命”而引起更大的社会矛盾和动荡。社会期望的增长只有同增长同步趋进，才能实现社会满足，带来社会稳定。同样，财政政策在缓解社会矛盾、特别是在利益调整方面，应该把握好作用程度，逐步提高人们的社会期望与满足程度，并基本保持一致。

比如在完善我国社会保障体制方面，高标准、全方位、多形式的社会保障体制对解决我国目前的贫困和失业问题应该说有着非常重要的意义，但这需要有相应地财力来支持。同时，社会保障体制的建立不仅会形成一种新的利益关系和社会期望，也使得社会保障方面的任何弱化都会产生新的不满，并将引起更大的社会矛盾。因此，我国的社会保障体制不能采取高标准、广覆盖、宽领域、一步到位的方式，而只能从最低生活保障开始，随着社会经济的发展，逐步提高社会保障水平和扩大社会保障范围，完善社会保障机制，增强社会保障制度的可持续性。

（四）选准政策作用时机

如何把握财政政策的作用时机，是有效发挥财政政策在缓解社会矛盾中作用的一个难点。因为社会矛盾是不断发展变化，有些社会问题可能因与其相关的社会矛盾的缓解而逐步得以解决，有些社会问题可能因没有及时解决而日益恶化。同时，由于受国家发展战略和财政实力的影响等，利用财政政策缓解社会矛盾就更要选准时机。

在什么样的情况下，用什么样的财政政策来缓解社会矛盾，是我国和谐社会建设中需要引起注意的时机选择。我国曾经利用工农产品价格“剪刀差”促进了我国工业体系的建立和经济发展，同样也造成了我国社会经济发展中的“二元结构”现象。二元结构不仅造成了我国城乡与地区之间的差距，也对我国社会经济的全面、协调、可持续发展带来一定的制约作用。同时，二元现象也使得社会问题累积严重，特别是农村社会经济发展中逐日积累的社会问题已开始影响到社会稳定。因此，我们应该抓住我国目前经济增长、政治稳定的有利时机，着力解决社会经济发展中的二元结构现象，统筹城乡和地区发展，加快和谐社会建设。

（五）调整财政政策作用方向

社会矛盾除了表现出社会各阶层在经济利益方面的差距和冲突外，更多地体现着一种社会性。针对社会矛盾所具有的社会性，财政政策在缓解社会矛盾方面，应该更多地从社会的角度出发，改变以往我国财政政策作用过程中的大包大揽的方式，借用社会和市场的力量，最大程度地发挥财政政策在缓解社会矛盾中的作用。

目前，资本主义国家的中介机构和民间组织等非政府组织，在教育培训、社会救助、社会保险、医疗护理、生态保护、环境治理、就业服务等领域正发挥着许多政府不可比拟的积极作用。近年来，美国和英国政府又高度重视社区建设，实际上是利用社会力量调控社会，发挥社会的自我调控作用。通过中介机构和民间组织，资本主义国家一方面可以借助社会力量缓解社会矛盾，另一方面也可以增加调控手段，完善缓解社会矛盾的作用方式和途径。

因此，大力引进和扶持社会中介机构和民间组织，促进社会事业发展，充分发挥社会力量在教育培训、社会保障、就业服务等领域的积极作用。这不仅是利用社会力量有效缓解社会矛盾的一个必然选择，也是建立和完善财政政策在和谐社会建设中的着力点与调控方式，提高财政调控能力的一个重要手段。

（六）完善财政自身改革

充分发挥财政在缓解社会矛盾中的作用，除了加强财政能力建设，合理确定财政政策的作用对象、时机、程度和方向外，还需要有完善的财政政策措施和手段。因为财政在缓解社会矛盾中作用的发挥，主要通过一系列的政策措施和手段来体现。就我国目前的情况来看，应该通过优化财政支出结构、完善财政支出方式、规范财政资金用途、健全财政作用渠道等，加快财政体系建设和改革，提高财政在缓解社会矛盾中的政策效力。

傅志华　石建华

亚欧国家人口老龄化与社会保障财经合作研究

内容提要

人口老龄化问题是人类在本世纪面临的最严峻问题之一。就亚欧各国而言，欧洲多数国家已进入老龄化阶段，东亚、东南亚和中东欧等新兴市场经济国家从 2020 年起将迎来人口老龄化高峰，这些发展中国家面临“未富先老”的挑战。本文从理论与实践的结合上，揭示了亚欧各国人口老龄化的发展趋势及其对社会经济的影响，分析了亚欧各国养老社会保障的政策措施面临的主要问题和动员社会资金降低社会保障资金成本的主要做法，提出了中国应对老龄化的财政和社会保障政策选择，在此基础上，进一步研究了应对人口老龄化的国际合作途径和我国应坚持的原则立场。

一、人口老龄化是亚欧国家发展面临的共同难题

（一）亚欧国家人口老龄化问题与发展趋势差异分析

人口老龄化是一个世界性的问题，更是亚欧国家面临的突出问题。一方面，亚欧国家老龄化问题有其共同特征，即亚欧国家都开始或已经进入老龄化社会，都面临着老龄化快速发展的问题，都将面对劳动人口供养退休人口的社会养老负担不断加重的挑战，等等；另一方面，亚欧国家老龄化问题又有各自的特点和原因背景，具有显著的差异性。亚欧各国老龄化问题的共性，使两洲国家在应对人口老龄化挑战方面具有共同的利益，为亚欧各国应对人口老龄化提供了合作的基础；两洲老龄化问题的差异性，为亚欧两大洲应对人口老龄化的挑战提供了合作的空间。亚欧国家老龄化的差异性表现在：①亚欧国家老龄化指数都高于世界总体水平，但欧洲老龄化程度高于亚洲，而亚洲老龄化发展速度快于欧洲。②亚欧国家劳动力人口比重都呈下降趋势，但是两者步调不同，欧洲国家劳动力人口下降的时间要早于亚洲，下降速度要快于亚洲。③亚欧国家劳动力人口比重都呈下降趋势，但是两者步调不同，欧洲国家劳动力人口下降的时间要早于亚洲，下降速度要快于亚洲。④亚欧国家都是随着经济发展而出现老龄化问题的，但是两者经济基础不同，欧洲多为发达国家，亚洲多为发展中国家，进而应对老龄化的制度和财力资源条件也就不同。⑤亚欧国家老年人劳动参与率都呈下降趋势，但是亚洲总体水平高于欧洲。

（二）人口老龄化对社会经济的影响

1. 人口老龄化对一国层面的经济影响

（1）人口老龄化对宏观经济运行的影响。首先，造成经济增长速度放缓，一个国家经济生产年龄人口老龄化，对总体生产率提高和经济增长的抑制作用将增大，在知识变化迅速的部门更严重；其次，增加了世界各国政府财政的压力，由于公共养老金的不断增加，导致政府财政入不敷出；再次，引起银行储蓄减少。在收入一定的条件下，储蓄和消费是一对此增彼减的相对变量，未成年人口的抚养比和老龄人口的赡养比数值高都会抑制储蓄率的提高。

（2）人口老龄化导致劳动力短缺和老化。老年人口的上升以及儿童出生率的下降，导致社会劳动年龄人口比重的下降和劳动力资源的短缺。人口老龄化不仅使劳动力出现短缺，而且还导致劳动力的老化。为了解决劳动人口的短缺问题，不得不延长职员的退休时间，使在职人员的年龄普遍偏高，出现了劳动力老化的现象。由于劳动力短缺和老化，也对劳动力可能在全球范围内的流动提出了要求。

（3）人口老龄化造成资金缺口加大，代际养老负担失衡。国外社会养老保险建立于第二次世界大战之后经济日益复苏的黄金时代，20世纪60年代以后，由于人口老龄化的加剧以及经济的不景气，许多国家养老保险基金严重不足。为了保障公共养老金和社会福利的高额支出，只能靠高税收来维持，从而造成代际养老负担严重失衡。

（4）适龄劳动人口负担加重，劳动成本提高。随着人口老龄化的发展，劳动人口赡养老人的负担日益加重，以及劳动力的缺少，致使企业的劳动成本急剧增加。首先，由于养老保险费用的增加，雇主和员工的社会保险费会同时提高（美国雇主和员工各支付6.2%），税费的提高加大了劳动成本。其次，由于劳动力价格提高，成本高昂且不断老化的劳动力增加了企业的薪资支出，侵蚀了企业的利润和股票的价值。再次，老年员工因抗病能力和康复、恢复体力的能力低，而发病率高、病休假长和医疗费用高，也增加了企业的劳动成本和负担。

(5) 人口老龄化会引发社会问题。一是对社会保障体系的冲击。养老金和福利支出比重迅速上升，给各国政府财政造成很大的压力；二是空巢家庭日益增加，老人得不到及时的照顾和护理；三是代际养老负担失衡，劳动人口生活素质的下降，也会加剧劳动人口和老龄化人口之间的矛盾。这些问题的存在和扩大对社会稳定和社会事业的发展是十分不利的。

2. 人口老龄化对全球经济的影响

首先，发达国家率先进入老龄化过程，将使全球经济增长面临挑战。人口老龄化将导致劳动人口的赡养率不断提高，从而影响到生产率的提高，进而影响到经济增长。人口老龄化虽然是世界范围的现象，但各地各国因各自的历史背景、发展状况不同，老龄化的进展速度与时间有所不同，目前各发达国家已率先进入老龄化阶段。由于各发达国家是世界经济中的主要经济体，无论产出、消费、储蓄、投资、资产，都在全球经济中占有绝对优势的份额，对世界经济有着举足轻重的影响。当发达国家经济增长受到老龄化的影响而放慢时，世界经济的增长将面临严重的挑战。

其次，人口老龄化将使全球的家庭储蓄和金融资产的积累速度放慢。在老龄化过程中，处于收入高峰，具有较强储蓄功能的年轻家庭占全部家庭的比例将会下降，而减少储蓄或动用储蓄的老龄家庭比例会上升，因而全国家庭储蓄和金融资产的积累速度会放慢。由于发达国家的家庭储蓄和金融资产在全球占有相当大的份额，当发达国家普遍进入老龄化时，将无法依靠发达国家之间的跨国储蓄流动来弥补本国储蓄的不足，而老龄化进度较后的发展中国家拥有的家庭储蓄和金融资产的比重很小，根本无法弥补发达国家储蓄的不足。这种情况将对今后全球的资本市场运营带来更多的不确定因素。

第三，人口老龄化在全球程度的不同，将推动劳动力和资本在全球范围的流动，有可能带来新的国际收支不平衡因素。当今世界是一个开放的世界，劳动与资本在一定程度上可以跨国流动。由于老龄化在全球的进展程度不同，导致各国的劳动生产率也不相同，这样关于劳动和资本的理性选择就是追逐高的生产率。老龄化严重的国家，劳动力不足而“养老储蓄”资本相对充裕，表现为生产率低而资本充裕，而老龄化程度轻的国家则相反，于是就出现劳动力和资本的跨国流动。美国新任联储主席本·贝南克就将外国高储蓄流入美国归结为经常账户赤字原因之一。现实世界的经济看，劳动力的流动由于受到文化、教育等诸多因素的影响，流动力度非常有限，而资本流动却表现得自由得多。而“美国的经常账户的赤字，来自资本流动的因素要比来自贸易流动的因素要强得多”。所以，老龄化程度的不同将致使国际资本向劳动力充裕、生产率高、资本市场发达的国家流动，造成新的国际收支的不平衡。

第四，人口老龄化的发展，也会因劳动力与资本对流的内在动力突显资本市场发展不均衡的矛盾，资金更易流向资本市场发达的发达国家。正如上面分析，新兴市场经济国家，人口老龄化程度相对较低，劳动力充裕，而受到国别文化、社会等因素影响的养老储蓄也比较丰富，但是，劳动和资本的有效结合所需要的资本市场却很不完善，从而难以满足资本的要求，于是资本就会流向资本市场发达的工业化国家，从而造成了国际资本流动的不平衡。因此，老龄化国家、资本储蓄率高的新兴市场经济国家，要发挥本国劳动力和资本相对充裕的优势，就必须大力发展本国的资本市场，为本国经济发展和劳动生产率的提高予以必要的资本市场支持。

二、亚欧各国政府养老社会保障财经举措和面临的难题

应对人口老龄化是一项巨大的系统工程，亚欧各国在应对人口老龄化的过程中，积极发挥政府财政的参与、政策调控、资金支持作用，重视政府公共支出和公共服务事业面对人口老龄化的挑战。

（一）亚欧发达国家政府财政应对人口老龄化的社会保障措施

1. 政府财政积极参与社会保障制度的设计和实施，确保社会保障制度与经济发展水平和财政承受能力相适应

人口老龄化的提高对养老保险、医疗保险、社会福利等社会保障项目提出越来越多的资金需求，而上述社会保障项目资金的筹集、支付的方式、范围和标准的确定与调整，都直接影响财政收入和支出。因此，亚欧各国政府财政都很重视参与社会保障制度的设计、完善及具体实施过程，以此协调社会保障与宏观经济、政府财政收支的关系。在这方面欧盟国家及亚洲的日本等国有过深刻的教训，它们都曾经历过“普遍福利型”社会保障给经济和财政带来沉重包袱的“福利国家”时代。主要原因政府财政被福利政策牵制，很少主动参与社会保障制度和政策的设计，而是被动跟进。各国也因此背上了沉重的财政包袱。英国1994—1995财政年度，社会保障支出占国内生产总值的11.4%，占公共支出的30.5%；瑞典1995年社会保障支出占国内生产总值的35.8%；1995年法国社会保障支出占国内生产总值的32.9%；德国1995年占33.9%；日本占26.8%。正因为如此，从20世纪90年代开始，欧盟各国和日本都纷纷调整和修改社会保障制度，主要的改革措施包括增加社保收入，调整财务结构；紧缩保障支出，

改革现行福利制度。

2. 政府财政积极运用财政、税收政策支持和促进社会保障事业的发展

(1) 税收优惠。亚欧各国政府一般都对履行社会保障缴费（税）义务的单位和个人给予税收优惠照顾，即从个人所得税基和公司所得税基中加以扣除，一方面是为了避免重复课税，另一方面为了鼓励更多的参加社会保险。英国、瑞典、丹麦等国对工薪收入的社会保险缴费基数作了一系列的扣扣，不包括利息、稿酬、服务性收入等非正常收入。但是发放养老、伤残保险金时，保险金必须计入个人所得税基，缴纳个人所得税。也有的国家在缴纳个人所得税时不对个人缴纳社会保障税扣除，但在发放养老、失业等社会保险金时则免交个人所得税。

(2) 预算管理。一是将社会保险收支纳入政府经常性预算。如英国和瑞典。二是社会保障收支纳入政府的专项预算。日本政府在 38 个特别账户预算中，有 7 个属于社会保障预算。德国政府在一般预算之外，单独编制社会福利预算。三是社会保险收入不纳入政府预算，而作为政府预算外项目。如法国、意大利、荷兰均把老年社会保险收支放在政府预算外管理。

(3) 财政补助。几乎所有建立社会保障制度的国家都离不开政府定期或不定期的补助，弥补社会保障收入的不足。但是财政补助的形式在各国不一样，有的国家是在某一年度社会保障收支出现赤字时给予财政补助，有的国家是就某一社会保障项目按规定比例定期给予财政补助。进入 20 世纪 80 年代，政府负担的社会保障补助成为财政的沉重包袱。英国 1983—1984 财政年度社会保险和保健医疗占政府公共支出的 44.6%；瑞典 1982 年社会福利支出占当年国民生产总值的 32%；德国 1990 年社会福利支出占 GNP 的 29.4%。正是这种原因，促使亚欧各国着手改革和调整现有的社会保障和福利制度。此外，各国政府财政通过制订社会保障财务会计制度、参与收支管理和结余资金管理等途径，管理和调控社会保障基金。

3. 建立以社会保险税为主的强制筹资方式，保证资金供应

世界上大部分国家的社会保障都有不同程度的财政政策和财力支持。社会保险由政府、雇主和雇员三方共同承担，即由政府、企业、个人共同承担责任，但资金主要来自雇主和雇员。

社会保险的资金筹集方式一般有两种，一是社会保险缴费。由社会保险机构根据各个保险项目单独确定保险费率，分别向雇主和雇员征收，经费来源相互独立，专款专用。二是将若干保险项目的费率合并征收社会保险税，由税务部门统一征收，所筹经费可以在保险项目之间调剂使用，该方式透明度高，征收成本低，能有效地保证社会保险基金足额、及时入库。目前大多数国家都采用了优势明显的第二种方式。根据国际货币基金组织的不完全统计，到目前为止，建立社会保障制的160个国家中，征收不同形式的社会保障税和薪给税的国家已有80多个。从发展势头来看，在许多国家社会保障税的覆盖面还在不断扩大，征收率也在提高，很可能不久将超过所得税或流转税，成为第一大税种。

4. 政府财政通过公共教育、公共卫生等支出支持社会保障和福利事业，积极应对人口老龄化挑战

社会保障是应对人口老龄化的主要手段，除此之外，政府的各种公共支出支持也是不可缺少的。如英国的个人社会服务是由政府专门机构或社会志愿者组织向有特殊困难的人提供各种福利设施和服务，资金来源于地方政府的财政拨款，服务对象主要是老年人和残疾人及其他社会弱势群体。其他亚欧国家也制订了一系列优待和照顾老人的社会福利政策，通常这类支出由中央或地方公共支出安排。

（二）各国老龄化给亚欧各国财政带来的主要问题

在上个世纪中，发达国家普遍建立了比较完善的社会保障体系，对保证社会稳定，促进经济发展起了非常重要的作用。但是老龄化时代的到来对各国的社会保障体系提出了挑战，带来了一系列前所未有

的问题，直接或间接地对各国财政产生了重要的影响。

1. 养老、医疗保险出现支付危机

随着社会人口中老年人比例的上升，用于社会保障的支出负担将会加重，不仅需要支付更多的养老金，而且需要更多的医疗费用支出。据 OECD 有关国家统计，65 岁以后每人用于医疗保健方面的费用将随着年龄的增长而成倍增加（见表 1）。因此，社会保障收入难以承受老龄化必然带来的不断增高的支出需求，许多国家的养老保险和医疗保险出现了支付危机。

表 1　　按年龄段的人均医疗保健支出比率

年　龄	加拿大	英　国	美　国
45—64	100	100	100
64—78	227	180	200
75—84	410	350	265
85 +	750	600	450

资料来源：英国，Mayhew（2000 年，表 2.1）；加拿大，Robson（2001 年，图 1）；美国，Cutler 与 Meara（1991 年，图 1，表 1）。

老龄化造成了养老保险缴费与支出之间的不平衡。据有关专家对 OECD 20 个主要发达国家的分析和预测，除英国和爱尔兰以外，其他 18 个国家的养老保险的缴费和支出之间将长期存在较大的差额，特别是在 2005—2035 年期间，差额将有不断扩大的趋势。其中有 15 个国家预计在 2035 年养老保险支出占 GDP 比例将比养老保险缴费占 GDP 比例高出 5 个百分点以上。

2. 社会保险缴费率不断上升

由于许多国家的社会保险采用现收现付制，在老龄化过程中，为了应付不断增长的社会保险开支，不得不持续地提高社会保险的缴费率。以养老保险为例，从 20 世纪 60 年代后半期到 90 年代中期，OECD 中绝大部分发达国家养老保险的缴费率都有大幅度的提高。在

表2所统计的18个国家中，仅有加拿大、丹麦两个国家的缴费率没有提高或下降，其他国家均有不同程度的上升，其中日本、法国、意大利、芬兰、爱尔兰、挪威、西班牙和瑞典的缴费率上升幅度在10个百分点以上。

表2　　OECD国家养老保险缴费率（占平均收入的百分比）

	1967年	1995年
美国	7.1	12.4
日本	5.5	16.5
德国	14.0	18.6
法国	8.5	19.8
意大利	15.8	29.6
英国	6.5	13.9
加拿大	5.9	5.4
奥地利	16.5	22.8
比利时	12.5	16.4
丹麦	1.0	1.0
芬兰	6.5	17.9
爱尔兰	5.2	15.7
荷兰	10.2	14.5
挪威	12.8	22.0
葡萄牙	13.5	13.9
西班牙	16.0	28.3
瑞典	6.4	19.8
瑞士	4.0	8.4

资料来源：Blondal，Scarpetta（1998），The retirement decision in OECD countries，OECD Economics Department 5 Working Paper no. 202。

3. 社会救济和社会福利支出增加

老龄化导致各国社会保险和福利开支越来越大，占GDP的比重不断提高。在德国，支付给60岁以上老年人的各种福利补贴，包括养老金、健康补贴和其他补贴在2000年占GDP的比重为15.1%，预计到 2040 年将达到 25.5%。

4. 高保障带来高税收、高赤字

对于亚欧很多发达国家来说，在其强大的经济实力支持和福利主义政策指导下，已经实行了较高水平的社会保障，而老龄化的到来大大加重了社会保障的负担，政府不得不以高赤字来支撑这样一个成本高昂的体系。

以德国为例，为了支付养老金，德国政府每年要拿出 700 多亿欧元来补贴。1965 年，德国社会生产总值的 9.8%用于福利支出，而今是 17%。德国政府开支的相当大一部分用于福利和补贴。在 2001 年，德国政府的全部开支中，福利支出占 51%，其中给老年人的福利补贴占全部开支的 32.9%。高额的社会保障支出是德国赤字和国债不断增长的重要原因之一。1970 年德国国债占国民生产总值的 18.6%，2002 年超过 61%。仅支付利息一项就成为政府的沉重负担，2002 年此项开支占德国政府全部开支的 11%，致使对教育和基础建设的投资不断缩减，1970 年时德国这方面开支的比例还占 16%，而如今联邦、州和市镇三级的投资却仅为 6.2%。

在美国，社会保险和医疗保险支出也是影响美长期预算赤字的结构性因素。美国社会保险和医疗福利支出在 2002 年占美国 GDP 的 7%左右，预计到 2030 年将提高到 12%，这些开支将在今后 10 年使联邦政府赤字达到 1.5 万亿美元。美国 7700 万生育高峰期出生的人口到 2008 年和 2011 年将达到领取社会保险和医疗保健福利金的年龄，伴随着人口老龄化，美国预算赤字问题将变得更为严重。2004 年年初，美国医疗社会保险托管委员会在其年度报告中称，美国保险保障资金不足的状况十分严峻。美国财政部长斯诺说，到 2018 年，社会保险支出将出现赤字，2042 年整个体制将破产；另外，由于目前医疗费用支出增长过快，医疗保险体制将于 2019 年破产。美国联邦储备委员会主席格林斯潘（2004 年 2 月 25 日）在国会向众议院预算委员会发言时，也敦促国会务必削减社会安全福利，以便节省联邦政府在社会福利方面的开支，减少财政赤字。

5. 高保险、高福利政策受到质疑，难以为继

由于实行高福利政策，保障项目过多过滥，待遇水平过高，使企业和国家不堪重负。特别是在老龄化条件下，用于老年保障制度的财源枯竭或负债增加的状况正在与日俱增。表3是OECD专家对几个发达国家测算的1990年公共养老金负债占本国GDP的百分比。表中的负债是按应计权利的现值计算的。由表可见，绝大部分国家的公共养老金负债已大大超过本国当年的GDP，这种情况意味着存在严重的代际不公平，并且会给以后的政府财政平衡造成很大的困难。

表3　　七个主要国家的公共养老金负债：应计权的现值占1990年GDP的百分比

	美国	日本	德国	法国	意大利	意大利(1)	英国	加拿大
A. 总负债	113	162	157	216	259	242	156	121
已退休人员	42	51	54	77	94	94	58	42
在职人员	70	112	103	139	165	140	98	79
B. 现有资产	23	18	0	0	0	0	0	0
C. 净负债(2)	89	144	157	216	259	242	156	121

注：(1) 考虑到已宣布的退休年龄提高5年。

(2) 总负债A减去现有资产B。

资料来源：Pau Van den Noord，Richard Herd：PENSION LIABILITIES IN THE SEVEN MAJOR。

三、亚欧国家动员社会资金、降低社会保障资金成本的主要做法

面对老龄化的挑战，各国政府都在通过改革社会保障制度，削减社会福利支出，降低社会保障支出成本，减轻政府和企业的支出压

力。

（一）引入和实行基金积累制

1. 现收现付

特点是已退休人员领取的养老保险金是由仍在工作的人员支付，以支定收。从各国发展的历程来看，现收现付是在经济增长比较快、整个社会物质生活水平有较大提高的情况下实行的，它是欧洲国家首创后为各国特别是福利国家普遍采用的传统模式。

2. 完全积累制

特点是通过建立个人账户积累资金，养老金支付额完全依据个人累积缴费及投资回报情况。这种模式适用于工业化取得一定成效，经济发展较快的国家和地区，目前在拉美国家比较普遍，比较典型的是智利、阿根廷，亚洲的新加坡、马来西亚和香港也已经实行。但不同的国家在基金的管理上有所不同。

3. 部分积累制

“部分积累”是一个近几年来很流行但又是在解释上存在明显歧义的概念。由于对“部分积累”概念的解释不同，又进一步形成了两种截然不同的设计思路：其一是建议将养老金收入和支出都分为两部分。一部分为现收现付，提供最低养老保障，实现互济；另一部分则存入个人账户，形成实在的基金积累。这一做法与目前国际上比较流行的“多支柱模式”基本一致。另一思路则完全不同，所建议的“部分积累”是近期在以支定收的同时，多收一些钱并积累起来，用于弥补老龄化高峰期收支缺口，最终还是要回到现收现付制。持这一观点的人也同意建立个人账户，但对个人账户的功能定位是“名义账户”，只是作为计发养老金的依据，而不把个人账户做实。

目前，一些过去长期实行“现收现付”制的国家都在逐步推行基金积累制，以应付老龄化的需求。

（二）扩大社会保障覆盖面，提高社会保障抗风险的能力

社会保障覆盖面的大小，集中反映了异国社会保障的总体状况，社会保障的核心问题。目前，世界范围内社会保障覆盖的特点，一是覆盖面总体而言偏低，只有不到世界25%的人口为充分的社会保障所覆盖；二是各国存在巨大差异。

欧洲国家实行全民保障，其覆盖面基本达到本国人口的90%以上，而在亚洲除了日本、韩国和新加坡（南亚）等较发达的国家以外，不发达的国家的覆盖面则不超过10%的人口。如何在欠发达国家中扩大社会保障覆盖面和增强政策实施力度这一问题，已经成为长期性的政策争论焦点。

随着政府管理能力的加强和法规制度的健全，目前一些亚洲国家将社会保障覆盖面扩大到小型企业和非规范的企业。泰国、巴基斯坦、菲律宾都采取了相似的措施，将社会保障计划扩大到所有私营部门及雇员，覆盖到人数不足10人的企业。

（三）发展补充社会保险、商业保险，减轻基本社会保险的压力，发挥市场应对老龄化的作用

为了应对人口老龄化以及不断增长的社会保障支出负担，许多发达国家在进行原有公共养老保障制度改革的同时，几乎都无一例外地在逐步削减社会福利待遇，将一部分原来由国家承担的社会保障责任推向市场，大力发展补充保险。

战后，大多数欧洲国家在重建社会保险制度的同时，开始重建与发展补充保险计划，特别是补充养老保险计划。如法国、荷兰、丹麦及瑞典等国都在20世纪50年代建立或恢复了各自的补充养老保险制度，并得到一定程度的发展。

例如，瑞典等福利国家利用税收政策刺激雇员参加，迅速建立了政府雇员、教师、以及一些行业的私营养老保险计划。英国也通过制

定有关税收优惠政策鼓励雇员参加私营养老金计划，最大限度地减轻国家的财政负担。波兰、匈牙利、捷克等一些东欧国家也先后改革养老保障体制，在完善国有养老保障的同时，建立了私营养老金制度。据统计，在 1980—1986 年间，日本领取补充养老保险金的人数增长了 87%，法国增长 30%，荷兰增长了 24%。

（四）鼓励老年人推迟退休，鼓励老年人再就业

为了减轻人口老龄化的不利影响，促进社会经济发展，一些发达亚欧国家采取了一系列政策和措施，如延长法定退休年龄、鼓励老年人推迟退休或再就业、鼓励企业和社会利用老年人力资源等。如瑞典、日本、俄罗斯都有类似的规定，既缓解国内劳动力紧张状况，又增强老年人自我养老功能。

（五）健全社会保障资金监管体系，确保社会保障资金安全

亚欧国家在社会保障资金的管理上采用了不同的方式：

1. 欧洲的基金会模式

英国等 OECD 国家普遍采用这一模式。基金通常是由雇主或行业协会发起的职业养老计划。基金设有代表受益人利益的理事会，通过市场化方式选择外部优秀基金管理公司进行投资运营，通过外部管理人之间的适当竞争以减少代理风险，提高投资回报。

2. 新加坡的中央公积金管理模式

这种模式的特点是：由政府成立专门机构，直接对公积金进行日常运营管理。实行包括基金管理权、经营权、监管权三权合一的管理模式。马来西亚、印度尼西亚、印度、斯里兰卡等亚洲国家也采用这一模式。

（六）健全社会保障资金投资运营体系，增强社会保障制度应对老龄化的能力

大多数国家都对养老基金的投资进行限制，但各国对养老基金投

资限制的差异较大，如新加坡公积金只能投资于银行存款、国债、企业债、股票，智利的养老基金还可以投资于外国证券，而美国的养老基金还可以投资于房地产、风险投资及对冲基金。

在市场情况不同的国家，养老基金的投资范围也是不同的，证券市场发达的国家，养老基金投资于股权类资产的比例要大于证券市场不发达的国家；经济开放程度高的国家，养老基金投资于国外资产的比例要大与经济开放程度低的国家。

需要注意的是，为实现养老基金资产的保值增值，养老基金的投资范围正处于不断发展变化的过程中，养老基金可以运用的工具日益多元化，越来越多的养老基金投资逐渐增加了股票投资、固定资产投资、货币市场投资以及风险投资的比例。特别是在高收益的股票市场，养老基金的投资比例不断上升。政府的投资限制也是逐步放松的，对养老基金营运机构的监管也是逐步有严格监管模式走向审慎监管模式的。

四、中国应对老龄化的财政和社会保障政策选择

（一）中国当前及未来一个时期应对老龄化面临的难题和矛盾

1. 资金问题

养老保险是保障劳动者退休以后的基本生活的，其是否能按期足额发放对退休者来说至关重要，由于近年来大批职工退出劳动力市场，离退休人员增长迅速，导致基本养老保险费率太高（企业的缴费比例一般为企业工资总额的20%左右，个人缴费比例为本人工资的8%），我国目前企业的平均缴费率为23%，高于世界平均水平

(10%) 13个百分点，高于国际警戒线3个百分点。但是在现有体制下，如此高的缴费率也难以满足社会养老保险的支出需求。目前正在进行的养老、失业、医疗保险改革已经遇到资金瓶颈的突出矛盾，而尚未展开的社会救济、社会福利及农村社会保障制度改革，还将带来更大的资金供求矛盾。

2. 个人账户的空账问题

中国目前实行的是社会统筹和个人账户相结合的基本养老保险制度。目前，中国养老保险个人账户‘空账’运行规模已超过6000亿元，并以每年1000亿元的规模在扩大。个人账户空账的运行，给将来退休职工养老金的支付带来很大隐患。

3. 扩面问题

虽然我国的基本养老保险制度已经建立起来，但当前我国养老保险的覆盖面还较低，多年以来我国的养老保险仍以传统国有经济部门的职工为主，这对于劳动力流动、国有企业改革、非公有制经济发展以及企业间平等竞争的制约仍相当突出；不仅如此，大量社会成员不能进入制度化的保障体系，对社会的长期稳定构成潜在威胁。

4. 农村社会保障问题

尽管我国在农村社会保障体系的建设中已有一定的进展，但是，农村社会保障面窄，保障水平低是未来农村社会保障面临的一个长期的问题。2003年底，中国有1870个县（市、区）不同程度地开展了农村社会养老保险工作，5428万人参保，但积累基金只有259亿元，198万农民领取养老金。这对于约9亿农村人口的中国来说，农村人口的养老保障问题仍只是处于起步阶段。

(三) 近中期中国政府应对老龄化的原则和政策选择

面对日益严重的人口老龄化，中国政府近中期将抓住经济平稳发展的机遇，积极采取更加有效的政策措施迎接老龄化的挑战。中国政府应对老龄化将坚持以下几项原则：一是与经济发展水平相适应。二是城乡有别。三是发挥政府和市场两个作用。四是可持续发展。根据上述原则，中国应对老龄化的财政和社会保障的政策取向是：

1. 完善养老保险制度和医疗保险制度，提高社会保险制度的可持续性

养老保险制度是应对老龄化的一项主要社会保障制度。完善现行的养老保险制度，提高养老保险制度应对老龄化的能力。一是扩大养老保险覆盖范围，加强基金征缴。将基本养老保险覆盖面尽快扩大到机关事业单位和非国有企业，实现对城镇职工的全覆盖，有利于扩大养老保险的资金来源，提高基金的支付能力，促进劳动力跨地区、跨行业的合理流动。二是适当降低养老保险缴费率和替代率。三是调整现行的养老保险缴费年限和支付年龄，严格养老保险金的领取条件。延长我国养老保险金缴费年限势在必行，建议将现行的15年调整为30年。凡是达不到法定缴费年限的，要相应扣减养老金的发放标准。同时，应考虑适当提高法定退休年龄。近期要严格执行现行规定，切实纠正提前退休的做法；长远来看，男职工退休年龄可以延长至65岁，女职工延长至60岁，比较符合我国人均寿命延长要求。还要严格养老金的领取条件：凡是达不到法定缴费年限的职工，除制度规定的“老人”和“中人”外，要降低养老金的发放比例。四是完善个人账户制度，加强对个人账户基金的管理。缩小个人账户规模，把个人账户占个人工资的比例从过去的11%降低到8%，个人养老保险缴费率提高到8%。使个人账户完全由个人缴费形成，便于单独管理和运行。在降低个人账户比例的同时，要相应调高基本养老金发放比例，即由目前相当于当地社会月平均工资的20%调整为30%，保证职工基本养老金水平不降低。五是加强养老保险基金的投资运营，提高其保值增值能力。一方面要严格养老保险基金的财政专户管理，确保养老保险基金的收支到位和安全。同时，积极探索多种形式、切实可行的养老保险基金保值增值方法，更好地面对老龄化提高对养老金的需求。六是建立健全企业年金和职业年金制度，健全养老保险多层次体系。目前国家已出台《企业年金暂行条例》，可以依照条例，逐步在

各类企业中推广，在执行中逐步完善。

完善医疗保险制度，提高老年人的健康医疗水平。老年人是医疗保险制度服务的主要对象，健全医疗保险制度对于应对老龄化有着重要意义。一是扩大医疗保险覆盖面，提高医疗保险的筹资能力。将城镇所有用人单位及职工均纳入基本医疗保险范围，扩面重点应放在行政事业单位和非国有制企业。二是调整基本医疗保险社会统筹基金和个人账户的划分比例，划定各自的支付范围，分别核算。按统一规定的8%的缴费率，4%纳入社会统筹基金，4%划入个人账户。继续执行规定的统筹基金起付标准和最高支付限额，按照支付额的大小设置分档个人负担比例。三是建立多层次的医疗保险体系，满足职工特别是老龄职工多层次的医疗保险需求。通常医疗保险体系由基本保险、补充保险和商业保险三个层次构成。在我国基本医疗保险制度基本推行，商业医疗保险正在逐步成长，补充医疗保险明显滞后。因此，今后应把建立补充医疗保险制度作为完善医疗保险体系的重点。

2. 建立以社会保险税为主体的多元化社会保障筹资体系，为社会保障制度的健康运行提供财力保证

现行社会保险缴费办法，难以从法律上保证征管的强制性，拖缴、欠缴、拒缴的现象日益严重。为了提高社会保险筹资的严肃性和强制性，借鉴世界上许多国家的做法，将社会保险费改为社会保险税，势在必行。我们认为，在降低现行缴费率的基础上，开征社会保险税，所征收社会保险基金仍然按“社会统筹与个人账户相结合”的方式管理。税率从现在40.6%降为30.6%，仍然按五项保险分开核算，分别管理，其中养老保险税率为20%，医疗保险税率为6%，失业保险税率为3%，工伤保险税率为1%，生育保险税率为0.6%。其中企业（单位）缴纳19.6%，个人缴纳11%。通过开征和加强社会保险税征管，使之成为筹集社会保障资金的主渠道。

此外，还可以考虑出售部分国有资产或将国有资产部分经营收益，用于充实社会保障资金，尤其充实养老保险基金。在特殊情况

下，可以考虑发行长期特种国债用于弥补当期社会保障基金缺口。

3. 划分社会保障事权，强化各级政府的社会保障责任

为了改变现行社会保障资金管理中的“吃大锅饭”现象，必须划分中央和地方政府社会保障事权，明确各自承担的责任，调动各级政府管理社会保障资金的积极性。

从近期来看，中央政府负责全国社会保障总体规划，法律、法规和有关政策的制订和下达，对应该由中央政府承担的社会优抚安置、社会救济、公共卫生和农村卫生项目给予专项补助，并监督资金的使用。对社会保险要通过完善现行制度，使之具备抵御风险的安全机制；建立社会保险投资运营机制，实现保值增值；加强社会保险收、支、结余资金的监管；建立规范的社会保障转移支付制度等途径，强化中央政府的责任。地方政府主要落实和执行中央政府有关社会保障法律、法规和政策，对应由地方政府承担的社会优抚、社会救济、社会福利、公共卫生和农村卫生等项目的经费供应，基础设施建设投入，安排和使用好中央政府的专项补助。从长期来看，应将不同的社会保险项目事权合理配置到中央和地方各级政府，即养老保险实行全国统筹，失业保险实行省级统筹，医疗保险实行地（市）级统筹，工伤和生育保险可实行地（市）级统筹，也可实行县（市）级统筹，调动各级政府管理社会保障资金的积极性。

4. 适应城市化要求，推进农村社会保障制度建设

农村社会保障制度建设，要从农民急需的社会保障项目入手，以家庭保障为基础，以合作医疗、农村低保、农民养老保险为重点，以教育和医疗救助、救灾与扶贫相配套，构建符合农村实际情况的农村社会保障体系。首先，完善农村合作医疗制度。在资金来源上，坚持农民缴费和财政补助相结合的原则，保证中央财政补助落实到位，农户每年缴费不低于10元，县、乡财政根据当地经济发展水平和农民合作医疗需要提供相应的配套资金。确定合理的医疗费起付标准和最高限额以及农民最高限额以下不同档次的自付比例，保证农民大病医

治的基本资金需要，又能保证合作医疗制度的可持续性。其次，健全农村居民最低生活保障制度，使农村的弱势群体得到基本的生活保障。根据当地农村经济发展水平和农民收入状况，摸清低保农户的数量；合理确定低保标准；建立规范的农民家庭收入调查和统计制度，核实低保对象农户的收入变化；对无劳动能力的孤寡老人和残疾人和有劳动能力临时陷入贫困的农户，要区别对待，建立分类分层的低保制度。再次，探索和试点农村养老保险制度。坚持低标准起步，个人缴费为主、集体补助、国家扶持相结合的原则，以个人账户为主的储蓄积累保险办法，自愿参加和政策鼓励相结合，社会养老保险与家庭养老保障相结合。

5. 建立社会保障预算，提高社会保障支出占财政支出比重，加强对社会保障的宏观调控

建立社会保障预算就是国家以法律和行政手段筹集和管理的社会保障收入和相应支出特定预算，是国家反映、管理、监督社会保障收支活动和结余资金投资运营活动的重要手段。应将缴费（税）、财政拨款、社会捐赠、国有资产变现等途径形成的社会保障资金纳入具有法律效率的社会保障预算，使社会保障收支活动受到严格的预算监督，确保基金的安全。调整财政支出结构，将目前社会保障支出占财政支出的比重 12%逐步提高到 15%—20%，加大财政支出对社会保障的支持力度。

五、应对人口老龄化的国际合作途径

（一）国际合作的现实可行途径

1. 亚欧国家间的跨国投资

世界人口发展趋势的差异是战后时期国际资本流动的重要决定因素。欧洲国家的人口都趋于零增长或负增长，已完成了人口老龄化的转变，并且老龄化的现象相当严重。亚洲与欧洲在人口转变进程上的显著差异为亚欧之间的跨国投资合作以应对人口老龄化提供了良好的历史机遇。欧盟地区老龄化一方面产生劳动力短缺，另一方面该地区老龄人口的退休储蓄形成较高的资本供给。劳动密集型项目是亚洲的比较优势，这类项目将会成为吸收欧洲投资的着力点。欧洲国家的劳动力成本已经很高并上升很快，某些劳动密集型行业在一定时候可以考虑向亚洲某些国家迁移。同时，由于亚欧在人口年龄结构上的不同，欧洲国家可以利用亚洲丰富的劳动力资源，通过开办加工厂、产业转移等非制度性方式，来应付本地区日益严重的人口老龄化。

2. 协调解决移民问题

移民不仅可以缓解输入国的人口老龄化、劳动力匮乏等难题，而且有助于减少发展中国家的贫困。为了更好地发挥移民在应对人口老龄化以及对各国经济发展中的积极推动作用，迫切需要各国加强国际合作，通过协调解决以下问题：其一，建立全球性国际移民管理框架，加强移民管理的国际合作，促进移民合法、有序流动。为了促进劳动力市场的开放和国际移民的有序化，特别是为了在移民人口的增加过程中，努力减少非法移民、贩卖人口、走私、贩毒等跨国犯罪对社会安全和稳定产生消极影响，移民管理的国际合作显得越来越有必要。其二，加强移民社会保障方面的国际合作，保护移民正当权益。各国以及区域之间签订双边或多边社会保障协议的也日益增加。这些协议坚持了平等待遇原则，同时也坚持社会保险资格合并计算原则及福利可输出原则，从多方面消除了对移民的直接或间接歧视、由于各国普遍采用按比例支付法来分摊福利费用支付的责任，所以也极大地促进了移民规模的扩大以及在应对人口老龄化方面的国际合作。为了加强发达国家和发展中国家之间的移民合作，应当大力促进发达国家和发展中国家在移民社会保障方面的合作。其三，加强国际协调，解决移民汇款困难问题。其四，移民输出国和移民接受国合作对移民劳动力进行有效的就业培训。

3. 加强亚洲国家间的合作

未来50年，人口老龄化对发展中国家来说同样是一个主要问题。尤其是东亚国家，他们已经迅速地完成了生育率转变，由此，人口老龄化也将如期而至。亚洲国家应对人口老龄化措施，首先是应该学习日本的经验与教训，一方面增加养老保险的收入，另一方面控制新的养老保险支出的规模，并增加政府财政对养老金计划的直接补助支出。其次，对于那些仍然处于人口稳定阶段的国家来说，为应付即将到来的人口老龄化打下良好的基础并做好各方面的充分的准备，加强与其他国家在应付人口老龄化方面的合作，也是一项非常紧迫的任务。

4. 税收协调和金融合作

要加强税收政策的国际协调和国际层面的金融合作。

5. 信息技术交流与合作

建立综合数据收集与信息系统，开发与数据库有关的标准，如数据格式、结构、软件，使其尽可能与各国信息中心标准化的数据库兼容，以促进在国家和区域一级使用这些数据库。

6. 国际组织、地区组织以及各国政府和民间团体的国际互访与国际援助

发达国家和社会保障制度比较成功的国家，可以通过政府相关部门互访、专家合作研讨、互派访问学者等形式，传授和了解社会保障制度建设和基金管理的成功经验及应吸取的教训，帮助其他国家完善现行的社会保障制度体系。发达国家还可以对一些国家实施国际援助，即通过提供资金和物资，对特定国家和地区进行援助。

（二）我国在人口老龄化国际合作中应坚持的原则立场

1. 中国参与人口老龄化国际合作的原则

中国是一个发展中的人口大国，其在未来30年内将面临人口老龄化的高峰，为了应对老龄化亟须世界各国和国际组织提供技术、经验、资金、人才的支持。同时，中国也会将自身应对老龄化的成功经验与世界各国进行交流。中国将结合自己的国情贯彻历次国际人口会议确定的基本原则和精神，坚持走和平发展的道路，坚持“平等互利、注重实效、长期合作、共同发展”的原则，加强和扩大与世界各国各地区的交流与合作。

2. 中国参与人口老龄化国际合作的未来规划

（1）保持适当快速的经济增长。国际经验证明，解决老龄化问题的根本出路在于加快经济发展的速度。

（2）以经济全球化和我国加入WTO为契机，加强老龄产业的国际合作。当前，我国应将老龄事业发展纳入国家社会经济发展规划，通过加强国际间的交流与合作，适时进行产业结构的调整和升级，提高自身的发展水平和国际竞争力。

（3）积极争取国际支持与援助，发展多元投资主体。我国政府应当加强宣传，鼓励社会组织和个人向为老服务机构捐资、捐物或提供无偿服务。对提供援助的国内外社会团体、经济组织和个人，国家应给予一定的政策优惠、资金补贴或技术服务。

（4）适时调整我国的税收政策。加强税收政策的国际协调是促进人口老龄化国际合作的一个重要方面。我国在确定本国私人养老保险计划的税收制度时，首先要权衡各种征税模式的利弊，然后还要结合本国的国情，从私人养老保险计划需要给予刺激的力度、税收制度的一致性、财政的承受能力以及征管水平等方面加以综合考虑，最终制定出具体的征税方案。

《亚欧国家人口老龄化与社会保障财经合作研究》课题组

课题组组长：苏　明

执行负责人：杨良初　朱　青　张晓云

课题组成员：陈穗红　赵云旗　赵福昌　韩凤芹

许安拓　石英华

波兰、匈牙利的转轨经济发展、财税体制与公共政策

内容提要

本考察报告简要描述了波兰、匈牙利两国转轨过程中及其后的经济财政状况，围绕发展形势与信心、财税体制、法制建设、公共政策和私有化等五个方面总结了两国转轨后的基本经济特征，在对两国经济转轨进行简要评价的基础上，试得出一些对我国经济改革有益的启示。

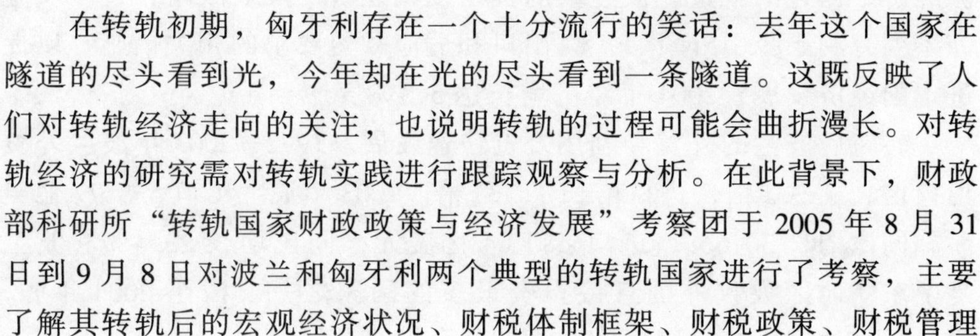

在转轨初期，匈牙利存在一个十分流行的笑话：去年这个国家在隧道的尽头看到光，今年却在光的尽头看到一条隧道。这既反映了人们对转轨经济走向的关注，也说明转轨的过程可能会曲折漫长。对转轨经济的研究需对转轨实践进行跟踪观察与分析。在此背景下，财政部科研所“转轨国家财政政策与经济发展”考察团于 2005 年 8 月 31 日到 9 月 8 日对波兰和匈牙利两个典型的转轨国家进行了考察，主要了解其转轨后的宏观经济状况、财税体制框架、财税政策、财税管理

以及有关转轨的法制建设、私有化等重要问题，以期在对两国经济转轨进行简要评价的基础上，得出一些对我国经济转轨有益的启示。

一、波兰、匈牙利两国财政经济情况描述

（一）波兰财政经济情况

波兰于 1995 年 7 月成为世贸组织成员，2004 年 5 月 1 日加入欧盟，是中东欧地区经济转轨较成功的国家之一。1989 年波兰推行“休克疗法”式的经济改革，之后快速调整，比较重视政府的作用，1992 年波兰经济扭转了下滑趋势，开始回升，GDP 增长率达到 2.6%，成为中东欧地区经济最早恢复增长的国家，1995 年恢复至 1989 年前的水平。1994—1997 年，是波兰经济增长最快的时期，平均增长率达 6.2%；1998—2000 年经济平均增长率为 4.3%。2001 年和 2002 年，波兰经济进入转轨以来的低弥时期，增长率下降为 1% 和 1.4%。其后波兰政府通过降息、减税、减轻企业负担、扶持中小企业、加大基础设施投入、鼓励出口和投资等措施刺激经济增长，重回增长轨道，2003 年经济增长率又达到 3.8%。随着波兰加入欧盟和欧洲经济一体化的推进，波兰政府提出复兴经济的发展战略，逐步实施一系列有利于吸引外资、扩大出口和适应欧盟要求的相关措施，以促进本国经济发展，2004 年经济增长达 5.3%。

转轨后波兰的外贸和利用外资快速发展。1992—2003 年波兰外贸出口增长了 3.2 倍，进口增长了 3.3 倍。2003 年波兰出口 535.77 亿美元，同比增长 30.6%，进口 680.04 亿美元，同比增长 23.4%。波兰是中东欧地区吸收外国直接投资最多的国家之一。截至 2004 年底，累计吸收外国直接投资额为 806 亿美元。波兰经常账户的逆差，在上

世纪90年代后期曾一度快速增长，后快速下降，到2004年降到占GDP的1.5%。

生活水平有较大提高。按现价和波兰国家银行公布汇率计算，2004年，波兰人均GDP为6334美元，比1990年转轨初期人均1547美元上升了300%还多。恩格尔系数不断下降，波兰居民食品支出占总支出比重已从1995年的29.2%下降到现在的20%左右；私人小汽车拥有量为1100多万辆，平均3.5人拥有1辆；移动通信普及率达40%，互联网普及率达25%。

但是，经济快速增长并未有效地降低失业，2005年中期失业率仍然高达18.7%，是欧盟中最高的。紧的货币政策有利于对通货膨胀的控制，2004年通货膨胀率约为3.5%。尽管经济快速增长有助于控制赤字水平（2004年估计为GDP的4.6%），预算赤字仍然是深受人们关注的问题。

（二）匈牙利财政经济情况

匈牙利是一个中等发展水平国家，经合组织成员国，2004年5月1日加入欧盟。20世纪90年代初，匈牙利开始向市场经济过渡，经济一度出现滑坡。但由于匈牙利政权过渡平稳，政局相对稳定，经济法规逐步完善，已基本与欧盟法律体系接轨，为市场经济运行创造了较好的条件，尤其是大力推行私有化和积极引进外资，推动了匈牙利经济的恢复和发展。随着以私有制为基础的市场经济的逐步建立，从1994年起开始走出谷底，1997年，向市场经济体制转轨大体完成，经济步入稳定增长阶段，1998年上半年，私有化工作基本结束。目前，匈牙利私营企业的产值占GDP的85%。1999年总体经济首次突破1989年的水平。1997年以来经济一直保持中等发展速度，2002年，由于工业生产的增长缓慢，再加上世界经济衰退，特别是受欧盟经济疲软的影响，经济增长速度放慢。1997—2003年GDP分别增长4.4%、5.1%、4.5%、5.2%、3.8%、3.3%

和 2.9%。2004 年，经济保持增长，GDP 总值达 803 亿欧元，人均 7956 欧元，增长 4.0%。匈牙利经济正逐步与国际接轨，尤其同欧盟联系日趋密切。

通货膨胀和失业两方面的情况都得到了改善。在转轨改革的不断推进中，1994 年高达 28% 的通货膨胀率大幅下降到 2003 年的 4.7%，其后虽有小幅上升，但仍保持在低位运行，如图 1 所示。失业率则由 1995 年的 10.3%，下降到 2004 年的 6.1%。

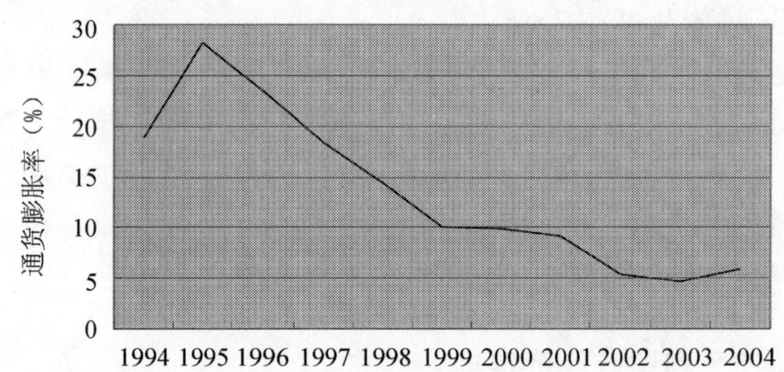

图 1　1994—2004 年匈牙利的通货膨胀率

外贸和利用外资发展比较快。匈牙利采取各种措施优化投资环境，是中东欧地区人均吸引外资最多的国家之一，这也是匈牙利转轨后较快恢复增长的重要原因之一。截至 2002 年底，匈牙利引进外资已达 267 亿欧元，外资企业产值占匈牙利 GDP 的近 50%，出口额占匈出口总额的 80%；2004 年外贸进出口总额为 919.7 亿欧元，其中，出口 440.6 亿欧元，增长 15.7%；进口 479.1 亿欧元，增长 13.4%。

匈牙利的基本财政情况是：2004 年财政收入 83851 亿福林，合 333 亿欧元，增长 8.6%；财政支出 96692 亿福林，合 384 亿欧元，增长 10.1%。财政赤字 12841 亿福林（合 51 亿欧元），占 GDP 的 6.3%。

二、波兰、匈牙利两国转轨后财政经济的主要特征

（一）两国经济发展形势向好，信心上升

1.两国经济实现了较高速的发展

自1989年以来，波兰、匈牙利经济逐步从计划经济转轨到市场经济，随着以市场化、私有化为特征的经济改革逐渐到位，经济在经历几年下滑以后，逐步恢复并实现较高速的发展。两国虽然经历的路径不尽相同，但发展的趋势都是比较好的。如图2所示，匈牙利自1997年进入稳步经济增长以来，一直保持了较高的增长速度，虽然近年来受世界经济和欧盟经济发展放缓的影响，速度有所放缓，但仍然处于较高水平；波兰经济自恢复增长以来，也保持了较高增长速度，虽然2002年前后受到国内工业和世界经济增长放缓的影响，曾一度降到1%的水平，经过两年半的减速之后，2003年下半年开始进入经济增长快速发展轨道，近三年增长率又达到4%以上，特别是近年来波兰在本国货币不断升值的情况下，出口未受大影响，经济增长表现强劲。两国的经济增长速度，均大幅高于欧盟的增长速度。

两国财政部对未来的预测都比较好。波兰政府预计2005—2006年经济增长率将达到5%，根据财政部向欧盟提交的《CONVERGENCE PRORAMME 2004 UPDATE》的预测，则2006年和2007年波兰的经济增长率将分别达到4.8%和5.6%，波兰经济学家认为波兰经济已进入一个较快的增长时期。匈牙利财政部预测2005年和2006年该国经济增长率将分别达到4.2%和4.3%。欧盟2005

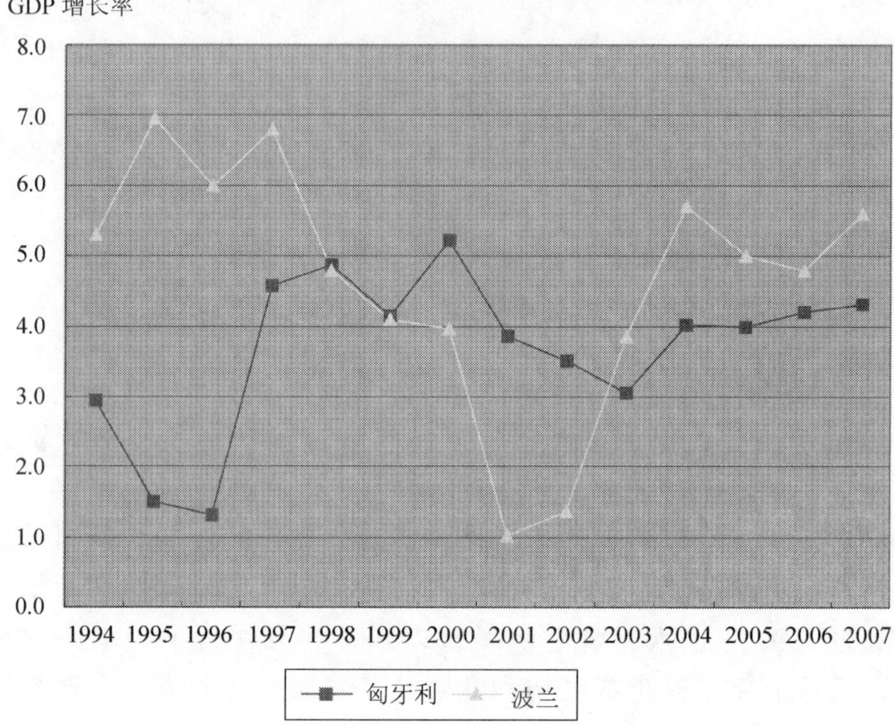

图 2　波兰、匈牙利 GDP 增长及预测情况

数据来源：2000 年以前来自于欧盟 2005 年中期经济展望；2000 年以后来自于波兰、匈牙利财政部《CONVERGENCE PRORAMME 2004 UPDATE》数据。

年中期经济展望报告预测，2006 年波兰和匈牙利增长将达到 3.9%和 4.5%，虽然略低于两国财政部的预测，但在欧盟中仍是比较高的。

2. 两国经济主要宏观指标发展向好，成为两国对经济发展信心上升的有力支撑

一是外部条件不断改善。在波兰，经常项目账户的贸易赤字仍处在下降的通道中，从 2003 年的 2.2%下降到 2004 年的 1.9%，主

要得益于削减贸易赤字和一般转移支付账户盈余[①] 不断增加。外贸公司结构的优化调整，顶住了俄罗斯经济危机和欧盟经济减速的外部冲击，以及价格竞争的优势，出口仍显强劲势头，近来国内货币的升值，对出口也没有产生多大影响；有可能使贸易赤字恶化的不利因素，大部分被预测中不断增加的一般转移支付账户盈余所抵消。在匈牙利，由于有利的国际环境，2004 年出口和进口继续增长，经常账户的赤字基本保持以前水平。二是国内需求也不断增加。在波兰，固定资本投资在 2003 年下半年得到回升，投资和消费需求将继续增长。失业率虽然仍旧比较高，但从 2004 年开始已慢慢下降。通货膨胀在 2001—2003 年间有了显著下降，2003 年平均消费价格指数下降到 0.8%。由于采取较有效的针对性措施，波兰在 2002 年 8 月到 2004 年 7 月达到了欧盟通货膨胀收敛标准的要求。在匈牙利，2004 年上半年，投资大幅增加，对于未来增长至关重要的生产性投资，增幅高达 25.3%；居民家庭消费也是增长趋向，2004 年上升 2.7%；物价趋稳，由 1995 年 30%以上的通胀率下降到近年 6%左右的水平，即使在 2004 年创记录的高油价情况下，通货膨胀率仅比预期高 0.3%。

3. 两国本币保持强劲，外债维持在相对低位

由于经济的良好表现，两国本币在转轨过程中都实现了不同程度的升值。2004 年，波兰的货币兹罗提对欧元汇率从 4.7:1 升值到 4.0:1，升幅达 15%。匈牙利的货币福林近年来也呈走强表现，从转轨过程中曾出现的对美元接近 400:1 的汇率低点，升值到现在的 190:1的历史高位。

两国外债在转轨初期都曾大幅增加，随转轨推进，外债比率逐步下降，后虽有小幅回升，但总体上维持在相对较低的位置。匈牙利的情况如表 1 所示，在 1995 年，净外债占 GDP 的比率高达 30%以上。

---

① 根据欧盟规定，波兰入盟前期（5 年）可以获得欧盟基金的转移支付。

转轨后逐年下降，到2001年下降到8%以下，后虽有小幅回升，但仍维持在较低水平。

表1　匈牙利转轨过程中的外债变化情况

年份	总外债			净外债		
	EUR(10亿)	GDP(%)	占出口(%)	EUR(10亿)	GDP(%)	占出口(%)
1995	23.7	68.5	155.1	10.8	31.3	70.8
1996	20.9	58.0	120.1	8.8	24.5	50.6
1997	19.4	47.9	87.3	8.1	20.0	36.5
1998	19.8	47.3	76.6	7.6	18.2	29.4
1999	23.7	52.7	81.9	7.4	16.4	25.5
2000	25.7	50.7	68.6	7.4	14.6	19.7
2001	26.4	45.6	62.6	4.5	7.8	10.7
2002	22.8	33.1	51.7	5.5	7.9	12.4
2003	27.0	36.9	59.4	8.1	11.1	17.8

波兰的外债，曾是转轨的重要原因之一。1980年至1990年十年间，波兰的外债从89亿美元快速增长到490亿美元，增加了近5倍。转轨以后，1994年GDP就开始恢复高速增长，而外债在西方国家于90年代初予以减免的情况下，绝对额直到1998年还保持在1990年的水平以下，即使这样，波兰1997年外债占GDP的比率仍高达78%。随着经济的恢复发展，以及前期外债偿债高峰来临，虽然外债绝对数额有所增加，但其对GDP的相对水平总体呈下降趋势，近年来一直保持在50%以下的适度水平。

4. 对转轨的评价是比较满意和具有信心的

两国转轨的“阵痛期”都相对短而进入好转阶段后经济基本面上升支撑力较强，因而从较普遍的评价和一般社会心态观察，对转轨的评价还是比较满意的，并对今后的继续发展具有信心。波兰格但斯克税务局长说，“转轨前后，一个是半夜，一个是白天，总体来说变化很大。在效率与公平的不同角度上，公司（企业）的自由度比较大，少受政府控制，活力比较大而满意度高；个人而言，肯定有不满情绪，但是，高收入者一般知识和技术含量高，也是应该多得的，没有什么办法可以作大的改变，基本得到认可”。

（二）财政体制安排和税制结构

1. 两国财政体制安排

波兰和匈牙利政府在财政体制安排上，都体现了寻求财权与事权相匹配的原则，在不同的政府层级，都试图把相应的财权落实到各自的或共享的税种之上。

波兰政府预算层级名义上分为四级，包括中央、省（如波莫瑞省）、县（如格但斯克）和市（或乡镇），如图3所示，其中增值税、消费税和博彩税全部归中央，农业税、林业税、不动产税、车船税、养狗税、遗产与赠与税、按民法法案征收的税收全部归属基层市（或乡镇），公司所得税和个人所得税则在四个不同的预算层级中分享，公司所得税在四个预算层级中的分配比例为中央75.99%，省15.90%，县1.4%，市（或乡镇）6.71%；个人所得税在四个预算层级中的分配比例为中央48.81%，省1.6%，县10.25%，市（或乡镇）39.34%。公司所得税和个人所得税的分享比例由国会以法规形式确定，比重在不同年度可公开调整。体制安排中有专项转移支付（特定目的）支出，没有一般性转移支付。因此可知，波兰财政体制安排的实质，是以最为清晰、稳定地配好税基的中央和基层地方（即市或乡镇）两个层级，连带安排以共享税支持的两个“过渡”层级（省、县），真正的体制大框架是中央、地方两级。

匈牙利的财政体制安排与波兰有类似之处。名义上政府预算层级分为三级，包括中央、县（19个）和村镇（3100个）。在转轨的过程中，下端两个层级即县和村镇的地位发生过比较大的变化，在原来计

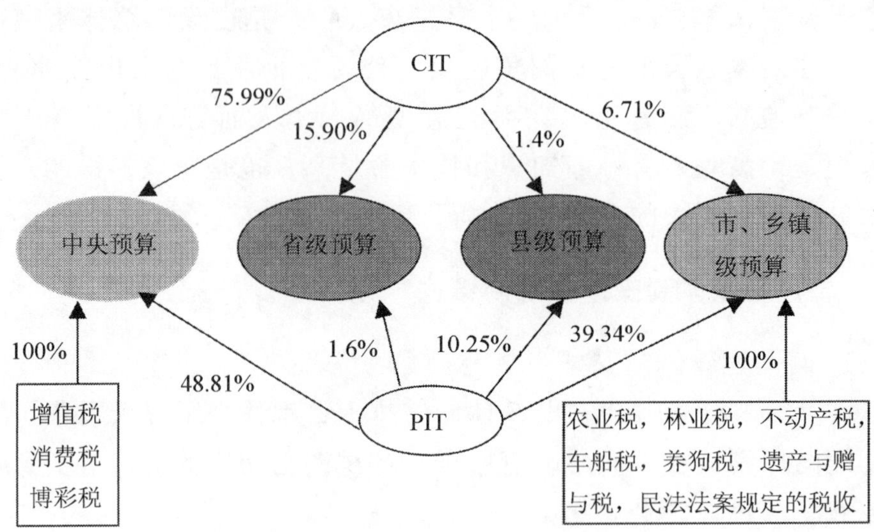

图3　波兰不同级次预算税收分享

划经济体制下是“强县弱村”的局面，县级权力很大，招致村镇对当时体制有诸多抱怨甚至“愤怒”；现在的局面恰恰相反，是“强村弱县”的格局。其中县级预算财力主要来自中央，一些涉及地方项目的资金，如地方职员、EU（欧盟）项目、经济部、环境部门的项目涉及地方任务的费用，或是执行地方任务的机构网络经费等，没有独立的税种作为资金来源，从这个意义上说，上述三级预算层级实际上变为两级，即中央和地方，这也就符合欧盟的中心地区（central region）与地方地区（local region）的划法了。所以财权划分也就主要在中央和地方之间划分，其中公司所得税、增值税、消费税和遗产税归中央，流转税、不动产税和车辆税归地方，个人所得税中央征收，与地方分享，2005年的分享比例是中央65%，地方35%。

对于特殊事项，可通过中央预算转移支付解决。

2. 两国的税制安排

波兰和匈牙利两国在向市场经济转轨的过程中，逐步建立了各自力求与市场经济相适应的税收制度。

（1）波兰的税制。波兰的税收法律依据主要是宪法、国际协定、法案、财政法规、乡镇议会决议等。波兰税制中的税种，大致分为间接税和直接税两大类：间接税包括增值税、消费税、博彩税，直接税包括个人所得税（PIT）和公司所得税（CIT）、遗产与赠与税和民法法案规定的税收及其他地方税种等。自1992年起采用了所得税和增值税体系。主要税种包括公司所得税、个人所得税、增值税。外国企业和个人与波兰企业和个人适用相同税收制度和标准。税收征收管理分为政府税务管理局和自治地区税务管理局。政府税务管理局（税务办公室和海关办公室）征收增值税、消费税和博彩税等间接税和个人所得税和企业所得税等直接税，以及遗产与赠与税和民法确定的各项税收等。自治地区税务管理局征收的税收包括农业税、林业税、不动产税、车船税、养狗税。波兰2003年中央预算收入的税收结构如图4所示，其中：增值税为第一大税，占45%，所得税（包括公司所得税和个人所得税）为第二大税，占29%。

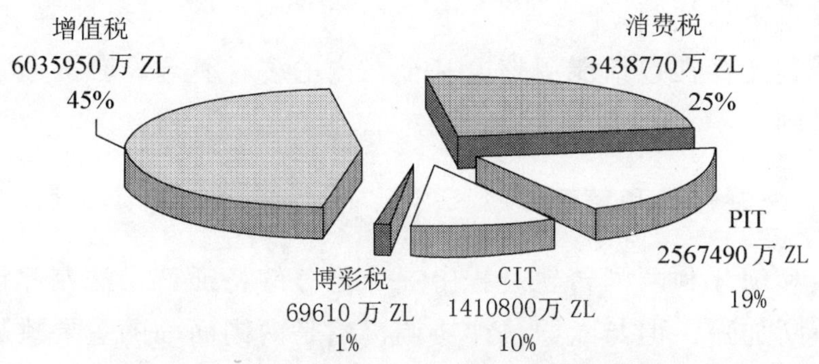

图4　2003年中央预算收入的税收结构

（2）匈牙利的税制。匈牙利的税收规定已于2001年在其加入欧盟的谈判中达成协议，与欧盟的法律制度协调在一起。根据财政部的计算，税收收入占国内生产总值的40%。

匈牙利税收主要分为两大类：直接税和间接税。与欧盟及经济合作发展组织国家相比，匈牙利的直接税比重较低，间接税比重较高。

直接税包括公司税、红利税和个人所得税；间接税包括增值税、消费税、特种税、进口关税以及各种交易税。

匈牙利与社会保障相关的税费很有特点：假定总工资为 100，则个人工资（即工资单工资）之外由企业缴的基金比例为养老基金 18%，医疗保健基金 11%，特殊劳动基金 1.5%，研发基金 0.5%；工资以内扣缴的有养老基金 8.5%，医疗保健基金 4%，失业基金 0.5%。就个人的税费负担而言，匈牙利还是比较高的。此外，匈牙利个税的平均税率为 19%，高于平均收入的，边际税率为 38%。如果我们按 19%计算，匈牙利个人工资的缴费和缴税水平大致是：个人工资的 100%之中需要支付 13%（8.5+4+0.5）的社会保障费用以及 19%的个人所得税，个人最后得 68%，而企业实际付出工资费用相当于 131%（100 加企业交的 31）；如果个人要得 100，企业需支付 192。

除中央政府征收的税种外，各地政府一般还要根据不同情况征收一些税收，如地方营业税、车辆税和房地产税等。各地条件不同，征收的税率也不尽相同。

匈牙利还存在包括能源核电基金在内的多种基金，独立收入，用于独立目的。

（三）法制建设和管理体系

波兰和匈牙利两国转轨过程中一个显著的特征就是法制建设和管理体系不断加强，但与欧盟法律协调仍然是两国面临的重要挑战。

1. 建立适应市场经济体制的法律体系

市场经济是法制经济的认识在波、匈深入人心，所以两国在从计划经济向市场经济转轨的过程中，都十分重视法制建设。

一是为了保证政府有效执行其职能，同时又避免行政权力滥用，修订宪法或制定新的法律来界定政府角色和职能，如波兰众议院于 1992 年通过宪法修正案，俗称“小宪法”，1997 年又通过新宪法，明确政府地位和职能；匈牙利 1989 年 10 月 18 日通过宪法修正案，对匈牙利的国家制度和政府职能作出重大修改。

二是出台保障市场经济正常运转的《公司法》、《反垄断法》、《破产法》、《合同法》等一系列法律，努力提供市场经济运行的法制环境，保障企业的市场主体和财务实体地位，为市场经济运转开辟道路。在私有化过程中，政府推出了一系列新法律，为国有企业出售创造条件。匈牙利1989年的宪法修正案，在法律上的所有权、国家的所有制结构、企业自主权等方面都做了新的规定，明确宣布各种所有制在法律面前平等。匈牙利经济学家认为，在1989—1990年就已消除了私营经济发展的法律障碍，因而匈牙利在社会制度变革之前，就已不同于其他中央集权制的政府，其私有化具有“不同寻常的良好开端”。

三是进行了财税金融法律改革与制度建设。财税方面包括新的税法、预算法律、财政支付制度及法律规定，还有社会保障方面的《社会保护法》、《养老保险法》、《家庭救济法》等一系列法律，也包括加入欧盟后的法规性要求，如对财政赤字、通货膨胀率、债务标准等的规定。金融方面有《银行法》、《有价证券法》等。

另外还有《教育法》等其他方面的一系列法律建设。

2. 财税管理体系不断健全和完善

与政府管理及市场运行方面管理的水平在法制建设中得到明显提高相呼应。在财税管理体系方面，两国在向市场经济推进的过程中也不断健全。

(1) 税务管理。在波兰，1989年向市场经济转轨以后，税收机构与征收管理变化不小，但私人经济成分原来就已存在，也有纳税问题，因此转轨后税收征管方面没有遇到大的问题。但是，随着税收制度改革及经济发展的要求，税收管理体系有所完善。在纳税方法上，强调申报纳税，并且有相应的机构进行稽核、审查。税务机构对申报有疑义，即可以展开稽查；纳税人对稽查有疑义，可以向地方税务机构上诉。征税机构内征收、稽查相对独立。国库局也有开展调查的特殊职能，用于发现违法行为。纳税人、纳税机构违法，国库局可以秘密稽查。20个征管收入最多的税务征管机构，结算方式与其他机构不一样。另外，转轨过程中波兰通过大量引进外资而使经济活力大大增强，但同时也存在跨国公司在母子公司间通过转移价格的大量关联交易规避税收的行为，财政部为了保证公司财务定价、资料的真实性，由对象公司缴费成立“诚信”基金，在规定的时间内，对象公司的财务资料可以由财政部审查后出据其真实性证明，加强了对税收资料的监管力度。匈牙利税收管理也十分强调纳税申报，且在相关税务管理方面有诸多改进。

（2）预算编制与审批管理程序。波兰政府每年9月30日确定预算，众、参两院在4个月内批准预算，两院可以调整预算，但无权调整赤字水平，即赤字水平必须维持原来水平。每年5月底完成决算。预算在讨论中公开，媒体可以参加与报道。波兰省以下政府在预算内可以发债，每个地方财务自治，但必须说明收入来源，赤字可以用贷款或发债弥补，由地方机构自己运作。发债本身的规模不超过GDP的15%，债务余额不超过60%，地方审计机关会跟踪地方财政情况。地方政府可以在辖区内开征特殊税种，也可以取消，中央没有设税权的限制。

匈牙利的预算程序为，每年4月1日开始呈报下一年度的文件，进行宏观经济预测，进而在其他情况和法律法规都不变的假设情况下进行税收预测。然后考虑欧盟的赤字削减计划，预算外项目支出或节省情况，再考虑其他目标，如农业补贴、减税（这些项目常常带有政治意义），然后六月出版指导性大纲，包括关键数字，各部门项目、技术表格。然后就是财政部与各方面的谈判，其结果9月1日上交国会，同时送国家审计办公室修订，然后集中到国会讨论，包括收支安排是否符合预算法等等，然后再进一步修正，对预算作第一轮投票。11月有第一轮关于部门内再分配的讨论，修改后第二轮再讨论，然后逐个项目讨论，12月有最后投票，最后总统签署。预算执行情况在预算年度下一年的5月底集中到地方，6月3日上报财政部会计司接受审计，直到8月31日国会讨论后，确认预算计划和执行实情没有不合法的情况，最后签署决算。整个周期历时近两年半。

另外，还引入了国库单一账户、集中支付系统，在财政预算收支管理方面大大加强。

（四）公共政策

波兰和匈牙利两国在计划经济体制下，一切公共事务都由政府来直接安排，公共政策的意义并不突出。在逐步转轨到市场经济体制以后，政府与市场的职能划分日渐明确，公共政策也越来越得到关注。波兰和匈牙利转轨后的公共政策，既有对原计划经济体制的继承，也有在市场经济体制下的创新和发展。

1. 教育方面

1991年，波兰通过了《教育法》草案，允许办学主体的多元化和多种类型的学校存在，除了公立学校外，允许创办和经营各种非公立学校，同时，公立学校也不仅限于只有国家才能兴办，法人和自然人，尤其是各种基金会和协会，以及外国机构，也可以出资兴办公立学校，教育制度中初、中级教育保留了原体制下政府统一举办的类型，如18岁以前有免费的义务教育；高等教育则政府不再全面承担，而是政府引导，增加社会资金高等办教育的比重。

匈牙利的教育，包括五个层次，包括学前教育（早期儿童教育）、小学（持续6—8年）、中学（含特殊职业和培训教育）、高等教育和研究生教育。按照法律规定，在匈牙利6—16岁的教育是义务教育，公共教育在高等教育中也占据重要的地位，整个教育现在很大程度上仍带有传统体制的特点。但近年来，随着入盟后要适应相应的要求，加上国内教育也开始重视绩效问题，逐步鼓励私人投资于高等教育，进而高等教育资金由国家预算、学校收费、基本的或企业性活动收入，以及其他资金（如捐赠等）构成。政府在保证基本教育公共需要外，逐步引导社会投资教育。

2. 社会保障方面

波兰由于计划经济时期留下的由国家承担的社会保障体制包袱沉重，加之在转轨前几年财政实力较弱，不得不把宏观经济的稳定和结构调整放在首位，社会保障制度改革比较迟缓。但在转轨初期，波兰就试图建立一个以欧共体国家为模式和标准的、相对独立的、广泛的社会保障体系，1989年到1992年，波兰有目标地发放社会经济救济补贴，导致在转轨初期政府收入减少的情况下，社会保障支出却在不断增加，赤字剧增。这就迫使波兰政府改革社会保障制度，先后出台了关于社会保护、社会保险和社会救济的法律，逐步建立了现在的“三支柱”的养老保险模式，包括社会统筹、企业养老金和补充养老金。其中第一支柱仍然是传统的分摊筹资办法，由在职职工养退休职工；第二支柱是雇主为雇员交纳的企业养老金；第三支柱是雇员自愿交纳的补充养老金。

匈牙利的养老保障制度，1997年以来，是三支柱的体系，第一支柱为政府层面提供的保障，为现收现付制；第二层面为积累制的保障，其中所有者可以选择由谁负责投资运作；第三个层面是自愿保险。

医疗保障制度，资金一部分来源于政府，还有自己参加保险，包括分对象的如学生保险、其他一些不用付费的医疗项目，等等，但是，这些项目的质量也相应不同。医疗保障制度，在匈社会上仍存在争论，整个体系与养老保障制度比较，没有第二支柱。

3. 公共基础建设方面

波兰和匈牙利在转轨以后，两国政府直接经营的企业范围大大降低，国有经济范围大大缩小，但公用事业等方面支出大大增加，如公路、电力基础设施等，公共财政的特征日益突出。

4. 化解政府隐性债务问题

波兰和匈牙利也面临着为数不小的负债，如转轨过程中，因国有银行与企业破产、银行坏账和不良资产、养老金隐性债务、政府担保的或有债务、法律制度改变带来的债务，等等，都是政府要面对和解决的债务问题。

（五）私有化

波兰和匈牙利经济转轨中，一个突出的特点是全面、快速推进私有化。受“华盛顿共识”的影响，私有化作为建立新经济秩序和实现从计划经济到市场经济转变的重要途径，甚至被提升到基本国策的地位，若干年中曾成为国家经济生活的核心内容。在转轨初期，两国便都普遍实行私有化。主要是通过一系列的措施，减少国有经济、加大私有经济的比例，发展现代市场关系，建立起以私有经济为主体的市场经济，提高市场活力，促进经济发展，并在意识形态上重归“欧洲大家庭”。

私有化推行的初期，匈牙利国有和私有经济成分占 GDP 的比重分别是 85%和 15%，现在私有经济占 GDP 比重已达 85%以上，基本上完成私有化过程。原来 2000 家国有企业只剩下不足 300 家，且仍在进行私有化。在私有化过程中，匈牙利成立了阶段性的私有化专门管理机构，任务设计为直到私有化完成时止。波兰在转轨过程中，也大力推进私有化，设有专门管理机构。

波、匈在转轨过程中推行私有化的同时，还注重大力发展国内资本市场，努力吸引外资。

三、波、匈转轨中经济发展与财政政策的简评与启示

波兰、匈牙利两国，在苏东国家中，能够转轨相对顺利，具有内、外部多种原因。就主观方面而言，政府体系有较明确的法治化

导向并作出法制建设的持续努力；在财税制度上较快形成比较稳定的相对规范的框架；在公共政策方面以及形式较激进的私有化方面的掌握大体平稳；等等，这些都有利于国民经济较快渡过“阵痛期”而转入上升期。另外，比较得当地处理了对外开放的事项，也使两国的转轨得益不少。从市场取向改革的大路径来看，波匈两国转轨与我国的经济转型具有一定的相似性，在财税体制模式、对外开放与市场制度框架、公共政策选择等诸方面，许多基本内容和改革方向都是类同的，只是程度上和操作方案上有所不同而已。两国转轨的表现，可以从实证角度对我国的转轨过程提供某些参照与印证。

但是，由于国情及经济背景等方面的差异，中国与波、匈两国又有些显著的不可比性，最突出的是中国极其鲜明的二元经济特征，这在波、匈却明显较弱。中国作为一个大国所面对的地区差异悬殊和政府层级调整等挑战与任务，波匈作为小国也不能同日而语。波、匈两个转轨国家的转轨过程中，相比于原计划经济体制下的平均主义，收入差距有了相当程度的扩大，人们对分配问题也有所抱怨，但城乡差距没有那么严重，多数人也能够对收入差距的一定扩大抱客观的认识和容忍态度，加之政府的公共政策和社保体系不是城乡分隔的两套（由于初始的基础条件和国情不同，这一点在波、匈较容易做到），因此一般人们对收入分配差距的感触和抱怨没有那么强烈。但在中国，由于工业化、城市化加速之后，经济的二元化特征仍然极其明显，而且城乡差距有所扩大，同时由于人们客观禀赋的差异和体制、制度以及交易等方面存在的不规范，造成了现在收入分配差距等方面的矛盾趋于敏感，成为“黄金发展期”与“矛盾凸显期”交织的基本背景，这是我国经济转轨过程中需要特别关注的问题。

然而，波、匈的转轨实践仍然能够为我国深化改革和寻求可持续发展提供一些有益的启示：

（一）非常注重有效实施法制建设和法治化环境的塑造，是市场化改革能够不断深化的长期条件

中国是一个缺乏法治传统的东方国家，渐进式改革路径又必然造成如下情况，即在许多创新的初期，无法刻意要求法治条件，但从长期的市场经济建设和可持续的经济社会发展考虑，波、匈的经验和其他方面的国际经验都启示我们：必须把法制建设和法治化制度环境的形成，作为完成经济社会转轨和现代化的长期条件，积极改变无法可依、法规不良、有法不依、执法不严状况，争取逐步接近法规较完备、有良法可依、有法必依、执法必严的状态，稳定地形成市场经济的运行规则，以及可有效秉持社会正义的不被扭曲的公权力量，以支持可持续的快速经济增长和社会进步。

（二）相对规范地形成与政府事权相匹配的分税分级财政体制，是实现市场导向转轨的必要配套措施

中国的国情远比一般国度复杂，在改革开放前面十多年的探索之后，终于在 1994 年实行了分税制配套改革，为政府理财制度与整个政府体系与市场经济相适应，打下了一个重要的制度框架基础，但 1994 年以后，分税制在省以下的贯彻实施和整体财税体制的进一步改进完善，仍面临一系列的困难、疑虑、挑战和阻碍。波、匈在传承了一定的计划体制遗产的情况下，能够适应市场经济要求而同时“迁就”具体制约条件，在较小国家名义上三至四级的框架内，实质性地塑造初步的中央—地方两层级为主干的分税分级财税体制，使之与调整、转化后的政府职能相匹配，这种情况对于我们寻求在中国渐进地通过“扁平化”改革和调整事权、财权（广义税基），改进转移支付与财力分配格局等措施来深化财税体制改革，也提供了有益的启发。既然走市场经济之路，则不论相对发达的市场经济国家，还是走向市场经济的转轨国家的经验，都表明分税制为基础的分级财政是必然的

配套安排，所以我们必须坚持在中国深化改革中贯彻落实分税制的大方向，积极通过渐进措施，化解阻碍因素，使分税制逐步达到上下左右贯通运行的境界。当然这需要结合中国国情作出一系列具体的探讨。

（三）适当掌握、动态改进公共政策，是相对平稳地实现转轨的重要要领

中国在经济社会发展"战略机遇期"的一个重大现实问题，是如何在支持科学发展观指导下的快速协调发展的同时，以适当把握、有所作为的公共政策，化解突出矛盾，增进公共福利和社会和谐，营造使绝大多数社会成员共享改革发展成果的再分配机制。波、匈转轨中注重公共政策，适当处理教育、医疗、公共基础设施、社会保障等方面事项的经验，对我们也颇有一定的启示。虽然中国的情况可能比波、匈两国复杂得多，但公共政策的要领中毕竟有一些共性规律可循，我们在公共财政建设中，坚持向解决"三农"问题的方向实行政策倾斜，力求让公共财政的阳光逐步照耀广大农村，特别关注社会保障体系、义务教育普及、城乡公共基础设施建设、医疗卫生体系的改进等等，都是在中国特定条件下所选择的公共政策重点，但其必要性可以从转轨国家的一般实践经验得到印证。大的发展方向，看来是政府提供的各类公共产品和公共服务，应当渐进地趋于城乡间和不同区域间的"均等化"，在基础薄弱的中国，这更需要我们作出持之以恒的长久努力。

本文参考文献：

1. 波兰、匈牙利中央地方财政税务部门及其网站提供的资料、数据。
2. 欧盟 2005 年中期《经济展望》报告。
3. ［匈］雅诺什·科尔奈著：《后社会主义转轨的思考》，吉林人民出版社

2003年版。

4.杨烨著：《波、匈、捷经济转轨中的政府职能》，上海人民出版社2002年版。

《波兰、匈牙利转轨国家财政政策与经济发展》考察团

成　员：贾　康（团长）　刘彦超　赵福昌　李保春　陈坤城　张　霈

执笔人：贾　康　赵福昌

布雷顿森林机构改革研究

内容提要

当今世界，和平与发展仍是时代的主题。虽然某些大国鼓吹“新干涉主义”，竭力推行单边主义，但多极化趋势在全球和地区范围内的政治和经济领域加速发展，不仅需要各国特别是大国之间进一步加强合作，而且加强多边合作反过来又有利于多极化的发展。另一方面，经济金融全球化的深入发展，使世界各国经济的相互依赖逐步加深，金融风险发生机制联系日益紧密。

区域经济一体化和金融合作的不断加强在推动世界向多极化发展的同时进一步加快了经济全球化进程。但经济全球化进程中也产生了两大突出的矛盾：一是无序、动荡和不稳定因素依然存在；二是世界经济发展不平衡加剧，南北差距不断拉大。而发达国家主导的肩负保持稳定和促进发展使命的布雷顿森林机构在解决上述矛盾过程中还存在诸多不足，无法充分满足世界经济发展的客观要求。

因此，在多极化格局不断发展的情况下，要实现全球经济稳定、平衡与可持续发展，推动世界各国经济共同繁荣，有必要按照多边合作的态度，进一步改革布雷顿森林机构，不断强化和有效发挥其作为多边国际经济组织的功能。

布雷顿森林机构从成立至今已走过了60余年的历程。在过去的半个多世纪里，布雷顿森林机构作为世界经济秩序三大支柱中的两大支柱，在促进世界经济稳定发展、推动各国经济对话与合作等方面发挥了重要作用。但随着时间的推移，发达国家主导的布雷顿森林机构逐渐暴露出一些与世界经济发展不相适应的问题。要实现全球经济稳定与可持续发展，推动世界各国经济共同繁荣，有必要对布雷顿森林机构进行相应的改革。

一、布雷顿森林机构改革的背景

（一）经济全球化和区域经济一体化趋势

1. 经济金融全球化的深入发展，使世界各国经济的相互依赖逐

步加深，金融风险发生机制联系日益紧密

20 世纪 50 年代，尤其是 90 年代以来信息技术的发展以及经济市场化程度的提高和自由化进程的加快，从技术和体制上推动世界经济向全球化趋势发展，商品、资本、劳动力、技术和资源在全球范围内流动和配置，全球市场逐步一体化、贸易、生产以及企业经营实现了全球化。同时，随着各国金融自由化的不断推进以及信息技术的迅猛发展，以经济全球化为基础的金融全球化也在深入发展，国际资本在全球范围内大规模流动，国际金融市场实现了一体化，金融机构跨国经营持续发展，金融监管规则的一体化趋势愈益明显。

经济金融全球化的深入发展使世界各国经济联系日益紧密，共同利益增多，相互依赖程度不断加深，同时也使全球风险发生机制日益紧密地联系在了一起。金融市场的一体化、国际资本流动规模急剧扩大和速度加快及其投机性特征，不仅使一国的经济发展状况对整个世界经济发展产生重大影响，而且使国际金融稳定的要求日益突出，国际货币金融合作的重要性与日俱增。因此，在各国经济相互依赖程度加深和风险发生机制联系紧密的条件下，布雷顿森林机构作为多边国际经济组织的功能非但不能削弱，反而应通过深化改革进一步加强。

2. 区域经济一体化和金融合作的不断加强在推动世界向多极化发展的同时进一步加快了经济全球化进程

20 世纪 80 年代中期以来，区域经济一体化或集团化进程明显加快。1993 年 1 月 1 日，欧共体建立了商品、劳务、资本和人员自由流动的内部统一大市场，并于 1999 年 1 月 1 日成功地实现了欧洲货币一体化。美、加自由贸易区在墨西哥加入后形成了北美自由贸易区。在亚洲，东盟成员国增加到了 10 个，2002 年中国与东盟 10 国签署的《中国与东盟全面经济合作框架协议》，计划到 2010 年建成中国—东盟自由贸易区，中国与东盟的区域经济合作进程也正在不断推进。同时，货币集团化或货币一体化逐渐成为一种趋势，区域性货币联盟，如欧洲货币联盟、西非货币联盟、中非货币联盟等相继出现，其中欧元的产生成为区域金融合作与货币一体化的成功范例。另外，亚洲金融危机的深刻影响使亚洲国家充分认识到，仅依靠IMF的力量是远远不够的，必须强化自身的合作才能有效防范金融危机，从而推动亚洲金融合作不断向前发展，迄今已形成了清迈倡议与货币互换机制以及各层次的政策对话与监督机制，亚洲债券基金的设立表明亚洲金融合作由临时性危机防范，发展到了以市场为基础的长远安排。

区域经济一体化有利于形成多极世界和推动经济全球化进程。虽然个别发达国家在极力圆其“单极世界”梦，但在“多元世界”的全方位政策调整和自主合作的推动下，多极化已出现加速的势头。同时，区域金融合作和货币一体化进程的加快，尤其是欧元的产生对国际货币体系具有非常深远的影响，它进一步稳定了储备货币多元化的格局，有利于国际货币体系的稳定，同时也增加了国际货币合作的可能性。因此，在多极化不断发展的情况下，按照多边合作的态度，进一步改革布雷顿森林机构，不断强化和有效发挥其作为多边国际经济组织的功能是世界经济多极化的客观要求。

（二）世界经济发展中的无序动荡和不平衡问题突出

随着经济金融全球化进程的不断发展，世界经济发展中也产生了两大突出的矛盾和问题。

1. 无序、动荡和不稳定因素依然存在

第一，“无体系的体系”时代仍在延续，国际金融稳定缺乏有效的制度安排。国际储备货币和汇率体系还没有全球层面的制度安排，国际货币体系的无序仍在延续。一是各国采取不同的浮动汇率形式，还有很多国家实行盯住浮动，使国际货币体系变得复杂而难以控制，而美元、欧元和日元等几个主要国际货币的汇率尚无保持其相互稳定的机制，全球汇率呈现不稳定的动荡局面。二是多元化的国际储备体系中，一国货币同时充当国际货币的矛盾依然存在，而且浮动汇率机制并未改变成员国从本国利益出发决定汇率和干预管理的现状，从而使国际货币体系中缺乏有效的国际责任承担机制。三是国际收支除 IMF 和世界银行调节外，其他调节手段基本上是由逆差国自行采用，而且这种调节缺乏制度的约束和支持。由于汇率调节更多地依赖市场机制和单边自主的作用、大国间缺乏制度化的货币合作，对国际收支和清偿力的适度增长两个核心问题没能给出较好的解决方案。

第二，全球性国际收支失衡和国家间宏观经济政策协调乏力成为影响世界经济稳定的重要因素。2004 年，世界主要发达国家——美国的贸易逆差已经占到 GDP 的 5.5%，超过了全球 GDP 的 1%，美国的巨额贸易逆差吸收了全球所有贸易盈余国家近 2/3 的经常账户盈余。相比之下，日本的经常账户盈余则持续增加，亚洲新兴国家的经常账户盈余虽然上升幅度较小，但仍保持在 GDP 5%的较高水平。此外，俄罗斯和中东国家也出现了大量的经常账户盈余。由于任何一个国家都不能任由其贸易逆差无限度扩大，因而美国经常账户逆差是不可持续的。在现行国际货币体系下，这种严重的全球性国际收支失衡目前尚没有制度化的手段来加以调节。美国通过七国集团干预美元与其他货币的比价，迫使其他国家增加对美国产品的进口等是调节失衡的主要手段。在 20 世纪 80 年代，美国与日本国际收支失衡的调节是通过七国集团之间的政策协调以日元升值形式进行的，结果导致日本经济长期衰退。虽然美元相对其他国家货币贬值在一定程度上缓解了其国际收支逆差，减轻了其债务负担，但同时也对持有美元储备的国家造成了损失，从而会减少对美元资产的持有，进而会影响美国经济稳定以至影响世界经济发展。美国不断积累的贸易逆差和美元贬值已经成为世界经济不稳定的重要根源。而且全球性国际收支失衡是以现行国际货币体系为基础的，“特里芬难题”没有根本解决，一国货币同时充当国际货币的矛盾依然存在。因此，汇率升值并不能从根本上改变外部失衡的局面，反而会导致货币升值国家的经济衰退，全球性外部失衡问题的根本解决需要采取改革国际货币体系、协调各国宏观政策和推动国内经济政策调整等综合措施，如逆差国实行紧缩性的宏观经济政策，减少财政赤字以及压缩消费和提高私人部门储蓄率等。

第三，国际资本大规模无序流动的巨大破坏性与新兴国家金融市场不完善形成了尖锐的矛盾，导致金融危机的一系列基本因素并未消除。一是国际资本的快速大规模流动及其表现出的无序性、投机性和破坏性，加大了国际金融运行的系统性风险，加剧了国际金融的动荡和不稳定。二是金融自由化和全球化的势头并未减弱，国际资本跨境流动的规模仍在继续增加。三是新兴国家的国内金融市场还很不完善，多处于初级阶段。在金融自由化和金融市场对外开放的情况下，极易遭致国际投机资本的攻击。尽管目前国际金融市场已经恢复稳定，但导致金融危机的一系列基本因素并未消除，21 世纪爆发新的、更为严重的国际金融危机的可能性依然存在。

因此，在各国经济联系日益紧密、相互依赖加深和相互影响越来越大的条件下，进一步深化布雷顿森林机构改革，尤其是要强化 IMF 在重建国际货币金融体系和协调各国宏观经济政策中的重要作用，并以此对布雷顿森林机构进行相应改革。

2. 世界经济发展不平衡加剧，南北差距不断拉大

目前，占全世界人口 80% 以上的发展中国家仅仅占到全球国民收入的 20%，全世界最富裕人口与最贫困人口之间的差距已由 40 年前的 30:1 拉大到了 74:1。从信息的角度来看，发达国家已进入了信息化时代，发展中国家还面临着严重的信息贫困问题，南北之间存在着巨大的信息鸿沟。虽然 2000 年 9 月，包括中国在内的 189 个国家共同签署了《联合国千年宣言》，制定了千年发展目标，但由于发达国家说多做少，在履行对发展中国家的承诺方面存在差距以及国际社会在建立公平、合理的国际贸易和金融体系、营造对发展中国家有利的国际经济环境等方面的努力还远远不够，5 年来落实千年发展目标的进展缓慢。而且布雷顿森林机构本身也存在一些不利于发展中国家

经济发展的方面，如经济自由主义的发展理念、发达国家具有主导的发言权以及 IMF 和世界银行自身较弱的资金实力等。而只有努力解决南北差距不断拉大的问题，世界经济才能实现长期可持续发展。因此，必须通过 IMF 和世界银行的改革，在经济全球化进程中确立有利于发展中国家经济发展的经济规则、金融秩序和融资机制，更好地促进和加快发展中国家的经济发展，才能实现全球经济的平衡发展。

二、布雷顿森林机构存在的问题

在世界经济向全球化发展的过程中，布雷顿森林机构逐渐暴露出一些与世界经济发展不相适应的问题。

（一）布雷顿森林机构存在的共性问题

1. 布雷顿森林机构的资金实力与保持稳定和促进发展之间的矛盾

一是基金组织弱小的资金实力与保持全球金融稳定的实际需要存在巨大差距。一方面，IMF 的资金规模占全球产出的比例已明显减少。金融市场的快速发展使危机的破坏性不断增加，而 IMF 的资金总量却缺乏相应的增长机制，导致其援助资金捉襟见肘，危机救助能力不足。即使 IMF 现在已经有 3000 亿美元的储备，但与其对投机者可以动员 6000 至 1 万亿美元的投机基金去攻击一种货币的估计相比，援助资金明显不足。另一方面，IMF 无任何有效办法来帮助逆差国恢复国际收支平衡，也没有足够的资源充当最后贷款人。二是世界银行也难以满足发展中国家的经济发展需要。2001 年蒙特雷发展融资会议以来，官方发展援助（ODA）的数量有所增加，2003 年对发展中国家的 ODA 达到 690 亿美元，但也只占到发达国家国民总收入（GNI）的 0.25%。而根据世界银行自己进行的测算，ODA 要在现有的基础上每年再增加 500 亿美元，才能实现千年发展目标，现有的发展援助水平距实现千年发展目标的需求相去甚远。

2. 发达国家主导的治理机制具有明显缺陷

布雷顿森林机构决策中的加权投票制、多数表决制和协商一致原则，使其治理机制具有发达国家主导的特点，发展中国家在国际金融和发展事务决策中处于边缘地位。

第一，加权与多数票决策机制的现实缺陷。一方面，基本投票权比重持续下降强化了资本主导决策的局面。以基金组织为例，每个成员国除配额决定的投票权外，还分配有 250 个基本投票权，成立时基本投票权占总投票权的 11.3%，另外每增加相当于 10 万特别提款权的配额再增加一票。随着 IMF 成员国的增加和基金配额的不断扩大，基本投票权持续下降，在决策中的影响已微不足道，进一步强化了资本主导决策的局面。另一方面，决定投票权的配额和股份分布与各国经济地位的变化不相称。一些发达国家仍然拥有较高的配额，发展中国家所占的配额比重并未随着经济发展而得到相应提高。在某些特定问题或事项的决定需要较大多数同意才能通过的多数表决制下，这一局面更有利于发达国家主导决策，发展中国家缺乏平等的参与和决策权。

第二，来自发展中国家的高层管理人员很少，缺乏代表性。按照惯例，IMF 总裁由欧洲人担任，世界银行行长由美国人担任，而且迄今为止，只有一位副总裁来自发展中国家。在 IMF 中，众多发展中国家也只有 10 至 11 位执行董事代表。因此，发展中国家的立场、观点很难得到认可。

第三，机构运作的透明度不高。透明度与责任感是判断效率高低的两个重要维度。布雷顿森林机构自身的业务活动和决策过程不够公开，很多文件处于保密状态，执行董事会的记录也不对外公开。虽然近年来信息披露的范围有所扩大，但与核心业务有关的信息仍然不对外公开。经济学家斯蒂格利兹曾指出："使人恼怒的不仅在于国际货币基金组织的惯性如此难以制止，而且在于所有的事情都是关起门来操作的"，这种看法代表了大部分国家的观点。此外，布雷顿森林机构"官僚"机构的特点也使其工作效率有待提高。

3. 体现发达国家意志的经济自由主义发展理念与发展中国家经济发展之间存在一系列的矛盾

一是布雷顿森林机构奉行的经济自由主义理念与经济发展规律之间存在矛盾。实践证明，市场机制自发作用的发展进程非常缓慢，根本无法实现平衡发展。因此，以"华盛顿共识"为原则和基础的经济自由主义理念，不利于经济发展水平落后的众多发展中国家的经济发展。二是布雷顿森林机构奉行的同一政策理念和政策模式与各国文化多样性、制度及环境差异、不同发展阶段以及政策环境等明显不相适应。同一种政策模式普遍用于拉美、亚洲等许多国家忽视了各国的特定条件。三是对各国经济发展的干预使布雷顿森林机构成为执行发达国家意志的工具。任何一个国家的发展最根本的是自主的发展，外部强加的发展难以实现其真正的发展。因此，布雷顿森林机构提供贷款时提出一些限制性和目标性附加条件影响了发展中国家自主的经济发展。四是制定政策从是否能如期还债的角度来考虑，导致经济政策短视，侧重金融指标方面，忽视生产领域，对于危机国家的经济恢复不利，不仅没有使其较快走出金融危机，反而制约了金融恢复和经济发展，导致生产下降。

（二）布雷顿森林机构的功能与业务缺陷

1. 国际货币基金组织功能较弱

第一，管理金融危机和维护国际金融稳定的功能较弱。一是对于私人资本流动缺乏有效监管。在国际资本快速大规模流动以及具有投机特征的条件下，IMF监控能力的不足使其很难对国际资本流动产生的金融风险和金融危机进行有效的预警和防范。二是缺乏行之有效的预警机制，危机预警能力差。IMF 的危机预警、防范能力与经济和金融全球化的发展不相适应。在金融危机爆发之前，亚洲经济就已显示出危机的迹象，但 IMF 并未能及时给当事国提出警告，最终金融危机爆发。三是危机援助迟滞，这在亚洲金融危机中表现尤为明显。

第二，协调各国宏观经济政策的能力较弱，调节国际收支失衡缺乏有效机制。布雷顿森林体系崩溃后，IMF 放弃了对成员国汇率的干预责任，竞争性贬值或竞争性升值经常发生，汇率波动成为调节国际收支失衡的重要手段，同时也成为全球化条件下国际金融领域引发争端和动荡的一个重要因素。另一方面，发达国家间汇率和宏观经济政策协调通过 G7 进行，IMF 不能有效协调各国宏观经济政策和调节国际收支失衡。

2. 世界银行在促进发展方面存在不足

一方面，发展融资的总量不足。自 20 世纪 90 年代以来，对发展中国家的资金转移总体呈下降趋势。其间只有 1998、1999 两年因亚洲金融危机的影响导致对世行贷款需求增加，贷款承诺额分别增至 286 亿美元和 290 亿美元。另一方面，官方发展援助结构不合理。在 2001—2003 年新增加的 ODA 中，主要用于减债和救援，极少部分用于长期发展；且一半以上集中于 4 个发展中国家，而对中等收入国家的援助只有 2 亿美元。

三、进一步改革布雷顿森林机构的建议

由于发达国家主导的布雷顿森林机构与世界经济发展不相适应，要实现全球经济稳定、平衡与可持续发展，推动世界各国经济共同繁

荣，有必要对布雷顿森林机构进行相应的改革。

（一）布雷顿森林机构改革：共性方面

1. 进一步改革和完善治理机制

首先，改革布雷顿森林机构的决策机制。大体来看，从根本上改革决策机制可以通过调整配额分布、采用集团投票制、增加基本票等方式实现。一是加快配额审查进度，使其与各国经济实力的变化相一致，并以此增强机构的资金实力。应尽快修改配额公式，以反映世界经济和成员国相对实力的快速变化，使发展中国家在布雷顿森林机构的配额与其经济实力的变化相一致。二是努力提高基本投票权的比重或推行集团投票制，逐步改变资本主导决策的机制。三是降低对主要政策决定的多数投票权比重。目前，可以将对特别问题的投票权多数要求从 85%减少至四分之三或三分之二。通过改革决策机制，改变少数大国控制布雷顿森林机构的局面，把布雷顿森林机构建成公正、民主的机构，充分体现绝大多数国家的意愿，取信于绝大多数国家，使其在今后的国际经济合作与协调中发挥更大的作用。

其次，增强布雷顿森林机构高级管理人员分布的广泛性。针对总裁和行长由欧美人担任、来自发展中国家的高级管理人员非常少的问题，有必要对布雷顿森林机构的管理层结构进行改革。一方面，适当增加来自发展中国家的执行董事职位。另一方面，建议今后几年增加一至两位来自发展中国家的副总裁职位，促进布雷顿森林机构工作人员地区分布的多样性和广泛性。比如，将大约百分之三十左右的高层管理人员职位分配给从发展中国家招聘的工作人员，从组织和人员配备上更好地反映发展中国家的立场、观点。

再次，提高布雷顿森林机构运作的透明度，逐步实现信息公开。从理论上讲，布雷顿森林机构只是各成员国的代理人，成员国对其活动过程及范围具有知情权，布雷顿森林机构的运作决策过程及资金使用和运作情况都应向成员国作出说明。同时，布雷顿森林机构运作透明度的提高也能争取成员国在处理有关国际金融问题上的积极配合，有利于两大机构更好地行使职能。

最后，深化内部改革，提高运作效率。目前，布雷顿森林机构已开始了一系列的内部改革。如世界银行逐步用新机构取代现存的“官僚主义”机构，强调权力下放、负责与协调精神，实行新的组织方式使派驻各国的人员具有更多的自主权等。布雷顿森林机构应不断加强内部管理，包括成立独立的评估机构、建立独立的检查制度、制定安全与可信的政策，以及加强财务控制等。

2. 不断创新发展理念

一是充分尊重各国发展模式的多样性和发展的自主性。各国要实现经济持续发展，关键是要形成符合自己国情、适应时代要求的发展模式以及与之相适应的经济体制和运行机制。布雷顿森林机构应尊重世界各国发展模式的多样性和自主性，并在进行援助时不再附加苛刻的条件。二是在充分发挥市场机制基础性作用的前提下，实现市场机制与政府作用以及国际经济组织协调间的有机结合。

（二）进一步强化布雷顿森林机构的功能

1. 强化 IMF 的危机管理和维护经济金融稳定的功能

第一，严格监控金融运行，适时评估金融稳定状况。一是进一步完善金融危机预警机制。尽管在亚洲金融危机爆发前，IMF 在建立国际金融风险与危机预警机制方面做出了重要努力，但在如何提高预警机制的效率方面，还有很多需要解决的理论与现实问题。IMF 除了要进一步完善现有的预警指标体系外，还需要在监测标准的实施方面争取国际社会的配合与支持，鼓励成员国充分公开信息，据此对金融风险进行全面系统的评估。二是加强对国际资本流动的监督和管理，寓危机管理于日常监督之中，并要求各国中央银行严格控制不利于资源配置的资本流动和大规模的投机性资本流动，密切关注金融市场动向和及时披露金融信息，正确引导公众投资行为，有效防范国际资本流动对世界经济的冲击。三是完善金融危机紧急救援机制。国际金融危机紧急救援机制应程序化，在救助申请、资格确认、救援资金的安排与调配及援助效果评估等方面形成一套有效的程序和制度，一旦成员国爆发金融危机，援助程序自动生效，避免过去“马拉松”式的谈判与讨价还价过程，使危机能够得到及时有效的遏制。四是帮助新兴国家完善国内金融市场，促进其规范发展和增强抗风险能力。五是在贷款管理方面保持充分的灵活性，以满足不同类别成员国在不同发展阶段和受到外界冲击时的各种需要。

第二，强化各国宏观经济政策协调和维护汇率稳定，增强调节国际收支和实现全球经济外部平衡的能力。当前的全球性国际收支失衡是以现行国际货币体系为基础的，一国货币同时充当国际货币的矛盾依然存在。外部失衡问题的根本解决需要采取改革国际货币体系、协调各国宏观政策和推动国内经济政策调整等综合措施，汇率升值并不能从根本上改变外部失衡的局面，反而会导致经济衰退。因此，布雷顿森林机构应加强世界各国特别是主要经济体之间的宏观经济政策对话与协调，维护主要储备货币汇率的相对稳定，促进世界经济平衡有序发展。

第三，扩大特别提款权的使用范围，增强国际清偿力的创造和管理能力。在现行国际货币体系下，虽然国际储备货币的多元化有助于扩大国际清偿能力，但并没有从根本上解决国际收支和清偿力适度增长的矛盾，因而有必要对国际货币供应进行集中控制。与一国主权货币充当国际货币相比，特别提款权具备充当世界货币的条件，但由于美国与法国、德国之间的意见分歧过大，SDR只能在成员国之间或指定持有者之间使用，SDR始终没能实现从记账单位到国际货币的飞跃。目前，SDR在整个国际储备中所占比重很小，而且其发行使用范围还受到严格的限制，所以在当前国际金融一体化进程不断加快的情况下，重提SDR的国际货币地位问题非常重要。从长期来看，IMF应在扩大SDR使用范围、提高SDR国际储备货币地位等方面有所作为，并最终成为国际“最后贷款人”。

2. 强化世界银行资源转移平台功能

一是创新发展融资机制。支持发展中国家加快发展，是保持世界经济平衡有序发展的重要条件。世界银行应成为发展多边融资的主要平台和创新国际发展融资机制的主要实践者，如支持和实践最近一些成员国提出的“国际融资基金”、“全球减贫基金”等建议，并积极尝试将私人资本与官方资本相结合，鼓励更多发展资源向发展中国家转移，以更好地促进发展中国家的经济发展。除此之外，世界银行还应通过多边协调和技术援助帮助发展中国家积极参与国际经济事务、支持发展中国家的人力资源开发、促进对发展中国家的技术转让和智力资源转移等。

二是进一步增强减困战略规划书（PRSP）中的国家自主权。在规划书的制定过程中，要严格遵守“国民驱动原则”，即减困战略规划书要在充分尊重贫困国家自主权和由各社会阶层广泛参与的基础上加以制定，减困战略规划书的执行、监督、评估中也要有贫困国各阶层的参与。世界银行要采取措施确保国际开发协会及其他来源的贷款项目与 PRSP 中列明的贫困国应优先发展的领域保持一致。另外，为加快债务减免进度，减困战略规划书必须与重债贫困国动议脱钩，前者不能再成为后者的必然前提，贫困国来自债务减免的预算储蓄（budgetary savings）必须用于减困领域。

三是建立结构调整贷款效应评估机制。在同意发放结构调整贷款前，世界银行应该对结构调整贷款可能造成的环境及社会影响进行评估，并对外公布评估结果。效应评估能够使借款国政府知道在借款国主要政策发生变化后，贫困人口、农村社会、工人，以及环境所受到的影响，同时也会鼓励借款国社会各阶层关注经济结构调整与新政策实施的全部过程。结构调整贷款发放后，还应对结构调整的实施过程及最终结果进行评估，发现问题应及时予以调整，保证结构调整贷款促进借款国的经济与社会发展、提高人民生活水平和增强政策自主权。

四、小　结

（一）进一步明确布雷顿森林机构的职能

从性质和职能来看，IMF 作为国际货币金融组织，应侧重国内和国际宏观经济和金融稳定，促进成员国汇率和宏观经济政策协，推动国际货币金融合作，解决成员国中短期失衡问题和缓解国际收支危机；世界银行作为全球发展组织，应侧重经济发展，向发展中成员国融通资金，重点关注成员国经济发展中的长期结构与平衡问题。

（二）布雷顿森林机构改革任重道远

前述各类改革建议中，治理机制尤其是决策机制的变革是根本，也是国际经济关系协调的核心，它在很大程度上决定了发展理念和机构职能。相比之下，业务则是技术层面的问题，其改进以及机构职能的调整、内部改革和运作效率的提高等较容易实现，也更容易在各国间达成共识。

布雷顿森林机构的产生是战后国际经济关系协调的产物，其进一步的改革同样是不断发展的各种经济政治力量之间相互博弈的结果，尤其是在个别发达国家大肆鼓吹“新干涉主义”，竭力推行“单边主义”的条件下，多边主义指导下的、以实现全球经济稳定与可持续发展、推动世界各国经济共同繁荣为根本目的的布雷顿森林机构改革任重道远，还须付出艰辛的努力。因此，必须根据各国达成共识的难易程度，对布雷顿森林机构进行分阶段渐进改革。

（三）布雷顿森林机构改革的阶段性

1. 近期改革内容

（1）建议成立一个由联合国领导的布雷顿森林机构改革委员会，负责 IMF 与世界银行改革方案的设计与实施工作。

（2）提高布雷顿森林机构管理及业务运作的透明度，确保其日常决策公开、公正、公平。

（3）深化机构内部改革，提高运作效率。

（4）强化 IMF 国际金融危机管理功能，完善金融危机预警体系，提高危机防范能力。

（5）创新世界银行发展融资机制。

2. 中期改革目标

（1）加快配额审查进度，使其与世界经济格局的变化相一致。

（2）加强布雷顿森林机构相互之间的合作与协调，进一步完善国际债务重组及减免机制。

（3）敦促发达国家增加其官方援助数量，增加世界银行的可用资源，并使世界银行由目前的官方援助机构向国际“资源转移平台”转化。

（4）在向发展中国家提供援助时，不再附加苛刻的条件，维护受援国的经济主权。

3. 长期改革目标

（1）扩大基本投票权，增加发展中国家在布雷顿森林机构中的执行董事席位与发言权。

（2）在更大范围内，恢复 IMF 成员国在货币问题上的磋商与合作功能，改变目前重大国际金融问题由 G7 等少数发达国家控制的现状。

（3）扩大布雷顿森林机构领导人（总裁及行长）的选举范围，改变两个机构领导岗位由欧、美等发达国家长期垄断的不合理局面。

（4）扩大特别提款权（SDR）的使用范围，逐步实现 SDR 向国际货币的转化，增强其国际储备和支付手段功能，并使 IMF 最终成为国际“最后贷款人”。

财政部国际司国际重大课题项目
《布雷顿森林机构改革研究》课题组
课题组组长：贾　康
课题组成员：阎　坤　钟　伟　杨元杰
　　　　　　陈新平　韩玲慧　郑新华
报告执笔人：阎　坤　杨元杰　陈新平

关于国际间温室气体排放权交易的研究

内容提要

国际间温室气体排放权交易有助于实现降低温室气体排放和经济发展之间的均衡。文章在理论和实践等方面分析了温室气体排放权交易的可行性。讨论了排放权分配应该向发展中国家倾斜的主导原则。提出了建立国际间温室气体排放权市场制度安排的设想和改进部分地区相关制度的建议，以及未来政策发展应注意的排放量规定等问题。并进一步就我国如何建立排放权市场，规划区域联合市场，和利用国际公约的建议。

进入工业化社会以来，随着人类活动的加剧，人类所处的环境不断恶化、物种的多样性受到严峻挑战、资源供求不平衡的矛盾也越来越突出。合理利用资源、保护环境、实现环境资源的代际公平成为世界上最重要的课题之一。其中，温室气体排放的矛盾尤为突出。鉴于人类生产和生活活动是温室气体的主要来源，而环境又无法实现自净，因此，降低温室气体排放，合理解决发达国家和发展中国家在温室气体排放事实上的不平等，就成为国际社会努力的目标。近年来，国外一些学者开始研究温室气体排放权及其相关交易的制度安排。本文就此进行整理，并进而对其理论支持和实践的可行性进行探讨。

一、国际社会降低温室气体排放的努力以及温室气体排放权的提出

（一）温室气体的概念

科学已经证实，人类生产、生活产生的气体可使空气升温，导致冰川融化，海面上升等后果，对生态环境和生物多样性造成严重影响，这些气体就是温室气体。大气中最重要的温室气体包括下列数种：水蒸气（H2O）、臭氧（O3)、二氧化碳（CO2)、甲烷(CH4)、氧化亚氮（N2O)、烃氟氯碳化物类（CFCs，HFCs，HCFCs)、全氟碳化物（PFCs）及六氟化硫（SF6）等。从温室气体的来源看，二氧化碳主要是燃烧产生的，甲烷大约 60% 产生于人类活动，烃氟氯碳化物 100% 是人工产物，臭氧是工厂、汽车所排出的氮氧化物和碳水化合物引起光化学反应产生的，一氧化二氮是物质经燃烧及使用尿素肥料产生的。由此可以看出人类生产和生活活动是现今多数温室气体的主要来源。其中由于水蒸气及臭氧的时空分布变化较大，一般不将其列入温室气体排放的研究范围。因此，本文所论述的温室气体主要指二氧化碳、甲烷、氧化亚氮、烃氟氯碳化物类、全氟碳化物及六氟化硫，其中二氧化碳对升温的贡献最大约为 55%。

（二）国际上降低温室气体排放的努力和温室气体排放权的提出

随着社会发展压力的增大与人类认识的进步，可持续发展的观念广为世人所接受，即发展必须是经济、社会和环境的协调发展，经济发展不能以环境的恶化和对资源的过度攫取为代价，以损害子孙后代的利益为代价。而环境问题是一个国际问题，温室气体排放的无国界性迫使各国不得不寻求国际合作来降低排放量。

1992 年里约热内卢会议上，100 多个国家签订了国际公约，要求工业化国家 2000 年的温室气体排放量减少到其 1990 年的排放水平以减轻全球变暖的威胁。但是这项公约的履行并不顺利。原因之一是当时温室气体对大气影响的不确定性。而另一个更为重要的原因是工业化国家和发展中国家对各自排放额分配上的分歧导致谈判难以取得进展。

1995 年的柏林会议颁布了柏林规定，要求就发达国家在 2005 年、2010 年和 2020 年温室气体的排放量设定上限。它的另一项重要决议是，对通过国际合作就减少温室气体排放问题规定了合作行动的指导阶段。该国际合作行动是指工业化国家同发展中国家通过双边易货贸易降低碳气体排放，实际操作中是工业化国家向发展中国家通过实物交换的形式提供其所需的产品，使发展中国家避免为经济发展而大量开发资源，破坏环境。但这种国际合作是通过双边易货贸易协议的形式实现的，进展缓慢。

1996 年 7 月日内瓦会议召开了。在此次会议上，美国首次表示赞成发展中国家要求对工业化国家温室气体的排放建立严格限制的提议。而且 Hon. Timothy Wirth 提议可以通过工业化国家间交易温室气体排放权来减少温室气体排放量。

1997 年在日本京都召开的联合国气候变化纲要公约第三次缔约国大会通过了《京都议定书》，规定全球 35 个国家及欧盟各国在 2008 到 2012 年间，按各自的减排指标削减温室气体的排放量，使他们的全部温室气体排放量比1990年减少5%。限排的温室气体包括二氧化碳、甲烷、氧化亚氮、烃氟碳化物、全氟化碳、六氟化硫。但《京都议定书》的生效，需要至少55个国家，而且其中的发达国家排放的温室气体总量必须占所有发达国家1990年排放量的55%以上签字同意。所以直到2005年2月16日才正式生效。

（三）温室气体排放权交易在一些国家和地区中的实践

人类生产和生活活动是现今多数温室气体的主要来源，环境的自净作用难以发挥作用，人类应该对温室气体的产生负起责任。所以西方一些学者提出了温室气体排放权的概念，就是期望通过温室气体排放权的国际交易在降低温室气体排放量的同时协调发达国家和发展中国家的排放比率。首先限定全球温室气体排放的总量，之后按一定标准分配给各国，国家内部再发售给各个企业，企业只能在权限范围内进行气体排放。当然企业可以选择向其他企业购买排放权进行消费或投资，也可以选择节省排放权进行投资，这种行为就是排放权的交易。这样有利于降低对温室气体的排放，并实现排放权的经济效益。

欧盟2002年通过了二氧化碳排放权交易计划。实行的企业范围包括电热力、炼钢、水泥、玻璃、制砖与造纸这六大排放二氧化碳较多的行业企业。欧盟委员会根据“总量控制、负担均分”的原则，首先确定了各个成员国二氧化碳的排放量，再由各成员国分配给各自国家的企业。分配方式是各成员国政府至少将95%的配额免费分配给企业，剩余5%的配额可采用竞拍的方式。欧盟各国的公司对二氧化碳排放配额进行自由交易，排放量超出限定值的公司可以向排放量未到限定值的公司购买排放指标。对那些排污超标的企业，将处以重罚。自2005年开始，企业的二氧化碳排放量每超标1吨，将被处以40欧元的罚款。自2008年开始，罚款额将涨至每吨100欧元。

美国东部8州和哥伦比亚特区建立了氮氧化物排放权交易制度。该制度实施对象是发电厂及大型焚烧设施等。对参与该制度的设备每年氮氧化物的排放量做了规定，排放权在排放量超出限额和未超出限额的企业间交易。对超量排放的企业从第二年开始减少其排放许可量，并强制其增加相关投入。

二、温室气体排放权交易的可行性分析

（一）温室气体排放权交易市场建立的可能

世界各国都愿意采取行动甚至牺牲部分经济发展来改善环境，是温室气体排放权交易的前提。实际上，交易排放权的组织在一些地方存在着分散的形式。如1993年芝加哥贸易公告（Chicago Board of Trade）根据美国空气净化法案（Clean Air Act）将二氧化硫排放权设立成交易对象。而二氧化碳更适合建立交易市场，因为它同二氧化硫不同，是同空气融为一体的。再如，现在南加州也出现了水体交易市场。再如，其他一些交易气候灾难（如飓风）的市场也出现了。再如，欧盟已经通过一项计划，将开辟碳交易市场。所以成立排放权交易组织的现实基础已经具备。该组织可以提供全球环境市场的框架，把现有的机构扩展成全球交易机构。该组织将管理、履行、和监督排放权的交易，排放权的借贷行为，和相关的金融衍生工具的交易。还可以在保证温室气体排放权交易市场的独立性的同时，确保市场的效率。它还需要尽量保证买方是该银行而不是其他国家，如采用商品或票据交易所的期货和期权方式交易排放权。

（二）排放权是理想的金融产品

柏林协议号召建立排放量的限额。实现该目标的工具是命令和控制。这已经被证明是效率不高的。我们也可以尝试其他一些建立在价

格基础上的工具，如征税、国际联合行动（双边易货贸易）、和排放权许可市场。这些工具或增加了温室气体排放的成本或对其行为进行惩罚，不一定能达到减少排放量的作用。如为减少对森林的砍伐而对木材征税，这样可能会降低伐木者的收入，导致他们砍伐更多的树木以维持其收入不变。所以本文建议的工具是首先限制整体排放量，在此基础上各国在该国际组织的管理下，交易排放权。某国如果打算排放超出其限额的温室气体可以通过向他国购买排放权来实现，反之亦然。排放权的价格是浮动的，由供求关系决定，而总体排放量不变。排放权的交易是天然生成的金融工具，是私人金融市场和国际发展政策的完美结合。该金融工具和国际银行这一组织有助于重新界定经济发展的概念是在降低资源消耗和保护环境基础上的经济发展。

（三）成立全球性机构可以解决国际交易问题

由于排放权是个国际问题，所以需要成立一个国际金融组织来管理排放权的交易和为交易设定标准。这个机构可以调节排放权的供求，确定排放权的经济价值，降低排放量。由于排放权是公共产品，该组织应该是一个各国共同管理的国际组织，有很强的社会属性，而不单纯是一个经济组织。

三、排放权的分配

排放权交易的前提是国家间温室气体排放量的分配。如何分配排放权是一个政治难题，目前各国就此问题分歧很大。但近来气候变化经济学的发展引起了工业化国家和发展中国家的共同兴趣。研究显示：公平分配排放权是实现市场效率所必须的，而为了使市场更有效率，应该将更多的产权分配给拥有较少私人产品的地区。据此发展中国家应该得到更多的产权以保证市场的效率。

有一种观点认为发展中国家应该承担更多的责任，因为他们减少温室气体排放量的成本较低。这种观点在讨论私人产品时是成立的。但温室气体排放权是私人生产的公共产品，应该应用其他理论来解释。有三种理论可以用来说明为什么发展中国家应该拥有更多的排放权：

原理 1：用以评定排放权市场效率的不应该是减少排放量的货币价值而是其货币价值的机会成本。因为相同的货币价值对贫富不同的国家来说其购买力是不同的。例如，假若减少 1 吨二氧化碳气体排放的成本在印度是 1 美元，在美国是 2 美元，但由于实际上 1 美元的商品对印度公民的影响超过 2 美元商品对美国公民的影响，也就是说在印度 1 美元的购买力超过在美国 2 美元的购买力，那么让印度承担减少排放量的责任是不符合市场效率原则的。因此应该使用减少温室气体排放成本的边际使用价值决定市场是否有效。

原理 2：随着收入的增加，收入的边际使用价值降低。因此效率应该通过收入较高的国家承担较多的减少温室气体的责任来实现。因为这些国家收入的边际使用价值较低。因此减少温室气体排放的份额应该同各国收入水平相一致。在 1996 年 6 月的日内瓦会议上美国也同意了这种观点。

原理 3：拥有较少私人产品的交易者应该拥有较多的环境产权。温室气体排放权是公共产品。经济学的发展证明，对于公共产品，市场不能自发实现效率，为达到效率，拥有较少私人产品的交易者应该拥有较多的环境产权。相反，作为市场效率的前提，有较多私人产品产权的工业化国家应该分有较少的公共产品所有权。

原理 4：在哥伦比亚大学的信息和资源中心，通过实证研究，Graciela Chichilnisky 教授等用计算机将经济合作和发展组织（OECD）的绿色模型（Green Model）改造成国家间交易排放权的模型。该模型进一步证明了：最有效率的市场是在分配排放权上向发展中国家倾斜的市场。

四、排放权交易制度的设想

温室气体排放权的性质是私人生产的公共产品。温室气体排放权是公共产品，因为人类生活在大气中，虽然各地的空气质量不尽相同，但不可能用经济手段购买不同质量的空气。同时温室气体排放权又是特殊的公共产品，是私人生成的公共产品。每个个人和公司都在排放温室气体，它们是人类生产和生活的伴随产品。对于公共产品交易，市场存在失灵，所以需要一个组织管理交易的进行。由该组织确定借贷的标准利率和建立产权制度，如上文提到的“国际银行”。而合理的制度安排可以使排放权交易更有效率：

(1) 该组织的启动资金可以通过国际组织投资或向成员国收取会费的方式筹集。除少部分资金用于组建该组织外，筹集到的资金主要用于吸收发展中国家的排放权。

(2) 温室气体排放权是该组织的金融工具之一，将来可以将工具扩展为水体、二氧化硫、自然灾害、生物多样性保护、环境风险、广播电视信号等。

(3) 对于所吸收的排放权尽量储备，由于经济原因也可以贷出，但要控制该比重，以实现该组织降低温室气体排放的初衷。

(4) 对于借贷双方的交易可以收取一定手续费用于该组织的正常运转，将结余部分用于吸收排放权。

(5) 排放权的贷出可以向投入启动资金较多的国家倾斜。这样有利于以合理利率吸收更多的发展中国家结余的排放权。

(6) 排放权的市场利率可以以排放权期货市场为参照确定贷出利率或价格，再以固定比率折算借入利率。也可以选择在发达国家市场上形成交易价格用于确定卖价，再根据固定价差确定买价，来核算市场的利率或价格。

(7) 为降低发展中国家的风险，市场初期可以只包括发达国家。

(8) 开发完善的监督体系十分重要。

为公平起见，制度安排还需注意：

(1) 温室气体排放权交易不应该威胁到发展中国家未来的发展能力。

(2) 排放权交易不应该同人道主义援助和其他国际援助资金的流动相抵消。

(3) 初期不应该限制发展中国家温室气体的排放量。

(4) 该银行应该保证市场的公平，信息的对称，以及确保市场的公正和不断地深化和发展。

(5) 对交易有优先选择权的国家更改交易不应该受到不恰当的惩罚。

目前存在的主要问题：

(1) 排放权的规定不合理。为使温室气体排放权限额的规定不是一纸空文，一般总量控制的指标比较宽泛，企业分配的排放权指标也很宽松，很容易达到要求，这样通过排放权限额和交易降低排放量的作用就不明显，欧盟的二氧化碳排放权交易中就有类似问题。而把指标定得太低，又很难实现，制度很可能流于形式。解决的办法是首先要重视制度的可实施性，开始可以要求宽泛些，再根据实施中的情况进一步加强要求，不要盲目求进。这样既可以达到减少温室气体排放量的效果，又可以降低对企业经营效益的不利影响。

(2) 对降低温室气体排放的认同需要加强。虽然国际社会对保护环境有广泛认同，但牺牲或暂时牺牲部分经济利益改善环境状况的进展不是一帆风顺，比如说《京都议定书》是经过了8年的时间才得以生效，而且温室气体排放最多的国际影响力最大的美国不支持该协议，这些必将对未来温室气体排放方面的国际合作留下隐患。值得庆幸的是美国虽然不愿签订该协议，但一直以来对全球变暖问题十分重视，对国内的环境治理是严格的，同时也关心其他国家（主要是中国等排放量增长较快的发展中国家）的排放行为对美国环境的影响。所以美国实际上自身是在寻求各种合适的方法，采取各种实践，减少温室气体的排放，同时也不断提醒其他国家注意温室气体排放问题，实际上起到的是积极作用。

(3) 对温室气体的排放还没形成统一的市场。排放权的市场只是在个别区域建立起来了，如欧盟和美国。而且交易对象也没有包括所有的温室气体，而只是其中的一部分如二氧化碳，或者对环境有害的气体如二氧化硫、水体，以及自然灾害等。建立统一的排放权市场不可能一蹴而就，需要水到渠成。需要越迫切的和条件越成熟的交易对象越先建立市场，区域联系较紧密的通过谈判形成联合市场，可能是符合规律的。

五、温室气体排放权交易对我国的意义

首先，本届政府提出了构建和谐社会的目标，充分认识到了经济的发展是为了创造更好的自然环境和良好的社会环境。由于排放权交易可以发挥降低温室气体排放和减轻全球变暖引发的环境威胁的作用，所以我们要充分利用这个保护自然环境的有利工具。

其次，我们采取了多种措施控制和治理环境污染问题。排放权交易可以成为一种新的以经济调控手段为主的控制方式，有比法律规定等更灵活和有效的特点，给国家增加了新的调控手段同时也给企业更多的经营管理自主权。

再次，我国签署了多项环境方面的国际公约，如《京都议定书》。《京都议定书》规定的温室气体减排方式有三种，一是个体减排，指一国内部自身减少排放量；二是区域联合减排，指区域联盟为一个整

体完成减少排放量的任务；三是向其他国家提供减排的技术支持，将实现的减排量按一定标准折合成投资国的减排量。在国内建立温室气体排放权市场不仅可以起到降低我国温室气体排放量的作用，更重要的是我们可以充分利用政策的规定，合理规划减排方式，建立起在技术上具备同其他国家市场对接的市场有助于加入区域联合减排联盟，同时还可以为选择和接受国外提供的相关技术支持做好准备。

最后，温室气体排放权交易不仅可以调节和减少国际间的温室气体排放行为，还可以应用在国家内部调整和解决国内企业的温室气体排放活动，还可以将应用的领域扩展为其他有害气体和通讯信号等非环境领域。我们国家很有必要选择一个领域在某一地区进行试点，总结经验，以便建立全国市场和扩大交易内容。具体到国内温室气体排放权市场的建立方法和步骤，可参考本文第四部分阐述的排放权交易的制度安排。

李　欣

美国灾害管理体系的构建及趋势

内容提要

美国国家灾害管理体系正在经历重大调整，全力构建法制基础上统一化、标准化的国家灾害管理体系框架，以使美国的灾害紧急（应急）反应更加迅速、有效和及时。联邦级灾害援助政策涉及总统灾害宣布、联邦援助的范围和程序等内容，是其国家灾害管理体系的重要组成部分。针对美国灾害管理中出现的种种问题，在美国各界关注下，有关部门提出了一些解决思路，采取了一些对策。

美国灾害管理体系的发展正在进入一个新的阶段。2005 年 4 月开始实施的新的《国家反应计划》以及 2004 年开发完成的、旨在支持该计划运作的“国家事件管理体系”成为新体系的基础平台。美国的灾害援助政策是整体的、综合的国家灾害管理体系的重要组成部分，在减轻灾害造成的损失和影响，恢复正常的经济和社会秩序中发挥着积极作用。但是，美国灾害管理中也还存在不少弊端，需要继续加以改进和完善。作为世界上灾害管理体系较为完备的国家，美国灾害管理体系的变化值得我国有关部门深入研究，为我国建立健全综合防灾减灾体系提供参考和借鉴。

一、美国现行灾害管理体系的形成

（一）美国现行灾害管理体系的形成过程

美国最早的联邦灾害援助法案始于 1803 年。这一年美国新罕布什尔州内发生的一场大火，使发生火灾的城市化为灰烬。州当局随后对受灾的地方进行了补偿和救援。很快美国国会也通过立法为地方政府提供联邦援助，这成为美国第一个联邦级的灾难立法。之后的 150 年中，联邦政府对州或地方发生的灾难救助都是个案处理方式。1950 年，国会通过了《1950 年救灾援助法》，成为联邦政府第一部统一的、广泛实施的全国性灾害救助法案。1974 年的《灾害援助法》建立了总统宣布灾害制度。1988 年和 2000 年 10 月该法案做了两次重要修订。随着国家的基础结构变化，国会通过制定法律法规来确定、规范和协调各级、各类政府机构在灾害管理中的权责及相互关系，100 多个联邦机构涉及管理灾害和紧急事件的职责。

20 世纪 50 年代至 70 年代末以前，联邦政府自然灾害和紧急事件管理有两大重点：自然灾害援助和冷战时期的民防。1949 年底建立了联邦民防署，许多紧急管理和紧急规划工作主要是以战争准备和核灾难为中心展开的。在核威胁下，保护民众生命和财产安全成为联邦政府的重要职责。冷战结束后，美国政府的战略思维出现了重大调整，与此相适应，对于灾害的管理也出台了一系列新措施，联邦资源更多地转向自然、技术和人为因素灾害的救助、重建和善后项目。

美国现有灾害紧急管理体系于20世纪70年代末开始形成，其主要标志是联邦紧急事务管理局的成立。1979年，美国联邦紧急事务管理局（The Federal Emergency Management Agency，简称FEMA）成立，直接对总统负责。该局集成了原先分散在联邦各个部门的危机应对功能，大大强化了美国政府机构间的应急协调能力。该局的成立，标志着美国联邦政府在全国范围内的灾害管理领导地位的建立，意味着国家灾害管理向着各种自然灾害、技术灾害和人为灾害的综合性、统一化管理方向迈进。美国综合性的灾害管理体系的建立，对许多国家的灾害管理体制的转变产生了重要影响。

1992年对于美国灾害管理发展具有重要意义。当年，美国发布了首个《联邦反应计划》（Federal Response Plan，FRP），该计划适用于任何重大的自然灾害、技术性灾害和紧急事件，具体阐述了危机应对中的政策、计划设计的前提、运作纲要、应对行动，全面构建了美国统一、规范的灾害管理体系框架，该体系用规范化的统一模式来高效处理不同紧急事件。

2001年9月11日，美国本土遭受恐怖袭击，在这一事件的刺激下，联邦灾害管理体系再次发生重大转变，国家灾害管理与国土安全紧密地联系起来了。事件发生后，美国认为确保国土安全比以往任何时候都重要，在事后不到一个月的时间内就成立了内阁级别的国土安全部，将原来多个不同的联邦机构整合重组于国土安全部一个机构之内，其目的在于大幅度提高美国应对各类灾害和紧急事件的综合能力、效率和成效，减少人员伤亡和财产损失。美国《2002年国土安全法》明确规定国土安全部的四大基本任务：第一，防御美国国内可能遭受的恐怖袭击；第二，减少美国遭受恐怖袭击的可能性；第三，最大程度地减小可能的恐怖袭击和自然灾害带来的损失；第四，预防自然灾害。2002年10月，联邦紧急事务管理局并入国土安全部，工作重点转到国家紧急准备和国土安全上。

2003年3月美国改组了国土安全部（Department of Homeland Security，简称 DHS)，国土安全部由海岸警卫队、移民局和海关总署等22个联邦机构合并而成，年预算额200多亿美元，工作人员17万人，是1947年美国组建国防部以来最大规模的政府改组。它是继美国国防部、卫生部之后的第三大联邦机构。2003年3月，美国联邦紧急事务管理局成为改组后的国土安全部应急准备与反应分部的一部分，是协调联邦紧急准备、规划、灾害管理和灾害援助职责的主要机构。该局由减灾部、预案、培训与执行部、响应与恢复部、联邦保险管理局、美国火灾管理局、运作与支持部、信息技术服务部和地方办公室等部门组成，在全国常设10个区域办公室，直接帮助各区域内的州政府开展减灾工作。联邦紧急事务管理局的主要职责是：协调联邦部门和机构应对总统宣布的重大灾害或紧急状态的紧急反应行动；帮助地方政府和州政府建立突发事件紧急处理机制；帮助社区、居民和企业进行灾后恢复；开展减轻未来灾害风险工作；管理国家洪水保险计划；管理国家消防与服务；公众培训与教育。

2004年12月，美国国土安全部与其他部门合作，制定完成了新的《国家反应计划》(National Response Plan，简称 NRP)。2005年1月6日，该计划正式对外公布。这项计划综合了美国原有的紧急处理程序，替代了《初期国家紧急计划》(2003年总统令中要求制定的取代《联邦反应计划》的过渡性计划）和《联邦放射性紧急计划》等，为国家所有紧急管理机构提供了一个核心行动计划，为美国处理天灾人祸、恐怖威胁及袭击等国土安全事件确立了统一标准，并要求各相关部门按标准行事，以便在危机时刻美国政府能最有效地动员和整合人力物力，从中央到地方、从政府到个人协调一致行动。当天美国国土安全部长发表的讲话中对新计划予以高度评价：“《国家反应计划》表达了国家对一个团队、一个目标概念的承诺——一个更安全、更可靠的美国。它的完成是朝着对灾害、恐怖威胁和恐怖袭击的联合统一的应对反应跨出了大胆的一步。它为保护公民和管理国土安全事件在国内建立了统一的、标准化的方法。在遇到恐怖威胁或袭击、重大灾害、人为紧急事件等涉及国家安全的事件时，任何部门接到需要提供支持和帮助的要求后，均必须按照这一计划行动。”该计划与颁布了十多年并经多次修订的《联邦反应计划》相比，从结构上和内容上均做出了重大调整。该计划依据 2003 年 2 月颁布的美国总统 5 号令制定，已于 2005 年 4 月正式实施。其支持体系，国家事件管理体系（National Incident Management System，简称 NIMS）也已于 2004 年开发完成。《国家反应计划》的实施，将成为美国大力推进国家整体化、统一化、标准化灾害管理体系的新的里程碑，也将使美国步入大灾害、大危机、大风险管理的新阶段。

（二）美国政府灾害管理的基本职责

美国灾害管理体系分为联邦、州、地方三级。各级政府在灾害管理中职责明确。国会专门制定了关于授权和规定联邦政府提供灾害救援的救灾与紧急援助法规。

1. 联邦政府灾害管理中的基本职责

（1）实施联邦法律。

（2）制定国家计划与政策。

（3）建立灾害预测、预报和预警系统

（4）指导、协调与州当局及其他灾害管理组织工作和关系。

（5）为重大灾害项目提供资金支持。

（6）提供科学技术支持。

（7）提供灾害和紧急管理的专业培训。

（8）开展环境改善工作。

（9）协调与外国政府和国际救援机构的国际合作与援助活动。

2. 州政府灾害管理基本职责

（1）负责实施州一级的法律。

（2）制定州一级的紧急反应计划和减灾规划。

（3）向联邦政府提出灾害援助申请。

（4）动员国民警卫队开展紧急救援行动。

（5）建立和启动州一级应急行动中心。

（6）监督指导地方政府的灾害管理机构开展工作。

3. 地方政府灾害管理基本职责

地方政府是最基层的一级，在美国主要包括城市、县以及特区。地方政府灾害管理基本职责：

（1）实施地方一级法律。

（2）制定地方一级紧急反应计划。

（3）提供警察、消防和医疗服务，承担紧急反应第一反应者职责。

（4）向州政府提出灾害援助申请。

（5）负责本区土地管理。

联邦和州政府建立专门的灾害管理机构，地方政府则是在灾害发生时设立临时性组织，紧急管理人员多为兼职。也有例外，在一些大的、富裕的地方，如纽约和洛杉矶，紧急管理系统几乎与州和联邦的紧急管理系统相当。

二、美国现行灾害管理体系的基础平台

（一）灾害管理的核心计划——《国家反应计划》

作为美国国家级的灾害管理核心计划，《国家反应计划》的目的是在国内建立起统一的、全面的应对各类自然灾害、人为灾害事件的管理框架，其范围涵盖灾害预防、准备、反应和恢复活动。该计划为联邦政府提供了与州、地方和部落政府以及私营部门、非政府组织在国内事件预防、准备、反应和恢复行动中互动的框架。该计划描述了

灾害应对能力和资源，赋予各个部门和机构特殊的法定授权和职责，全面构建起国家整体的协调结构、程序和协议。该计划的最终目的是有助于美国在遭受恐怖袭击、自然灾害或人为灾害时保卫国家，拯救生命，保护公众健康、安全和财产，减少不利的心理状态，保护环境，减轻灾害的破坏性。

《国家反应计划》长达426页，经由32个相关机构、组织在协议书上签字（见表1）。经签字生效的该计划实际成为一种具有法律效力的合同，形成对签字机构和组织的法律约束力。

表1　《国家反应计划》签字部门与机构

农业部	商业部	国防部	教育部
能源部	卫生部	国土资源部	住宅与城市发展部
内政部	司法部	劳工部	国务院
运输部	财政部	退伍军人事务部	中央情报局
环境保护局	联邦调查局	联邦通讯委员会	总务管理局
国家航空航天局	国家运输安全委员会	核管理委员会	人事管理办公室
小企业局	社会保障局	田纳西河流域管理局	美国国际开发署
美国邮政总局	美国红十字会	国民与社区服务团	国家救灾志愿者组织协会

注：本表根据《国家反应计划》签字名单横向排序而成。

与2000年的《联邦反应计划》相比，新的反应计划签字机构由原来27家增加为32家，新增国家运输安全委员会、社会保障局、美国国际开发署，新增国民与社区服务团和国家救灾志愿者组织协会两个非政府组织，加大了计划的管理领域和协调范围。

《国家反应计划》全文由基础计划、紧急事件支持功能附件、支持附件、意外事件附件四大部分组成，见表2。

表 2　　《国家反应计划》（全文）目录简表

NRP 基本计划（序言、协议书、签字、指导书、前言、目录）	紧急事件支持功能附件	支持附件	意外事件附件
1. 引言	引言	引言	引言
2. 规划设想与考虑	1. 交通运输	财务管理	生物事件
3. 角色与责任	2. 通讯	国际协调	灾难性事件
4. 运作概念	3. 公共建筑与工程	后勤管理	电子计算机事件
5. 事件管理行动	4. 消防	私营部门协调	食品与农业事件
6. 计划的持续改进	5. 紧急处置	公共事务	核/放射性事件
7. 附录	6. 集中照顾、住宅与公共事业	科学与技术	石油与危险品事件
附录 1　术语表	7. 资源援助	志愿者与捐赠管理	恐怖事件法律执行与调查
附录 2　缩写词表	8. 公共卫生与医疗服务	部落关系	
附录 3　法则依据与参考资料	9. 城市搜索与救援	工作者安全与健康	
附录 4　国家/国际机构间计划	10. 石油与有害物质响应		
附录 5　Stafford 法情况下最初联邦参与概要	11. 农业与自然资源		
附录 6　非 Stafford 法情况中联邦对联邦支持概要	12. 能源		
	13. 公共保险与安全		
	14. 长期社区恢复与减缓		
	15. 外部事务		

1.《国家反应计划》的内容要点

(1) 规定了规划设想，确定了联邦、州、地方、部落政府在国家级事件中的角色与责任。

(2) 规范联邦机构紧急管理的总体协调，建立起从地方层到区域层、到国家指挥层的协调与交流的组织结构。

(3) 制定联邦反应行动程序和资源部署。

(4) 明确对《国家反应计划》必须适时更新，将依据新总统令和法律法则完善《国家反应计划》，将依据新的实践完善反应程序。

(5) 确定事件反应中可能需要由联邦提供的 15 种紧急事件支持功能，明确各项支持功能的目的、适用范围、政策、运作概念，确定各支持功能的协调机构、主要负责机构和支持机构及其职责。

(6) 确定各有关机构和实体在相互协调、执行支持功能时共同必需的财务、后勤、行政及其他管理，明确各支持附件的任务与职责，确保事件管理的速度、效力和效率。

(7) 确定和规范了 7 类特殊意外事件管理的政策、运作概念、相关机构职责。

国土安全部是紧急反应的主要协调机构，负责协调紧急事件的预备、计划、管理和灾难援助工作，以及对《国家反应计划》中的所有计划进行协调、整合，相关的附件以及计划运行程序的支持，领导国家紧急反应计划根据环境的变化和实践经验的积累适时更新。

根据该项计划，美国政府新设立永久性的国土安全行动中心，作为国家级最主要的多机构行动协调中心；成立国家紧急反应协调中心，作为国土安全行动中心的一部分，负责联邦危机反应的整体协调；建立地区紧急反应中心，负责协调地区应急反应。

2.《国家反应计划》的主要任务

(1) 增强全国公众的防灾意识。

（2）评判潜在恐怖分子活动的趋势。

（3）改善国土安全咨询体系警报环境和调整越权限保护措施。

（4）加强检查、监督、安全、反间谍活动和基础设施保护的应对措施。

（5）提供直接的、长期的公共卫生和医疗响应资产。

（6）调整联邦政府在事件的结果方面对州、地方和部落政府的支持。

（7）为联邦资源的协调提供财务报表编制后发生事项的处置策略。

（8）恐怖事件发生后恢复公众的信心。

（9）立即启动恢复行动，并兼顾受灾地区的长期恢复效果。

3.《国家反应计划》体现的理念

（1）有组织的、协调一致的紧急管理适合于：事件报告；协调行动；警报与通知；联邦资源动员以增强现有联邦、州、地方和部落反应能力；在不同威胁或威胁级别下运作；危机与结果管理功能的综合。

（2）对于灾难的预测或反应，应尽可能与州、地方和部落政府以及私人实体相互协调与共同合作，事先公告并配置联邦资源。

（3）组织有关机构努力减少损失，恢复受灾地区。如果可能，在灾前实施计划，减缓未来事件的易损性。

（4）对于大多数紧急事件来说，都需要协调通信联络、工作人员安全与健康、私营部门参与以及其他活动。

（5）构建紧急事件支持功能，便利联邦资源、资产和援助的送达。规定由联邦部门或机构来领导和保持建立在授权、资源和能力基础上的紧急事件支持功能。

（6）建立应对恐怖威胁或紧急事件的纵向或横向的协调机制、沟通与信息分享机制，促进在州、地方和部落实体以及联邦政府间的协调，促进公共部门与私营部门之间的协调。

(7) 在联邦部门或机构的特定职权内，加强对联邦部门和机构行动的支持。

(8) 制定详细的补充运作以及特定危险事件的紧急计划与程序；为制定计划、培训、演习、评估，为协调机构间和政府间相互配合以及信息交换奠定基础。

由于重大灾害和紧急事件常常具有突发性、连发性和危害性特征，在产生根源、表现形式、危害对象及灾害损失程度等方面同自然、技术与社会政治经济系统形成错综复杂的关系，从而使任何单一部门、某一领域的管理手段和资源都无法应对。提高政府的紧急反应能力，最重要的就是要建立起政府间及政府与其他机构、团体、组织和个人的规范有效的沟通渠道、协调机制，资源调动和合理配置能力。上述理念体现出《国家反应计划》正在朝着这个方向努力。美国《国家反应计划》从大量紧急管理实践中总结出的最佳的方法与程序，涉及国土安全、紧急管理、法律执行、消防、公共工程、公共卫生、反应者和工作者健康与安全、紧急医疗服务等领域。该计划将紧急管理涉及的这些领域联结为一体化的、统一的结构，这个统一结构构成了联邦政府与州、地方和部落政府及私营部门在紧急反应期间相互协调的基础，也为协调联邦对州、地方和部落紧急援助提供了能力。

（二）国家事件管理体系

《国家反应计划》的实施，依赖于美国的“国家事件管理体系”，它是建立在“国家事件管理体系”模板上的。《国家反应计划》的激活、它的协调结构和协议（部分的或全部的），为特殊的国家级事件提供协调机制、事件管理和紧急援助行动的多样化的执行模式。2003年2月美国总统5号令指示国土安全部开发和管理国家事件管理体系。总统5号令还规定在2005财政年度，联邦、州、地方部门申请联邦支援的一项前提条件就是实施国家事件管理体系。2004年3月1

日，美国国土安全部公布了这份152页的国家事件管理体系文件。该体系在联邦、州、地方各管辖层次紧急管理基础上建立起一致的、原则性的框架，无论什么原因、多大规模、多么复杂的灾害都可适用。作为《国家反应计划》的配套支持系统，国家事件管理体系建立起标准化的组织结构，建立起为增强各辖区、各单位和各区域之间合作的方法、协议和程序，所有的反应者，联邦、州、地方将利用该系统来协调和引导反应行动。由于反应者使用相同的标准化程序，当国土安全事件发生时，他们将关注共同的重点。正因此，这一将联邦、州、地方和部落紧急事件反应者联合为应对紧急管理的单一系统，将促进全国联邦、州、地方和部落各级政府部门提高事件准备、预防、响应和恢复工作的效率。

美国国家事件管理体系由6部分组成：

（1）指挥与管理：紧急指挥系统、多机构协调系统、公共信息系统。

（2）准备：制定计划、培训、演习、人员资格与证明、设备采购与证明、互助协议、出版管理。

（3）资源管理。

（4）通信和信息管理：事件管理、通信、信息管理。

（5）技术支持。

（6）系统的持续改进。

国家事件管理体系的主要特色在于其紧急指挥系统、准备、通信与信息管理、联合信息系统。

总之，《国家反应计划》利用国家事件管理体系提供的复杂框架，明确紧急管理部门职权和领导责任，为国家政策的实施提供结构和机制，这将改善联邦、州和地方政府之间的协调与合作；为不同部门间的协作建立起标准化的互用性的培训、组织和通信程序，促使紧急管理资源利用和使用效率的最大化；计划还为私人和非赢利机构制定和综合他们各自的应急反应活动提供了全面的框架。

三、美国灾害援助政策与管理

美国国家灾害紧急管理除协调各政府部门的应急行动、合理调配资源外，另一重要使命就是展开灾害援助。联邦政府在灾害援助管理中的主要方式是通过国土安全部向州政府和当地政府提供财政补助。

（一）《斯塔福特法》（Stafford Act）

美国灾害援助政策建立在法律基础之上。灾害援助的基本法律依据是《斯塔福特灾害救济与紧急援助法》（Robert T. Stafford Disaster Relief and Emergency Assistance Act），简称《斯塔福特法》。《斯塔福特法》是对社会提供重大灾害和紧急事件减缓的首要手段，也是筹措经费有效地实施减灾措施的方法。该法案指定联邦紧急事务管理局作为援助主要负责机构的管理机构，并对与州、地方政府之间以及某些非赢利的私人组织之间合作提供指导与服务。

该法律确定了联邦对州、地方政府、部落个人和有资格的私人非赢利组织提供灾害和紧急事件援助的范围和程序，涵盖了包括自然灾害、技术灾难、恐怖袭击事件和其他人为灾害的所有风险。其主要内容：

第一，授予总统宣布灾害权，确定州和地方政府请求宣布灾害和获得联邦援助的程序。

第二，规定受灾地区的州长利用国民卫队资源的程序和条件。

第三，确定联邦援助的类型、范围和符合援助的条件。

第四，确定联邦援助项目和灾害救济基金。

第五，规定联邦机构必须避免对灾难受害者的重复的资源和利益补偿。

1. 总统宣布灾害

1974年美国的《灾害援助法》建立起总统宣布灾害的方法。《斯塔福特法》授权总统发布重大灾害声明，批准联邦机构对遭受重大灾害超过了州的救灾能力的州提供援助。援助依法给予符合条件的个人、家庭、州和地方政府以及某些非赢利组织。

根据《斯塔福特法》授权，总统宣布灾害包括5类：重大灾害（Major disaster）；紧急状态（Emergency）；火灾扑救（Fire suppression）；国防紧急状态（Defense emergency）；预先宣布行动（Pre－declaration activities）。

州政府请求总统宣布灾害的基本程序：一旦发生灾害，地方首先做出响应，县市政府进行自救；自救能力不足时请求州政府支援，州政府调动州内资源提供援助；州政府的救灾能力也不够时，州长可请求联邦援助；请求由受灾地区的州长发出，作为请求的一个部分，州长必须在州法律之下采取适当的行动，并命令实施州的紧急计划。通常情况下，在向总统提出请求前，州、地方和联邦官员首先要联合工作，做出初步的灾害损失评估，以便确定损失的范围和联邦需要援助的形式。但当灾害或灾难事件的严重性十分明显时，州长向总统的请求也可在初步的灾害损失评估之前。当意外或恐怖在州发生时，州长可以请求总统宣布为紧急状态。请求的基本内容必须包括紧急声明需要和为拯救生命，保护财产、公共健康和安全，或减少或转移灾害的威胁已经采取的措施。

总统依据有关灾害援助法规宣布重大灾害或紧急状态，并指定联邦协调官；联邦协调官与州协调官联合成立灾害现场办公室，在应急响应小组的协助下，实施应急支援职能，调动和提供联邦救灾资源；协调官协调不了的问题交由国家应急支持小组和国家灾难性灾害响应小组决定。

2004年总统布什宣布重大灾害达68次，至2005年9月底，已经宣布灾害次数达到35次。2005年8月的卡特里纳飓风，使得美国

90000 平方公里受到影响、40 万人被转移安置，这场风暴成为联邦紧急事务管理局成立 26 年来最大的单项自然灾害。45 个州和哥伦比亚特区在卡特里纳飓风后接受了总统紧急宣布，这成为联邦紧急事务管理局历史上就单项灾害做出总统宣布的总数之最。

2. 灾害救济基金（the Disaster Relief Fund，DRF）

《斯塔福特法》第二个主要点是授权总统创立灾害救济基金，联邦政府用于援助的资金拨付给灾害救济基金，该基金由国土安全部的紧急事务管理局负责管理。经授权拨付的灾害救济基金，可无限期动用，动用该基金无需国会颁布新法律。据美国 2006 财年联邦预算报告，2005 财年内，国会拨给灾害救济基金约 700 亿美元，主要用于 2004 年秋佛罗里达州的 4 次飓风、2005 年 8 月的卡特里纳飓风和其他灾害的响应。

联邦灾害援助资金的另一来源是国会的补充拨款，用于应对突发性重大灾害援助的额外需要。补充拨款需要国会制定新的法律。

（二）联邦灾害援助

《斯塔福特法》批准联邦给予受灾州的援助依据紧急管理全过程分为准备、反应、恢复和减缓 4 个阶段：

（1）准备：资助用于帮助州和社区发展灾害准备计划，改善预警系统，开展培训和演习行动。

（2）紧急事件反应：联邦资源可能被用于向州和地方提供设备、供应、人力支持，协调灾害救助运作，为应对紧急需要提供基本援助。

（3）恢复：受损建筑和基础设施的修缮，清理残骸，临时住房和有限的住房修理，收入损失贷款。

（4）风险减缓：重大灾害宣布之前和之后采取财政援助以减少未来灾害损失。

联邦灾害援助类型归为三种：

（1）个人援助：资助个人、家庭和企业所有者。

（2）公共援助：资助公共的实体和某些私人非赢利组织，用于某些紧急服务、受到灾害损失的公共设施的维修和更换。

（3）风险减缓援助：为了减缓公众和私人财产的长期风险与未来损失所采取的资助措施。

对个人、家庭和企业所有者的援助属于个人援助类型，对州和地方政府的援助主要属于公共援助和风险减缓援助类型。并非所有的援助类型在每一次灾害后都被启动，一些灾害宣布后只启动个人援助项目或只启动公共援助项目，但在大多数情况下会实施灾害风险减缓援助。表3列出了各种援助类型和范围。

表3　　联邦灾害援助类型与范围

类型	个人援助	公共援助	风险减缓
援助范围	临时住所 修理 更换（住所） 永久性住宅建设 其他必需品援助 小企业经营灾害贷款 灾害失业援助 法律援助 特别税收考虑 危机咨询服务	清理废墟 紧急事件保护措施 道路系统与桥梁 供水控制设施 公共建筑及所属物 公用事业 公园、娱乐场所及其他	征购（易灾地区土地购买） 重新安置（迁移、安置易灾地区居民） 洪水易冲击物体加高（如大坝）

资料来源：根据 A Guide To The Disaster Declaration Process And Federal Disaster Assistance 整理。

重大灾害发生后，个人和住房项目将为灾害宣布地区遭受到的财产损失或破坏（不包括保险）提供货币或服务。灾害受害者必须为获得援助和确定相关符合条件进行登记。通常情况下，在总统宣布灾难和紧急事件后，一系列相应经济救助计划会随之启动，受影响的个人可直接申请修房、租房等补助和救济。据统计，“9·11”事件后两周内，联邦政府批准的个人灾难住房援助总额超过400万美元，失业救济总额达1000万美元。

公共援助项目中，联邦分担的符合援助条件的费用比例不低于75%，州得到联邦援助后再向地方申请者支付援助费用。

风险减缓涉及法律确定的持续性措施以减轻或消除来自于自然灾害风险对人民或财产的长期风险及其影响。在一个较长时期内，减缓措施减轻了个人损失，拯救生命，减少反应行动和从灾害中恢复的成本。在宣布灾害的情况下，联邦政府提供费用占75%的风险减缓基金，州和地方政府提供25%的配套资金。联邦的风险减缓援助项目主要包括国家洪水保险项目、国家大坝安全项目、国家地震减缓项目、国家飓风项目、安全房屋与社区庇护所项目等等。

联邦援助的分担比例及其限制规定如下：

（1）基本援助：联邦必须至少分担符合条件费用的75%。

（2）风险减缓：提供的援助费用可达被核准措施所需费用的75%，但总的联邦援助不能超过《斯塔福特法》重大灾害规定下提供的总援助额的7.5%。

（3）公共设施的维修、重建或置换：一般来说，联邦援助至少提供符合条件费用的75%，但如果一个设施已经被以前同样灾害类型损害过，却没有针对风险采取减缓措施，联邦援助可能被减至费用的25%。如果受灾害影响的设施位于没有实施洪水保险的洪水风险地区，联邦援助通常会减少。

（4）清理残骸：联邦必须至少分担符合条件费用的75%。

（5）个人与家庭援助：临时住房可能直接提供给受灾者，时间为18个月。提供给一个人或一个家庭的财政援助总量不能超过25000美元（每年调整）。

（6）失业援助：作为一场重大灾害的后果，当失业者没有资格享受其他的补偿时，个人失业可能接受至多26个星期的援助。

总之，美国政府灾害援助的范围逐步加大，项目众多，已成为灾害救助的最大来源。

四、美国灾害管理体系改进趋势

（一）完善领导机构——国土安全部

近几年，联邦政府在州和地方紧急管理中的角色发生了极大变化，过去联邦政府主要是在灾后为州政府提供资金及技术援助，自从组建了国土安全部，联邦政府全面统一协调国家紧急管理，大大增强了其在灾害管理中主动性和直接的作用力及影响力。

加强美国的国土安全，应对恐怖袭击是美国灾害与紧急事件管理的重中之重。2005 年 7 月，美国再次对国土安全部进行重大改组，重点是统一反恐情报分析体系，加强政策制定，提高对生物反恐的重视以及增强对公交系统的安全监管。根据这项计划，国土安全部在人事上将进行调整：一是将成立一个总情报办公室，设立 1 名情报主管，以集中管理下属 11 个相关局的情报信息分析工作；二是设立首席医学官一职，负责生物反恐政策，并在美国受到生物恐怖袭击时协调各级有关机构的反应措施；三是增设 1 名副部长，负责科学和技术、国际事务、战略计划和与私营部门的协调；四是将网络安全和电信方面的事务直接归一名部长助理管辖。在具体措施方面，这项改革计划将加强应对大规模恐怖袭击的准备工作。此次改革还将加强公交和边境安全，增加人力、技术和设备，改进入境检查扫描程序。

（二）加大国土安全投入，增强国土安全保障能力

2001 年“9·11”事件之后，美国整个国土安全的资金投入一直

在大幅度增长。据美国 2006 财年联邦预算报告，2006 年用于国土安全的预算达 499 亿美元，比 2005 年增加 39 亿美元，增长 8.6%。2006 年预算额比 2002 年超出 290 亿美元，为 2002 年 207 亿美元预算额的 240%。总共 33 个机构包括在联邦国土安全资金分配范围之内，其中，国土安全部、卫生部、国防部、司法部、能源部 5 个机构获得 2006 年政府领域国土安全资金分配的大约 92%。国土安全部在国土安全资金分配中占有最大份额，2006 年达 273 亿美元，占总额的 45%，比 2004 年的 228 亿美元和 2005 年的 248.7 亿美元有了很大增长。卫生部占有第二大份额，为 220 亿美元，占总额的 37%。

增强国土安全保障能力涉及许多方面，下面以紧急准备与反应能力为例。紧急准备与反应能力是美国的国土安全六大国家战略使命领域之一（其他战略使命领域为：情报与预警、边境与运输安全、国内反恐、保护重要基础设施和关键资产、防范灾难威胁），这一使命包括了联邦机构广泛的事件管理活动，其中包括对州和地方的补助和其他援助，主要用于对州和地方第一反应者的准备补助，涉及培训、演习、公共卫生、基础设施等方面。建立和完善国家准备目标是美国加强国土安全保障能力，提高联邦国土安全管理绩效的新举措，也已成为预算分配的重点。

2006 年准备与反应方面新增预算的分配，主要用于以下方向：

（1）为国家准备建立可测量的目标，确保联邦资金分配用于支持这些目标。

（2）确保联邦援助项目用于培训和装备州和地方当局，使之在协调和互补行动方面符合国家准备目标。

（3）鼓励第一反应者所需设备的标准化和互用性，特别是在通信方面。

（4）建立国家培训、演习和评估体系。

（5）实施国家紧急事件管理体系。

（6）为群体性突发事件预备卫生保健人员。

（7）加大美国的制药和疫苗储备。

2005 年和 2006 年，美国还将编制新的灾难事件反应计划，这一计划编制将既涉及联邦政府，也涉及州和地方政府，国土安全部和卫生部用于实施这项计划的预算总额将达 8000 万美元，目的是加强国家对群体性突发事件的反应能力。

（三）强化沟通、协调与合作能力及机制建设

美国《国家应急计划》打出了“一个团队，一个目标”的旗帜，该计划更加突出“国家”整体概念，计划的重要作用之一是建立在国家整体之上的有关的各层次政府部门和机构以及与非政府实体之间的相互沟通、协调与合作机制，包括在法律授权基础上的统一的运作结构（或组织）、标准化的运作语言等等，它将借助于既具有统一性、标准化，又具有灵活性特征的国家事件管理体系来增强这一能力。

2005 年 8 月的卡特里纳飓风灾害初期，受灾州和地方重要基础设施和资产受到严重损毁，由于通信系统的破坏，极大地削弱了各层级当局获得准确信息报告的能力。针对这一问题，2006 年美国国土安全部将大力完善紧急事务管理局的信息技术系统，提出要确保其自己足够的通信能力，从而在将来发生飓风或其他灾害和紧急事件，州和地方通信遭到破坏的情况下能够及时获得准确信息，快速应对。

（四）加强联邦政府预算支出管理

联邦政府对灾害援助的拨款实际上包括两大部分，一部分是向灾害援助基金的拨款，属于依据《斯塔福特法》的既定拨款，再一部分是针对每年突发重大灾难的具体情况，依据国会颁布的补充性拨款法案的追加拨款。1990 年以来的十五年间，美国用于灾害援助的联邦

支出大幅度增加，相应的，灾害援助基金的支出责任有了很大增长(见表4)。联邦政府灾害援助费用的增加引起了美国各方面人士的广泛争议。灾害援助费用的增加既有灾害增多，损失和破坏增大的因素，又有援助项目不断增多、援助条件放宽与援助标准提高的因素，还有援助中管理弊端造成的问题。鉴于美国联邦政府财政赤字巨大，且还在不断升高，国会一直在研究联邦灾害援助费用上升以及追加拨款的问题，考虑选择控制费用的方法或建立可供选择的筹资机制。

表4　　灾害援助基金总拨款（不变价格）　　单位：百万美元

财政年度	1990	1992	1994	1996	1998	2000	2002	2004	2005
拨款额	1668	5429	5935	4042	2155	3019	12677	2068	10542

资料来源：CRS Report for Congress，http://www.fas.org/sgp/crs/homesec/RL33053.pdf。

加强预算支出管理，必须加强预算执行中的联邦援助项目管理、行政管理、财务管理与监督，加强绩效管理。2005年飓风造成了严重的灾害损失，估计总的联邦反应和恢复经费将超过2000亿美元。在紧急反应工作方面，紧急事务管理局在信息管理、洪水地图现代化项目、合同管理、补助管理和个人援助项目管理方面存在不足，使得由飓风造成的紧急情况为欺骗、浪费和误用创造了空前的机会，招致了广泛的批评。目前，所有联邦援助项目中已经产生管理效果的项目，大约有五分之三使用了项目评估等级工具。分析显示这些补助项目的评级比其他类型项目的评级低。国土安全部2005年绩效报告中强调，联邦援助管理趋势是联邦与州和地方政府共同工作，促使联邦政府更有效果和更有效率，促进和改善联邦补助项目的设计、行政管理和财务管理。州政府和地方政府在项目中的主要职责是提高联邦政府项目的绩效。要加强合同管理与责任，以更好地实现项目的结果。

(五) 调整灾害援助政策

美国的紧急管理包括准备、反应、恢复、减缓四个阶段。灾害援助法案没有授权总统对灾区提供长期恢复援助，但联邦政府仍在一定程度上承担着长期恢复职责。如授权商业部展开灾害经济恢复行动；《国家反应计划》紧急支持功能附件中的“长期社区恢复与减缓附件”也涉及到相关内容，它为联邦政府对州、地方、部落政府、非政府组织、私营部门的支援提供了框架。但是美国国会已在调整有关政策，这突出表现在新的《国家反应计划》与2000年的《联邦反应计划》相比，取消了与“紧急事件支持功能附件”和“支持附件”并列的“恢复附件”，体现出减少联邦政府参与灾害长期恢复行动的政策调整取向。

五、简 要 结 论

美国联邦政府从国土安全战略的高度大力加强国家整体灾害管理体系建设，灾害管理进入大灾害、大危机、大风险管理的新阶段。新的美国紧急（应急）管理总体框架，将以《国家反应计划》为基础平台。联邦灾害援助政策以《斯塔福特法》为核心。从未来发展看，美国将不断探究国土安全面临的新环境，健全新型灾害管理体系，提高灾害管理绩效。

本文参考文献：

1. National Response Plan，http：//www.dhs.gov/dhspublic/interapp/editorial/editorial _ 0566.xml。

2．Robert T. Stafford Disaster Relief and Emergency Assistance Act，http：//homelandsecurity.tamu.edu/framework/lawsanalysis/laws/staffordact/。

3．NIMS – 90 – web www.dhs.gov/dhspublic/interweb/assetlibrary/NIMS – 9。

4．A Guide To The Disaster Declaration Process And Federal Disaster Assistance，http：//www.fema.gov/rrr/dec _ guid.shtm。

5．Budget of the United States Government FY2006，http：//www.whitehouse.gov/omb/budget/fy2006/。

6．CFO _ DHS 2005 Performance Accountability Report，www.dhs.gov/interwebassetlibrary/。

7.《美国联邦反应计划》，中国地震局监测预报司译，地质出版社 2003 年版。

成丽英

韩国公共养老金制度

内容提要

韩国公共养老金制度包括国民养老金计划和特殊职业养老金计划。本文对韩国公共养老金制度的基本框架和不断进行的参数改进作分析和评价，并从中得出对中国养老保险制度改革的启示。

韩国公共养老金制度包括国民养老金计划（National Pension Scheme，NPS）和特殊职业养老金计划（Special Occupational Pension Scheme，SOP)。特殊职业养老金计划针对三个特殊的职业群体，由政府雇员养老金、军人养老金、私立学校教职员养老金组成。1960 年韩国第一个公共养老金计划建立，这是针对政府雇员的养老金计划。军人养老金计划作为政府雇员养老金计划的一部分在 1960 年同时启动，但是从 1963 年起分离出来，由国防部负责。1975 年私立学校教职员养老金计划建立。国民养老金计划直到 1988 年才建立，保障对象是 18 到 59 岁的私营部门的雇员。该计划发展迅速，覆盖面不断扩大，1995 年覆盖面扩大到农村地区的自雇者，1999 年再次扩大到城市地区的自雇者。不过，还有一部分人没有参加任何公共养老金计划，如家庭主妇、学生、年龄在18到26岁的服兵役者以及领取公共救助金者。

一、韩国国民养老金计划

（一）覆盖面

建立于1988年的NPS最初的覆盖面只针对有10人以上雇员的公司，随后覆盖面不断扩大。1992年覆盖面扩大到有5—9个雇员的公司，1995年覆盖面进一步扩大到农民、渔民以及农村地区的自雇者。1999年城市地区的自雇者以及小工厂（雇员少于5人）的工人也要求参加该制度。覆盖面的不断扩大使参加NPS的人数成四倍的增长，由1988年的443.3万人增加到2000年1月的1623万人。自此，韩国国民养老金计划完成了名义上的全民覆盖。

截至2002年底，有1650万人，包括650万雇佣者、1000万自雇者参加了国民养老金计划。1000万自雇者中，只有60%申报收入、按照规定供款，其余的40%则被免除供款。① 因此，实际供款的人数只有1200万人（低于70%）。

（二）供款率

韩国NPS的供款基数是以前的标准月收入，即将申报的全年收入除以12，不包括由收入税法案界定的任何非税收入。标准月收入

① 申报收入为0的参加者免于供款，非缴费期间也没有记录，这使国民养老金的实际覆盖率，特别是对自雇者，比预期的要更低。

被划分为45个收入层次，2001年最低的第1级是22万韩国元，而最高的第45级为360万韩国元。该收入划分对雇员和自雇者都适用。当前的供款率为标准月收入的9%。表1和表2列出了雇员养老金和自雇者养老金供款率从养老金建立初期到现在的变化趋势。从2005年开始雇员养老金和自雇者养老金的总供款率是一样的。

表1　　雇员养老金供款率的变化　　单位：%

参加者	供款人	1988—1992	1993—1997	1998	1999—2009
雇员	总数	3	6	9	9
	雇员	1.5	2	3	4.5
	雇主	1.5	2	3	4.5
	来自退休津贴		2	3	

表2　　自雇者养老金供款率的变化　　单位：%

年度	1995—1999	1999—2000	2000—2001	2001—2002	2002—2003	2003—2004	2004—2005	2005—2009
供款率	3	3	4	5	6	7	8	9

（三）受益水平

2001年NPS的养老金领取人数为60.7万，其中76.6%获得老年养老金，19.3%获得遗属养老金，4.1%获得伤残养老金。自从实施NPS以来，截至2000年底已经有889.7万人获得养老金。

NPS的养老金受益水平由两部分组成：再分配部分（A）和收入关联部分（B）。在根据雇员工资或者自雇者的申报收入按照规定的供款率供款的条件下，前者在所有收入阶层之间分配养老金受益，后者则反映参加者的供款历史。养老金受益和消费物价挂钩，还提供特别税减让。经过1998年NPS改革，改革后修正的受益公式为：①

① 资料来源：Hanam S. Phang, The Past and Future of Korean Pension System: A Proposal for a Coordinated Development of the Public – Private Pensions。

国民养老金受益水平 = 月基本养老金 × 调整率 + 补充养老金

月基本养老金 = ［0.2（A + 0.75B）× P1/P + 0.15（A + B）× P2/P］×（1 + 0.05N）

A：领取养老金前三年所有参保者的月平均收入

B：整个供款期内该参保者的月平均收入

P1：1988—1998 年供款的月数

P2：1998 年后供款的月数

P：向 NPS 供款的总月数

N：（≥1）=（供款年数 - 20 年）

改革后 NPS 的目标替代率由供款历史和收入水平决定，如表 3 所示。

表 3　　由供款历史和收入水平决定的目标替代率　　单位：%

收入水平 \ 供款年数	20 年	30 年	40 年
0.25A	0.750	1.000	1.000
0.5A	0.450	0.675	0.900
1.0A（平均）	0.300	0.450	0.600
2.0A	0.225	0.338	0.450
3.0A	0.200	0.300	0.400

注：替代率 =（月养老金受益/参加者生命期的平均收入）× 100，A 是所有参加者的月平均收入。

资料来源：Hanam S. Phang, The Past and Future of Korean Pension System: A Proposal for a Coordinated Development of the Public - Private Pensions.

（四）NPS基金的管理

1. NPS基金规模

韩国NPS采取的是部分积累制，随着供款率的不断提高，以及早期养老金支出增长不大，NPS基金不断积累。截至 2002 年底，总的基金收入为 109.5 万亿韩国元，78.2 万亿元来自供款，31.3 万亿元来自运营利润。总的基金支出为16.8万亿元，其中养老金支出16.0万亿元，行政管理费支出7809亿元。表4是1988—2002年NPS基金收入、支出及积累表，大致反映了NPS基金的发展趋势。

表4　　NPS基金累计的收入、支出及积累表　　单位：亿元

年度		1988	1992	1995	1997	1998	1999	2000	2002
收入	总数	5282	52019	181597	331906	448519	583614	736620	1095456
	供款	5069	41770	141085	247278	325685	419544	523133	782003
	投资收益	201	10185	40449	84543	122749	163971	213358	313276
	其他	12	64	63	85	85	99	129	177
支出	总数	3	4516	22044	49082	73872	113692	130468	167709
	养老金	3	3760	19836	46012	70266	109173	125056	159901
	其他	0	756	2208	3070	3606	4519	5412	7809
积累基金		5279	47503	159553	282824	374647	469922	606152	927747

数据来源：国民养老金公司，国民养老金年度统计资料（每年），健康和社会福利部，积累基金的数据由笔者整理得出。

2．NPS基金的管理和投资

国民养老金计划由健康和福利部负责，它的主要职责是，制定计划运行和管理的政策，如覆盖面、征税的标准、供款率的估算、决定受益资格和水平、基金管理和运营，财务运算、福利和贷款业务、研究如何改进该计划，规划和解释关于国民养老金计划的相关条款，等等。健康和福利部建立非营利性的特殊公司：国民养老金公司，专门从事国民养老基金的管理，从而使国民养老金计划的管理更加专业化。

NPS基金主要投资于三个部门：公共部门、金融部门和福利部门。公共部门的投资主要是指对政府债券的投资。金融部门的投资对象主要包括公共债券和私营债券、股票、受益凭证、信托基金等各种证券等。福利部门的投资项目是建立和运营各种福利设施，向参保者提供贷款，为老年人和儿童建造福利设施。表5显示了自1988年以来一些年份NPS基金的投资

组合，可见对公共部门的投资比例越来越少，而对金融部门的投资比例越来越大。2000 年末，34.5 万亿元（56.9%）分配给公共部门，25.4 万亿元（41.9%）和 7165 亿元（1.2%）分别分配给金融部门和福利部门。2002 年末，大约有 62 万亿韩国元（57%）投资于金融部门，30 万亿韩国元（28%）投资于公共部门，5260 亿韩国元（0.05%）分配给福利部门，剩下的作为养老金发放。

最近由于金融环境的变化，韩国正在积极改善投资基础，通过委托投资方式、海外投资、高斯达克投资、证券的贷款交易、期货和期权交易等多种投资组合形式，实现分散化投资以改善国民养老基金投资的稳定性和盈利性。据最新数据表明，截至 2005 年 5 月底，基金总数为 142.07 亿元，其中投资于公共部门仅 3.60 亿元，占 2.6%；金融部门 137.67 亿元，占 96.9%；福利部门 0.35 亿元，占 0.2%；其他为 0.44 亿元，占 0.3%。

表 5　　1988—2002 年 NPS 基金的投资组合　　单位：亿元，%

年　度	1988	1992	1996	1997	1998	1999	2000	2002
总数	5279 （100）	47503 （100）	216709 （100）	282824 （100）	374647 （100）	469922 （100）	606152 （100）	1095455 （100）
公共部门	2880 （54.6）	21278 （44.8）	146752 （67.7）	190652 （67.4）	267951 （71.5）	318573 （67.8）	345114 （56.9）	301988 （27.5）
福利部门	0 （0.0）	2400 （5.0）	6945 （3.2）	8052 （2.8）	14385 （3.8）	9899 （2.1）	7165 （1.2）	5269 （0.5）
金融部门	2399 （45.4）	23825 （50.2）	63012 （29.1）	84119 （29.7）	92310 （24.6）	141450 （30.1）	253873 （41.9）	620488 （56.6） 167708* （15.4）

*：用于养老金发放。

数据来源：国民养老金公司，国民养老金年度统计资料（每年），健康和社会福利部。

二、韩国特殊职业养老金计划

（一）SOP计划的发展状况

政府雇员养老金根据政府雇员养老金法案于1960年1月建立，是韩国第一个公共养老金计划。该计划覆盖的公务员人数成四倍增长，从1960年的237500人发展到1997年的982000人。1998年随后进行的政府机构改革，使得下岗和提前退休人员增加，该年参保人数减少到952000人，1999年为913900人。

军人养老金计划作为政府雇员养老金计划的一部分在1960年同时启动，但是从1963年起分离出来，由国防部负责。参保人数从1963年的117000人增加到1998年的154000人。养老金支付从1961年开始，当年有5057人领取养老金，1975年为14000人，到1991年有40000人，养老金领取人数快速增加。1972年军人养老金计划出现赤字，养老金支出占养老金供款的比例不断提高，从1980年的253%，到1985年的289%，再到1999年的316%。从20世纪70年代中期，政府就开始对军人养老金计划进行补助，1999年政府补助的规模达到5651亿元。

私立学校教职员养老金计划于1975年启动。参保人从1975年的40347发展到1999年的207664人，按照年均8%的速度增加。养老金领取人数则从1982年的13人发展到1999年的20084人，按照年均34.6%速度增加。1999年末已积累基金3.8万亿元。养老金支出占养老金供款的比例已经从1975年的2%提高到1985年的49%，1999年达到100%。

这些SOP计划全部是既定受益计划，提供的养老金水平最高为最后 3 年平均工薪水平的 76%。对于政府雇员来说，在退休时还会一次给付占到月收入 10%—60% 的特殊退休津贴，这个比例取决于服务年限，随服务年限的增加而提高。

SOP 当前的供款率：政府雇员养老金为 17%，政府和雇员各支付一半；私立学校教师养老金为 17%，其中雇员支付 8.5%，学校支付 5%，政府支付 3.5%。表 6 和表 7 分别表示了自 SOP 计划实施以来供款率的变化。

表 6　　政府雇员养老金计划的供款率变化　　单位：%

年　度	1960	1970	1996	1999	2001
雇员	2.3	5.5	6.5	7.5	8.5
政府	2.3	5.5	6.5	7.5	8.5

表 7　　私立学校教职员养老金计划的供款率变化　　单位：%

年　度	1975—1995	1996—1998	1999—2000	2001 年至今
雇员	5.5	6.5	7.5	8.5
学校	3.5	4.0	4.5	5.0
政府	2.0	2.5	3.0	3.5

（二）SOP计划的收支状况

SOP计划面临严重的基金积累不足。政府雇员养老金计划 1995 年首次出现赤字（供款收入小于养老金给付），1998 年政府机构改革导致新增大量退休者，赤字规模扩大，1998 年赤字规模大约 1.4 万亿。基金积累不足的规模预计会快速增长，将从 2010 年的 6 万亿增加到 2020 年的 31 万亿，2030 年将达到 91 万亿。军人养老金计划的情况更加严重：1977 年基金就已经耗尽，一直由政府预算补助。私立学校教职员养老金计划要稍好一些，但如果保持现有计划不变，预计在 2012 年会面临赤字，2018 年全部耗尽。

3个SOP计划均面临严重的财务收支失衡，原因仅在于起初没有进行精算设计，后来也没有适时的进行改革。为了兑现当前的养老金承诺，预计供款率最终会提高到30%—35%，这将使未来一代背上过重的财政负担，并需要不断增加政府财政补助。

（三）当前的改革努力

为了改善三个SOP计划的收支状况，三个相关的法案：政府雇员养老金法案、私立学校教职员养老金法案、军人养老金法案在2000年12月修改，内容包括：供款率从15%提高到17%；获得受益资格的条件更加严格，从根据最低供款年限（20年）改为根据最低退休年龄（当前是50岁，将会每隔一年增加1岁）加上最低供款年限来确定领取养老金的资格（在1995年前工作的政府雇员不适用该条款）；养老金受益从与工资水平挂钩改为与物价水平挂钩。

三、韩国公共养老金制度的评价及对中国的启示

（一）对韩国公共养老金制度的评价

1．NPS覆盖面广，仍不是实际上的全民覆盖

如2002年的实际覆盖率为70%。大部分自雇者、小公司的雇员、妇女实际上没有积极参加NPS也没有供款。即使有一部分人积极供款，也可能因为就业中断而没有达到最低的供款期限（10年）。低收入的人群也更容易退出该制度，或者在退休时只积累很少的养老金，他们是最需要社会保护的一类人。但是NPS并不能为这部分人提供最低保障。

2. 公共养老金制度未来面临财务不平衡危机，需要进行结构性的改革

韩国公共养老金制度从建立以来一直在进行局部的小幅调整，以实现短期内的财务平衡。但是韩国公共养老金制度存在着先天的结构性缺陷，即对当前一代人的养老金给付太慷慨。如政府雇员养老金制度，长期以来对受益人资格的规定过于宽松，只要最低供款年限达到20年就可领取养老金。此外，提供的养老金受益水平也比较高，达到70%以上，远高于其他国家政府雇员养老金的受益水平，如美国是56%，法国是60%，德国是56%。韩国正处于人口老龄化的快速发展阶段，目前的老年赡养率为10%，到2020年将达到18.9%，2030年为29.8%。[①]与此相对应，韩国公共养老金制度也面临着长期财务不可持续的危机。以国民养老金计划为例。1998年韩国对国民养老金法案进行修正，决定将投保40年的受益人的平均收入替代率从70%降低到60%，最低退休年龄从60岁提高到2013年的61岁，以后每5年提高一岁，逐步提高到2033年的65岁。供款率将从2010年起每5年调整一次。按照这种参数式改革，韩国国民养老金改革委员会预计：假设平均收入替代率保持在60%，供款率将依据NPS财务平衡的需要而不断调整，2010年为11.55%，2015年为14.10%，2020年为16.6%，2025年为19.1%，积累基金与养老金支出的比例2040年为9.9，2050年为8.8，2080年为仅为8.7。[②] 因此结构性改革是韩国未来公共养老金制度实现可持续发展的关键。

3. NPS存在较严重的源于不同部门间供款不平衡而产生的代内不公平

NPS所设计的制度是一个渠道筹资，而按两个部分分配，一个是

---

① Hyungpyo Moon，The Korean Pension System：Current State and Tasks Ahead，http：//www.oecd.org/dataoecd/51/31/2763652.pdf。

② Hyungpyo Moon，The Korean Pension System：Current State and Tasks Ahead，http：//www.oecd.org/dataoecd/51/31/2763652.pdf。

再分配部分，一个是收入关联部分。在韩国，小经济部门占到总就业的90%，由于自雇者的收入确定和收入申报的透明度较低，自雇者少报收入、少缴费的道德风险必然增加。而对于雇员而言，收入明示且几乎100%被申报。这种部门间的不平衡将会成为代内间受雇者和自雇者之间的不平等，[①] 容易引发社会矛盾。

4. 公共养老金制度是一个结构很松散的制度，相关养老金计划之间缺乏联系，不能相互转换

各公共养老金计划分别针对不同人群，在财务上相互独立，独自运行。这在初期有利于根据条件分阶段建立养老金制度，但是随着制度成熟，制度内赡养率大幅提高，制度容易面临财务危机。如韩国三个SOP计划均面临不同程度的收支失衡，军人养老金制度长期以来依靠财政补助来维持。各自分离的公共养老金计划之间缺乏收入分享的机制，也缺乏社会共济的功能。此外，随着21世纪公私部门之间劳动力流动性不断增强，分离的养老金计划也不利于劳动力的顺畅流动，实现人力资源的优化配置。因此建立全国统一的基础养老金制度是韩国未来养老金制度发展的必然方向。

（二）韩国公共养老金制度对中国的启示

目前，随着我国社会主义市场经济的进一步发展，非公有制经济已经成为我国经济增长的重要推动力量，也是吸纳我国不断增加的就业人口的主要源泉。因此我国和韩国一样，非公有制经济的雇员和自雇者将占就业人口的大部分，同时也存在着个人收入申报制度不健全的问题。而收入确定和收入申报的透明度是确保参加者在供款和受益上公平分担的必备条件。因此在我国社会养老保险制度进行以混合所有制、非公有制经济组织从业人员和灵活就业人员为重点的扩面工作时，要做好相关的配套改革，完善个人收入申报制度，提高收入确定

① 1999年12月，自雇参保者申报的平均收入是956000韩国元，而雇员参保者的平均申报收入是1386000元。

和收入申报的透明度，减少养老保险缴费中少报收入少缴费的道德风险。

在条件适合的情况下，建立一个全国统一的最低保障的基本养老金制度是必需的。从韩国SOP计划的发展来看，建立全国统一的基础养老金制度是必然趋势，这种实现收入分享、社会共济的制度安排能够最有效的利用现有的养老基金资金。我国正在构建和谐社会，实施新农村建设，和谐社会离不开全民普享的基本养老金制度，新农村建设也不能缺少农村养老保险制度。因此在条件适当的时候，可以建立覆盖所有劳动者的全国统一的最低保障的基金养老金制度。安排基本养老金制度时，一定要进行精算估计，确定全国各地可以接受的供款率水平和受益水平。

养老保险基金要实现市场化运营。随着韩国 NPS 基金投资于金融部门的比例不断增加，投资收益对基金总收入的贡献率也在逐步增加。根据表 4 的数据可以看到投资收益对基金总收入的贡献率从 1988 年的 3.8%，提高到 1995 年的 22.27%，2002 年达到 28.6%。韩国还正在积极开拓新的投资渠道和投资工具以实现基金的不断增值。投资收益的增加既可以增加基金总收入，而且也有利于供款率的降低，在基金收支比较紧张时能起到缓解供款率大幅上升的危机。我国的金融市场正处在快速而稳定的发展阶段，面对我国经济快速增长的良好前景和大力发展资本市场的积极政策，养老保险基金进行适当的市场化投资能使老百姓的养命钱也分享到我国经济高速成长带来的丰厚回报。

本文参考文献：

1．Hanam S. Phang，Kee－Chul Shin， A Reform Proposal for Korean Pension System：Coordinated Development of the Public－Private Pensions，OECD/INPRS/KOREA Conference on private pensions in Asia，October 24－25，Seoul，Korea。

2．Hyungpyo Moon，The Korean Pension System：Current State and Tasks Ahead， vailable at the website: http: //www.oecd.org/dataoecd/51/31/2763652.pdf。

3. Noriyuki Takayama, An Evaluation of Korean National Pension Scheme with a Special Reference to Japanese Experience, vailable at: http: //www.ier.hit-u.ac.jp/_takayama/pdf/en/pension/Korea.pdf。

4. National Pension Corporation, Korea (2005), National Pension Scheme in Korea, available at the website: http: //www.nps4u.or.kr/eng/enpsk .html? code = ./enpsk/。

5. Hanam S. Phang, The Past and Future of Korean Pension System: A Proposal for a Coordinated Development of the Public-Private Pensions, vailable at:http: //www.ier.hit-u.ac.jp/pie/Japanese/discussionpaper/dp2003/dp196/text.pdf。

周志凯

关于邮政事业改革中公共性与效率性的思考

——以日本邮政民营化改革为例

内容提要

"邮政民营化"改革在日本政坛喧嚣日久，由此而引发的"邮政解散"风波①也倍受世人瞩目。邮政民营化以后是否可以继续维持低廉的、普遍的邮政服务？通信安全能否保证？庞大的邮政储蓄如何定位？总之，邮政事业改革对于其公共属性的影响成为人们关注和争议的焦点。日本邮政民营化改革给我们的启示是：邮政改革是大势所趋；邮政的体制设置和运营形式要适合本国的社会、经济环境；邮政事业改革，不仅需要追求效率性，同时也要求确保其公共性。

① 2005 年 7—8 月间，日本议会就小泉纯一郎首相提出的"邮政民营化相关法案"进行了表决。8 月 8 日，日本参议院以 108 票赞成，125 票反对否决了邮政民营化法案。当天，小泉宣布解散众议院，重新进行全国大选。因此次政治风波起因于邮政改革，所以被称为"邮政解散"。

上世纪70年代以来，以英国为首的发达资本主义国家开始推行邮政改革。随后邮政改革运动波及全世界。从各国邮政改革的情况来看，“政企分离，缩小专营权，逐步实现民营化”是当前发达国家邮政改革所采取的主要步骤和措施。但由于各国在社会、经济、政治体制等诸多因素方面的差异，各国的邮政改革及具体运营方式又各具特色。

日本于1980年代中期推出了“简约化、合理化、效率型行政”改革，在此期间，日本的几乎所有公共事业领域都进行了不同程度的民营化改造。其中，尤以国有铁路和电信民营化改革最有成效。如今，邮政算是公共事业改革的最后一块堡垒了。

与西方国家相比，日本在行政管理体制与文化背景上与我国有诸多相似之处。中国的邮政体系框架与日本也有极其相似之处。如：邮政都属于政府机构，政企合一；邮政储蓄业务庞大，享受政府特殊金融政策待遇等。当前，日本邮政改革的难点在于：邮递业务与邮政储蓄等金融业务如何分制？邮政专营权怎样设置？原邮政从业人员如何安置？等等。而我国的邮政改革也面临着相同的问题。因此，对于日本邮政民营化改革的研究，无疑对我国具有极大的借鉴和启示意义。

一、邮政事业的特点及世界邮政改革的方向

（一）邮政事业的特点——行政性垄断行业

邮政是传统公用事业的重要组成部分。具有公共性、必需性、网络性、规模效益等特征。传统意义上，邮政服务是不折不扣的公共产品。但是，邮政不同于铁路、电网等，邮路不禁止他人通行，也不会因他人通行而形成障碍。即邮政网本身并不存在排他性的物理因素。

因此，从经济学角度来讲，邮政不属于自然垄断性行业。邮政的垄断是政府造成的，属于典型的行政性垄断行业。①

从邮政的产生来看，历史上各国的邮政，大多是从官方文书的传递系统演化而来的。随着近代民主国家的出现，邮政才担负起为全体居民传递书信的责任，成为政府提供的一种公共服务。长期以来，邮政所提供的公共产品具有普遍性、服务性、基本资费均一性等福利性特征。其中，特别是传统意义上的信函邮递业务，规模效益明显，交由市场运作显然有失灵之嫌。同时，邮政还涉及到公众的通信安全保护和国家通信网络的维护问题。正因如此，历史上绝大多数国家的邮政多实行国家垄断专营，财务亏空由国家财政弥补，业务向所有用户开放，资费实行均一制等。

自上世纪80年代以来，随着通讯技术的进步以及政府管理理念的变化，人们对邮政事业的认识也开始转变。因国家垄断经营而造成的邮政运营低效、价格偏高、服务质量低劣、政府财政负担过重等一系列弊端开始被认识。基于邮政事业的特殊性，各国的邮政改革较其他公用事业改革要晚的多。

（二）当前各国的邮政体制及改革方向

传统上，大多数国家的邮政与电信是合在一起的，统称“邮电通信”，属于国家的职能部门，由政府直接管理和经营。上世纪80年代初，英国开始组建国家邮政公司，推行公司化运作，邮政开始脱离政府序列，实现了政企分离。这种“放宽专营权，推行市场化运作”的改革风潮成为近20年来邮政改革的主旋律。

从各国改革后的邮政体制来看，按其民营化程度大致可分为四类：第一类，德国模式——上市股份制公司。以德国和荷兰为代表。德国于1998年邮政实行股份制改造，组建德国邮政世界网络公司；

① 丁宁宁：“邮政不属于自然垄断行业”，《邮电经济》，2005年第9期。

2000年正式发行股票上市，向社会出售31%的股份。荷兰邮政在1998年成功收购TNT，组建了荷兰邮政集团，其股票的65%向社会出售。第二类，英国模式——国有股份制公司。1981年邮电分营后，英国邮政重组为国有邮政集团公司，由皇家函件公司、包裹公司、邮政局营业公司和客户服务公司组成；2000年实行政企分开；2001年进行公司化改造，成为国有股份制公司。采用这类模式的国家还有新西兰、瑞典等国。第三类，法国模式——国有独资公司。法国邮政集团是国有企业，其所属的子公司是股份制公司。采用这类模式的还有澳大利亚、加拿大等国。第四类，日美模式——政府机构。日本、美国、韩国等国家的邮政属于国家经营的事业机构（美国邮政属于政府下属的一个独立执行机构）；邮政职工属于国家公务员，邮政只允许实行收支平衡或微利，政企合一，政府既是出资者，同时又负责监管职能。

二、日本邮政事业的特点及民营化背景

从世界各国的邮政改革趋势来看，邮政部门公司化被视为邮政改革的第一步。所谓公司化就是将邮政部门变成一个公司实体，使其在组织结构、管理体制等方面都类似于私人公司，以此来实现政企分离。据分析，世界上160多个国家中，到2000年止，邮政实现政企分离的国家占72%，政企合一的仅占28%。值得注意的是，实行政企合一邮政体制的国家基本都是发展中国家，而具有深厚民营化传统的美国和日本，长期以来却维持着政企合一的邮政体制。日本从上世纪90年代中期开始就提出了邮政民营化的改革方案，但由于受到国内各方势力的阻挠，始终未能成行。直到2003年4月，日本才正式撤消了总务省邮政事业厅，成立了日本邮政公社，向民营化迈出了重

要一步。

（一）日本邮政事业组织及其特点

现代日本邮政创建于 1871 年，迄今已有 130 多年的历史。根据 2002 年《邮政公社法案》，2003 年重组后的日本邮政公社，成为国有企业，自负盈亏，但邮政职工仍属于公务员，政企合一的特征并没有根本改变。日本邮政包括三大业务，即邮递事业，邮政储蓄和简易保险。邮政公社对这三大业务实行统一管理。目前日本邮政公社的资本金达 1.2688 万亿日元，邮局 24700 多个，邮政员工约 40 万人，是日本最大的国营企业。日本的邮政储蓄高达 220 万亿日元，超过日本四大商业银行存款余额的总和，堪称世界上最大的储蓄银行；邮政保险业务资产达 120 万亿日元，相当于日本四大寿险公司资产规模的总和。这两类资产累计达 340 万亿日元，相当于日本居民全部存款的 25%，2004 年 GDP 的 2/3。

长期以来，日本的邮政储蓄和保险资金多被用于财政投融资项目，如投资道路公团，修建高速公路；投资石油公团，进行海外石油开发等。[①] 由于这些资金的使用不需要国会的审批，成为日本政府的“第二预算”。直到今天，日本邮政依然是政府国债的最大买主。目前持有国债 140 万亿日元，占日本未偿付国债总额的五分之一。

（二）日本邮政民营化改革的背景

受欧美等国“新公共管理”理念的影响，日本从上世纪 80 年代开始推行了一系列“民营化”改革。主要包括国有铁路改革、日本航空公司改革、烟草专卖公司改革、电信公司改革、金融改革等等。其中尤以国有铁路和电信的民营化改革最为有效。这两个部门不仅在较短的时间内扭亏为盈，增强了市场竞争力，而且服务内容和质量也得

---

① 这种状况一直持续到 2001 年。

到了空前的提高。

在日本，邮政改革的呼声由来已久。早在1995年，桥本内阁就曾提出过邮政改革方案。但历经几届内阁，邮政系统的改革终未能付诸实施。而与日本形成鲜明对比的是德国。1995年德国在邮政系统推行民营化改革，整个邮政系统一分为四。10年来，不仅四大业务发展迅速，而且其快递物流企业敦豪（DHL）很快便成长为具有国际竞争力的全球物流企业。德国的邮政改革不仅为日本提供了改革的样板，更令日本倍感危机。就邮政物流领域来看，日本的邮政物流市场至今被国营邮政公社所垄断，甚至日本国内的企业都很难参与邮政物流行业，更不用说走向国际市场。邮政改革的滞后，不仅拖累了日本整体改革的步伐，更使日本相关产业的竞争力远远落后于其他发达国家。

从日本邮政三项事业的具体运营情况来看，邮递事业常年处于亏损运营状态，主要依靠邮政储蓄和简易保险补贴。据统计，迄今为止邮递事业的账目赤字累计达8000多亿日元。自上世纪90年代末开始，日本邮政在不降低服务质量的前提下，旨在提高邮政效率和效益方面做了一些改进。据统计，从1997—2000年通过增加分拣自动化设备，使邮件自动化处理率达到80%以上。邮政系统累计减员5000多人。另外，还采用先进技术，加强了网络能力。如：日本邮政综合信息通信网J-PNET，就是改造和融合了邮政联机系统、邮政储蓄联机系统、简易保险联机系统，极大地提升了邮政内部的网络化。日本邮政储蓄一直以来坚持与银行合作，还于2002年1月与网上银行“索尼银行”合作，使没有营业网点的“索尼银行”用户也可以在邮政ATM机上存款、取款。

日本的邮递事业，在服务和质量上并没有多大问题。主要问题在于：邮政专营范围太大，邮政处于垄断地位。特别是邮政物流领域，在2003年邮政公社启动之前，民间企业是完全没有资格参与物流业务的。根据2002年日本《邮政公社法》和《信函投递法》，虽然允许民间企业进入国家垄断的邮政业务领域，但同时又规定当民间企业进入全国邮政服务（普通信函投递）领域时，必须在全国设置邮筒；提供平信及明信片投递服务的公司必须在全国至少拥有10万个信箱，每周投递日要多于6天。显然这个准入门坎设置的太高，民间企业很难参与邮政业务。另就物流领域来看，时至今日，邮政物流系统仍然控制着日本物流市场的半壁江山，是日本陆路运输的老大。据统计，日本邮政系统承接的信函、包裹总数，2004年达250.4亿件，而同期日本著名的物流企业"大和运输"的私宅配送部门交易量只有10.6亿件。邮政物流领域的垄断，不仅严重制约着日本国内私营物流企业的发展，而且使日本的物流产业明显地滞后于同期改革的德国、荷兰等国。近年来，随着亚洲物流市场的开放，德国敦豪（DHL）、美国联邦快递（Fedex）、荷兰TPT等大型国际快递物流企业纷纷进入亚洲市场，拓展市场份额。而日本的物流产业依然处于半封闭的官营状态，无法参与全球竞争。显然邮政体制的滞后已经开始抑制日本的整体竞争力。

另外，日本在邮政专营权方面的规定也不符合国际基本惯例。世界各国的常规做法是：就一定重量和单价范围内的邮件限定为邮政专营权。有以350克为限的，也有以200克或更小重量为限的。从近年来各国邮政改革的趋势来看，不断缩小邮政专营范围，推动邮政自由化是总体方向。例如：德国的邮政从1995年起，除信函以外，邮政市场全面放开，允许国内、国际私营邮递公司经营德国境内的邮递业务。德国规定从1998年1月1日开始，单件重量200克以内、单件价格低于1997年12月31日最低重量普通信件资费5倍的信件邮政拥有专营权；单件重量在50克以内的直接邮件也属于邮政专营。2003年，德国邮政专营业务范围进一步降至重量低于100克且3倍于基本邮资以内的信函。德国还计划于2007年底全面取消邮政专营。另外，欧盟要求各成员国于2003年将邮政专营业务范围缩小至重量低于100克且价格不超过标准信函资费的3倍。从2006年起，欧盟邮政专营业务范围降至重量低于50克且价格不超过标准信函资费的2.5倍。

与欧洲国家相比，日本以邮箱个数和投递日来设定邮政专营权的做法不合国际常规。近年来，这种事实上的邮政垄断已成为众矢之的。特别是来自国内外物流领域的呼声越来越高。

其次，邮政储蓄作为国有金融机构，有政府担保，倒闭的可能性最小，成为名副其实的“保险箱”。许多日本人更乐意于邮政储蓄。再加上近年来日本金融改革的推进，根据《银行改革法》的规定，商业银行一旦倒闭，客户的储蓄只能得到最低限额的保障。为此，邮政储蓄开始极度膨胀。而这笔资金得不到有效利用也被认为是影响日本景气恢复的主要原因之一。

邮政储蓄作为国有金融机构，长期以来，享受免税待遇，既不用考虑是否盈利，也不对外公开财务状况，更没有盘活资金的压力。长期以来，其资金多被用于财政投融资项目。这在日本高速发展时期，有效地弥补了财政资金的不足，在一定程度上促进了经济的均衡发展。但是，随着日本行政改革中“小政府”理念的兴起和经济结构的调整，政府开始大量缩减公共投资，邮政资金的“第二预算”功能已经基本消失。如此庞大的官办金融产业，不仅不适应国内经济体制改革的需要，而且还面临着来自国外的多重挑战。

再次，邮政的简易保险业务，因受政府补贴，与同类私营行业形成不公平竞争，阻碍了民间金融资本的参与，也成为国内外金融业非议的对象。

另外，在日本2.5万个邮局中，大约有1.9万个邮局属于特定邮局。这些特定邮局大多位于地方或偏远山区。从特定邮局的沿革和特征来看，邮局局长实行自由任用制，邮局办公地点多租用民间房舍。于是，长期以来形成了事实上的邮局局长“世袭制度”。邮局局长职位世代相传，享受公务员待遇。特定邮局也大多设在邮局局长家里，局长不仅领取工资，还可以收取房租。这种封建“世袭制”残余制度的存在，显然与时代的发展格格不入。

三、日本邮政民营化改革中的课题

以上分析可以发现，日本的整个邮政体系无不体现了政府官僚主义的色彩。日本各界也早已认识到：邮政改革是大势所趋。但是，邮政该如何“民营化”是长期以来各界议论和争议的焦点。

从“邮政解散”风波中不难发现，支持邮政民营化的议员们主要强调的是提高邮政资金的使用效率问题。他们认为：通过导入市场机制，打破垄断，提高对邮政储蓄和保险资金的使用效率，可以减少政府的财政支出，也有利于推进以民间为主导的经济结构改革。而持反对意见的议员更多地关注的是邮递事业领域的公共性维持问题。他们认为：邮政民营化不仅会导致邮政系统人员大量失业，而且将会因为邮局的减少使传统“国营”邮政业务所提供的服务受到影响。特别是那些无利可图而又需要大量投入的乡村和偏远地区的邮政服务将难以维持。其次，民间从业人员从事邮递业务，职业道德和诚信问题受到质疑。再次，从国家安全的角度来看，邮政事业作为国民最基本的通信手段，在发生天灾以及战争时，民间事业主体是否能确保其安全性也将成为问题。

以上见解反映了日本邮政改革中的两种见解和观点。但同时也使我们深刻地认识到：邮政改革必须处理好效率性和公共性的问题。

2005 年 9 月小泉纯一郎再次当选首相并组阁，“邮政风波”也为之平息。根据小泉政府提出的邮政民营化相关法案：2007 年 4 月将解散国有邮政公社，成立政府全资控股公司，下设邮政事业公司、窗口网络公司、邮政储蓄银行和邮政保险公司。窗口公司负责整个系统的雇员开支，管理邮政企业财产等；控股公司起初将统领上述 4 家公司。到 2017 年邮政将实现私有化，售出在银行和保险业的股票。

日本邮政民营化的改革趋势已经基本确定，但今后需要解决的问题却不少。

其一，邮政公社分流人员的安置和待遇问题。日本邮政系统工作人员近40万，私有化改革将伴随着裁员与减薪。另外，过去邮政职工是公务员，今后其待遇和职称的界定，新老体制的衔接问题有待解决。

其二，邮递事业补偿机制的确立。长期以来，日本邮政系统施行的是内部补偿机制。即用邮政储蓄和邮政保险来补贴邮递业务的亏损。众所周知，日本岛屿众多，山区面积占国土面积的一半以上，加之有些偏远地区人口稀少，开展邮政业务必然得不偿失。由于邮递事业承担了更多的政策性职能，所以其亏损更多地起因于邮递业务的普遍服务性质。而一旦邮政民营化了，邮递业务和邮政储蓄、邮政保险分家，邮政储蓄和邮政保险将不再填补邮递业务的亏空。那时，长期处于亏损经营状态的邮局将如何维持？这就势必要求建立相应的邮递事业补偿机制。

其三，如何确立邮政专营权。这是最棘手的问题。以邮箱个数和投递日设限，显然有违国际常规，也被认为是维持邮政垄断的主要壁垒。很难想像，邮政民营化启动后，这种维护邮政专营权的政策是否还能继续。在要求放宽民间企业准入资格的呼声中，改行国际惯例，以重量和价格作为设限标准，势必使邮递事业失去原本赢利的一部分业务。为此，邮递事业的赢利空间将更小。

其四，如何解决邮政事业的监管问题。在目前“政企合一”的管理体制下，邮政领域实施的是行政管理。成立政府全资控股公司后，作为邮政事业的监督机构和作为公司的运营机构应该独立，这就需要设置相应的机构，实现邮政所有者、监管者和经营者的分离，有效地对邮政领域进行指导和监控。只有监管体制到位了，才能在提高邮政效率的同时，确保公民的通信安全，保证邮政服务的公共性。

从小泉提出的邮政民营化改革方案来看，日本的邮政改革采取的是渐进式改革。其改革设想主要分为以下五个阶段：①政府/直营事业，②公社，③特殊法人（公团/事业团），④特殊公司，⑤一般股份公司。

从目前成功的邮政改革经验来看，分阶段地采用适当的经营方式，逐步减少政府的干预，从“国有（或公有）”向“完全私有”转变是可行方式。而且，德国、新西兰、荷兰等国家的邮政改革经验已经充分证明：实现企业化经营的邮政事业，不仅可以维持“国营”邮政的服务水平，还可以提高服务质量。相信有着民营化传统和深厚基础的日本，有可能摸索出一条适合本国邮政的改革之路。

四、日本邮政民营化的启示

（一）邮政专营权的设置可以确保邮政的公共性

从世界各国邮政改革来看，推行企业化经营，逐步缩小邮政的专营范围，积极推进多元化的业务结构，加强资本运营和人力管理，实现管理集约化，降低成本等是共同的特点和趋势。但总体来看，目前还没有一个国家在真正意义上取消了邮政专营。邮政的市场化领域是有所限制的。特别是在传统的信函邮递方面，各国的专营程度仍然相当高。“放开”程度也只限定在不影响专营邮政市场占有率的前提下。据材料显示：目前在信函邮递方面，英国专营邮政的市场占有率为99%；瑞典虽完全“放开”，但邮政的占有率仍为95%以上；德国大力发展国际和物流业务，但邮政传统业务始终占其总业务的60%—70%，其中信函税前利润占全部税前利润的2/3。

相比之下，我国在邮政专营领域的政策却存在着重大缺失。目前我国的信函专营事实已被打破，成为世界上邮政专营保护程序最低的国家之一。

根据1986年《中华人民共和国邮政法》（以下简称《中国邮政法》）的规定，“信件和具有信件性质的物品的寄递业务由邮政企业专营，但国务院另有规定的除外”。另据1995年外经贸部《中华人民共和国国际货物运输代理业管理规定》：国际货物运输代理企业可以经营除“国际快递，私人信函”之外的所有信件寄递业务。很显然，这里的行政法规与国家法律产生了矛盾。也正因为外经贸部的这一规定，从此打破了邮政专营的格局。之后，2001年12月信息产业部、外经贸部、国家邮政局联合发布了《信件业务委托管理通知》，允许国际货代企业经营音像制品、报刊以及其收集、分发、运输、投递的全过程或其中一个环节的服务。至此，国际货代企业经营邮政变为完全合法。但是，从近年来的实际运作情况来看，邮递操作不规范，信函安全成了当前邮政市场的突出问题。专家认为，中国邮政市场的过度放开是典型的政策失误。

针对世界各国邮政改革的经验总结，2004年第23届万国邮联大会强调：邮政的普遍服务、邮政的专营范围以及邮政的服务效率是邮政改革必须遵循的三个基本原则。显然，当前中国必须做的就是如何遵照国际惯例适当收回专营权。

值此《中国邮政法》修订之际，我国应通过法律的形式明确界定邮政专营的范围，废止与邮政基本法相抵触的相关行政法规。信件专营不仅关系着宪法赋予公民的通信权利，而且关系着国家的信息安全。邮政专营权的设置正是体现了公民和国家利益至上的原则。

（二）邮政私有化要适度

邮政作为一项特殊的公共服务业，其公共、公用、公益性要求很高。“普遍服务、全程全网、基本资费均一等”公共性要求决定了邮政不能以赚钱盈利为第一目的，邮政事业中市场失灵的部分需要“公共财政”加以弥补。

从世界各国邮政私有化的经验来看，过度地私有化会出现一系列严重问题。阿根廷是世界上邮政改革最激进的国家，完全实行了私有化。阿根廷于 1997 年通过招标的方式委托英国一家经营邮政业务的私有公司经营阿根廷邮政。但几年的运作，阿根廷邮政市场一片混乱，专营业务得不到法律保障，普遍服务无法全面实现，邮政员工从 21000 人减少到 12500 人，邮政效率问题没有改善反而恶化，到 2003 年共亏损达 1.4 亿美元。至此，阿根廷政府不得不于 2004 年 9 月正式宣布，邮政重新实行国有化管理。再如，英国在 2001 年公司化改革之前，邮政是盈利的。2001 年公司化改革后，不仅出现了连年亏损，邮政质量也下降了，还引发了邮政员工的多次罢工。政府、民众和邮政职工的利益都受到了损害。为此，英国不得不采取了一些补救措施，如建立价格控制机制；重新划定普遍服务的范围；规定竞争者不得进入普遍服务规定的特殊投递服务等。通过以上调整，英国邮政又回到了以普遍服务为宗旨、国家给予一定的政策性保护的发展之路。

我国是发展中大国，人口众多，地区经济发展不平衡，邮政服务水平与发达国家还存在着很大的差距，今后邮政在普遍服务上还需要进一步加强。因此，我国邮政的发展，至少目前搞民营化是不科学的。我国的邮政改革，可参照日本五个步骤的渐进改革方案，从企业式经营入手，在可以引入市场机制的业务和领域推进商业化、专业化经营，增强邮政的活力和竞争力。时机成熟时，可逐步放宽民营企业的准入资格。

（三）邮政事业改革的基本思路——效率性的追求与公共性的确保

随着政府管理理念的转变以及全球经济一体化进程的推进，传统的公用事业部门陆续走上了“民营化”之路，但与成熟的“国有化”理论相比，“民营化”理论还不成熟。通过“民营化”运动的推进，就如何保持政府部门的公共性等问题还没有形成普遍的共识。但是，政府在职能转变的过程中，无论是政府机构自身的改革，还是“市场化、民营化”运作方式的应用，公共行政的基本职能是不会变的，即充分实现民主国家的价值标准，保障公民权益的实现和最大化。因此，行政的效率性是以行政的公共性为前提的。行政在追求“效率性”的同时，必须确保其“公共性”的实现。

公用事业改革也是如此。民营化的最大优点是能提高运营效率，提高服务的“质”和“量”。但是，如果仅以“效率化”的实现作为公用事业改革的基本目标，那势必有损公用事业的公共性。因此，公用事业改革无论采用何种形式，要求实现效率化运营的同时，必须保证公共物品的有效提供。

世界各国改革的经验证明，邮政作为一种特殊的公用事业，即使其运营主体实现了多元化，经营活动实现了产业化，而确保传统邮递产品和服务的公共性，政府的适当介入仍是必要的。

本文参考文献：

1. 王少普：“分析日本邮政改革：警钟为谁而鸣”，《东方早报》，2005 年 8 月 9 日。

2. 李尚平：“日本邮政改革是否现实?”，《南方都市报》，2005 年 8 月 10 日。

3. 日本《読売新闻》2005 年 7—9 月刊。

4. 胡仲元：“邮政改革莫蹈‘洋覆辙’”，《中国经济周刊》，2005 年 3 月 27 日。

5. 国家邮政局科学研究规划院课题：“美国邮政：节支增效 迎接挑战”，《中国邮政报》，2003 年 3 月 4 日。

6. 新闻专题：“全球化浪潮推进邮政改革”，《人民邮电报》，2002 年 10 月 24 日。

杨　华

1935 年美国《社会保障法案》的内容、背景考虑及启示

内容提要

本文简单介绍了 1935 年美国《社会保障法案》的主要内容，以及当时这些条款确定的一些考虑、背景情况。一是关于要不要社会保险的一些争论，如“救急”还是“防险”、重“保险”还是“福利”；二是关于社会保险设计的一些考虑，比如现收现付制及成本控制、工薪税、覆盖面、强制性等；最后是据此提出对我国的一些启示。

福利状况的发展是 20 世纪世界主要社会趋向之一。到 1900 年，欧洲各国政府日渐承担起原农业社会主要由家庭负担的社会福利功能与责任；而美国在这方面是一个落后者，直到罗斯福“新政”才明显地涉及到这个领域。1935 年美国社会保障法案的通过启动了美国联邦福利改革。

美国福利状况建设不是一蹴而就的，是通过 30 年关于美国应采

取的社会福利形式的激烈讨论和深入思考而形成的。其中，很多相关理念和做法是借鉴欧洲的，其他部分理念和做法来自于进步时代的社会改革者。30年代的大危机又使得社会福利问题成为美国主要的政治问题。这都加速了社会保障法案的形成。

一、1935年美国社会保障法案的内容简介

1935年美国《社会保障法案》包括11条内容。其中9条是联邦参与了州原来就有的项目，1条是全新的项目，即老年保险（OAI），最后一条是结束条款。

第Ⅰ条，确立联邦对州拨款，支付老年援助（OAA）的一般费用。在当时这是法案中最没有争议和最普遍、最主要的项目，这就是为何作为第一条的原因；

第Ⅱ条，关于老年受益（后来成为养老保险）问题，确立了老年年金缴费体制，设计了公式计算受益水平。实际上，当时只有工业和商业领域雇员覆盖在内；

第Ⅲ条，确立联邦对州拨款，管理失业补偿问题。确立州必须先有州立法条款，然后才能得到补助；

第Ⅳ条，规定联邦对州未成年儿童援助资金；

第Ⅴ条，包括四个分别的项目，主要是对儿童、母亲和伤残人员的帮助；

第Ⅵ条，关于提供帮助州公共健康服务资金的规定；

第Ⅶ条，规定建立“三成员”社会保障委员会，来管理社会保障法案中的项目，并负责推荐提供经济安全的有效方法；

第Ⅷ条，规定支付养老保险（OAI）的税收问题，如何支付，以及谁来支付；

第Ⅸ条，是失业补偿管理的税收条款。

第Ⅹ条，主题是对需要帮助的盲人的援助。

第Ⅺ条，结论条款，定义了法案中和管理细节上的一些术语。

二、关于养老保险的争论

在1935年的美国社会保障法案里，全新的、最具争议的、以及后来最为成功的，是养老保险项目（第二条），因此，我们这里也主要介绍有关养老保险的一些争论。

（一）“救急”还是“防险”

罗斯福总统主张建立养老保险是为了给雇员提供一种安全保障，防止生命中的风险。实际上，就是建立一种机制，在未来面对此种风险的情况下不至于产生目前这种灾难性的后果。但是，不少人认为，政府应该在采取措施防止下一次危机之前应先战胜当前的萧条，在1933年罗斯福当政时经济条件几乎令人绝望，1935年依然惨谈，即使1933年春天实施的罗斯福“新政”已经对现实有所改善，失业率估计仍然在20%以上。总统还是更多地考虑一种经济安全机制问题，最终选择了社会保险。

（二）关于养老保险与福利的争论

社会保障法案的所有构成中，后来成为最成功和最普遍的项目——养老保险，在当时受到了最为严厉的批评。“想把钱直接给失业者”的共和党，称养老保险为“法案中最糟的一条，……，增加工业的税收负担，是一个强制的、任意的项目”，“到1942年以前没有人会受益”。民主党议员也是失望的，地方政治家也是同样的反映，

BALTIMORE 的市长称整个法案为“他一生所见的最愚蠢的法案”。尽管批评不断，罗斯福还是坚持社会保障法案并使之变成法律。他对福利与保险进行了明确的界定，福利是白白付钱给那些什么都不做的人，而保险则是对人们工作的一种奖励。罗斯福说，福利就像人类精神的一种“麻醉剂，一个无形毁坏者”，在总统看来，社会保险才是一种良好的提供经济安全的方法。如果确实需要政府提供救济的话，总统也深信应该采取工作的形式，而不是直接分发，随后发起的大量的公共工作项目，也正是这个原因。福利倡导者们批评总统及其顾问们无视当前需要，总统顾问们则斥责他们过于押注于未来。但，最终还是在总统的努力下使社会保险项目得以通过。

（三）选择社会保险项目的考虑

罗斯福的三位经济安全专家，充分考察了当时的社会项目和情况，认为社会福利项目的条件术语太严格、太复杂，比如 OHIO 州，要求 65 岁以上，15 年的美国居民，并且在同一县内稳定居住一年，另外还有道德因素，如是否酗酒、虐待儿童等，并且数额增长速度较快，难以有效控制。再经过对老兵项目的考察，专家们得出两条经验，一是养老项目必须严格与党派分开，也就是不要成为党派选举的工具；二是老年福利随着时间的推移有增长的趋势，政策制定者需要找到一些办法来预计并控制未来的费用。

学术界不信任政治家，想用专家管理代替政治管理。认为政治家随时都会有可能为了选票而改变做法，所以，没有什么比专家管理更为重要了。与政治家不同，专家们认为他们能够知道考虑行为的未来结果，缺少这种约束感的国会成员，会只希望当前多给老年人福利而赢得下次选举，却不顾及对未来年轻人的承诺，等到未来困难摆到眼前时，国家很容易会发现它已经深陷债务之中。比如被总统称为两个最危险的人物之一的 HUEY LONG 先生，就宣扬“财富共享（SHARE THE WEALTH)”，大搞福利。专家们则会超越这种选举的影响。

三位专家通过研究新旧制度，设计了自己的方案来减小或消除老年的不安全。方案分三部分，一是社会保险计划，二是老年福利，三是自愿保险政策。由于私有保险公司的反对，也有各方相互折衷的原因，第三部分被从方案中删除。也是由于斗争的需要，本次方案中最为创新的项目，并没有放到方案的首位，这就产生了前面 11 条社会保障法案的排序问题。

三、社会保险设计上的一些考虑

（一）社会保险有利于控制成本费用

三位社会保障专家研究认为，老年保险，即他们的社会保险计划，是州层次上年金的体面替代物，它无论如何也不会导致政府破产。他们认为直接给老年人钱的“慷慨的养老金”，联邦政府是没有能力长期提供的，最终必将是过于昂贵。实际上，尽管在 1930 年美国 65 岁以上的人只有 660 万，他们预期到 1980 年会大幅增长，他们认为会达到 1700 万，事实证明，这个估计还是保守了，实际已接近 2550 万人。不断增长的老龄居民意味着老年年金费用的上升，因此，计划设计者对未来情形做了两种基本假设，一是费用大到最终政府无法承担，二是工人和雇主自己支付退休金，而不是依靠政府的一般收入。这就给出了一种方法，将退休金费用与一般预算分开（TAKE IT …OFF BUDGET），就是现在所用的“线下预算”（OFF BUDGET）的术语。通过采用社会保险，“快速增长的养老金费用会随着时间的推移大幅减少”。

（二）采用工薪税是改革的权宜之计

总统的顾问们虽然知道工薪税会惩罚穷者（恰恰最需要政府帮助的群体），比如，如果政府决定对所有工薪征收 1% 的税，一个持股在家就其有限的救济购物券缴税的人，远比在工厂工作并以来其每一分工资生活的人，税收要轻得多。但他们还是建议采用这种方法为他们的养老金计划融资。

为什么不建议采用宽税基的税收呢？比如个人所得税，允许动用部分国家“攫取”的财富用于老年年金。答案涉及到 1934 年的公共财政状况问题，实际上，在这个阶段，个人所得税太低以致于不能筹集到足够的社会保障资金。在 1935 年，超过 95% 的人是达不到交纳所得税条件的。其他选择行不行呢？比如销售税，答案也是否定的。它不仅惩罚低收入者，而且还迫使那些没有被社会保险覆盖的人去支付他们永远都不会享受的年金。剩下的方法只有工薪税，直接从工人的工资单上拿钱。

工薪税有效地掺入了设计者控制政治家胃口的意愿，税收的重点是在将来。工人以一个与未来收益相联系的合同关系参加，国会不能武断地降低或是提高他们的受益水平。尽管工薪税是一种比较合理的社会保险的融资方法，但它还是没有消除年金不断增长的问题。

（三）应对年金费用增长问题

在这个规则下，开始缴费人多，受益人少，随着形势转变，缴费人渐少，受益人渐多。这里就有一个真实的矛盾：筹集足够的资金来支付费用，开始容易，但随着时间推移更多人退休后就变得越来越难了。

老年保险如何应对费用增长的问题呢？一种可能的方法是年度收支平衡，精算师测算每年的费用水平，然后设定恰当的工薪税水平来满足支付费用。这种方法尽管简单可行，但隐藏着一种歧视年轻人的缺点。如果每年只是筹集足够的资金满足当年的运转费用，对老年人是一个大大的“便宜”。从各种可能讲，他们都是支付少受益多。在这种情况下，年轻人将不得不为没有缴费的老年人兜底买单。

设计者最需要应对的就是这类人口结构变化的挑战。简单计算一下，他们就看到现收现付制的不可能性，因此他们就寻求一些方法来平衡代际间的负担，但是这又遇到由于他们自己的规则（缴费、自我平衡、非党派基础）带来的困难。对于现收现付制来说只有两种选择，但又都有缺陷。一是动用一般税收收入，但这意味着放弃了人们为自己的年金付费的理念；另一种方法是预先筹集收入，作为满足未来费用的需要，但这意味着在项目的前期运转要有大量的盈余，设计者但是国会在预算盈余的时间管理这笔资金，不断的要求支出来解决萧条时期的紧急问题。一部分预算是盈余而整体预算是赤字，这种情况可能吗?

三位专家最终找到了他们认为是合理且不偏不倚的方法，建议逐渐提高税率，并在雇主和雇员之间平摊，1937 年开始为 2%，每两年提高一次，到 1957 年达到 5%。起初，项目收入稍多一点，但不时收入就会太少，到 1967 年就会产生赤字。当这个时间来临的时候，BROWN 和他的助手认为，不应该提高税率超过 5%，而是联邦政府用一般收入弥补赤字。他们认为，到 1967 年，对制度和缴费规则来说，已不再是“免费”的了，养老金会很好地建立起来。象其他国家政府所做的一样，政府补助老年年金是有道理的。

但是，在财政方面保守的罗斯福总统，担心增加后代的负担，想让老年保险成为一个彻底的自我平衡体系，因而他从建议报告草稿中将“补贴”二字划掉。罗斯福希望防止制度陷入负债状态，但对允许一些人补贴另外的人没有提出什么异议。最终是钱多的人补助钱少的人，年轻的人补助年老的人。

（四）社会保险的覆盖面问题

一些人永远都不会受益，他们被彻底排除在制度之外。工薪税 1937 年开始征收，正常的受益 1942 年开始支付。1937 年之前退休的人就不够运气了，1937 年到 1942 年之间退休的人得到一次性支付，体现其缴费加利息。几乎所有的这些人都面临痛苦的选择，是开设私人账户还是享受福利。还有一些职业被排除在建议的社会保险计划之外，自雇佣人员、农民和家政服务人员都被排除在外，最终只包括了工业和商业工人。

有限的覆盖面使得社会保险和社会需要之间本已经淡化的联系显得更加模糊了。尽管社会保障的设计者没有忽视这样一个概念，即一些人比其他人更迫切需要更多的帮助，但他们还是没能涉及国家最需要帮助的居民的问题。最终，社会保险没有考虑帮助最需要的人的问题，更多地是为国家的工业人口提供一个安全的基础，它关注的不是当前的萧条，而更多地是关于下一次危机的防范。

（五）强制性问题

当私营公司要求对已经建立老年年金的人自愿参加联邦社会保险时，总统顾问们立即起来反对。如果这样可以的话，低风险的人必然退出，留下政府来保险穷人和老人，这样的一个项目将永远不可能自我平衡，最终必然走向崩溃。他们力劝总统接受这一点，这样强大的压力下保留了社会保障的强制性特征。这实际上也就是现在所说的道德风险和逆向选择问题。

四、对我国的一些启示

（一）社会保险要强调保险的理念，要突出付费才有受益基本原则，但同时也要注意不受益者不付费的问题

这就需要特别注意以下两点：

一是“保险”与“福利”问题。社会福利是指政府对居民无偿

的、单向的资金转移的社会保障项目；社会保险则是利用现代保险的“责任共担”的原理，被保险人先付费后受益的社会保障项目，它体现了一种权利与义务相对称的原则。简单而言，社会福利项目是单向、无偿的，社会保险项目是双向有偿的。社会福利是人人都享有的权利，所以要吸取高福利社会的教训，福利水平要低；保险要强调权利与义务的对等，突出付费者受益的原则，较福利的提供更有效率。因此，福利项目主要是保障一个最基本的生活水平，一定要控制标准不要高；社会保险也要控制成本，但要突出付费者受益原则，在这个前提下努力实现代内、代际公平，来实现成本控制，在当前我国社会保险具有福利色彩的情况下，既要注意社会保险配置资源的效率发挥，又要注意社会保险的水平也不能高。

二是动用一般财政收入弥补社会保险的收支缺口问题。一般财政收入是全体居民或是国民交纳的，在社会保险覆盖全体国民的情况下，是没有问题的。但是在由于我国的社会保障制度尚不健全，社会保险覆盖面尚不完全。根据上述社会保险和社会福利的分析，社会福利应该由政府公平地提供，而社会保险则按照交费与收益相对应的一种保险的理念来经营。由于我国社会保险与福利的边界并不清楚，社会保险基金缺口，越来越要求政府用一般财政收入支付，使社会保险具有一定的社会福利色彩。用一般财政收入弥补社会保险的收支缺口，实际上就是让所有的人出资为制度内局部人员办保险，存在制度外的人员对制度内的转移支付，造成制度内外人员的对待不公平。特别是对于农村居民而言，这种矛盾性更为突出，一方面政府在大力解决“三农”问题，促进农村的发展，但同时又让穷人支付社会保险的付费而不享受社会保险，在社会保障上让穷人对富人进行转移支付，却在拉大城乡差距，这与“以人为本”的发展思路是背道而驰的。

（二）注意社会保险的不断增长的费用与强化预算约束问题

美国的社会保险，特别是养老保险，自建立之初就十分强调预算约束，执行中也比较严格，一度成为各国公认的最成功的社会保险制度（上世纪 30 到 60 年代）。但随着人口结构老龄化的来临，养老保险的可持续发展面临严峻挑战日渐显现，到 2020 年预计开始出现赤字，且规模会越来越大。中国的社会保险在改革之初更多地考虑了推动改革的目的，设计上有不少权宜之计，社会保险中的福利色彩日渐浓厚，预算约束软化。美国社会保险在事先有充分考虑准备的情况下，仍然出现费用难以控制及支付危机问题，我国在改革之初过多地顾及推进改革的权宜之计的情况下，我国的社会保障成本控制尤为突出，特别是在改革不断推进的情况下，更应该重视社会保险成本的控制，不要让改革成为社会保险无原则负债的借口。

由于现收现付制下，社会保险属于隔代养老，这就容易产生养老责任后移问题，实际上也就是社会保险管理上的预算软约束，特别是在老龄化趋势日渐明显的情况下，这种情况已经严重地影响着社会保障的可持续发展问题，进一步说，就是未来政府不能兑现承诺的养老金问题。因此必须强化社会保险的预算约束，力求一种“有条件”的自我平衡，而不是说有多少缺口政府就无限制的弥补多少，在一定条件下，也应该考虑降低标准问题。

（三）专家管理问题

对于社会保险，强调专家管理，来规划社会保障资金和责任问题，建立资金与责任对称的管理机制。尽可能地弱化政治的影响，通盘考虑社会保障的统筹层次的提高，通盘考虑社会保障代内、代际平衡，通盘考虑政府的责任，强化资金约束，加强社会保障的资金责任管理，集筹资、发放、精算等社会保障职责为一体，体现强化资金筹集与资金预算约束，实现社会保障代内与代际平衡，促进社会保障的可持续发展。社会保险一旦与政治挂上钩，多多少少都容易成为政治的工具，特别是在我国行政短期化行为较突出的现阶段，行政官员管理社会保险资金，不利于社会保险的健康发展。

（四）我国实行积累制的资金管理问题

不断增长的老龄居民意味着老年年金费用的上升，不是费用大到最终政府无法承担，就是工人和雇主自己支付退休金，而不是依靠政府的一般收入。我国目前这种强调积累的改革要求也日渐强烈，但是，由于我国的资本市场不够发达，如果积累的资金允许缴费人选择投资，那么保值增值难以保证；如果政府继续管理积累制下的资金，那么还是难以强化约束，与现在的情况难有彻底改观。因此，我们强调积累是应该的，但是最为重要的是应该加强预算约束，而不是其他。

（五）改革目标与规范要求兼顾，不要偏颇一方

美国在社会保险税的选择上也曾出现过考虑权宜之计的情况，比如因为个人所得税收入规模过小而不能依靠个人所得税，又因为不平等问题不能依靠销售税，最后不得不依靠一种具有累退性质的、对穷人有惩罚性的工薪税。中国改革之初的社会保险设计，更多地考虑了改革，特别是推动国企改革，要打破“企业的大锅饭”，就要建立另一个“社会保障的大锅饭”，确实对改革做出了巨大的贡献，但随着改革的深入，社会保障不仅要强调为改革创造稳定的环境，也要重视自身的规范、可持续发展问题，不能只顾改革而丢掉了社会保障应有的原则，特别是在改革不断深化、社会保险面临挑战越来越严峻的背景下，社会保障制度及运行的规范性要求应得到进一步加强。

本文参考文献：

1．*Social Security After Fifty —Successes and Failure*（1987），P15—25，Edited by Edward D. Berkowitz。

2. Social Security　Versions and Revisions (1987), W. Andrew Achenbaum。

3. America' s Welfare State from Roosevelt to Reagan (1991), P13—P28, Edited Edward D. Berkowitz。

赵福昌

国际货币基金组织贷款问题：对美国人视角的分析评价

内容提要

20世纪90年代以来，发展中国家成了国际金融危机的多发地域（尽管危机的源头不一定全在这些国家），危机不仅给发展中国家带来了巨大的经济损失，也给整个国际经济环境增添了许多变数，因此，国际金融体系的重构，尤其是国际货币基金组织改革问题，便成了近20年来国际社会普遍关心的话题。在国际货币基金组织贷款问题上，主张取消国际货币基金组织的长期贷款业务，不主张扩大国际金融危机救助规模，是目前美国的主流观点。由于美国是当今国际金融体系中的“霸主”，其意见将直接左右国际金融体制的改革走向，所以美国在国际金融机构改革上的一些观点值得发展中国家关注。

20世纪80年代以来，国际金融危机的频繁爆发已经引起了人们对国际金融管理体制改革的普遍关注。虽然亚洲金融危机发生后，国际社会要求改革世界金融体系的呼声越来越高，但到目前为止，还没有任何实质性的改革方案能被人们广泛接受，原因就在于很多改革建议都是基于提出者自身的立场而拟就的。如，广大发展中国家提出在国际金融体系中要有更多的声音和发言权，贫穷国家要求给予更多债务减免，而发达国家则要求国际金融机构（主要是国际货币基金组织与世界银行）缩减对发展中国家的官方援助规模，并要求发展中国家加快自身的金融体制改革步伐与对外开放力度等。其中，值得关注的是美国在国际金融体制改革问题上的某些观点与建议，不仅因为它是当今国际金融体系中的“霸主”，还因为它是众多国际金融机构的“大股东”，其意见将直接左右着国际金融制度的未来重构与改革走向。由于篇幅所限，本文不准备就整个国际金融体制的改革来分析美国人的观点，而仅在国际货币基金组织的贷款及其条件问题上透视美国人的看法。为了保证时效性，这里参考的都是1999年以来影响面比较广的文献，其中代表美国官方观点的文献有美国财政部前任部长萨默斯①（Lawrence H. Summers）的有关讲话稿，以及美国国会、财政部的有关报告，代表非官方观点的文献有美国外交关系协会（The Council on Foreign Relations，简称CFR）②、美国海外发展协会（The Overseas Development Council，简称ODC）③的有关报告，以及其他学者的著作等。

---

① 为了反映萨默斯的官方观点，这里引用的文献均是其在任时的讲话稿。

② 美国外交关系协会（the Council on Foreign Relations），成立于1921年，是设立在美国纽约的一家独立的民间会员制学术研究机构。

③ 美国海外发展协会是设立在美国华盛顿的一家独立的国际政策研究机构。

一、关于国际货币基金组织贷款业务的看法

国际货币基金组织是一个主要负责处理国际收支失衡、汇率失调、国际货币制度改革等重大问题的国际金融机构，其基本职能有：资金援助职能、技术援助职能、监督职能、危机管理职能，以及协助贫穷国家减困职能等。在这里，资金援助职能是基础，在一定程度上，它决定着其他职能的履行效果。除了技术援助职能外，成员国是否接受国际货币基金组织的监督，要视国际货币基金组织是否向其提供了资金援助，而危机管理及减困效果如何，很重要的一个方面也要看援助资金规模的大小。对受援国来说，国际货币基金组织的贷款及其条件就如同“胡萝卜+大棒子”，要接受贷款（“胡萝卜”），就要接受条件（“大棒子”）。过去20年来，受援国对国际货币基金组织的苛刻贷款条件指责之声不绝于耳，因为这些条件严重干预了它们的自主权。然而，不只是受援国对国际货币基金组织的贷款有意见，即使是国际货币基金组织的“大股东”美国，对其贷款活动也有很多批评。

（一）美国财政部前部长萨默斯的观点

萨默斯（1999）① 认为国际货币基金组织应该将其资源集中在紧急情况下的资金援助上，国际货币基金组织应该是最后贷款人，而不是最初贷款人（not a first resort）。在处理国际金融危机时，其资金相对私人资本而言，是衬垫物（backstop），而非替代品。国际货币基金组织应该逐步停止长期贷款，对于“非系统性危机”（对其他国家没

① Lawrence H. Summers, “The Right Kind of IMF For A Stable Global Financial System”, speech at the London School of Business, December 14, 1999。

有影响或影响不大的危机）的国家，应该通过应急信贷额度（Contingent Credit Line，简称 CCL）①、短期贷款、备用贷款（Standby Arrangements）等工具向其提供援助，对于发生“系统性资本账户危机”（有国际传染的危机）的国家，应该向其提供补充储备贷款（Supplemental Reserve Facility，简称 SRF）援助。至于贷款条件，应该与受援国的特殊环境相适应，国际货币基金组织不应该向受援国施加一些与恢复稳定和经济增长无关的条件，而可把要求促进银行系统稳定、加强合同履约能力作为贷款的相应条件。萨默斯还认为“重债贫困国（HIPC）动议”是一个国际社会致力于战胜贫困的全新框架，“减困与增长贷款”不应该移交给世界银行。

（二）美国外交关系协会的观点②

与萨默斯的“非系统危机”与“系统性资本账户危机”划分基本相似的是，美国外交关系协会也将金融危机分为“国家危机”（country crises ）和“系统危机（systemic crises）”两种类型，前者是一个局部性国家危机，后者是国际性危机。对于“国家危机”，美国外交关系协会建议应该利用国际货币基金组织的现有资源进行援助，即成员国可按规定从国际货币基金组织获得普通贷款，但其贷款规模的上限不能超过危机国持有基金份额的 300%。对于“系统危机”，国际货币基金组织应该利用借款总安排（the General Agreement to Borrow，简称 GAB）、借款新安排（the New Agreement to Borrow，简称 NAB），或新设一种“传染贷款便利”（Contagion Facility）（传染贷款便利是提供给危机传染受害者的一种资金援助，并用以代替应急信贷额度与补充

① 1999 年 5 月，国际货币基金组织为了帮助实行稳健经济政策的成员国避免受他国金融危机传染性影响而设立的一种融资便利，该便利按原定计划于 2003 年 11 月 30 日自然终止。

② Council on Foreign Relations Independent Task Force ，“Safeguarding Prosperity in a Global Financial System：The Future International Financial Architecture”，1999。

储备贷款）进行援助。美国外交关系协会的报告建议，在危机国的债务不能持续的情况下，国际货币基金组织应该要求债务国与债权国进行债务重组谈判，并以此作为提供贷款的条件，对于已经采取危机预防措施、遵守有关国际准则、推行稳健宏观经济政策、实施合理货币制度，以及建立了应急性救助机制的国家，在贷款利率上应予以优惠。

另外，除了主张国际货币基金组织的危机援助规模不宜过大外，美国外交关系协会还认为危机国家信心的恢复并不一定要靠某种规模的援助才能实现。因为，在一些危机场合，当有国际货币基金组织的援助信号出现时，危机国家的资产价格不升反降，而当有迹象表明危机国可能出现一个很强有力的政治领导集体或出台具体的政策调整措施时，资产价格反而趋于稳定。亚洲金融危机之前有大量的私人资本流入到了新兴市场，而适度的反向流动未必是坏事。

（三）美国国际金融机构顾问委员会[①]的观点

梅策尔报告（美国国际金融机构顾问委员会向国会提供的报告）建议将国际货币基金组织改组成为一个小型公共机构，其主要职责就是向新兴市场经济体提供短期性流动援助，过去的长期贷款活动应该停止。对于新兴市场经济体，只要满足以下四个前提条件，它们就可以不经过商议或谈判，就能得到国际货币基金组织的及时援助：①必须对外开放本国金融市场，允许外国金融机构自由进入和从事金融业务；②为了在借款国金融部门引入市场准则，保证其金融机构的稳健

① 美国国际金融机构顾问委员会（the International Financial Institution Advisory Commission），是1998年11月由美国国会成立的、一个为期6个月的决策咨询机构，并授权其对国际货币基金组织（the International Monetary Fund）、世界银行集团（the World Bank Group）、美洲开发银行（the Inter - American Development Bank）、亚洲开发银行（the Asian Development Bank）、非洲开发银行（the African Development Bank）、世界贸易组织（the World Trade Organization）、国际清算银行（the Bank for International Settlements）等7家国际性金融、贸易机构的未来职能改革问题进行研究。由于该委员会由梅策尔教授负责，所以他向美国国会提交的报告也称“梅策尔报告”。

性，商业银行必须充分资本化；③为了鼓励市场行为的谨慎性，保证金融体系的安全、稳健性，每一个向国际货币基金组织借款的国家都必须定期公布其主权债务、担保债务，以及表外负债余额的期限结构等信息；④国际货币基金组织应建立一套严格的财政标准，以使其资源不致被用于支持借款国不负责任的预算政策。另外，国际货币基金组织的贷款不能通过直接或间接的方式用于拯救濒于破产的金融机构，也不能用于补偿外国贷款者的损失。在贷款期限上，梅策尔报告认为国际货币基金组织的贷款期限不应太长，应以120天为限。关于贷款规模，应该控制在借款国一年税收收入的水平上，同时向借款国实施惩罚性利率。

（四）美国海外发展协会[①] 的观点

与梅策尔报告建议仅向新兴市场经济体提供贷款不同的是，美国海外发展协会认为在发生宏观经济危机时，所有的国家都有资格从国际货币基金组织申请贷款。为了使国际货币基金组织尽快回到专业领域，美国海外发展协会建议停止国际货币基金组织的中期贷款（the Extended Fund Facility，简称EFF），并把“减困与增长贷款”移交给世界银行，同时指出危机援助应该通过正常的备用贷款（Normal Standby Arrangements）来实施，以使每个成员国都有机会获得相应的帮助，对于低收入国家的借款利息还应该给予补贴。至于贷款条件，应该集中在宏观政策层面上，不要将大量的结构性调整条件强加在借款国身上（如，事实证明附加在东南亚金融危机贷款项目上的许多条件与该地区经济的快速恢复几乎没有什么关系）。该协会还呼吁，应该评估国际货币基金组织贷款项目对穷人的影响，并将其负面影响降到最低程度。另外，该协会对应急信贷额度（CCL）的作用表示了怀疑，并建议继续保留补偿性融资贷款（the Compensatory Financing Facility）。

---

① Overseas Development Council，“The Future Role of the IMF in Development”，2000。

二、观 点 评 析

无论是美国官方，还是非官方的观点，均认为国际货币基金组织在国际金融危机管理中的中心作用就是提供流动性贷款援助，但在贷款规模、贷款条件的确定，以及道德风险的控制上又存在分歧。其中，梅策尔报告因其建议的贷款规模过大、条件过松、期限过短而招致各方的批评，而美国财政部依然主张将贷款条件扩充到金融领域，甚至是经济领域之外，这也是美国官方一贯的主张，只有这样才符合美国的利益。实际上，作为第一“大股东”的美国，长期以来，一直都把国际货币基金组织当成推行美国式全球化的工具，对此，“华盛顿共识”可以为其作注解。

（一）不主张对危机进行大规模援助的逻辑

在金融市场全球一体化的过程之中，国际资本的规模及流速都在大幅度增加，相对巨额国际资本，国际货币基金组织所掌控和能动用的资源十分有限。所以，在国际货币基金组织援助贷款规模问题上，纵观美国各方观点（梅策尔报告除外），不赞同对危机国进行大规模官方援助的观点似乎占了主流。梅策尔报告以危机国（年）税收收入为标准决定援助资金规模的建议，遭到美国财政部及其他非官方机构（人士）批评的原因就在于此。正如，美国财政部副部长约翰泰勒（2001）指出的那样，“我们必须认识到，官方资源不可能以同样高的速度（即一些新兴市场经济体的增长速度）增长，使我们能够继续动用大规模的官方资源去解决新兴市场的债务危机问题，因此，在拯救国际金融危机问题上，我们必须逐渐朝着更少依赖官方资源的方向努力”。在国际私人资本规模不断扩大，而官方援助又不可能以同样速度增加的情况下，美国等西方工业化国家认为，不发达国家要积极学会利用国际资本市场，对国际金融危机的救助要鼓励私人资本的参与，这也是大多数文献不主张对危机进行大规模援助的逻辑原点。

（二）道德风险问题是大多数文献反对大规模援助的重要原因

除了国际货币基金组织资源有限外，美国不主张对危机实施大规模援助的另一理由就是“道德风险”问题。上述的大多观点都认为，如果国际货币基金组织的援助规模越大，则发生“道德风险”的可能性就越大。其理由在于，历史上的多次拯救行动强化了国际私有债权人对未来国际金融危机爆发后仍会有人施以援手的预期，因此，在向发展中国家投资或贷款的活动中，很多投资者或债权人不能基于理性分析而决策，对债务人的行为也疏于监督。在金融危机爆发后，大规模的国际拯救行动显然有违风险与收益对等的市场原则（债权人的冒险损失因国际援助而得到补偿），这也变相地鼓励了债权人在发展中国家的冒险行动。虽然美国的主流观点有以上的认识，但没有任何实证资料能够表明，是道德风险促使大量私人资本流向了过去曾经发生过金融危机的地区（如，拉美国家、东南亚国家等）。事实上，在亚洲金融危机过程中，国际投资人或债权人都有较大的损失，在俄罗斯金融危机中，也有很多外国银行遭受了相当大的打击。从理论上讲，国际货币基金组织的援助资金是贷款，而不是捐赠款，并且还附有相应的利率，从历史上看，违约率很低。由于没有贷款损失，所以，不能认为国际货币基金组织的贷款是直接的道德风险来源。同时，相对发展中国家在国际资本市场上面临的现实风险，道德风险还是比较小的。

（三）控制道德风险的方式

由于信息不对称的缘故，任何看似条款周全的保险协议（insurance arrangements）都不能排除道德风险问题，虽然国际货币基金组织的拯救活动对私有债权人来说是一种间接“保险”，但大多数观点也认为解决道德风险问题的办法，不是取消“保险”（援助），而是减少“损失赔付额”（援助规模）。减少援助规模不仅有助于减少道德风险、增进市场效益、以及预防危机的进一步发生等，同时，也为私人部门参与危机处理（private - sector involvement）提供了一个现实空间，因为国际货币基金组织在流动性援助上的任何不足都需要通过私人部门以不同的方式来弥补。与多数观点主张通过缩小贷款援助规模来控制道德风险相左的是，梅策尔报告虽然也承认国际货币基金组织贷款产生了严重的道德风险问题，但并不认为缩小贷款规模就是解决问题的良策。事实上，梅策尔报告建议以危机国一年的税收收入为标准来提供资金援助，只要危机国能够满足预先设定的四个条件。至于如何解决道德风险问题，梅策尔报告建议通过鼓励借款国金融机构实施更高标准的安全与稳健经营原则，以及避免过度依赖短期融资等方式来解决。然而，这一建议却遭到了美国财政部（2000）[①] 的质疑和批评，如果按此建议行事，那么 1997 年的巴西金融危机，国际货币基金组织需要提供 1390 亿美元的贷款，这是巴西所持基金份额的 3088%，也是 1999 年初，国际货币基金组织向巴西提供贷款援助的 10 倍，以国际货币基金组织现有的财力根本无法提供如此庞大规模的援助贷款。

另外，除了主张通过控制危机援助规模来减少道德风险外，美国外交关系协会还建议通过让债权人承担部分危机处理成本、鼓励更多的主权债券发行人遵循“集体行动条款”（Collective Action Clauses）、允许债务人暂停支付（Standstills）等措施，来减少国际货币基金组织援助行动所带来的间接道德风险。

（四）限制成员国贷款的方式

一般来说，成员国可从货币基金组织获得贷款的多少与其持有基

① The U.S. department of the Treasury，“Response to the Report of the International Financial Institution Advisory Commission”，June 8，2000。

金份额的多少直接相关，份额越少，贷款就越少。虽然在主张国际货币基金组织不要进行大规模援助这一问题上，许多文献的观点是一致的，但在如何限制成员国申请贷款规模问题上，美国财政部（克林顿时期）与美国外交关系协会又有各自的见解。美国财政部偏好价格（利率）机制，而美国外交关系协会则倾向数量与治理约束并举（the quantity cum governance）的机制，即份额300%以上贷款只有在绝大多数债权人认为是系统危机的情况下才能提供，且其中的官方债权人（非国际货币基金组织）要承担信贷风险。

就价格机制而言，其发挥作用是有前提的，即贷款需求存在价格弹性，在此前提下，提高利率就能起到约束贷款需求的作用。否则，价格机制就不能发挥作用，如，为了维持既定的汇率水平和救助私有债权人，危机国家可能会不惜支付高额利息来获取国际货币基金组织尽量多的贷款，即使在没有发生系统性危机的情况下，也可能出现此种情形。同时，试图通过提高利息的方式来阻止道德风险的发生，恐怕也会事与愿违。对于数量与治理机制而言，一定规模以上的贷款须由绝大多数债权人举手表决的办法，可以在某种程度上消除部分债权人只将其邻国发生的危机视为系统性危机的倾向，但其缺点也是明显的，一是债权人越多，越难形成一致的意见，二是在面临真正的系统危机时，绝大多数官方债权人可能会拒绝提供更多的贷款，而任危机自由蔓延。

然而，价格机制又给了国际货币基金组织更多的自由裁量权，无论是需要启动“备用贷款”（Standby）与中期贷款（EFF）实施大规模救助的“异常情形”（exceptional circumstances），还是需要动用补充储备贷款（SRF）和应急信贷额度（CCL）进行大规模援助的系统性危机，都是由旁观者——国际货币基金组织或美国来界定的，无需绝大多数债权人达成一致的认识。而数量与治理机制下的大规模救助行动，需要绝大多数债权国的一致认可。可见，前者可能效率较高，但出现了特权，后者虽然体现了平等原则，但效率可能不高。

另外，在国际货币基金组织现行政策下，补充储备贷款和应急信贷额度都来自于国际货币基金组织现有的份额资金池（quota pool of resources），如果许多严重的金融危机同时发生，而增加国际货币基金组织份额的决策时间又很长，那么国际货币基金组织就没有足够的资金去扑灭如此之大的危机之火。而数量与治理机制通过分配特别提款权为“传染性”危机提供援助资金的方法，可能会在一定程度上缓解国际货币基金组织财力不足的问题。

（五）贷款条件问题

在历次的国际金融危机救助活动中，国际货币基金组织受到指责最多的就是其涵盖范围过广的贷款条件，尤其是与结构性问题有关的政策条件。最能说明问题的就是在 1997 年国际货币基金组织对印度尼西亚的援助项目，其中附加了 100 多项结构性政策条件。通过分析国际货币基金组织在历次金融危机中向受援国施加的结构性政策条件，可以发现以下的一些特点：结构性政策条件（structural policy conditionality）是国际货币基金组织贷款条件中既常用又重要的组成部分，有 2/3 的结构性政策条件涉及财政政策、金融部门改革、私有化等，另有 1/3 的条件则分布在范围相当广泛的其他领域；在东南亚金融危机中，国际货币基金组织的结构性贷款条件数量不仅前所未有，而且条目十分详细；过去 20 年中，结构性政策条件在数量上呈上升趋势，但实际执行效果并不理想，得到真正履行的条件不足一半。从近期国际货币基金组织的救助经历看，由于结构性政策条件涵盖范围过宽，条目过细，不仅受援国难以应对，就是国际货币基金组织自身也存在“贪多嚼不烂”（bite off more than chew）的现象等。

所以，贷款条件成了受援国最为忌讳的问题，过去，由于国际货币基金组织向危机国施加了很多苛刻的条件，在某些场合下，还激化了双方的矛盾。基于这个原因，大多文献均建议国际货币基金组织适当调整贷款条件，将关注的焦点放到受援国的宏观经济问题上，但现实中，国际货币基金组织还是向危机国施加了很多严格的条件。

关于国际货币基金组织贷款条件问题，梅策尔报告提出的改革建议是最彻底的，也是遭到批评最多的建议。该报告指出，国际货币基金组织在其援助计划中附加了过多的政策条件（policy conditionality），造成许多援助计划可行性差、政策目标相互冲突、谈判耗时过多，以及效率低下等问题。也没有证据能够表明，大部分政策条件可以带来预期的效果，该报告还进一步指出，正是政策条件使亚洲金融危机国家的形势变得更糟。因此，建议用预先设定的条件（preconditions）代替事后的政策条件（ex - post policy conditionality）。这种做法或多或少有点像“核准制”，只要满足四项预先设定的条件（前面已经提到过），危机国家就可以立刻从国际货币基金组织获得短期流动性援助贷款，无需就援助项目的各种附加条件进行漫长的谈判。然而，这种建议一公开，马上遭到来自美国官方与非官方的驳斥。一些批评者认为，那些预先设定的条件既不能阻止金融危机的蔓延，也无益于受援国国际收支失衡状态的调整，仅仅依靠那些条件还可能导致金融系统的不稳定性。美国财政部（2000）认为，梅策尔报告对危机国能否获得贷款定的标准太低，即使这些标准都能被满足，也不能消除各种潜在的引发金融危机的因素，而且这些标准又主要集中在金融领域，即使那些看起来属于金融领域的问题，它们往往也植根于宏观经济与结构性问题之中。同时让美国财政部感到忧虑的是，如果将国际货币基金组织的贷款与那些过低的资格要求联系在一起，那么必将增加金融体系的道德风险。

与过去国际货币基金组织贷款条件无所不包，以及梅策尔报告提出只进行资格预审不同的是，在贷款条件上，美国外交关系协会（1999）则反对“要么无所不包，要么一切皆无”的做法（the all - or - nothing approach），主张对具有良好危机预防措施的国家提供优惠贷款（相对于不具备良好预防措施的国家），以鼓励更多的发展中国家加入到“好管家俱乐部”（Good Housekeeping Club）[①] 中去，但对于不具备良好预防措施的国家，也不应该剥夺其从国际货币基金组织贷款的权利。

三、总　　结

尽管对贷款规模、贷款条件等问题，各方观点有许多分歧，不过在救助国际金融危机的大原则上，它们似乎又有着某种程度的默契——相对于巨额国际流动资本，国际货币基金组织或其他官方的资源十分有限，因此，国际金融危机的处理要有更多私人部门的参与，必须逐渐减少对官方资源的依赖度。强化国际货币基金组织的危机管理功能，可以说是顺应了20世纪80年代以后国际经济金融形势发展的需要，然而其他职能（如帮助解决不发达国家带有结构性质及长期性质的问题等）也不能被忽视，同时还要发展新的职能，才能实现国际货币基金组织的各项宗旨。正如，2004年5月美国财政部副部长约翰泰勒在参议院的一次听证会上的证词所言：“国际金融机构（IMF、世界银行等）的目标是：①增强世界经济及国际金融体系的稳定性；②促进各国经济发展，并以此减少贫困。这两大目标的定位是正确的，我们没有理由去变动它们。然而，自众多国际金融机构建立以来，世界经济与金融环境发生了戏剧性的变化，为了实现上述目标，

① 美国外交关系协会在其报告（1999）中，借用“好管家”（Good Housekeeping）一词来建议新兴市场经济体应该采取多种措施来保证其内部有一个良好的经济金融发展环境。这些措施包括：追求稳健的宏观经济政策、实施谨慎的债务管理制度、警惕经常账户出现巨额逆差和汇率被高估、建立强有力的银行和金融监管体制、避免过度依赖短期融资以及签订附带加速还款条件的长期债务合同、持有足够的国际储备等。

必须对这些国际金融机构进行改革。”① 公平地讲，发生在发展中国家的金融危机，并非完全是由它们自身原因导致的，在一定程度上也是由不合理的世界分工体系，以及不公平的国际金融制度造成的。因此，援助发展中国家发展的职能也要强化，只有发展，才能为稳定奠定基础。

由于贷款与金融危机的救助直接相关，与“减少对官方资源依赖度”逻辑相对应的自然就是危机贷款规模不应过大，这也是美国人的主流观点。目前，国际货币基金组织的贷款大部分都来自于其“份额资金池”，危机国能获得的贷款规模也与其持有的基金份额直接相关。但长期以来，国际货币基金组织的份额一直处于失调状态，没能随着各成员国，尤其是发展中国经济实力的提高而大幅增加，难以适应国际经济金融形势发展的需要，而美国反对大规模援助的倾向将对发展中国家更加不利。

根据国际货币基金组织的相关规定，成员国能够获得的普通贷款（normal access）规模在其持有基金份额的100%—300%之间。如果按照这一标准来衡量，国际货币基金组织承诺给墨西哥（1995年）、泰国（1997年）、印度尼西亚（1997年）、巴西（1998年）、阿根廷（2000年）、土耳其（2000年）等国的贷款无一例外的都超标了，因为它们都处在相应基金份额的500%—830%之间，而韩国获得的承诺贷款规模更是高达1900%。然而，国际货币基金组织在亚洲援助计划下的实际贷款规模要比承诺的贷款规模小得多。不过用成员国持有基金份额作为计算相应的贷款规模在当前的国际经济形势下，显得很不科学。费希尔（Fischer，1999）②指出国际货币基金组织份额的变

---

① John B. Taylor, The Bush Administration Reform Agenda At the Bretton Woods Institutions: A Progress Report and Next Steps, Testimony Before the Committee on Banking, Housing, and Urban Affairs United States Senat, May 19, 2004。

② Fischer, Stanley, 1999, “On the Need foran International Lender of Last Resort,” Washington DC, International Monetary Fund, May。

化显然没有跟上成员国国内生产总值、贸易额、以及国际资本流动规模的增长步伐，如果今天也像 1945 年一样按成员国的产出量来确定基金份额的话，那么现在国际货币基金组织的份额总量将是当时的 3 倍，如果按照国际贸易额增长幅度来调整基金份额的话，则现在的基金份额总量应该是当时的 9 倍。在过去十年中，同金融危机国家大量外逃的私人资本、巨额的产值损失相比，国际货币基金组织以及有关官方提供给危机国家的援助资金可谓是杯水车薪。

本文参考文献：

1. Lawrence H. Summers, "The Right Kind of IMF For A Stable Global Financial System", speech at the London School of Business, December 14, 1999。

2. Council on Foreign Relations Independent Task Force , "Safeguarding Prosperity in a Global Financial System: The Future International Financial Architecture", 1999。

3. Overseas Development Council , "The Future Role of the IMF in Development", 2000。

4. John B. Taylor, The Bush Administration Reform Agenda At the Bretton Woods Institutions: A Progress Report and Next Steps, Testimony Before the Committee on Banking, Housing, and Urban Affairs United States Senate, May 19, 2004。

5. Fischer, Stanley, 1999, "On the Need for an International Lender of Last Resort," Washington DC, International Monetary Fund, May。

6. John B. Taylor, "strengthening the global economy after september 11: the Bush Administration' s Agenda", Speech at Kennedy School of Government Harvard University , November 29, 2001。

7. John B. Taylor, "Improving the Bretton Woods Financial Institutions", Speech at Annual Midwinter Strategic Issues Conference, Bankers Association for Finance and Trade Washington, D.C, February 7, 2002。

陈新平

各国财政预算机构设置状况的比较及借鉴

内容提要

关于财政预算机构设置，大致讲，由于国体的不同，政体的不同，国有经济占的比重以及传统的不同，财政机构包括预算机构的设置具有很大差异。因此研究机构设置，不能不涉及到各国内阁（或国务院）的权限、内阁制与总统制、国会与议会等差异，也不得不涉及到法制传统以及国有经济比重等差别。财政与预算机构设置也有规律可循。

一、绝大部分国家设置在财政部内，个别国家设置在财政部之外

各国财政部门都有大致相同的组织机构，但是也有很大的差别。如税收、预算、国库这些主要机构，有的在财政部之内，有的在财政部之

外，有的甚至完全独立于财政部。

就预算机构来说，个别国家将它设置在财政部之外，但是绝大部分设置在财政部之内。

（一）少数国家的预算部门设置在财政部之外

比较典型的例子是美国，美国 1913 年起，从财政部中将预算的权限划分出来，归入总统直接办事机构，称为预算局，一直是总统编制和审核预算的助手。但后来又增加了一些行政管理的职能，把预算与行政管理结合起来。1970 年改组成为行政管理和预算办公室。该办公室与白宫办公室、国家安全委员会等总统直接办事机构同级，财政有关预算的职责和权力归入到这个办公室来实施。（财政部内仅在一个局以下设一个“预算及财务处”，与人事处保安处并立，主要负责财政部门本身的预算财务工作）。这个独立预算部门的全名为“行政和预算办公室”（OMB）。目前有 600 名雇员，总统任命 1 正 2 副三位主任，两个副主任分别负责预算和行政管理工作。美国的管理和预算办公室的主要职能是预测、管理、监督和协调政府规划、政府预算。

（二）绝大多数国家的预算司设置于财政部之内

它们的职能与行政构成大致相同，现以日本的预算局为例进行说明。日本的预算局称之为主计局，共有 300 多人，其下属有一些功能的课（处）。

日本主计局的主要职责是编制预算，并且监督预算的执行和编制决算。它要把各部（省厅）提出的预算要求汇总调整后交内阁会议，先在内阁通过以后，再交国会通过。日本的主计局也对预算的执行进行监督，采取各部上报材料进行审查核批，也采取到各部去监查的办法。

法国的预算司是隶属于财政部的专门机构。它据各部报告的预算进行汇总，详细计算各部进行各项活动所需要的费用，并且对新发展的活动或项目的费用进行计算，为经济和财政部长及总理在讨论预算时提供材料；它的负责部长就国会有关预算询问进行答辩文件的准备工作，负责预算的修正案准备工作；负责监督预算的执行，保证各项支出合乎规定。

其他大部分国家的预算司都设置在财政部内部。

二、美国将预算机构单独设立的模式及原因

（一）分设的基本状况

美国管理和预算办公室主要下属机构有：其一，部门预算管理处，它准备和颁布预算细则，各部门各单位以此为依据拟定预算。其二，评定处，它是预算计划的科学方法中心，对预算进行评定；其三，其他各专门处，分别处理国防、外交、经济、科学和技术等项问题。其四，若干资源管理办公室，它们是 OMB 中关键部门，负责与国会谈判，负责制定联邦政府各机构现行政策及管理方针。在其下的分部门的工作人员都是各行业的专家，负责分析、评价和实施相关政策。其五，若干预算审查办公室，负责对总预算的结果和发展趋势进行分析，负责从战略的高度对预算制定及在对国会谈判时提供技术支持等。其六，一个立法参考处，下设若干办公室，它们负责协调国会立法和行政法规之间的关系，处理其中的矛盾，解决发生在政府机构之间的有关法律和项目的争议。另外，还有联邦财务管理办公室，联邦采购政策办公室，信息和日常事务办公室等。

OMB 的权限在逐渐地扩大，逐渐地增加了预算执行管理功能。第一，OMB 要负责支出审核。OMB 的预算审查人员要求各有关机构

对现有项目的有效性进行持续评估分析的同时，他们也进行独立分析，他们的分析构成他们对预算提供建议的基础。第二，负责预算的实施。预算通过以后，它就成为这一财政年度各机构财务计划的基础和法律依据，OMB 主任根据政府活动的要求，给各机构分配拨款和其他预算资源。第三，建立资金使用的内部责任制。OMB 将资金分配后，对资金使用单位下达责任，每个机构要求有内部控制体系以保证资金的合理使用。第四，建立预备金。OMB 可以在一定情况下建立储备金以防万一，通过改变需求或提高工作效率或保持对基金的权利以实现有效储蓄。第五，建议撤销某些还没有失效的预算授权。1974 年的“没收控制法”（Impoundment Control Act）规定了 OMB 可使用的分配程序，它要求各行政部门在管理开支时，必须向国会报告任何预算权限延迟的原因和后果。与此有关，OMB 还可以建议撤销还没有失效的预算授权。第六，要求各机构交给 OMB 一份称之为“预算执行报告”，报告各机构的资金使用详细情况。这些月度报告按账户编制。同时要求将其报告给财政部，报告副本要递交众院拨款委员会。第七，由它负责追加预算的编制和向国会提交。这样看来，管理与预算办公室俨然成为另一个财政部，它既管预算，又管支出、管采购与决算，这样一来，财政部变为“税收和公共会计部”，职能和权限越来越萎缩。

（二）美国分设预算机构的必要性

美国税收、国库、会计与财政机构设置是合一的，但是预算制订和监督分离出来了。分立的原因如下：第一，便于编制统一预算。美国 20 世纪 30 年代以前没有编制过统一预算，各种支出提案随时提出，在国会通过，由于以前财政收入数量少，联邦更少，因此没有必要编制统一预算。后来财政收支总规模和联邦支出的比重都增加了，必须改变这种财政收支的随机性，编制统一的预算。美国管理与预算办公室适应这个要求，逐渐扩大了自己的权限，他的第一项任务是编制联邦统一的预算。它在经济预测部门做出预测的基础上，帮助和督促各部、各机构及时提出自己预算的方案，以便统一汇编，在编制的同时改进和协调各部门的关系。第二，便于总统管理预算工作。由于是总统负责制，一切机构安排要为实现总统的意志服务，管理和预算办公室与白宫办公室平行设置，与总统沟通方便，预算的编制过程能得到总统的直接关照；OMB 发展了旨在保证总统管理政府财政及预算的情报信息系统，发展和完善了全国的统计业务，能及时收集各政府机构对总统提交的一切法案的反映，帮助制订法案。OMB 编制的预算最后交总统审理、修订，总统同意的最后修订的预算被称之为“总统预算”（Presant Budget），它然后被提交国会。第三，便于总统与国会斗争。“总统预算”必须得到国会批准才能成为真正的预算，但是批准的过程复杂，斗争激烈。美国国会不仅有一个预算委员会，还有一个预算局，自己编预算，如果总统是民主党人，国会是共和党占多数，国会时时刻刻与总统搞对立，特别是预算方面。曾经有这样的例子，1996 年克林顿的“总统预算”拖延了 7 个月才被国会批准，未批准期间，大部分联邦雇员放假回家，国会只通过临时（前后共 13 个）支出法案，拨出少量经费维持必要机构的运转。预算是总统与国会双双斗争的工具，总统自然要将权利高度集中，OMB 是总统集权和斗争的手段。其四，便于与各个州沟通，为总统政治服务。OMB 的一项重要的职责是：帮助州和地方政府协调它们之间在预算上的关系，检查各政府组织机构的运行状况，并提出必要的改革建议。除了真正意义上管理的需要之外，总统必须考虑平衡各州利益，以便在议会选举，总统连选连任等方面获得各州的支持。美国前一段时期钢铁进口报复性关税政策的出台，就是布什总统为共和党在国会中期选举拉票的举动。

（三）预算机构分立的条件

其一，三权分立之下，行政方面的总统高度集权。在美国这个联邦制国家中，实行三权分立，形成立法、司法和行政高层面监督和制约，但是就行政本身来说是集权的。总统全权负责行政事务，由于总统在行政事务上的高度集权，因此只要有必要，相同性质的行政工作可以按业务设立两个或更多机构（财政部与预算办公室），这些机构的首领由总统任命，他们对总统直接报告和负责，他们之间主要业务总统直接协调，避免它们之间发生纠纷。在其他不实行这种总统行政高度集权制度的任何国家，这种分立都是没有道理的，除了造成机构重叠之外，还会造成权限划分不清，推诿扯皮现象。其二，有国会—总统制的政治基础。宪法规定总统不由国会产生，而由普选产生；“总统内阁”成员由总统任命，他可以选择忠于自己的人，而不像议会制那样，总理任命的内阁成员必须是自己所在党和其他联合党内的党魁，这样看来，国会不能像议会那样能严重地影响到总统的决策和人士安排。其三，法制国家的基本条件。法制国家容易划清机构之间的任务和协调它们之间的矛盾，而人治成分比较大的国家，容易出现相反的问题。

三、日本、法国等国家财政机构集中设置的模式及其原因

（一）日本财政机构集中设置的状况

日本 2001 年将大藏省改名为财务省，但是基本的机构设置格局和特点没有变化。其一，机构集中设置，日本的预算、国库、税收、海关、会计都统一在财政部内，没有分立。其二，财政对银行、货币、证券和保险管理的权限较大，印钞、铸币也在财政部内，尽管 1997 年成立金融监察局，2001 年又将其升为部级单位，但是它主要

是检查和监察。日本目前的理财局仍然管理着银行。

（二）日本集中设置的原因

第一，赶超发展战略的需要。除了战争期间财政集权，服务于战争以外，日本战前和战后主要实行的是赶超型发展战略。要求国民按照统一的国家意志和发展计划、集中资源进行研究和开发等经济活动，另外国有经济占有一定的比重，财政权限相对集中会有利于这种战略的实施。第二，日本议会—内阁制本身要求总理相对集中行政权，这是因为议会内阁制本身有政治上的不稳定性。首先是各部部长的不稳定性。因为各部部长是执政党、或联合执政党的主要领导人(不是总统制下总统聘任的)，总理为平衡党内各派以及联合执政小党的利益去任命部长，被任命的部长都有政党和派别政治基础，他们随时可能因反对总理或者内阁其他成员的意见而导致内阁垮台。其次，是议会内议席的不稳定性。议员观点和立场往往变化很快，也就很快影响各党席位的变化，执政党的多数席位随时很可能会变成少数席位，总理内阁也就无法运转。第三，日本的国情和政党的特殊情况。在这种议会—内阁体制下，如果没有成熟的政党制度（比如澳大利亚成熟的两党），议会内靠各党（或者派）联合来执政，总理的地位、内阁本身就很难稳定，这样行政方面再分权或各部互相制约的过多，国家就更难管理了。日本政党制度并不成熟，日本的议会政治也有缺陷，使得日本政治不稳定。日本没有成熟的两党，自民党分裂后，虽然仍是最大的党，但是党内各派纷争，加之其他各党的存在，可以说是党派林立，在这种体制下，能控制一个稳定多数议会的政党很难持久存在。这种情况之下，行政相对集权对管理国家有好处。第四，国家传统的原因。日本是一个东方国家，行政权限在国民经济和人民生活中的地位较重，法制和法律的独立性和权威性相对较弱。行政上权力分散和制约的制度如果没有法制的保障，就会危害行政运做。相反，行政上相对集权，有利于操作和运转。

（三）法国的“经济与财政部”机构集中设置的状况

法国的财政部是现代各国中最有特点的一个，比起大部分国家来说，它的权限较大，全名为“经济和财政部”是一个大财政部，机构也是集中设置。第一，法国的经济和财政部部长分管计划局，计划局协调管理各部的计划。第二，法国财政部门有金融管理功能，也设有相关机构。第三，法国财政还有其他的功能与机构：物价管理的权限、国内贸易管理权限，这由该部的国内贸易和物价管理司来行使；专卖管理局，管理烟草和火柴的专卖工作；海关管理局；国家印刷出版物管理处；有奖证券秘书处等。由此可见，法国的经济和财政部是一个集计划、金融、国内贸易、物价、专卖、海关管理等事项综合管理部门，这在其他国家是不多见的。第四，法国的税收、预算、国库机构也集中设置。一些南欧国家如西班牙、希腊等也将财政部称之为“经济与财政部”，其权限也大于一般国家的财政部，但是没有法国经济与财政部的权限大。

（四）集中设置的原因

法国财政权限、职能和机构最大的原因有如下几条：第一，国家传统的原因。法国虽然不是一个东方国家，但是行政权在国民经济和人民生活中的地位较重，法国是唯一有独立行政法院的国家。第二，政治的原因。法国的党派众多，原来实行的是议会内阁制，结果很难形成有稳定议会多数的内阁，后来法国改革了自己的政治制度，实行总统—总理—内阁制，总统从普选产生，负责外交等国际事务，总理从议会产生，负责内政。总理仍然面临着议会党派与内阁成员立场变化的问题，不能过于分权。第三，国有经济的原因。法国在40年代和80年代发起了两次大的银行国有化浪潮，国有银行在法国金融体系中占有非常重要的地位。国有金融机构的信贷额最高时曾经达到全法国的三分之二以上。法国的经济和财政部就是银行体系的主管部，财政部中的国库局是信贷机构的主管局。这也是法国财政权限大和机构集中设置的原因之一。

四、比较：总统—国务院—国会制下可以分，总理—内阁—议会制下不容易分

（一）预算机构设置受政体形式影响

预算就是在财政收支实施的前一年或更长时间进行预先的预测、规划、协调和计算。它既要考虑国家经济活动发展和增长状况，又要考虑国家政治与国际政治的各种力量与矛盾；它往往既要求使政治与社会稳定、又要求使经济平衡和发展。预算既是复杂的、花费人力以及进行各种计算的过程，又是进行各种政治力量平衡的过程。预算机构的设置，一方面受财政经济规律的影响，一方面受政治体制的影响。

大致讲，由于国体的不同，政体的不同，国有经济占的比重以及传统的不同，财政机构包括预算机构的设置具有很大差异。因此研究机构设置，不能不涉及到各国内阁（或国务院）的权限、内阁制与总统制、国会与议会等差异，也不得不涉及到法制传统以及国有经济比重等差别。财政与预算机构设置也有规律可循：

在总统制—国会制国家里，才有个别国家将预算单独设置。

在总理—内阁—议会制国家内，很少有这样的分设。

（二）“总统的内阁”和“总理的内阁”的区别，这个区别对机构设置有影响

美国的国务院下设若干部，其部长是政府的内阁成员，但是他们被称之为“总统内阁”成员，因为他们由总统提名任命，完全听命于总统。在

决策以前，这个国务院和内阁是总统咨询机构，在总统决策之后，它们是总统的办事机构。它们不是政治决策机构，不具有最后决策权。

因为总统从普选产生，独立行使权限，与国会对立，实行的是总统负责制，将预算机构独立出来，有利于总统行使自己的权限，也有利于与国会斗争。

总理—内阁—议会制下的内阁是政治决策机构。各个部的部长是议会各党派的头目，借助各党派的议席数量而进入内阁。由各个部的部长组成的内阁会议是政治会议，内阁成员在每个重大问题上有投票决策权，总理不过是招集人，“总理内阁”因此是“政治内阁”。

在这里，各个部门要提出自己的建议，同时贯彻内阁的决议，预算是各个部门和内阁意见的综合和均衡的结果，要多次反复后在政治上达到妥协。政治焦点在内阁成员的意见上，因此放到财政部有利于协同代表不同党派和集团的各个内阁成员的意见。财政权限分散增加了协调的困难。

（三）澳大利亚内阁制的特殊性

澳大利亚是内阁制，但是财政部门被分成两部分，一个财政部，一个国库部。这种分立据说是偶然的事件造成的。

一些澳大利亚的学者认为，财政部分为两个独立的部门有好处也有坏处：其一，打破了财政部独立垄断信息的局面，两个部门分享信息，内阁以及其他部门也分享信息。其二，两个部对一件事件的建议可以互相补充，内阁会议讨论任何有关财政事情时，可以听到两个声音，如果一致更好，不一致则有了讨论机会，打破了一个声音的局面。其三，对支出控制的权力更加集中。但是也有坏处：第一，由于两个部的存在，也常常发生权限纠纷。第二，主要看两个部长的政见和个人态度，能不能合作，有时好一些有时差一些。

澳大利亚内阁制下的这种分立能够成立，关键在于她有既分立又合作的政治条件。其一，是法制和绅士道德传统，使它的议会内阁制能形成一套惯例，它能很好地处理由于分立可能出现在其中的纠纷。其二，这种财政机构的分设还与成熟的政治运转制度相联系。澳大利亚基本上是两党制，内阁内部长意见相左不会轻易导致内阁垮台。如果没有这种内阁运作惯例和成熟的政党政治制度，这种机构分设将会带来很大的麻烦。比如，在同为议会—内阁制的日本和意大利，内阁运行惯例约束较弱，众多政党，党内又有众多派系，如果财政机关分设，运转就会更加困难。他们内阁频繁失败和更换，这是大家都看到的。

五、各国都设置了指导预算的强有力的预测和规划部门

在制定具体预算以前，各国都必须提出预算的指导思想。它是预算的总纲，使未来的预算与宏观经济、经济发展模式协调起来，也与解决主要社会矛盾政策协调起来。预算的总指导思想和方向必须是在对经济发展变化与社会政治需要预测的基础上提出，经济预测和规划非常重要。因此，在财政部门之上，各国都在内阁或国务院内有这样的预测和规划机构设置，它不做具体预算，但是制订指导财政编制预算的总方针。

（一）法国有计划局

它于1946年成立的，直属总理兼理，它的负责人是计划总专员，但是同时受经济和财政部长部长领导。各个职能部门都有“现代化委员会”来进行各部的计划，计划局对各部“现代化委员会”的计划工作进行指导和劝告，并加以平衡。最后形成一个详细的全面计划，提交由经济财政部长及其他各部部长组成的计划委员会讨论通过，然后交国会讨论通过，但是计划不具有实际约束力。20世纪80—90年代，

法国进行一些改革，但是上述的基本格局没有变化。

同时，法国经济和财政部下设统计与经济研究所和预测局。国民经济计划编制由计划局来完成，但是编制的数据资料由经济和财政部的预测司和统计与经济研究所提供。统计与经济研究所除提供全国和地区总的统计数据资料外，还对制订计划的技术工作进行协调，预测局主要进行预测工作。计划局的报告和财政部预测和计划成为指导财政编制预算的纲领。

（二）澳大利亚内阁中有关预算战略制定的机构

第一，联合经济预测小组（JEFG）。它由财政部官员任主席，成员来自：①总理及内阁；②国库部；③澳大利亚统计局；④澳大利亚储备银行；⑤财政部其他办公室的代表。小组每年会商四次，它提出经济预测，因此也是经济及财政政策调整的第一步。预测报告运用各种方法、包括数理经济学的方法，对过去 10 年的分析、对未来一年和数年进行预测，提出总的经济发展趋势和宏观调控的建议。

第二，预算官员委员会（CBO）。该委员会由三个协调部门（财政、国库、总理署）组成，它的职责是向支出审查委员会（ERC）提交有关预算支出的建议。这些建议既有时间上的，也有程序上的安排。一般的只有一个战略上的考虑，是紧宿的还是扩张的战略，然后各项建议与这样的战略选择相结合。

第三，支出审查委员会（ERC）。所有的支出项目，不论是新提出的还是原有的项目，都要经过这个委员会审查。但审查委员会不只看这些项目，而且还要看整个经济形势和财政总体状况。审查委员会有权确立哪些是政府最优先的项目，那些不是。尽管其他的委员会，比如结构调整委员会（SAC）、社会和家庭政策委员会（SFPC）具有独立性并且可以决定哪些是他们的优先项目，但是支出审查委员会在预算方面有自己的权力。支出审查委员会有着比较固定的成员构成和比较固定的支出审查项目。在预算形成的过程中，支出审查委员会是中心，这个由高级部长们组成的委员会对所有建议的支出结果进行审查。同时考虑超出预算的东西，比如税收和整个经济战略问题。财政部在2—3月预测的基础上，提出收支支出的总的变化预测参数，交给支出审查委员会和内阁。国库部的宏观经济分析也与此报告同时交给支出审查委员会和内阁。

第四，税收委员会（RC），它与支出审查委员会的人员构成几乎是一样的：①副总理和财政部长；②上议院政府领袖（Leader of Government in the Senate）；③上议院政府副领袖；④国库部长；⑤交通与通讯部长；⑥就业、教育与训练部长；⑦社会保障部长；⑧初级工业和能源部长；⑨社区服务与卫生部长。

上述机构在对来年经济分析预测的基础上形成财政和经济战略。这些战略和建议与预算的关系非常密切，要求预算和经济支出必须与经济战略相符合，要在节余与赤字及其不同度中选择，要在项目与支出水平中选择，但是，这些又必须与经济进一步发展协调起来，这又与经济发展、通货膨胀、政府项目的成本、收入的来源等项结合起来考虑（见《内阁与预算程序》英文版，P47）。

在预算制订期间，这些机构仍然起着重要的作用，还要运用各种手段来获得信息和进行分析，它把更具体的建议提出来。即使这时，可选择报告还需再修改，预算的项目也不是最后的项目，因为此时还需要对来年的经济发展的预测做最新的分析，还要求等待一些可能发生的事件或政治上观点的变化。

（三）日本在财政部之上的预测和规划部门

日本主计局的主要职责是编制预算，并且监督预算的执行和编制决算。但是在日本内阁有“财政制度委员会”（Finance System Council），他是由财政、银行以及其他主要职能部的官员组成，内阁总理和财政部长是领导，有长设机构。每年委员会主席要提出“主席建议”（Comments from the Chairman），实际上是预算的指导意见书，规定预算的宏观方针、结构和重点等。财政部主计局据此和其他有关预算指导性文件（guidelines）进行预算编制工作。

六、关于预测、规划与预算机构设置和权限的有关建议

（一）要强化在预测和规划基础上提出预算总方针的机构

我国应当充分发挥发改委预测、规划功能。它应当在提出我国经济发展和社会长期发展战略的同时，提出中近期社会经济对策；提出银行行动方针、财政行动方针、投资及国有经济行动方针。该机构应当成为将国家总体发展战略与社会经济动态运行状况结合起来的、发布权威指导意见的政府内设机构。

这个部门应当是宏观规划和协调部，它在国务院部门委系列中排在第一位。这个部门有经济预测，社会发展预测，国内国外形势预测，发展战略制订等学术成分较浓的分支机构，也有财政预算方针制订、货币银行方针制订、证券和债务方针制订、国有企业运营方针制订等行政成分较重的政策制订机构，还有监控各宏观综合部门以及职能部门运行情况的、发布调整总体运营方针的经济运行调控机构。

（二）这个部门要超脱

这个预测、宏观政策制订和预算总方针制订部门要超脱。只有超脱才能洞观全局，也就是说，才能站在所有部门之上，发现各个局部的共性问题和趋向，作出的预测，制订的宏观政策、预算指导方针以及改革指导意见等才能无私、公正。相反，如果既预测又管理某些部门或者事务，容易受某种特别利益的羁绊，就损失了她的宏观全局的能力。

超脱就是不分配资金，而是指导如何分配资金。

在预测和总经济发展规划形成以后，就财政预算来说，就有了如下规范的程序：第一步，国务院领导下，发改委、财政等部门提出下一年财政预算总方针（同时有货币、投资等方针）；第二步，财政部长据此给各职能部门下达预算计划；第三步，各部门的预算上报和财政部汇总；第四步，就预算汇总情况财政部上报国务院，与发改委据最新社会经济和发展动态对政策调整的要求再协调，与其他综合部门的政策再协调；第五步，形成预算再修改方针再下达各职能部门，然后汇总，最后报国务院批准，再报人大。第六，执行预算过程中，接受宏观运行调控机构的指示，做预算收入和支出的调整。

（三）行政部门之间的互相分权和形成制约不符合时代发展方向

因为我们没有法制传统，封建社会里，治国者传统上设计了行政权利单位之间互相制约和监督的制度，但是，也因此出现了行政部门之间责任不清、互相牵制、利则纷争、责则推委、以及效率低下的弊病。由于我国人民代表大会制度不健全，政协以及舆论监督力量不足，人们不想让某些行政部门权限过大，故意分散它们的权力，试图让行政部门之间形成制约，这种设想有一定的道理。但是，这种制约方式不符合社会发展的方向。应当发展立法、司法与行政之间的制约。各行政部门统一在行政主管的领导之下，接受立法和司法制约。财政等行政部门把应有的权限集中和明确，也是把责任集中和明确，有利于立法和司法等机构分清其责任，进行监督和约束。

（四）财政等行政各部门责任清晰、政令通行一致，有利于分工协作

我国是一个多民族集中统一的国家，实行人民代表大会制度，国务院首长在共产党中央建议的基础上，由人民代表大会选举产生，部长由总理提名、人大常委会通过和任命。共产党中央同时实行政治局会议集体领导，首长全面负责和各主要领导分工负责相结合。在这种

制度安排下，可以集中大家的意见，减少决策失误。在领导集体中，大家需要协调，但是如果各个行政机构之间职责分化不清，或者将财政部门的权利分散给多个机构，就增加了协调的工作量。

（五）市场经济体系基本建立以后，财政应当适当集权

改革开放以来财政主要的特征是放权，现在需要相对集权。因为市场经济的发展带来的新问题，需要财政相对集中权力，以保障确立支出重点和相应资金的落实，也能有效地实行行政管理和监督。我们是一个发展中的大国，在决策以前，要有一个部门在听取多方面意见的基础上提供宏观蓝本；要在决策以后，权限要集中，才能保证有效实施。

（六）要在国务院一级建立“预算例会制度”

1. 外界批评财政预算编制不公开、不透明

人们之所以这样关心、批评财政预算，一是因为预算制订权限大，二是因为部分人认为预算缺乏公开和透明度。综合部委认为他们意见没有得到重视，行业部委认为他们得到的预算太少了，似乎谁也不满意。

2. 财政不同意这种批评

财政部认为，预算的最后决定是国务院的事情，财政部必须按照中央的决策和国务院的指示精神制订预算，经过“两上两下”过程，在国务院同意和批准以后，确定上报人大的预算，整个过程是公开的，预算数据是透明的。

3. 问题

在国务院一级缺乏一个公开的“均衡各方面预算申请的政治制度”。财政按照国务院的预算精神，将某些部门预算增加，将某些部门预算减少，这真的符合了国务院的原则和方针吗？真的反映了各部的呼声和要求了吗？怎样才能使有关部委信服呢？向他们做思想工作也不行。要有一个让大家知道如何使之所报预算被增减过程及和程序

的制度安排。有了这个制度，经过了有关程序，大家就信服了。

4. 设想

建立“国务院预算例会制度”。第一次会议上讨论、修订和确立国务院预算方针。第二次会议，在“一上”以后，讨论和辩论部门各自提出的财政支出重点。第三次会议，“二上”以后，财政部报告预算的基本安排、部分修订、最后确定预算框架。进行最后一次修订。然后是国务院最后批准。

这里虽然不是“投票通过制”，但是应当有争论和辩论，有内部保密制度，以及对最后决定的无条件服从等制度要求。

这样以来，预算被安排在一个公开的、制度化的体系下，就不会被人们误解，也减少人们把这项工作作为权利和利益看待的诱惑。

吕旺实

后　记

2005 年下半年至 2006 年上半年，财政部财政科学研究所在科研工作中取得了一大批重要研究成果。在这一时间段内，我所编发了 100 多期研究报告和科研简报、内报，是科研所历史上报送研究成果最多的年度。展现在读者面前的这套文集，也是我们连续第四年将研究报告汇集成出版物奉献给读者。《热点与对策：2005—2006 年度财政研究报告》共收录了 99 篇研究成果，比 2004—2005 年度研究报告文集所收录的文章多了近一倍，全部选自我所 2005 年下半年至 2006 年上半年上报给中共中央、国务院和财政部领导及有关部门的内部参阅刊物《研究报告》、《财政研究简报》和《科研内报》，集中反映了我所最新的研究成果。

文集主要收录了三个方面的研究成果：一是重大课题研究成果。2005 年，财政部科研所根据部领导的指示，确定了三个中长期重大研究课题，即：构建和谐社会的财政政策研究、建立节约型社会的公共政策研究和全球化背景下重大财经问题研究。这三大课题均取得了多项重要的阶段性研究成果，在文集所收录的文章中占有很大比重。二是所计划课题研究成果。2005 年，我所确定了 13 项计划课题，研究内容涉及财政体制及管理、“三农”问题、税制改革、财政金融政策与风险、国有资产管理等方面，其最终研究成果都已收录在内。2006 年初，根据部领导关于当前财政科研工作要重点把握社会主义新农村建设和经济增长方式转变中的自主创新为中心的指示精神，确定了14项计划课题。有些课题研究工作进展较快，其初步研究成果也收录在本书中。三是自选课题的研究成果。我所科研人员在完成本所和本室研究工作的同时，还注意发挥自身的研究优势，选择一些自己感兴趣的课题进行研究，这部分研究成果也有选择地收录在书中。

在本书出版之际，谨向对我所研究工作给予大力支持的部内有关业务司局的领导和同志们，以及对本书的出版给予重要支持和帮助的中国财政经济出版社的领导和责任编辑，表示诚挚的谢意！

希望本所研究报告文集的连续出版，能够在财经理论与政策研究、与实际工作的紧密结合方面起到承前启后和抛砖引玉的作用，敬请广大读者指正。

编 者

2006年7月